TUMU
GONGCHENG

应用型本科院校
土木工程专业系列教材

YINGYONGXING BENKE YUANXIAO
TUMU GONGCHENG ZHUANYE XILIE JIAOCAI

重大版·建筑

第3版

地基处理

DIJI CHULI

主　编■代国忠　吴晓枫

副主编■齐宏伟　蔺　刚

参　编■史贵才　李雄威

主　审■朱　凡

重庆大学出版社

内容提要

本书较系统地介绍了各类地基处理方法的基本概念、加固地基原理、设计计算、施工技术、质量检验和工程应用实例等方面内容。全书共15章,除绪论外,内容包括:换填垫层法、夯实地基法、预压地基法、复合地基理论、挤密地基法(包括振冲碎石桩和沉管砂石桩、石灰桩、灰土挤密桩和土挤密桩)、水泥粉煤灰碎石桩法、夯实水泥土桩法、柱锤冲扩桩法、水泥土搅拌法、高压喷射注浆法、注浆加固法、加筋法、特殊土地基处理、既有建筑地基基础加固技术。本书密切结合应用型本科人才培养目标的要求,突出教材的实用性和综合应用性,各章内容由浅入深、概念清楚、层次分明、重点突出,涉及地基处理工程设计和施工部分均依照我国现行规范进行编写,主要章节附有例题及习题。

本书主要作为普通高等学校土木工程(建筑工程、交通土建、岩土工程等)、城市地下空间工程等本科专业的教学用书,亦可供其他专业师生及工程技术人员学习参考。

图书在版编目(CIP)数据

地基处理/代国忠,吴晓枫主编. -- 3版. -- 重庆:
重庆大学出版社,2020.4(2022.7重印)
应用型本科院校土木工程专业系列教材
ISBN 978-7-5624-8364-9

Ⅰ.①地… Ⅱ.①代… ②吴… Ⅲ.①地基处理—高
等学校—教材 Ⅳ.①TU472

中国版本图书馆CIP数据核字(2020)第018043号

应用型本科院校土木工程专业系列教材
地基处理
(第3版)
主 编 代国忠 吴晓枫
副主编 齐宏伟 蔺 刚
主 审 朱 凡
责任编辑:刘颖果 版式设计:林青山
责任校对:谢 芳 责任印制:赵 晟

＊

重庆大学出版社出版发行
出版人:饶帮华
社址:重庆市沙坪坝区大学城西路21号
邮编:401331
电话:(023)88617190 88617185(中小学)
传真:(023)88617186 88617166
网址:http://www.cqup.com.cn
邮箱:fxk@cqup.com.cn(营销中心)
全国新华书店经销
重庆升光电力印务有限公司印刷

＊

开本:787mm×1092mm 1/16 印张:21.5 字数:538千
2020年4月第3版 2022年7月第7次印刷
印数:14 001—17 000
ISBN 978-7-5624-8364-9 定价:59.00元

前 言
（第 3 版）

本书第 1 版于 2010 年 1 月出版，第 2 版于 2014 年 8 月出版。本书自出版以来，被国内很多高等院校选为土木工程本科专业教学用书，深受广大教师和学生的欢迎，并得到工程技术人员的好评。近几年来，随着建设工程的发展，地基处理新技术成果不断涌现，有关技术规范及标准不断修订与完善。修订后的《建筑地基处理技术规范》（JGJ 79—2012）于 2013 年 6 月 1 日批准施行；《建筑地基基础工程施工质量验收标准》（GB 50202—2018）、《湿陷性黄土地区建筑标准》（GB 50025—2018）被陆续批准施行。为满足广大读者的使用要求，我们及时对本书进行了修订。

第 3 版基本保持了第 2 版及原作的风格与特点，密切结合《建筑地基处理技术规范》（JGJ 79—2012）、《建筑地基基础工程施工质量验收标准》（GB 50202—2018）、《湿陷性黄土地区建筑标准》（GB 50025—2018）及公路、铁路等相关现行技术规范的规定，较系统地介绍了国内外常用地基处理方法和新技术应用成果，内容包括换填垫层法、夯实地基法、预压地基法、复合地基理论、挤密地基法、水泥粉煤灰碎石桩法、夯实水泥土桩法、柱锤冲扩桩法、水泥土搅拌法、高压喷射注浆法、注浆加固法、加筋法、特殊土地基处理、既有建筑地基基础加固技术等地基处理方法，着重阐述各类地基处理方法的设计计算、施工技术、质量检验和工程应用实例等方面内容，并补充了地基处理施工质量验收的要求。

第 3 版由常州工学院代国忠教授、吴晓枫副教授担任主编，重庆大学朱凡教授担任主审。全书由代国忠教授制定编写大纲，并负责编写第 1,2,3,4,5,13 章；吴晓枫副教授负责编写第 9,10,11,15 章；华北科技学院齐宏伟教授负责编写第 7,8 章；吉林大学应用技术学院蔺刚副教授负责编写第 14 章；常州工学院史贵才副教授负责编写第 6 章，李雄威副教授负责编写第

12 章。

本书主要作为普通高等学校土木工程（建筑工程、交通土建、岩土工程等专业方向）、城市地下空间工程等本科专业的教学用书，计划授课时数 50 学时左右。本书亦可供其他专业师生及工程技术人员学习参考。

限于编者理论水平，书中错误或不当之处在所难免，恳请读者批评指正。

编　者

2019 年 12 月

前 言
（第 2 版）

本书第 1 版于 2010 年 1 月出版,自出版以来,被国内很多高等院校选为土木工程本科专业教学用书,深受广大教师和学生的欢迎,并得到工程技术人员的好评。近几年来,随着建设工程的发展,地基处理新技术成果不断涌现。2012 年,住房与城乡建设部对《建筑地基处理技术规范》(JGJ 79—2002)进行了较全面的修订,修订后的《建筑地基处理技术规范》于 2013 年 6 月 1 日批准施行。为满足广大读者的使用要求,我们对本书进行了修订。

第 2 版基本保持了原作的风格与特点,密切结合《建筑地基处理技术规范》(JGJ 79—2012)及公路、铁路等现行技术规范的规定,较系统地介绍了国内外常用地基处理方法和新技术应用成果,内容包括换填垫层法、夯实地基法、预压地基法、复合地基理论、挤密地基法、水泥粉煤灰碎石桩法、夯实水泥土桩法、柱锤冲扩桩法、水泥土搅拌法、高压喷射注浆法、注浆加固法、加筋法、特殊土地基处理、既有建筑地基基础加固技术等地基处理方法。着重阐述了各类地基处理方法的设计计算、施工技术、质量检验和工程应用实例等方面内容。

第 2 版由常州工学院代国忠教授、吴晓枫副教授担任主编,重庆大学朱凡教授担任主审。全书由代国忠教授制定编写大纲,并负责编写第 1,2,3,4,5,13 章;吴晓枫副教授负责编写第 9,10,11,15 章;华北科技学院齐宏伟教授负责编写第 7,8 章;吉林大学应用技术学院蔺刚副教授负责编写第 14 章;常州工学院史贵才副教授负责编写第 6 章,李雄威副教授负责编写第 12 章。

本书主要作为普通高等学校土木工程专业(建筑工程、交通土建、岩土工程等)本科的教学用书,计划授课时数 50 学时左右。本书亦可供其他专业师生及工程技术人员学习参考。

限于编者理论水平,书中错误或不当之处在所难免,恳请读者批评指正。

编 者
2014 年 5 月

目　录

1

绪　论

〖本章教学要求〗
了解地基处理的含义、建筑物地基面临的问题及地基处理的目的；熟悉软弱地基及特殊土地基的种类；了解常用地基处理方法和分类及适用范围；对地基处理技术发展概况应有一定的认识。

1.1　地基处理的意义和目的

1)地基处理的含义

地基是指直接承受建筑物荷载的那一部分地层。对地质条件良好的地基,可直接在其上修筑建筑物而无须事先对其进行加固处理,此种地基称为天然地基。

在工程建设中,有时不可避免地会遇到地质条件不良或地基软弱的情况,在这样的地基上修筑建筑物,则不能满足其设计和正常使用的要求。同时随着建筑物高度的不断增高,建筑物的荷载日益增大,对地基变形的要求也越来越严格,因而,即使原来一般可被评价为良好的地基,也可能在特定的条件下必须进行地基加固。软弱地基和特殊土是地基处理的对象。

地基处理(ground treatment or ground improvement)指提高地基强度,改善其变形性质或渗透性质而采取的技术措施。

当地基中设置了散体材料(如碎石、砂等)桩或柔性材料(如水泥土、石灰等)桩后,这些桩体将与天然地基一起,共同承受上部荷载,抵抗变形,形成复合地基。

复合地基(composite foundation)指部分土体被增强或被置换,形成的由地基土和增强体共同承担荷载的人工地基。

2)建筑物地基面临的问题

(1)地基承载力及稳定性问题 地基承载力较低,将不能承担上部结构的自重及外荷载,导致地基失稳,出现局部或整体剪切破坏,或冲剪破坏。

(2)沉降变形问题 高压缩性地基可能导致建筑物发生过大的沉降量,使其失去使用效能;地基不均匀或荷载不均匀将导致地基沉降不均匀,使建筑物倾斜、开裂、局部破坏,失去使用效能甚至发生整体破坏。

(3)地基渗透破坏问题 土具有渗透性,当地基中出现渗流时,可能导致流土(流砂)和管涌(潜蚀)现象,严重时能使地基失稳、崩溃。

(4)动荷载下的地基液化、失稳和震陷问题 饱和无黏性土地基具有振动液化的特性。在地震、机器振动、爆炸冲击、波浪等动荷载作用下,地基可能因液化、震陷导致地基失稳破坏;软黏土在振动作用下,亦会产生震陷。

(5)改善特殊土的不良地质特性问题 主要是消除或减少特殊土地基的一些不良工程性质,如黄土的湿陷性、膨胀土的膨胀性和冻土的冻胀融沉性等。

针对上述所遇到的地基问题,必须采取一定的措施使地基满足设计要求和使用要求。例如,调整基础设计方案;调整上部结构设计方案;对地基进行加固处理,形成人工地基。

3)地基处理的目的

地基处理的目的就是通过采用各种地基处理方法,改善地基土的下述工程性质,以期满足工程设计的要求。

(1)提高地基土的抗剪强度 地基承载力、土压力及人工和自然边坡的稳定性,主要取决于土的抗剪强度。因此,为了防止土体剪切破坏,需要采取一定措施,提高和增加地基土的抗剪强度。

(2)改善地基土的压缩性 建筑物超过允许值的倾斜、差异沉降将影响建筑物的正常使用,甚至危及建筑物的安全性。地基土的压缩模量等指标是反映其压缩性的重要指标,通过地基处理,可改善地基土的压缩模量等压缩性指标,减少建筑物沉降和不均匀沉降,同时也可防止土体侧向流动(塑性流动)产生的剪切变形。

(3)改善地基土的渗透特性 地下水在地基土中运动时,将引起堤坝等地基的渗漏现象;基坑开挖过程中,也会因土层夹有薄层粉砂或粉土而产生流砂和管涌。这些都会造成地基承载力下降、沉降加大和边坡失稳,而渗漏、流砂和管涌等现象均与土的渗透特性密切相关。为此,必须采用某种(些)地基处理措施,一是增加地基土的透水性加快固结,二是降低透水性或减少其水压力(基坑抗渗透)。

(4)改善地基土的动力特性 在地震运动、交通荷载以及打桩和机器振动等动力荷载作用下,将会使饱和松散的砂土和粉土产生液化,或使邻近地基产生振动下沉,造成地基土承载力丧失,或影响邻近建筑物的正常使用甚至破坏。因此,工程中有时需采取一定的措施,防止地基土液化,并改善其动力特性,提高地基的抗震(振)性能。

(5)改善特殊土地基的不良特性 特殊土地基有其不良特性,如黄土的湿陷性、膨胀土的胀缩性和冻土的冻胀性等。因此,在特殊土地基上修筑建筑物时,需要采取一定的措施,以减小不良特性对工程的影响。

4)软弱地基

我国地域广阔,地基土的类型多种多样,存在许多软弱地基和特殊土地基。《建筑地基基础设计规范》(GB 50007—2011)规定:软弱地基系指主要由淤泥、淤泥质土、冲填土、杂填土和其他高压缩性土所构成的地基。

(1)软黏土 软黏土也称软土,是软弱黏性土的简称。它形成于第四纪晚期,属于海相、泻湖相、河谷相、湖沼相、三角洲相等的黏性土沉积物或河流冲积物。软黏土多分布于沿海、河流中下游或湖泊附近地区。如上海、广州等地为三角洲相沉积,温州、宁波地区为滨海相沉积,闽江口平原为溺谷相沉积等。也有的软黏土属新近沉积物。常见的软弱黏土是淤泥质土。软土的物理力学性质如下:

①物理性质:黏粒含量较多,塑性指数 I_p 一般大于17,属黏性土。软黏土多呈深灰、暗绿色,有臭味,含有机质,含水量较高,一般大于40%,孔隙比一般为1.0~2.0,其中孔隙比为1.0~1.5称为淤泥质黏土,孔隙比大于1.5时称为淤泥。由于其高黏粒含量、高含水量、大孔隙比,因而其力学性质也就呈现出与之对应的特点——低强度、高压缩性、高灵敏度。

②力学性质:软黏土的强度极低,不排水强度通常仅为5~30 kPa,表现为地基承载力特征值很低,一般不超过70 kPa。软黏土尤其是淤泥灵敏度较高,是区别于一般黏土的重要指标。软黏土的压缩性很大,压缩系数大于0.5 MPa^{-1},最大可达4.5 MPa^{-1},压缩指数为0.35~0.75。通常情况下,软黏土层属于正常固结土或微超固结土,但有些土层特别是新近沉积的土层有可能属于欠固结土。

渗透系数很小是软黏土的又一重要特点,一般为10^{-5}~10^{-8} cm/s,渗透系数小则固结速率很慢,有效应力增长缓慢,从而沉降稳定慢,地基强度增长也十分缓慢。这一特点是严重制约地基处理方法和处理效果的重要因素。

③工程特性:软黏土地基承载力低,强度增长缓慢,加荷后易变形且不均匀,变形速率大且变形时间长,具有渗透性小、触变性及流变性大的特点。

对于软黏土,常用的地基处理方法有预压法、置换法、搅拌法等。

(2)杂填土 杂填土主要出现在一些老的居民区和工矿区内,是人们生活和生产活动所遗留或堆放的垃圾土。这些垃圾土一般分为三类,即建筑垃圾土、生活垃圾土和工业生产垃圾土。垃圾土很难用统一的强度指标、压缩指标、渗透性指标加以描述。

杂填土主要特点是无规划堆积、成分复杂、性质各异、厚薄不均、规律性差。因而同一场地可能会表现出压缩性和强度的明显差异,极易造成不均匀沉降,通常都需要进行地基处理。

(3)冲填土 冲填土是人为地用水力充填方式而沉积的土。近年来多用于沿海滩涂开发及河漫滩造地。西北地区常见的水坠坝(也称冲填坝)即是冲填土堆筑的坝。冲填土形成的地基可视为天然地基的一种。冲填土地基一般具有如下特点:

①颗粒沉积分选性明显,在入泥口附近,粗颗粒较先沉积,远离入泥口处,所沉积的颗粒变细,同时在深度方向上存在明显的层理。

②冲填土的含水量较高,一般大于液限,呈流动状态。停止冲填后,表面自然蒸发后常呈龟裂状,含水量明显降低,但当排水条件较差时下部冲填土仍呈流动状态,冲填土颗粒越细,

这种现象越明显。

③冲填土地基早期强度很低,压缩性较大,这是因冲填土处于欠固结状态。冲填土地基随静置时间的增长逐渐达到正常固结状态。其工程性质取决于颗粒组成、均匀性、排水固结条件以及冲填后静置时间。

(4)饱和松散砂土 粉砂或细砂地基在静荷载作用下具有较高的强度,但当振动荷载(地震、机械振动等)作用时,饱和松散砂土地基则有可能产生液化或大量震陷变形,甚至丧失承载力。这是因为土颗粒松散排列并在外部动力作用下使颗粒的位置产生错位,瞬间产生较高的超静孔隙水压力,有效应力迅速降低。对该类地基处理的目的就是使它变得较为密实,消除在动荷载作用下产生液化的可能性。常用处理方法有挤密法、振冲法等。

(5)含有机质土和泥炭土 当土中含有不同的有机质时,将形成不同的有机质土,在有机质超过一定含量时就形成泥炭土。有机质的含量越高,对土质的影响也会越大,主要表现为强度低、压缩性大,并且对不同工程材料的掺入有不同影响等,从而对工程建设和地基处理构成不利的影响。

(6)山区地基土 山区地基土的地质条件较为复杂,主要表现在地基的不均匀性和场地不稳定性两个方面。由于自然环境和地基土的生成条件影响,场地中有可能存在大孤石,场地环境也可能存在滑坡、泥石流、边坡崩塌等不良地质现象。它们会给建筑物造成直接或潜在的威胁,对这种地基需进行处理。

5)特殊土地基

特殊土地基有地区性特点,包括湿陷性黄土、膨胀土、红黏土、盐渍土和冻土等构成的地基。

(1)湿陷性黄土 在上覆土层自重应力作用下,或者在自重应力和附加应力共同作用下,因浸水后土的结构破坏而发生显著附加变形的土称为湿陷性黄土,属于特殊土。有些杂填土也具有湿陷性。广泛分布于我国东北、西北、华中和华东部分地区的黄土多具湿陷性。湿陷性黄土又分为自重湿陷性和非自重湿陷性黄土。在湿陷性黄土地基上进行工程建设时,必须考虑因地基湿陷引起附加沉降对工程可能造成的危害,应选择适宜的地基处理方法。

(2)膨胀土 膨胀土的矿物成分主要是蒙脱石,它具有很强的亲水性,吸水时体积膨胀,失水时体积收缩。这种胀缩变形往往很大,极易对建筑物造成损坏。膨胀土在我国的分布范围很广,如广西、云南、河南、湖北、四川、陕西、河北、安徽、江苏等地均有膨胀土存在。膨胀土常用的地基处理方法有换土、土性改良、预浸水,以及防止地基土含水量变化等。

(3)多年冻土 多年冻土是指温度连续 3 年或 3 年以上保持在 0 ℃ 或 0 ℃以下,并含有冰的土层。多年冻土的强度和变形有其特殊性。例如,冻土中因有冰和冰水存在,在长期荷载作用下将发生强烈的流变性。在人类活动影响下,多年冻土可能产生融化。因此,多年冻土作为建筑物地基时需慎重考虑,需要采取一些处理措施方可使用。

(4)盐渍土 通常将易溶盐含量(按质量分数计)超过 0.3%的土称为盐渍土。盐渍土中的盐遇水溶解后可能会发生地基溶陷,使地基强度降低。某些盐渍土(如含 Na_2SO_4 的土)在环境温度和湿度变化时,可能产生体积膨胀。此外,盐渍土中的盐溶液还会导致地下设施的建筑材料腐蚀,造成建筑物的破坏。我国盐渍土主要分布在新疆、青海、甘肃、宁夏和内蒙古等地。

(5)垃圾填埋土地基　垃圾填埋土地基其性质取决于填埋的垃圾类别和性质。垃圾填埋土地基处理的目的之一是防止其对周围环境影响,特别是对地下水的污染;之二是垃圾填埋土地基自身的利用。

(6)岩溶、土洞和山区地基　岩溶又称"喀斯特",它是石灰岩、白云岩、泥灰岩、大理石、岩盐、石膏等可溶性岩层受水的化学作用和机械作用而形成的溶洞、溶沟、裂隙,以及因溶洞的顶板塌落使地表产生陷穴、洼地等现象的总称。

土洞是岩溶地区上覆土层被地下水冲蚀或被地下水潜蚀所形成的洞穴。岩溶和土洞对建筑物影响很大,可能造成地面变形、地基陷落、渗漏和涌水现象,需引起足够重视。

除了在上述各种软弱和特殊土地基上建造建筑物时需要考虑地基处理外,当旧房改造、增高加层、动力设备更新和道路加宽等造成荷载增大,原有地基不能满足新的要求,或对原有地基提出更高要求时,或者在开挖基坑及建造地下工程中遇到土体稳定、变形和渗流问题时,亦需要进行地基处理。地基处理也常用于减少或消除施工扰动对周围环境的影响。此外,在既有建筑物的地基基础加固和倾斜建筑物纠偏工程中也要用到地基处理的方法。

1.2　地基处理方法的分类及适用范围

地基处理方法通常有以下几种不同分类:根据处理时间,可分为临时处理和永久处理;根据处理深度,可分为浅层处理和深层处理;根据被处理土的特性,可分为砂性土处理和黏性土处理、饱和土处理和非饱和土处理;根据地基处理的作用机理,可分为置换处理、排水固结处理、压实和夯实处理等。

按地基处理的作用机理对地基处理方法进行分类,能充分体现各种处理方法自身的特点,较为妥当和合理。但是严格的分类是困难的,同一种处理方法可能同时起到不止一种的作用效果,很难说该处理方法属于哪一类。例如,土桩和灰土桩既有挤密作用又有置换作用。另外,有些地基处理方法的加固机理及计算方法还不是很明确,处于研究探讨阶段,加之地基处理方法在应用中不断发展与完善,其功能不断扩大,很难做到精确的分类。

根据地基处理的作用机理进行的基本分类如下:

1)置换法

置换法是指利用物理力学性质较好的岩土材料置换天然地基中部分或全部软弱土体,以形成双层地基或复合地基,实现提高地基承载力,减少沉降的目的。

属于置换的地基处理方法具体有:换土垫层法、挤淤置换法、褥垫法、砂石桩置换法、强夯置换法、石灰桩法等。另外,气泡混合轻质料填土法和EPS超质料填土法一般不用于置换,主要用于填方,采用轻质填料代替比较重的填料。为了叙述方便,也可将气泡混合轻质料填土法和EPS超质料填土法归为置换法。

2)排水固结法

排水固结法的基本原理是软土地基在附加荷载的作用下完成排水固结,使孔隙比减小,抗剪强度提高,以实现提高地基承载力,减少工后沉降的目的。

按预压加载方法,排水固结法又可分为:堆载预压法、超载预压法、真空预压法、真空预压与堆载预压联合作用法、电渗法,以及降低地下水位法等。

按设在地基中的竖向排水系统还可分为:普通砂井、袋装砂井法和塑料排水带法等。

3)压实和夯实法

压实法是利用机械自重或辅以震动产生的能量对地基土进行压实。夯实法是利用机械落锤产生的能量对地基进行夯击使其密实,提高土的强度和减小压缩量。压实法包括碾压和振动碾压,夯实法包括重锤夯实和强夯。

4)振密、挤密法

振密、挤密法是指采用振动或挤密的方法使地基土体孔隙比减小,土体密实,以实现提高地基承载力和减少沉降的目的。属于振密、挤密的地基处理方法有:表层原位压实法、强夯法、振冲碎石桩法、挤密砂石桩法、爆破挤密法、土桩和灰土桩法、夯实水泥土桩法、柱锤冲扩桩法、孔内夯扩法和石灰桩法等。

5)灌入固化物法

灌入固化物法也称为胶结法,是指向土体内灌入或拌入水泥、水泥砂浆以及石灰等化学固化物,在地基中形成加固体或增强体,以达到地基处理的目的。

灌入固化物法主要有:深层搅拌法、高压喷射注浆法、灌浆法等。灌浆法根据灌浆压力及工艺不同又可分为渗入性灌浆、劈裂灌浆、挤密灌浆和电化学灌浆等方法。

6)加筋法

加筋法是在地基中设置强度高、弹性模量大的筋材,如土工格栅、土工织物等。加筋法主要有:加筋土垫层法、加筋土挡墙法、锚定板挡土结构、土钉法等。

7)热学处理法

热学处理法是通过冻结地基土体,或焙烧、加热地基土体以改变土体物理力学性质的地基处理方法。例如通过人工冷却软黏土(或饱和的砂土),使地基温度低到孔隙水的冰点以下,使之固化,从而达到理想的截水性能和较高的承载力。

8)托换法

托换法是对已有建筑物地基和基础进行处理和加固的方法。常用托换技术有:基础加宽与加深技术、锚杆静压桩技术、树根桩技术、桩式托换技术、灌浆地基加固技术等。

9)纠倾和迁移法

纠倾是指对因沉降不均匀造成倾斜的建筑物进行矫正,如加载纠倾、掏土纠倾、顶升纠倾和综合纠倾等。迁移是将已有建筑物从原来位置移到新的位置,即进行整体迁移。

1.3　地基处理方案的选择原则

地基处理方法众多,每种处理方法都有其各自的适用条件、局限性和优缺点;每种处理方法的作用通常又具有多重性,加之地基土成因复杂,性质多变,具体工程对地基的要求又不尽相同,施工机械、技术力量、施工条件和环境等千差万别,因此在选择地基处理方案时,应从实际出发,对具体的地基条件、处理要求(包括处理前后地基应达到的各项指标、处理范围、工程进度等)、工程费用以及施工机械、技术力量和材料等因素进行综合分析比较,优化、比选处理方案。在选择处理方案时还应提高环保意识,注意节约能源和保护环境,尽量避免地基处理时对地面和地下水产生污染,以及振动和噪声对周围环境的不良影响等。

选择地基处理方案前,应进行深入调查,充分收集资料。在调查、收集资料时,应考虑以下 5 个方面的内容:

①上部结构和基础设计情况。

②建筑场地的工程地质条件。

③施工用地、施工工期、工程用料来源等。

④施工时对周围环境的影响。

⑤施工单位技术力量、机具设备、施工管理水平及施工经验等。

在充分调查研究、收集资料的基础上,确定地基处理方案。方案确定的步骤如下:

①根据结构类型、荷载大小及使用要求,结合地形地貌、地层结构、工程地质及水文地质条件、环境情况和对相邻建筑的影响等因素,初步选定几种处理方案。

②对初步选定的各种地基处理方案,分别从加固机理、适用范围、预期效果、材料来源及消耗、机具条件、工期要求、施工队伍素质和对环境的影响等方面进行技术经济分析和对比,确定最优处理方案。

③对已选定的地基处理方案,根据建筑物的安全等级、施工场地的复杂程度,可在有代表性的场地上进行相应的现场实验,以验证各项设计参数,选择合理的施工方法(其目的是为了调试机具设备、确定施工工艺、用料及配比等各项施工参数)和确定处理效果。

④进行地基处理方案设计时,还应充分考虑环保问题,减小或避免对周围空气、地面和地下水的污染以及对场地周围的振动、噪声等影响。

1.4 地基处理监测与质量检验方法

1)监测与质量检验的目的

①为工程设计提供依据。

②作为大面积施工的指导和控制标准。

③检验设计参数和处理效果,为地基处理工程验收提供依据。

④为采取补救措施或修改地基加固设计方案提供依据。

⑤为理论研究提供试验数据。

2)监测内容与质量检验方法

①地基与桩体强度:包括单桩和复合地基静载荷试验、标准贯入试验、静力触探试验、动力触探试验、桩身高应变检测法和钻芯法等。

②地基变形:包括地基沉降与水平位移测试。

③应力监测:包括土压力和孔隙水压力测试。

④桩身完整性:采用桩身低应变检测和声波透视法测试。

⑤动力特性:采用波速测试、地基刚度测试等。

对地基处理的效果检验,应在地基处理施工结束后,经过一定时间休止恢复方可进行。这是由于地基加固有时效性,复合地基的强度和模量的提高需要有一定时间。同一地基处理往往需要采用多种测试手段加以检验,以综合评价其地基处理效果。

常用的现场测试方法的适用范围见表1.1。

表 1.1　常用的现场测试方法的适用范围

地基处理方法	现场测试方法												
	平板载荷试验	沉降观测	水平位移观测	十字板剪切试验	静力触探	动力触探	标准贯入试验	孔隙水压力测试	桩载荷试验	旁压试验	桩基动力测试	波速法	螺旋压板试验
换填	○	○	×	×	○	○	○	×	×	△	×	○	△
振冲碎石桩	○	○	×	×	○	△	○	○	△	△	×	○	×
强夯置换	○	○	△	×	×	○	○	△	△	×	×	○	×
砂石桩(置换)	○	○	△	△	○	△	○	○	△	△	△	○	×
石灰桩	○	○	△	△	△	△	△	×	△	△	△	○	△
加载预压	○	○	△	△	○	△	○	○	×	△	×	○	○
超载预压	○	○	△	△	○	△	○	○	×	△	×	○	○
真空预压	○	○	△	△	○	△	○	○	×	○	×	○	○
水泥土搅拌桩	○	○	△	×	×	×	×	×	△	△	△	○	△
高压喷射注浆	○	○	△	×	×	×	×	×	△	△	△	○	×
灌浆	○	○	×	×	×	×	×	×	△	△	△	○	△
强夯	○	○	×	×	○	○	○	×	×	△	×	○	△
表面夯实	○	○	△	×	△	○	○	×	×	×	×	○	○
振冲密实	○	○	△	△	○	○	○	○	△	△	△	○	×
挤密砂石桩	○	○	△	△	○	○	○	○	△	△	△	○	×
土桩、灰土桩	○	○	△	×	△	○	△	○	△	△	△	○	×
加筋土	○	○	△	△	×	△	×	×	△	△	△	△	△

注:"○"为一般适用,"△"为有时适用,"×"为不适用。

3)地基处理现场监测与质量检验应注意的问题

①前后两次测试应尽可能使用同一仪器,且操作规程及标准相同。

②注意各种仪器及测试方法适用范围,并应结合现场条件及测试项目选择测试方法。

③一般采用两种以上测试方法,对地基处理效果进行综合评价。

④测点位置应选择有代表性部位,并按有关规范规程标准进行测试操作。

⑤现场测试应与室内试验相结合,以增强测试结果的互补性。

1.5　地基处理技术发展概况

地基处理技术在我国的应用可以追溯到古代,我国劳动人民在处理地基方面有着丰富的经验,根据历史记载,2 000多年以前就已采用软土中夯入碎石等压密土层的夯实法,以及采用灰土和三合土的换土垫层法。

近几十年来,我国土木工程建设迎来了飞快发展时期,地基处理技术也相应快速发展,一些传统的地基处理方法得到改进,新的地基处理方法不断涌现。我国目前应用的大部分地基处理技术是改革开放以后发展或引进的,先后从国外引进了高压喷射注浆法、振冲法、强夯法、深层搅拌法、土工合成材料法等许多地基处理方法,并在实践中得到了改进和发展。许多已经在我国得到应用的地基处理技术,如排水固结法、土桩和灰土桩法、砂桩法、换填法等也得到很大发展与改进。近些年来,我国在工程实践中发展了许多新的地基处理技术,如真空-堆载预压法、水泥粉煤灰碎石桩(Cement-Flyash-Gravel Pile,简称 CFG 桩)、复合地基法、夯实水泥土桩法、泡沫苯乙烯(Expanded Polystyrence,简称 EPS)超轻质填料法、强夯置换法、锚杆静压桩法、孔内夯扩碎石桩法、微型桩法等。我国一些地基处理方法开始应用的最早时间统计见表1.2。

表 1.2　我国一些地基处理方法开始应用的最早时间统计

地基处理方法	最早使用年份	地基处理方法	最早使用年份
EPS 超轻质填料法	1995 年	强夯法	1978 年
CFG 桩法	1991 年	浆液深层搅拌法	1977 年
低强度桩复合地基法	1990 年	振冲法	1977 年
强夯置换法	1988 年	高压喷射注浆法	1972 年
沉管碎石桩法	1987 年	土工合成材料法	20 世纪 70 年代末
顶升纠偏法	1986 年	袋装砂井法	20 世纪 70 年代
粉体喷射搅拌法	1983 年	灰土桩法	20 世纪 60 年代中
锚杆静压桩法	1982 年	掏土纠偏法	20 世纪 60 年代初
树根桩法	1981 年	土桩法	20 世纪 50 年代中
刚性桩复合地基法	1981 年	砂桩法	20 世纪 50 年代
塑料排水带法	1981 年	普通砂井法	20 世纪 50 年代
真空预压法	1980 年	石灰桩法	1953 年
微型桩法	1985 年	多桩型复合地基法	1998 年

地基处理技术的发展推动了施工机械、工程材料、设计计算理论、施工工艺、监测技术等方面的不断发展与提高；反之，施工机械等方面的发展又促进了地基处理技术的发展。

近些年来，地基处理的施工机械发展很快。例如：强夯机械向系列化和标准化方向发展；深层搅拌机产品型号不断更新，从单轴搅拌机、固定双轴搅拌机发展到可变距双轴深层搅拌机、三轴深层搅拌机、四轴深层搅拌机、六轴深层搅拌机，以及浆液和粉体同时喷射深层搅拌机，搅拌深度已从 14 m 提高到 30 m，成桩直径（或单次成墙宽度）不断扩大；高压喷射注浆机械发展也很快，研制成功了许多新型高压喷射注浆设备，继单管法、双管法、三管法及多管法之后，又研制出了新型双管法，并由液压传动代替机械传动，改进了气、水、浆液的输送装置，提高了喷射压力和冲切搅拌能力；应用于排水固结法的塑料排水带插带机的出现使工作效率大幅提高，使插带深度超过了 30 m；振冲法施工机械发展也很快，振冲器最大功率已达 135 kW，振密砂层达 26 m 深；干法振动成孔器的研制成功，使干法振动碎石技术得以应用，解决了振动水冲法施工中排放泥浆污染现场的问题，扩大了振冲法的应用范围。

地基处理新材料的应用与发展，提高了地基处理效能，并产生了许多新的地基处理方法。如：土工合成材料的应用促进了加筋土法的发展；轻质土工合成材料 EPS 作为填土材料，使 EPS 超轻质填土法在高速公路路堤中得到应用；超细水泥、粉煤灰水泥浆材、硅粉水泥浆材及化学浆材的发展，扩大了灌浆法的应用范围。地基处理技术与工业废料的利用相结合也是一种发展趋势，如粉煤灰垫层、石灰粉煤灰桩复合地基、钢渣桩复合地基、渣土桩复合地基等的应用，保护了环境，取得了较好的社会效益和经济效益。

复合地基理论随着地基处理技术的发展而发展，复合地基承载力和沉降计算理论日趋成熟，按复合地基理论进行地基加固设计可大幅度降低经济成本。此外，在强夯法加固地基处理与加固深度计算、砂井法非理想井计算理论、真空预压法计算理论等方面都取得了很多研究成果。

各类地基处理方法所采用的施工工艺近年来也得到了较大发展，如真空预压法施工工艺的改进使该项技术得以推广应用，石灰桩施工工艺的改进使石灰桩法应用范围扩大，长螺旋钻孔工艺的发展使 CFG 桩法更加成熟，高压喷射注浆法施工工艺的完善使之用于第四纪覆盖层的防渗工程成为可能，边填碎石（块石或其他材料）边强夯工艺的发展扩大了强夯法的应用范围。目前，每项地基处理方法的施工工艺都在不断改进与完善。

地基处理的监测日益得到重视，一般在地基处理施工过程中和施工之后应分别进行监测，以指导工程施工，检验处理效果，校验设计参数。监测手段越来越多，监测精度不断提高。地基处理信息化施工和管理水平不断提高，有效地确保了施工质量，取得最佳效益。

地基处理技术的发展还表现在多种地基处理方法综合应用水平的提高方面。例如，将真空预压法和加载预压法结合在一起使用，可克服真空预压法预压荷载小于 80 kPa 的缺点，扩大了该方法的应用范围。长短桩非线性组合多元复合地基的应用也取得了较快发展，如石灰桩与深层搅拌水泥土桩多元复合地基、CFG 桩与深层搅拌水泥土桩多元复合地基等都已得到推广应用。在澳门机场人工岛建设中，综合应用了挖淤置换、冲填、塑料排水带、加载预压、振冲密实、振动碾压等方法，取得了很好的技术与经济效果。因此，重视多种地基处理方法的综合应用，可获得更好的经济效益。

目前，地基处理已成为土力学与岩土工程的主要分支学科，国际土力学与岩土工程协会下设了专门的地基处理学术委员会。中国土力学与岩土工程学会 1984 年成立了地基处理学术委员会,并已召开了 10 届全国地基处理学术讨论会(平均每 3 年召开一次)。1988 年编著出版了《地基处理手册》,2008 年再版(第三版)修订了该手册。1990 年,《地基处理》杂志创刊,为从事岩土工程技术人员提供了地基处理学术研讨与交流的平台。

有关地基处理设计与施工的规范及规程制定工作也得到了较快发展。现行国家规范有:《建筑地基基础设计规范》(GB 50007—2011)、《湿陷性黄土地区建筑标准》(GB 50025—2018)、《膨胀土地区建筑技术规范》(GB 50112—2013)。现行行业标准有:《建筑地基处理技术规范》(JGJ 79—2012)、《公路桥涵地基与基础设计规范》(JTG D63—2007)、《水运工程地基设计规范》(JTS 147—2017)、《碾压式土石坝设计规范》(DL/T 5395—2007)、《铁路特殊路基设计规范》(TB 10035—2018)《建筑地基基础工程施工质量验收标准》(GB 50202—2018)等。此外,天津、上海、河北、北京、深圳、武汉等地制定了地区性地基处理技术规程。这些规范规程的制定和有效实施,促进了地基处理技术不断地向前发展。

1.6 地基处理课程性质、任务和学习要求

地基处理课程是土木工程专业(建筑工程、交通土建工程、岩土工程等专业方向)城市地下空间工程专业的必修课,一般在学完工程地质学、土力学之后开设。

地基处理课程主要讲授常见的地基处理方法及其设计理论、施工工艺和检测方法等方面知识,内容包括换填垫层法、强夯法和强夯置换法、排水固结法、复合地基理论、挤密桩法、夯实水泥土桩法、水泥粉煤灰碎石桩法、柱锤冲扩桩法、水泥土搅拌法、高压喷射注浆法、灌浆法、加筋法、特殊土地基处理、既有建筑地基基础加固等。

通过本课程学习,学生掌握地基处理设计的基本原理,具有进行一般地基处理设计、施工管理和检测的能力,对于常见的软弱地基能提出合理的地基处理设计方案。

2

换填垫层法

〖本章教学要求〗

了解换填垫层法的概念、分类及适用范围;在对垫层的作用和土的压实原理的理解的基础上,熟练掌握垫层设计计算方法,掌握机械碾压法、重锤夯实法和振动压实法施工原理与操作要点;熟悉砂石垫层、土垫层和粉煤灰垫层的施工工艺及质量检测方法。

2.1 概　述

▶ 2.1.1 换填垫层法的概念与应用

换填垫层法也称为换填法,是将基础下一定深度范围内的软弱土层或不均匀土层全部或部分挖除,然后分层回填砂、碎石、素土、灰土、粉煤灰、高炉干渣等强度较大,性能稳定且无侵蚀性的材料,并分层夯实(或振实)至要求的密实度。换填法也包括低洼地域筑高(平整场地)或堆填筑高(道路路基)。

当软弱地基的承载力和变形不能满足建筑物要求,且软弱土层的厚度又不很大时,换土垫层法是一种较为经济、简单的软土地基浅层处理方法。不同的回填材料形成不同的垫层,如砂垫层、碎石垫层、素土或灰土垫层、粉煤灰垫层及煤渣垫层等。

换填垫层法的优点是:可就地取材、施工简便、机械设备简单、工期短、造价低。

▶ 2.1.2 换填垫层法分类

换填垫层法按回填材料可分为:砂垫层、砂石垫层、碎石垫层、素土垫层、灰土垫层、二灰垫层、干渣垫层和粉煤灰垫层法等。

换填垫层法按施工机械可分为重锤夯实法、机械碾压法和振动压实法。

2.1.3 换填垫层法适用范围

《建筑地基处理技术规范》(JGJ 79—2012,以下简称《地基处理规范》)中规定:换填垫层法适用于浅层软弱地基或不均匀地基的处理。工程实践表明,换填垫层法主要用于淤泥、淤泥质土、湿陷性黄土、素填土、杂填土地基及暗沟、暗塘等的浅层处理。

换填垫层的厚度应根据置换软弱土的深度以及下卧土层的承载力确定,厚度宜为0.5~3 m。换填法各种垫层的适用范围见表 2.1。

表 2.1　各种垫层的适用范围

垫层种类	适用范围
砂垫层(碎石、砂砾)	中、小型建筑工程的滨、塘、沟等局部处理;软弱土和水下黄土处理(不适用于湿陷性黄土);也可有条件用于膨胀土地基
素土垫层	中小型工程,大面积回填,湿陷性黄土
灰土垫层	中小型工程,膨胀土,尤其湿陷性黄土
粉煤灰垫层	厂房、机场、港区路域和堆场等大、中小型大面积填筑
干渣垫层	中小型建筑工程,地坪、堆场等大面积地基处理和场地平整;铁路、道路路基处理
土工合成材料加筋垫层	护坡、堤坝、道路、堆场、高填方及建(构)筑物垫层等

2.2　加固机理

2.2.1 垫层的作用

换土垫层处理软土地基,其作用主要体现在以下几个方面:

1)提高浅层地基承载力

浅基础的地基承载力与持力层的抗剪强度有关。如果以抗剪强度较高的砂或其他填筑材料代替软弱的土,可提高地基承载力,并将建筑物基础压力扩散到垫层以下的软弱地基,避免地基破坏。

2)减少地基的变形量

一般地基浅层部分沉降量在总沉降量中所占的比例是比较大的。以条形基础为例,在相当于基础宽度的深度范围内的沉降量约占总沉降量50%。如以密实砂或其他填筑材料代替上部软弱土层,就可以减少这部分的沉降量。由于砂垫层或其他垫层的应力扩散作用,使作用在下卧层土上的压力较小,会相应减少下卧层土的沉降量。

3)加速软土层的排水固结

建筑物的不透水基础直接与软弱土层相接触时,在荷载的作用下,软弱土层地基中的水被迫绕基础两侧排出,因而使基底下的软弱土不易固结,形成较大的孔隙水压力,还可能导致由于地基强度降低而产生塑性破坏的危险。砂垫层和砂石垫层等垫层材料透水性大,软弱土层受压后,垫层可作为良好的排水面,可以使基础下面的孔隙水压力迅速消散,加速垫层下软弱土层的固结和提高其强度,避免地基土塑性破坏。

用透水材料做垫层相当于增设了一层水平排水通道,起到排水作用。在建筑物施工过程中,孔压消散加快,有效应力增加也加快,有利于提高地基承载力,增加地基的稳定性,加速施工进度以及减小建筑物建成后的工后沉降。

4)防止土的冻胀

因粗颗粒的垫层材料孔隙大,不易产生毛细管现象,因此可以防止寒冷地区土中结冰所造成的冻胀。这时,砂垫层的底面应满足当地冻结深度的要求。

5)消除地基土的湿陷性、胀缩性或冻胀性

对湿陷性黄土、膨胀土或季节性冻土等特殊土,其处理目的主要是消除或部分消除地基土的湿陷性、胀缩性或冻胀性。

在膨胀土地基上可选用砂、碎石、块石、煤渣、二灰或灰土等材料作为垫层以消除胀缩作用,但垫层厚度应依据变形计算确定,一般不少于 0.3 m,且垫层宽度应大于基础宽度,而基础两侧宜用与垫层相同的材料回填。

换土垫层法在处理一般软弱地基时,可起的主要作用为前 3 种,在某些工程中也可能几种作用同时发挥,如既起提高地基承载力、减小沉降量的作用,也起排水作用。

► 2.2.2　土的压实原理

1)土的压实原理

土的压实是指土体在压实能量作用下,土颗粒克服粒间阻力,产生位移,使土中空隙减小,密度增加,即土在压实能量作用下能被压密的特性称为土的压实性。影响土的压实性的因素有很多,主要有含水量、击实功及土的级配等。

①当黏性土的含水量较小时,水化膜很薄,以结合水为主,颗粒间引力大,在一定的外部压实功作用下,还不能克服这种引力而使土粒相对移动,压实效果差,土的干密度较小。

②当增加土的含水量时,结合水膜逐渐增厚,颗粒间引力减弱,土粒在相同的压实功能下易于移动而挤密,压实效果提高,土的干密度也随之提高。

③当土中含水量增大到一定程度后,孔隙中开始出现自由水,结合水膜的扩大作用并不明显,颗粒间引力很弱,但自由水充填在孔隙中,阻止了土粒间的移动,并随着含水量的继续增大,移动阻力逐渐增大,压实效果反而下降,土的干密度随之减少。

2)最优含水量

工程实践表明,要使土的压实效果最好,其含水量一定要适当。对过湿的土进行碾压会出现"橡皮土",不能增大土的密实度;对很干的土进行碾压,也不能把土充分压实。这说明填土的压实存在最优含水量的问题。

工程上,对垫层碾压质量的检验,要求能获得填土的最大干密度 ρ_{dmax},一般可通过室内击实试验确定 ρ_{dmax}。

在标准击实方法条件下,对于不同含水量的土样,可得到不同的干密度,可绘制出土的干密度(ρ_d)和制备土样含水量(w)之间的关系曲线,在该曲线上干密度 ρ_d 的峰值为最大干密度 ρ_{dmax},与之对应的制备土样含水量为最优含水量 w_{op},如图 2.1 所示。从图中曲线分析看出,对于饱和土($S_r = 100\%$)的理论曲线高于制备土样的试验曲线,这是因为理论曲线假定土中孔隙完全被水充满,无空气存在,但实际土样中的空气不可能被完全排出,故实际土样的干密度小于理论值。

不同土样,其击实试验效果是不同的,黏粒含量多的土,因土粒间的引力较大,只有在较大含水量时才可达到最大干密度的压实状态,如黏土的 w_{op} 大于粗砂的 w_{op}。

如果改变压实功能,曲线形态基本不变,但曲线位置会发生移动,如图 2.2 所示。一般在加大击实功能时,最大干密度 ρ_{dmax} 将增大,最优含水量 w_{op} 却减少。这说明压实功能越大,越容易克服土颗粒之间的引力,使之在较低含水量时达到更大的密实程度。

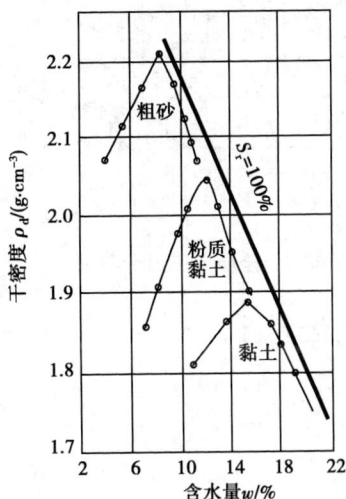

图 2.1　砂土和黏土的压实曲线

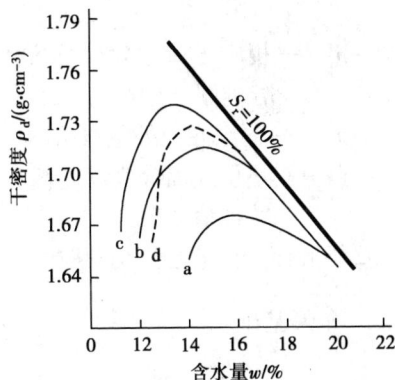

图 2.2　现场碾压与室内击实试验的比较
a—碾压 6 遍;b—碾压 12 遍;
c—碾压 24 遍;d—室内击实试验

由于现场施工的土料土块大小不均,含水量和铺填厚度又很难控制均匀,其压实效果要比室内击实试验差。因此,对于现场土的压实,以压实系数 λ_c(现场土的实际控制干密度 ρ_d 与最大干密度 ρ_{dmax} 之比)和施工含水量 $w = w_{op} \pm (2\% \sim 3\%)$ 来控制填土的工程质量。

压实系数计算公式为:

$$\lambda_c = \rho_d / \rho_{dmax} \tag{2.1}$$

$$= \frac{\rho_w d_s}{1 + 0.01 w_{op} d_s} \tag{2.2}$$

式中　ρ_d——现场土的实际控制干密度,g/cm^3,宜采用击实试验确定;

　　　ρ_{dmax}——土的最大干密度,g/cm^3;

　　　ρ_w——水的密度,可取 $\rho_w = 1.0\ g/cm^3$;

　　　d_s——土粒相对密度;

　　　w_{op}——土的最优含水量。

垫层的压实标准按《地基处理规范》执行,具体参见表 2.3。

2.3 设计计算

垫层的设计内容主要包括垫层厚度和宽度两方面,要求有足够的厚度以置换可能被剪切破坏的软弱土层,有足够的宽度防止砂垫层向两侧挤出。主要起排水作用的砂(石)垫层,一般厚度要求 30 cm,并需在基底下形成一个排水面,以保证地基土排水路径的畅通,促进软弱土层的固结,从而提高地基强度。

▶ 2.3.1 垫层的厚度确定

如图 2.3 所示,垫层厚度 z 应根据垫层底部下卧土层的承载力确定,并符合式(2.3)的要求。

$$p_z + p_{cz} \leqslant f_{az} \qquad (2.3)$$

式中 p_z——相应于荷载效应标准组合时,垫层底面处的附加压力值,kPa;

p_{cz}——垫层底面处土自重压力值,kPa;

f_{az}——垫层底面处经深度修正后的地基承载力特征值,kPa。

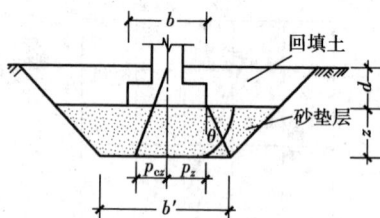

图 2.3 垫层内应力分布

垫层底面处的附加压力设计值 p_z 可按压力扩散角 θ 进行简化计算:

条形基础
$$p_z = \frac{b(p_k - p_c)}{b + 2z \tan \theta} \qquad (2.4)$$

矩形基础
$$p_z = \frac{bl(p_k - p_c)}{(b + 2z \tan \theta)(l + 2z \tan \theta)} \qquad (2.5)$$

式中 b——矩形基础或条形基础底面的宽度,m;

l——矩形基础底面的长度,m;

p_k——相应于荷载效应标准组合时,基础底面处的平均压力值,kPa;

p_c——基础底面处土的自重压力值,kPa;

z——基础底面下垫层厚度,m;

θ——垫层的压力扩散角(°),宜通过试验确定,当无试验资料时,可按表 2.2 选用。

地基处理规范规定,换填垫层的厚度不宜小于 0.5 m,也不宜大于 3 m。

表 2.2 压力扩散角 θ

z/b	换填材料		
	中砂、粗砂、砾砂、圆砾、角砾、石屑、卵石、碎石、矿渣	粉质黏土、粉煤灰	灰土
0.25	20°	6°	28°
≥0.50	30°	23°	

注:①当 $z/b<0.25$ 时,除灰土取 $\theta=28°$ 外,其余材料均取 $\theta=0°$,必要时,宜由试验确定;

②当 $0.25<z/b<0.5$ 时,θ 值可内插求得;

③土工合成材料加筋垫层其压力扩散角宜由现场静载荷试验确定。

▶ **2.3.2 垫层的宽度确定**

垫层底面的宽度应以满足基础底面应力扩散和防止垫层向两侧挤出为原则确定,可按式(2.6)计算或根据当地经验确定。

$$b' \geqslant b + 2z \tan \theta \tag{2.6}$$

式中　b'——垫层底面宽度,m;

　　　θ——压力扩散角(°),可按表 2.2 选取,当 $z/b < 0.25$ 时,仍按 $z/b = 0.25$ 取值。

垫层顶面每边宜比基础底面大 0.3 m,或从垫层底面两侧向上按当地开挖基坑经验的要求放坡,整片垫层的宽度可根据施工要求适当加宽。

▶ **2.3.3 垫层的承载力确定**

垫层承载力宜通过现场载荷试验确定。当无试验资料时,可按表 2.3 选用,并应进行下卧层承载力验算。

表 2.3　垫层的压实标准及承载力

施工方法	换填材料类别	压实系数 λ_c	承载力特征值 f_{ak}/kPa
碾压、振密或重锤夯实	碎石、卵石	≥0.97	200~300
	砂夹石(其中碎石、卵石占全重的 30%~50%)		200~250
	土夹石(其中碎石、卵石占全重的 30%~50%)		150~200
	中砂、粗砂、砾砂、角砾、圆砾		150~200
	粉质黏土		130~180
	灰土	≥0.94	200~250
	粉煤灰		120~150
	石屑		120~150
	矿渣	—	200~300

注:①压实系数小的垫层,承载力标准值取低值,反之取高值;原状矿渣垫层取低值,分级矿渣或混合矿渣垫层取高值。
　　碎石或卵石的最大干密度可取 $(2.0~2.2) \times 10^3$ kg/m³。
　　②采用轻型击实试验时,压实系数 λ_c 取高值;采用重型击实试验时,压实系数 λ_c 宜取低值。
　　③矿渣垫层的压实指标为最后两遍压实的压陷差小于 2 mm。

土工合成材料加筋垫层所用土工合成材料应进行材料强度验算,并符合下列规定:

$$T_p \leqslant T_a \tag{2.7}$$

式中　T_p——相应于作用的标准组合时,单位宽度的土工合成材料的最大拉力,kN/m;

　　　T_a——土工合成材料在允许延伸率下的抗拉强度,kN/m。

▶ **2.3.4 沉降计算**

对于垫层下存在软弱下卧层的情况,在进行地基变形计算时应考虑邻近基础对软弱下卧层顶面应力叠加的影响。当超出原地面标高的垫层或换填材料的重度大于天然土层重度时,宜早换填,并应考虑其附加荷载对建筑及邻近建筑的影响。

垫层地基的变形由垫层自身变形和下卧层变形组成。粗粒换填材料的垫层在满足垫层的厚度、宽度及承载力的前提下,在施工期间垫层的自身变形已基本完成,其值很小。因而对于碎石、卵石、砂夹石、砂和矿渣垫层,在地基变形计算中可以忽略垫层自身部分的变形值,仅考虑其下卧层的变形;但对于细粒材料尤其是厚度较大的换填垫层,或对沉降要求严的建筑,应计算垫层自身的变形。有关垫层的模量应根据试验或当地经验确定,无试验资料或经验时,可参照表2.4选用。

表 2.4　垫层的模量　　　　单位:MPa

垫层材料	压缩模量 E_s	变形模量 E_0
粉煤灰	8~20	—
砂	20~30	—
碎石、卵石	30~50	—
矿渣	—	35~70

注:压实矿渣的 E_s/E_0 比值可按 1.5~3 取用。

垫层下卧层的变形量可按《建筑地基基础设计规范》(GB 50007—2011)的有关规定计算。下卧层顶面承受换填材料本身的压力超过原天然土层压力较多的工程,地基下卧层将产生较大的变形。因此,工程条件许可时,宜尽早换填,以使大部分地基变形在其上部结构施工之前完成。如考虑下卧层的瞬时沉降,则软弱下卧层的总沉降量 s 计算公式如下:

$$s = s_d + s_e \leqslant [s] \tag{2.8}$$

$$s_d = \sum \frac{1.5}{E_{si}}(\sigma_z - \sigma_m h_i) \tag{2.9}$$

$$s_e = \sum \frac{e_1 - e_2}{1 + e_1}h_i \tag{2.10}$$

$$\sigma_m = \frac{1}{3}(\sigma_x + \sigma_y + \sigma_z) \tag{2.11}$$

式中　$[s]$——建筑物的允许沉降量;

　　　s_d——地基瞬时沉降,软土在加荷瞬时,水还来不及排出,因侧向变形产生的沉降;

　　　s_e——地基主固结沉降;

　　　h_i——各分层土的厚度;

　　　e_1——自重作用下土的孔隙比;

　　　e_2——加上部荷载作用后土的孔隙比;

　　　E_{si}——土层的压缩模量;

　　　σ_m——土层的平均三向附加应力;

　　　σ_z——土层竖向附加应力;

　　　σ_x,σ_y——土层横向附加应力。

▶ 2.3.5 垫层材料的选用

1）砂石

砂石垫层材料宜选用碎石、卵石、角砾、圆砾、砾砂、粗砂、中砂或石屑（粒径小于 2 mm 的部分不应超过总重的 45%），且级配良好，不含植物残体、垃圾等杂质，其含泥量不应超过 5%。当使用粉细砂或石粉（粒径小于 0.075 mm 的部分不超过总重的 9%）时，应掺入不少于总重 30% 的碎石或卵石。砂石的最大粒径不宜大于 50 mm。对湿陷性黄土地基，不得选用砂石等透水材料。

2）粉质黏土

粉质黏土中有机质含量不得超过 5%，不得含有冻土或膨胀土。当含有碎石时，其粒径不宜大于 50 mm。对湿陷性黄土或膨胀土地基的粉质黏土垫层，土料中不得夹有砖、瓦和石块。

3）灰土

灰土体积配合比宜为 2∶8 或 3∶7。土料宜用粉质黏土，不宜选用块状黏土和砂质粉土，不得含有松软杂质，并应过筛，其颗粒不得大于 15 mm。石灰宜用新鲜的消石灰，其颗粒不得大于 5 mm。

4）粉煤灰

粉煤灰可用于道路、堆场，以及小型建筑、构筑物等的换填垫层。粉煤灰垫层上宜覆土 0.3~0.5 m。粉煤灰垫层中采用掺加剂时，应通过试验确定其性能及适用条件。作为建筑物垫层的粉煤灰应符合有关放射性安全标准的要求。粉煤灰垫层中的金属构件、管网宜采取适当防腐措施。大量填筑粉煤灰时应考虑对地下水和土壤的环境影响。

5）矿渣

垫层矿渣是指高炉重矿渣，可分为分级矿渣、混合矿渣及原状矿渣。矿渣垫层主要用于堆场、道路和地坪，也可用于小型建筑、构筑物地基。矿渣的松散重度不小于 11 kN/m³，有机质及含泥总量不超过 5%。设计、施工前必须对选用的矿渣进行试验，在确认其性能稳定并符合安全规定后方可使用。作为建筑物垫层的矿渣应符合放射性安全标准的要求。易受酸、碱影响的基础或地下管网不得采用矿渣垫层。填筑矿渣时，应考虑对地下水和土壤的环境影响。

6）其他工业废渣

在有可靠试验结果或成功工程经验时，对质地坚硬、性能稳定、无腐蚀性和放射性危害的工业废渣等亦可用于填筑换填垫层。工业废渣的粒径、级配和施工工艺等应通过试验确定。

7）土工合成材料

由分层铺设的土工合成材料与地基土构成加筋垫层。土工合成材料的品种、性能及填料的土类应根据工程特性和地基土条件，按照《土工合成材料应用技术规范》（GB 50290）的要求，通过设计并进行现场试验后确定。

作为加筋的土工合成材料应采用抗拉强度较高，受力时伸长率不大于 4%~5%，耐久性好，抗腐蚀的土工格栅、土工格室、土工垫或土工织物等土工合成材料。垫层填料宜用碎石、角砾、砾砂、粗砂、中砂或粉质黏土等材料。当工程要求垫层具有排水功能时，垫层材料应具有良好的透水性。在软土地基上使用加筋垫层时，应保证建筑稳定并满足允许变形的要求。

2.4 施工技术

▶ 2.4.1 施工方法

按密实方法和施工机械,换填垫层法有机械碾压法、重锤夯实法和振动压实法等。垫层施工应根据不同的换填材料选择施工机械。

1)机械碾压法

机械碾压法是采用各种压实机械来压实地基土的密实方法。此法常用于基坑底面积宽大开挖土方量较大的工程。

机械碾压法的施工设备有平碾、振动碾、羊足碾、振动压实机、蛙式夯、插入式振动器和平板振动器等。一般粉质黏土、灰土宜采用平碾、振动碾或羊足碾;中小型工程也可采用蛙式夯、柴油夯;砂石等宜用振动碾;粉煤灰宜采用平碾、振动碾、平板振动器、蛙式夯;矿渣宜采用平板振动器或平碾,也可采用振动碾。

工程实践中,对垫层碾压质量的检验,要求获得填土最大干密度。其关键在于施工时控制每层的铺设厚度和最优含水量,其最大干密度和最优含水量宜采用击实试验确定。所有施工参数(如施工机械、铺填厚度、碾压遍数与填筑含水量等)都必须由工地试验确定。由于现场条件与室内试验不同,因而对现场试验应以压实系数 λ_c 与施工含水量进行控制。不具备试验条件的场合,可按表 2.5 选用垫层的每层铺填厚度及压实遍数。

表 2.5　垫层的每层铺填厚度及压实遍数

施工设备	每层铺填厚度/mm	压实遍数
平碾(8~12 t)	200~300	6~8
羊足碾(5~16 t)	200~350	8~16
蛙式夯(200 kg)	200~250	3~4
振动碾(8~15 t)	600~1 300	6~8
振动压实机(2 t,振动力 98 kN)	1 200~1 500	10
插入式振动器	200~500	—
平板振动器	150~250	—

为获得最佳夯压效果,宜采用垫层材料的最优含水量 w_{op} 作为施工控制含水量。对于粉质黏土和灰土,现场可控制在最优含水量 w_{op} ±2% 的范围内;当使用振动碾压时,可适当放宽下限范围值,即控制在最优含水量 w_{op} 的 -6%~+2% 的范围内。

最优含水量可按《土工试验方法标准》(GB/T 50123—2019)中轻型击实试验的要求求得。在缺乏试验资料时,也可近似取 0.6 倍液限值,或按照经验采用塑限 w_p ±2% 的范围值作为施工含水量的控制值。粉煤灰垫层不应采用浸水饱和施工法,其施工含水量应控制在最优含水量 w_{op} ±4% 范围内。若土料湿度过大或过小,应分别予以晾晒、翻松、掺加吸水材料或洒水湿润以调整土料的含水量。

为了保证有效压实深度,机械碾压速度控制范围为:平碾为 2 km/h,羊足碾 3 km/h,振动碾 2 km/h,振动压实机 0.5 km/h。

2) 重锤夯实法

重锤夯实法是用起重机将夯锤提升到某一高度,然后自由落锤,不断重复夯击以加固地基。重锤夯实法一般适用于地下水位距地表 0.8 m 以上稍湿的黏性土、砂土、湿陷性黄土、杂填土和分层填土。重锤夯实法的主要设备为起重机械、夯锤、钢丝绳和吊钩等。

当直接用钢丝绳悬吊夯锤时,吊车的起重能力一般应大于锤重的 3 倍;采用脱钩夯锤时,起重能力应大于夯锤重量的 1.5 倍。

夯锤宜采用圆台形,如图 2.4 所示。锤重宜大于 2 t,锤底面单位静压力宜为 15~20 kPa,夯锤落距宜大于 4 m。垫层施工中,增大夯击功或夯击遍数可提高夯击效果,但当土被夯实到某一密度时,再增加夯击功或夯击遍数,土的密度将不再增大,有时反而会降低。因此,应进行现场试验,确定符合夯击密实度要求的最少夯击遍数、最后下沉量(最后两击的平均下沉量)、总下沉量及有效夯实深度等。黏性土、粉土及湿陷性黄土最后下沉量不超过 10~20 mm,砂土不超过 5~10 mm 时应停止夯击。施工时夯击遍数应比试夯时确定的最少夯击遍数增加 1 或 2 遍。实践经验表明,夯实的有效影响深度约为锤底直径的 1 倍。

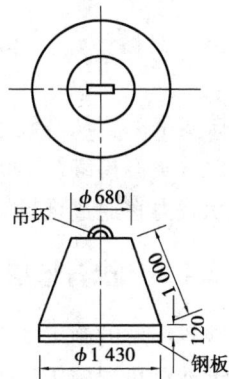

图 2.4 夯锤

重锤夯实法施工要点如下:

①重锤夯实施工前应在现场试夯,试夯面积不小于 10 m × 10 m,试夯层数不少于 2 层。

②夯击前应检查坑(槽)中土的含水量。如含水量偏高,可采用翻松、晾晒、均匀掺入吸水材料(干土、生石灰)等措施;如含水量偏低,可预先洒水湿润并待渗透均匀后再夯击。

③在条基或大面积基坑内夯击时,第一遍宜一夯挨一夯进行,第二遍应在第一遍的间隙点夯击,如此反复,最后两遍应一夯套半夯;在独立柱基基坑内,宜采用先外后里或先周围后中间的顺序进行夯打;当基坑底面标高不同时,应先深后浅逐层夯实。

④注意边坡稳定及夯击对邻近建筑物的影响,必要时应采取有效措施。

3) 平板振动法

平板振动法是使用振动压实机来处理无黏性土或黏粒含量少、透水性较好的松散杂填土地基的一种方法。

如图 2.5 所示,振动压实机的工作原理是由电动机带动两个偏心块以相同速度反向转动,由此产生较大的垂直振动力。这种振动机的频率为 1 160~1 180 r/min,振幅为 3.5 mm,激振力可达 50~100 kN。该振动压实机可通过操纵使之前后移动或转弯。

振动压实的效果与填土成分、振动时间等因素有关,一般振动时间越长,效果越好,但振动时间超过某一值后,振动引起的下沉基本稳定,再继续振动就不能起到进一步压实的作用。为此,需要施工前进行试振,得出稳定下沉量和时间的关系。对主要由炉渣、碎砖、瓦块组成的建筑垃圾,振动时间在 1 min 以上;对含炉灰等细粒填土,振动时间为 3~5 min,有效振实深度为 1.2～1.5 m。施工时若地下水位太高,将影响振实效果。

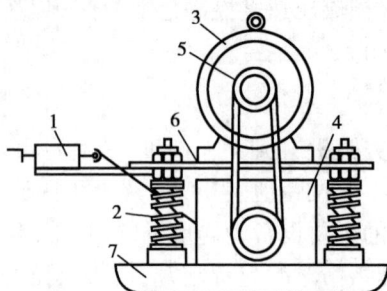

图 2.5 振动压实机示意图
1—操纵机构;2—弹簧减振器;3—电动机;4—振动器;
5—振动机槽轮;6—减振架;7—振动夯板

振实范围应从基础边缘放出 0.6 m 左右,先振基槽两边,后振中间,其振动标准是以振动机原地振实不再继续下沉为合格,并辅以轻便触探试验检验其均匀性及影响深度。振实后的地基承载力宜通过现场载荷试验确定。一般经振实的杂填土地基承载力可达 100～120 kPa。

▶ **2.4.2 砂石垫层施工**

砂石垫层的施工要点为:

①砂石垫层施工宜采用振动碾和振动压实机等机具,其压实效果、分层铺填厚度、压实遍数、最优含水量等,应根据具体施工方法及施工机具等通过现场试验确定。当无试验资料时,砂石垫层的每层铺填厚度及压实遍数可参考表 2.5 选取。

②对于砂石料则可根据施工方法不同按经验控制适宜的施工含水量,即当用平板式振动器时可取 15%～20%,当用平碾或蛙式夯时可取 8%～12%,当用插入式振动器时,宜为饱和的碎石、卵石。因此,对于碎石及卵石应充分浇水湿透后夯压。

③垫层底部存在古井、古墓、洞穴、旧基础、暗塘等软硬不均的部位时,应先予以清理,再用砂石或好土逐层回填夯实,经检查合格后,再铺填垫层。

④严禁扰动垫层下卧的淤泥和淤泥质土层,防止践踏、受冻、浸泡或暴晒过久。在卵石或碎石垫层的底部宜设置 150～300 mm 厚的砂层,以防止下卧淤泥和淤泥质土层表面的局部破坏。如淤泥和淤泥质土层厚度过小,在碾压荷载下抛石能挤入该土层底面时,可先在软弱土层面上堆填块石、片石等,然后将其压入以置换或挤出软弱土。

⑤砂石垫层的底面宜铺设在同一标高上。如果深度不同,基底土层面应挖成阶梯或斜坡搭接,并按先浅后深的顺序施工,搭接处应夯压密实。垫层竣工后,应及时施工基础,回填基坑。

⑥地下水高于基坑底面时,宜采取排降水措施,注意边坡稳定,以防止坍土混入砂石垫层中。

▶ **2.4.3 土垫层施工**

土垫层的施工要点为:

①素土及灰土料垫层的施工,其施工含水量应控制在 $w_{op}\pm2\%$ 的范围内。w_{op} 可通过室内击实试验确定,或根据当地经验取用。

②土垫层施工时,不得在柱基、墙角及承重窗间墙下接缝,上下两层的缝距不得小于 0.5 m,接缝处应夯压密实,灰土、二灰土应拌和均匀并应当日铺填压实,灰土压实后 3 天内不得受水浸泡,冬季应防冻。

③其他要求参见砂垫层的施工要点。

▶ 2.4.4 粉煤灰垫层施工

1)粉煤灰材料

粉煤灰是燃煤电厂中磨细煤粉在锅炉中燃烧后从烟道排出并被收尘器收集的物质,其主要成分是 SiO_2,Al_2O_3 和 Fe_2O_3 等。粉煤灰通常为球状颗粒、不规则多孔玻璃颗粒、微细颗粒、钝角颗粒和含碳颗粒等。粉煤灰颗粒尺寸变化范围大,从几百微米到几微米,比表面积一般为 2 500~7 000 cm^2/g,相对密度为 2.01~2.22。我国根据粉煤灰的细度和烧失量将其分为 3 个等级:Ⅰ级粉煤灰,0.045 mm 方孔筛筛余量小于 12%,烧失量小于 5%;Ⅱ级粉煤灰,0.045 mm 方孔筛筛余量小于 20%,烧失量小于 8%;Ⅲ级粉煤灰,0.045 mm 方孔筛筛余量小于 45%,烧失量小于 15%。

电厂排放的粉煤灰是由大量的球状玻璃珠和少量的莫来石、石英等结晶物质组成的。根据粉煤灰的矿物组成和特性,将其分为高钙粉煤灰和低钙粉煤灰两大类。如果粉煤灰的氧化钙质量分数大于 8% 或游离氧化钙质量分数大于 1% 时,即视为高钙粉煤灰。我国绝大多数电厂排放的粉煤灰都是低钙的,低钙粉煤灰简称为粉煤灰。

粉煤灰的化学成分是由原煤的成分和燃烧条件决定的。根据我国 40 个大型电厂的资料,粉煤灰化学成分的变动范围如表 2.6 所示。

表 2.6　我国粉煤灰的化学成分

化学成分	SiO_2	Al_2O_3	Fe_2O_3	GaO	MgO	SO_3	烧失量
质量分数/%	20~62	10~40	3~9	1~45	0.2~5	0.02~4	0.6~51

燃煤电厂排出的湿排粉煤灰、调渣灰及干排粉煤灰均适用于做粉煤灰垫层的填筑材料,但不应混入植物、生活垃圾和有机质等杂物。装运时粉煤灰含水量以 15%~25% 为宜。

2)施工要点

①粉煤灰的最大干密度和最优含水量与粉煤灰颗粒粗细、形态结构和压实能量有关,应由室内击实试验确定。施工时分层摊铺,逐层振密或压实。

②粉煤灰垫层在地下水位以下施工时,应采取排(降)水措施,严禁在饱和和浸水状态下施工,更不宜采用水沉法施工。

③在软土地基上填筑粉煤灰垫层时,应先铺填约 20 cm 厚的粗砂或高炉干渣,以免表层土体扰动,同时有利于下卧土层的排水固结,并切断毛细水上升。

④每一层粉煤灰垫层验收合格后,应及时铺筑上层或采用封层,以防干燥松散起尘污染环境,并禁止车辆在其上行驶通行。

▶ 2.4.5 土工合成材料垫层施工

土工合成材料垫层的施工要点为:

①下铺地基土层顶面应平整,以防止土工合成材料被刺穿、顶破。

②土工合成材料应先铺纵向后铺横向,土工合成材料应张拉平整、绷紧,严禁有折皱。

③土工合成材料的连接宜采用搭接法、缝接法或胶接法,连接强度不应低于原材料抗拉强度,端部应采用有效固定方法,以防止筋材拉出。

④应避免土工合成材料暴晒或裸露,阳光暴晒时间不应大于 8 h。

2.5 质量检验

对于素土、灰土地基垫层,施工前应检查素土、灰土土料、石灰等配合比及灰土的拌和均匀性,施工中应检查分层铺设的厚度、夯实时的加水量、夯压遍数及压实系数。对于砂和砂石地基垫层,施工前应检查砂、石等原材料质量和配合比及砂、石拌和的均匀性,施工中应检查分层厚度、分段施工时搭接部分的压实情况、加水量、压实遍数、压实系数。对于土工合成材料垫层,施工前应检查土工合成材料的单位面积质量、厚度、比重、强度、延伸率以及土、砂石料质量等,土工合成材料以 100 m² 为一批,每批应抽查 5%,施工中应检查基槽清底状况、回填料铺设厚度及平整度、土工合成材料的铺设方向、接缝搭接长度或缝接状况、土工合成材料与结构的连接状况等。垫层施工结束后,均应进行地基承载力检验。

垫层的施工质量检验可利用贯入仪、轻型动力触探或标准贯入试验检验。

1)检验方法选用原则

对粉质黏土、灰土、砂石、粉煤灰垫层的施工质量检验可用环刀取样、静力触探、轻型动力触探或标准贯入试验检验等方法;对碎石、矿渣垫层可用重型动力触探检验。并均应通过现场试验,以设计压实系数所对应的贯入度为标准检验垫层的施工质量。压实系数也可采用环刀法、灌砂法、灌水法或其他方法检验。

垫层施工质量检验必须分层进行,应在每层的压实系数符合设计要求后铺填上层土。

竣工验收宜采用载荷试验检验垫层质量,为保证载荷试验的有效影响深度不小于换填垫层处理的厚度,载荷试验压板的边长或直径不应小于垫层厚度的1/3。

2)检验点数量

对大基坑每 50~100 m² 不应小于 1 个检验点,对基槽每 10~20 m 不应少于 1 个点,每个单独柱基不应少于 1 个点。采用贯入仪或动力触探检验垫层的施工质量时,每分层检验点的间距应小于 4 m。

竣工验收采用载荷试验检验垫层承载力时,每个单体工程不宜少于 3 点。对于大型工程则应按单体工程的数量或工程的面积确定检验点数。

3)常用检测方法

(1)环刀法 用容积不小于 200 cm³ 的环刀压入每层 2/3 的深度处取样,取样前测点表面应刮去 30~50 mm 厚的松砂,环刀内砂样不应包括大于 10 mm 的泥团和石子。测定的干密度应不小于该砂石料在中密状态的干密度值(中砂为 1.55~1.6 t/m³,粗砂为 1.7 t/m³,砾石、卵石为 2.0~2.2 t/m³)。

(2)贯入测定法　先将砂垫层表面 3 cm 左右厚的砂刮去,然后用贯入仪、钢钎或钢筋以贯入度的大小来定性地检查砂垫层质量。在检验前应先根据砂石垫层的控制干密度进行相关性试验,以确定贯入度值。常用钢筋贯入法和钢钎贯入法。

①钢筋贯入法。用直径为 20 mm,长度 1 250 mm 的平头钢筋,自 700 mm 高处自由落下,插入深度以不大于根据该砂的控制干密度测定的深度为合格。

②钢钎贯入法。用水撼法使用的钢钎,自 500 mm 高处自由落下,其插入深度以不大于根据该砂控制干密度测定的深度为合格。

2.6　工程应用实例

【例 2.1】　某基础底面积和埋深如图 2.6 所示。$b×l=4$ m×5 m,埋深 $d=3$ m,作用基础顶面竖向荷载 $F=10\ 000$ kN,土层 0~8 m 皆为细砂,6 个细砂试样的内摩擦角平均值为 21.7°,变异系数为 0.1,重度为 17 kN/m³。试问:是否要进行地基处理?若采用换填垫层法进行地基处理,填料为碎石,重度为 19.5 kN/m³,换填垫层厚度为 2 m,分层压实,使土的内摩擦角达到 36°时。下卧层承载力是否满足要求?若换填的碎石的最大干重度为 1.60 t/m³,分层压实的每层控制干密度不应小于多少?

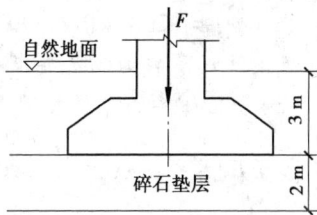

图 2.6　基础及垫层情况

【解】　(1)是否要进行地基处理(地基承载力验算)

①垫层底面处的附加压力值:
$$p_k = \frac{F+G}{A} = \frac{10\ 000\ \text{kN} + 4\ \text{m} \times 5\ \text{m} \times 3\ \text{m} \times 20\ \text{kN/m}^3}{4\ \text{m} \times 5\ \text{m}} = 560\ \text{kPa}$$

②由砂土抗剪强度确定地基承载力特征值:
$$\varphi_m = 21.7°, \delta_\varphi = 0.1, n = 6$$

统计修正系数:
$$\phi_\varphi = 1 - \left(\frac{1.704}{\sqrt{n}} + \frac{4.678}{n^2}\right)\delta_\varphi = 1 - \left(\frac{1.704}{\sqrt{6}} + \frac{4.678}{6^2}\right) \times 0.1 = 0.917$$

则细砂土的内摩擦角标准值为:
$$\varphi_k = \varphi_m \times \phi_\varphi = 21.7° \times 0.917 = 20°$$

查《建筑地基基础设计规范》(GB 50007—2011)表 5.2.5,得承载力系数:
$$M_b = 0.51, M_d = 3.06$$

则由砂土抗剪强度确定的地基承载力特征值为:
$$f_a = M_b \gamma b + M_d \gamma_m d = 0.51 \times 17\ \text{kN/m}^3 \times 4\ \text{m} + 3.06 \times 17\ \text{kN/m}^3 \times 3\ \text{m} = 190.8\ \text{kPa}$$
由于 $p_k = 560$ kPa$> f_a = 190.8$ kPa

故天然地基承载力不满足要求,需要进行地基处理。

(2)下卧层承载力验算

①由碎石垫层 $\varphi_k = 36°$,查《建筑地基基础设计规范》表 5.2.5,得承载力系数:

$M_b = 4.20, M_d = 8.25$，则有

$f_a = M_b \gamma b + M_d \gamma_m d$

$\quad = 4.2 \times 19.5 \text{ kN/m}^3 \times 4 \text{ m} + 8.25 \times 17 \text{ kN/m}^3 \times 3 \text{ m} = 748.4 \text{ kPa} > p_k = 560 \text{ kPa}$

②下卧层承载力验算

查表压力扩散角 $\theta = 30°$，有：

$p_{cz} = 17 \text{ kN/m}^3 \times 3 \text{ m} + 19.5 \text{ kN/m}^3 \times 2 \text{ m} = 90 \text{ kPa}$

$$p_z = \frac{bl(p_k - p_c)}{(b + 2z \tan \theta)(l + 2z \tan \theta)}$$

$$\quad = \frac{4 \text{ m} \times 5 \text{ m} \times (560 \text{ kPa} - 51 \text{ kPa})}{(4 \text{ m} + 2 \times 2 \text{ m} \times \tan 30°)(5 \text{ m} + 2 \times 2 \text{ m} \times \tan 30°)} = 220.8 \text{ kPa}$$

由于 $\eta_b = 2, \eta_d = 3, \gamma_m = \frac{(17 \times 3 + 19.5 \times 2)}{5} \text{ kN/m}^3 = 18 \text{ kN/m}^3$，则有：

$f_{az} = f_{ak} + \eta_b \gamma (b - 3) + \eta_d \gamma_m (d - 0.5)$

$\quad = 190.8 \text{ kPa} + 2 \times 17 \times (4 - 3) \text{ kPa} + 3 \times 18 \times (5 - 0.5) \text{ kPa} = 467.8 \text{ kPa}$

$p_z + p_{cz} = 220.8 \text{ kPa} + 90 \text{ kPa} = 310.8 \text{ kPa} < f_{az} = 467.8 \text{ kPa}$

故下卧层承载力满足要求。

(3)分层压实的每层控制干密度确定

各层压实系数：$\lambda_c = \dfrac{\rho_d}{\rho_{dmax}} = 0.94 \sim 0.97$

则每层控制干密度为：$\rho_d = \lambda_c \rho_{dmax} = 1.50 \sim 1.55 \text{ t/m}^3$

故每层控制干密度不应小于 1.50 t/m^3。

习　题

2.1　某条形基础，宽 1.2 m，埋深 1.0 m，作用于基础的荷载为 125 kN/m，基础平均重度为 20 kN/m³。表层土为粉质黏土，厚 1.0 m，重度为 18 kN/m³；第二层土为淤泥质黏土，厚 10 m，重度为 17.5 kN/m³，$f_{ak} = 60$ kPa；第三层为粗砂层。地下水距地表 1.0 m。拟采用砂层换填法，试设计砂垫层的厚度和宽度，砂垫层深度修正系数 $\eta_d = 1.0$，压力扩散角 θ 取 30°。

2.2　某 4 层砖混结构房屋，条形毛石基础，基础埋深 2.0 m，条形基础底面宽度 1.8 m，基底压力为 150 kPa，基底以上基础回填土的重度为 19.0 kN/m³，该场地 0~8 m 深为软黏土，重度为 18 kN/m³，地基承载力特征值为 110 kPa，采用砂石垫层处理，砂石重度 19.5 kN/m³。如何进行该砂石垫层设计？

2.3　某独立基础尺寸为 1.5 m×1.2 m，基底埋深为 1.0 m，上部结构传至基础顶面的荷载标准值为 252 kN。地层地质资料自上而下为：①粉土层，厚度 1 m，重度为 18 kN/m³；②淤泥质土，厚度 3.0 m，重度为 19.8 kN/m³；天然地基承载力特征值 $f_{ak} = 80$ kPa。地下稳定水位为 -4.0 m（位于第②层土底面处）。现拟采用 1.0 m 厚的灰土垫层进行处理，灰土重度 19.8 kN/m³，其垫层宽度修正系数 $\eta_b = 0$，深度修正系数 $\eta_d = 1.0$，压力扩散角 θ 取 28°。试确定灰土垫层底面尺寸，并进行灰土垫层的下卧层承载力的验算。

3

夯实地基法

〖本章教学要求〗

了解夯实地基法的概念、应用及适用范围,夯实地基法加固机理与加固微观机理;认识强夯置换法的作用机理;掌握强夯法与强夯置换法的设计计算方法;熟悉强夯法与强夯置换法的施工工艺、施工监测及质量检测方法。

3.1 概 述

▶ 3.1.1 夯实地基法的概念、应用及发展

夯实地基是指采用强夯法或强夯置换法处理的地基。强夯法又名动力固结法或动力压实法。这种方法是反复将夯锤(一般为 100 ~ 600 kN)提到一定高度使其自由落下(落距一般为 8 ~ 40 m),给地基以冲击和振动能量,从而提高地基的承载力并降低其压缩性,改善地基性能,如改善砂土的抗液化条件、消除湿陷性黄土的湿陷性等。同时,夯击能还可提高土层的均匀程度,减少将来可能出现的差异沉降。图 3.1 为某强夯法加固地基工程施工现场。

法国 Menard 技术公司于 1969 年首次应用强夯法对法国的 Riviera 滨海填土进行夯实。该场地地质

图 3.1 某强夯法加固地基工程施工现场

条件为新近填筑的、厚约 9 m 的碎石填土,其下是厚 12 m 疏松的砂质粉土,场地上要求建造 20 幢 8 层住宅。由于碎石填土完全是新近填筑的,需要对地基进行加固处理,如图 3.2 所示。经 3 个月预压(荷载 100 kPa),沉降值达 200 mm,后又重新综合分析,认为该地基土质较差,最终决定采用强夯法处理。选用重约 100 kN 的夯锤,落距 13 m,对地基进行夯击后,量测整个场地的平均沉降量约为 500 mm,经对夯后的土层勘探取样并做土工试验,结果表明土的各项物理、力学性质指标得到了较大改善,基底压力达到 300 kPa 是有保证的。建造的 8 层住宅竣工后,其平均沉降量仅为 13 mm,而差异沉降则可忽略不计。

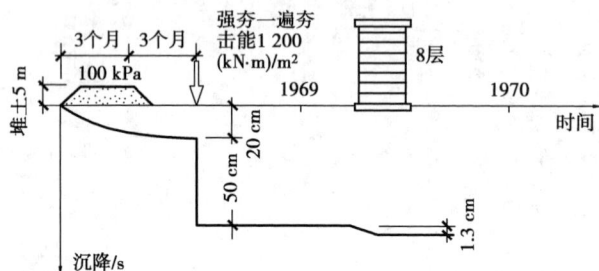

图 3.2 堆载预压与强夯的对比

20 世纪 70 年代,强夯法在法国、英国、德国、瑞典等国家得到了推广。我国于 1978 年 11 月至 1979 年初首次由交通部一航局科研所及其协作单位,在天津新港三号公路进行了强夯法试验研究。1979 年 8 月至 9 月,在河北秦皇岛码头堆煤场细砂地基进行了强夯法试验,因试验效果显著,该码头堆煤场的地基正式采用了强夯法加固,共节省投资 150 余万元。1979 年 4 月,中国建筑科学研究院及其协作单位在河北廊坊该院机械化研究所宿舍工程中进行强夯法处理可液化砂土和粉质黏土地基的野外试验研究,取得了较好的加固效果,于同年 6 月正式用于该工程施工。

20 世纪 80 年代后期,为使强夯法应用于高饱和度粉土地基处理,又发展了强夯置换法。强夯置换法是采用在夯坑内回填块石、碎石等粗颗粒材料,用夯锤夯击形成连续的强夯置换墩,最终形成砂石桩与软土构成的复合地基,从而提高地基的承载力并减少地基沉降。

对于饱和软土地基,为提高其加固效果,必须设计排水通道。为此,在软黏土地基上采用强夯法与袋装砂井(或塑料排水带)综合处理的加固方法也是一种发展途径。

▶ 3.1.2 夯实地基法适用范围

强夯法适用于处理碎石土、砂土、低饱和度的粉土与黏性土、湿陷性黄土、素填土和杂填土等地基;强夯置换法适用于高饱和度的粉土与软塑~流塑的黏性土等地基上对变形控制要求不严的工程。

个别工程因设计、施工不当,采用强夯置换法加固后可能出现下沉较大或墩体与墩间土下沉不等的情况。为此,《地基处理规范》规定:采用强夯置换法处理地基,必须通过现场试验确定其适用性和处理效果,否则不得采用。

由于强夯法具有加固效果显著、适用土类广、设备简单、施工方便、节省劳力、施工期短、节约材料、施工文明和施工费用低等优点,应用强夯法和强夯置换法处理的工程范围极为广泛,有工业与民用建筑、仓库、油罐、储仓、公路和铁路路基、飞机场跑道及码头等。

在强夯和强夯置换施工前,应在施工现场有代表性的场地上选取一个或几个试验区,进行试夯或试验性施工,每个试验区面积不宜小于 20 m × 20 m,试验区数量应根据建筑场地复杂程度、建筑规模及建筑类型确定。场地地下水位高,影响施工或夯实效果时,应采取降水或其他技术措施进行处理。

3.2 加固机理

强夯法是利用强大的夯击能(一般为 1 000~1 800 kN·m)给地基一冲击力,并在地基中产生冲击波,在冲击力作用下,夯锤对上部土体进行冲切,土体结构破坏,形成夯坑,并对周围土进行动力挤压,从而达到地基处理的目的。目前,强夯法加固地基有 3 种不同的加固机理:动力密实、动力固结和动力置换。加固机理取决于地基土的类别和强夯施工工艺。

▶ 3.2.1 动力密实

强夯法加固处理多孔隙、粗颗粒、非饱和土体,其机理实质是动力密实。通过强夯,给土体施加冲击型动力荷载,夯击能使土的骨架变形,土体孔隙减小变得密实。非饱和土的夯实过程,就是土中的空气被挤出的过程。动力密实可提高土的密实度和抗剪强度。

工程实践表明,在冲击动能作用下,地面会立即产生沉降,一般夯击一遍后,其夯坑深度可达 0.6~1.0 m,夯坑底部形成一层超压密硬壳层,承载力可比夯前提高 2~3 倍。非饱和土在中等夯击能量 1 000~2 000 kN·m 的作用下,主要是产生冲切变形,在加固深度范围内气相体积大大减少,最大可减少 60%。

▶ 3.2.2 动力固结

用强夯法处理细颗粒饱和土时,则是借助于动力固结的理论,即巨大的冲击能量在土中产生很大的应力波,破坏了土体原有的结构,使土体局部发生液化并产生许多裂隙,增加了排水通道,使孔隙水顺利逸出,待超孔隙水压力消散后,土体固结。

解释强夯效应的理论很多,Menard 教授根据强夯法的实践提出的动力固结理论有一定的代表性,他认为动力固结过程可概括为:饱和土的压缩性;局部液化;渗透性变化;触变恢复(时间效应)与土强度的增长。

1)饱和土的压缩性

Menard 认为,由于土中其含气体积分数在 1%~4% 范围内,进行强夯时,气体体积压缩,孔隙水压力增大,随后气体有所膨胀,孔隙水排出的同时,孔隙水压力就减少。这样每夯击一遍,液相气体和气相气体都有所减少。根据实验,每夯击一遍,气体体积可减少 40%。

2)产生液化

在重复夯击作用下,施加在土体的夯击能量,使气体逐渐受到压缩,因此,土体的沉降量与夯击能成正比。当气体的体积百分比接近零时,土体便变成不可压缩的,相应地,孔隙水压力上升到与覆盖压力相等的能量级,土体即产生液化。夯击一遍时,地基承载力(即土的强度)、液化度、夯击能及压缩变形(即体积变化)随时间的变化情况如图 3.3 所示。液化度为孔

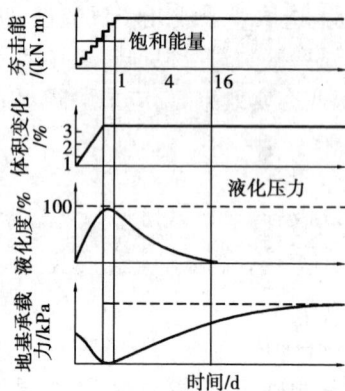

图 3.3　夯击一遍的情况

隙水压力与液化压力之比,而液化压力即为覆盖压力。当液化度为 100% 时,亦即为土体产生液化的临界状态,而该能量级称为"饱和能"。此时,吸附水变成自由水,土的强度下降到最小值。一旦达到"饱和能"而继续施加能量时,就没有必要了。

3)渗透性变化

在很大夯击能作用下,地基土体中出现冲击波和动应力。当所出现的超孔隙水压力大于颗粒间的侧向压力时,土颗粒就会出现裂隙,形成排水通道。此时,土的渗透系数骤增,孔隙水得以顺利排出。在有规则网格布置夯点的现场,通过积聚的夯击能量,在夯坑四周会形成有规则的垂直裂缝,夯坑附近出现涌水现象。

当孔隙水压力消散到小于颗粒间的侧向压力时,裂隙即自行闭合,土中水的运动重新又恢复常态。国外文献资料认为,夯击时出现的冲击波,将土颗粒间吸附水转化成为自由水,因而促进了毛细管通道横断面的增大。

4)触变恢复

在重复夯击作用下,土体的强度逐渐减低,当土体出现液化或接近液化时,土的强度达到最低值。此时土体产生裂隙,而土中吸附水部分变成自由水,随着孔隙水压力的消散,土的抗剪强度和变形模量都有了大幅度增长。这时自由水重新被土颗粒所吸附而变成了吸附水,这也是具有触变性土的特性。

夯击 3 遍的情况如图 3.4 所示。图中可见,每夯击一遍时,体积变化有所减少,而地基承载力有所增长,但体积的变化和承载力的提高并不是遵照夯击能的算术级数规律增加的。

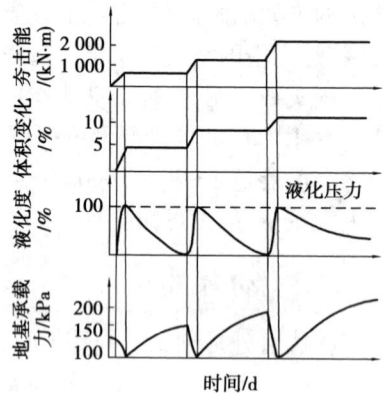

图 3.4　夯击 3 遍的情况

鉴于以上强夯法加固机理,Menard 对强夯中出现的现象,又提出了一个新的弹簧活塞模型,对动力固结的机理作了解释,如图 3.5 所示。

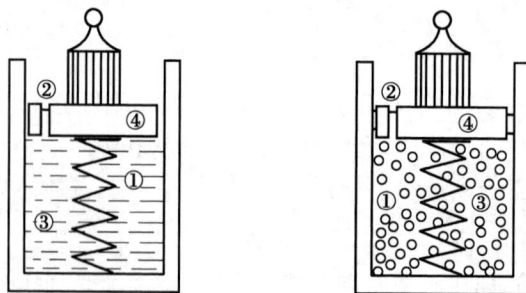

(a)静力固结理论模型(太沙基模型)　(b)动力固结理论模型(Menard模型)

图 3.5　静力固结理论与动力固结理论的模型比较

通过对静力固结理论与动力固结理论模型的对比分析可知,二者具有以下4个不同的特性,见表3.1。

表3.1　静力固结和动力固结理论对比

静力固结理论[图3.5(a)]	动力固结理论[图3.5(b)]
①不可压缩的液体;	①含有少量气泡的可压缩液体;
②固结时液体排出所通过的小孔,其孔径是不变的;	②固结时液体排出所通过的小孔,其孔径是变化的;
③弹簧刚度是常数;	③弹簧刚度为变数;
④活塞无摩阻力	④活塞有摩阻力

▶ 3.2.3　动力置换

强夯置换法是在强夯的同时,夯坑中可置入碎石,强行挤走软土。如图3.6所示,强夯置换可分为整式置换和桩式置换两类。

（a)整式置换　　　　　　　　　　（b)桩式置换

图3.6　动力置换类型

整式置换是采用强夯将碎石整体挤入淤泥中,其作用机理类似于换土垫层。

桩式置换是通过强夯将碎石填筑于土体中,部分碎石桩(或墩)间隔地夯入软土中,形成桩式(或墩式)的碎石墩(或桩)。其作用机理类似于振冲法等形成的碎石桩,它主要是靠碎石内摩擦角和墩间土的侧限来维持桩体的平衡,形成的碎石桩(墩)与桩(墩)间土一起构成复合地基,共同承受外荷载,抵抗变形。

实际工程中,对于不同土类强夯的作用不同:对于软土地基,强夯可提高地基承载力和减少沉降量;对于饱和砂土和粉土,强夯可消除液化趋势;对于黄土和新近堆积黄土,强夯可消除湿陷性,提高承载力。为此,应针对不同工程情况,进行强夯法的设计计算。

3.3　设计计算

▶ 3.3.1　强夯法设计计算

1)有效加固深度

有效加固深度既是选择地基处理方法的重要依据,又是反映处理效果的重要参数。可采用经修正后的梅那(Menard)公式来估算强夯法加固地基的有效加固深度 H。

$$H = \alpha \sqrt{\frac{Mh}{10}} \qquad (3.1)$$

式中　H——有效加固深度,m;

　　　M——夯锤重,kN;

　　　h——落距,m;

　　　α——修正系数,一般取 $\alpha = 0.34 \sim 0.8$,α 值与地基土性质有关,软土可取 0.5,黄土可取 0.34~0.5。

实际上影响有效加固深度的因素很多,除了锤重和落距外,还有地基土的性质、不同土层的厚度和埋藏顺序、地下水位以及其他强夯的设计参数等都与有效加固深度有着密切关系。因此,对于同一类土,采用不同能量夯击时,其修正系数并不相同。单击夯击能越大时,修正系数越小。

鉴于有效加固深度目前尚无适用的计算公式,《地基处理规范》规定有效加固深度应根据现场试夯或当地经验确定。在缺少经验或试验资料时,可按表 3.2 预估。

表 3.2　强夯的有效加固深度　　　　　　　　　　　　　　　单位:m

单击夯击能/(kN·m)	碎石土、砂土等 粗颗粒土	粉土、黏性土、湿陷性黄土 等细颗粒土
1 000	4.0~5.0	3.0~4.0
2 000	5.0~6.0	4.0~5.0
3 000	6.0~7.0	5.0~6.0
4 000	7.0~8.0	6.0~7.0
5 000	8.0~8.5	7.0~7.5
6 000	8.5~9.0	7.5~8.0
8 000	9.0~9.5	8.0~8.5
10 000	9.5~10.0	8.5~9.0
12 000	10~11.0	9.0~10.0

注:强夯的有效加固深度应从最初起夯面算起;单击夯击能 E 大于 12 000 kN·m 时,强夯的有效加固深度应通过试验确定。

2)夯锤和落距

在强夯法设计中,应首先根据需要加固的深度初步确定单击夯击能,然后再根据机具条件因地制宜地确定锤重和落距。

(1)单击夯击能　单击夯击能为夯锤重 M 与落距 h 的乘积。一般来说,夯击时最好锤重和落距都大,则单击能量大,夯击击数少,夯击遍数也相应减少,加固效果和技术经济都较好。

(2)单位夯击能　整个加固场地的总夯击能量(即锤重×落距×总夯击数)除以加固面积称为单位夯击能。强夯的单位夯击能应根据地基土类别、结构类型、荷载大小和要求处理的深度等综合考虑,并可通过试验确定。在一般情况下,对粗颗粒土可取 $1\,000\sim$ $3\,000(kN\cdot m)/m^2$,对细颗粒土可取 $1\,500\sim4\,000(kN\cdot m)/m^2$。

对于饱和黏性土,所需的能量不能一次施加,否则土体会产生侧向挤出,强度反而有所降低,且难于恢复。根据需要可分几遍施加,两遍之间可间歇一段时间,这样可逐步增加土的强度,改善土的压缩性。

(3)夯锤选择 强夯夯锤质量可取 $10\sim60$ t,其底面形式宜采用圆形或多边形,锤底面积宜按土的性质确定,一般锤底面积为 $2\sim6$ m^2,锤底静接地压力值可取 $25\sim80$ kPa,单击夯击能高时取大值,单击夯击能低时取小值,对于细颗粒土锤底静接地压力宜取较小值。锤的底面宜对称设置若干个与其顶面贯通的排气孔,孔径可取 $300\sim400$ mm。

夯锤材质最好用铸钢,也可用钢板为外壳内灌混凝土的锤。常见的夯锤形状如图 3.7 所示。一般锥底锤、球底锤的加固效果较好,适用于加固较深层土体;平底锤适用于浅层及表层地基加固。夯锤中设置若干个上下贯通的气孔,孔径可取 $250\sim300$ mm,它可减小起吊夯锤时的吸力(夯锤的吸力可达 3 倍锤重),又可减少夯锤着地前的瞬时气垫的上托力。

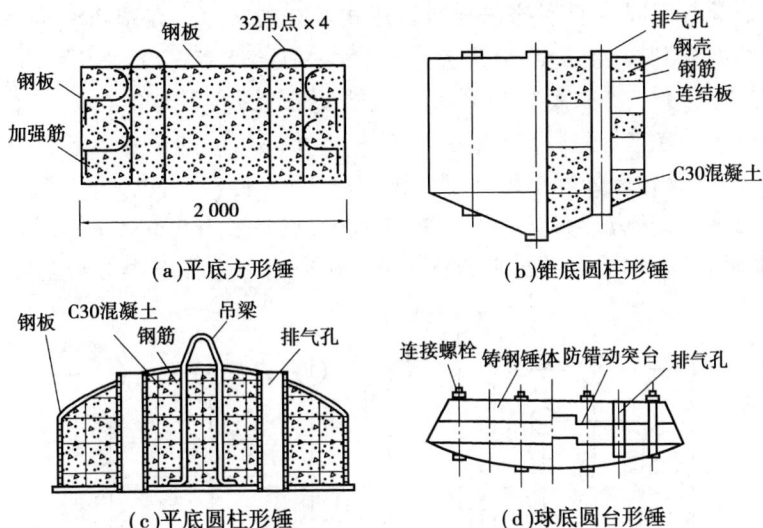

图 3.7 夯锤的形状

(4)落距选择 夯锤确定后,根据要求的单点夯击能量,就能确定夯锤的落距。强夯法采用的落距宜为 $8\sim40$ m。对相同的夯击能量,常选用大落距的施工方案,这是因为增大落距可获得较大的接地速度,能将大部分能量有效地传到地下深处,增加深层夯实效果,减少消耗在地表土层塑性变形的能量。

3)夯击点布置及间距

(1)夯击点布置 夯击点布置是否合理与夯实效果有直接关系。夯击点位置可根据基底平面形状,采用等边三角形、等腰三角形或正方形布置。对于某些基础面积较大的建筑物或构筑物,为便于施工,可按等边三角形或正方形布置夯点;对于办公楼、住宅建筑等,可根据承重墙位置布置夯点,一般可采用等腰三角形布点,这样保证了横向承重墙以及纵墙和横墙交接处墙基下均有夯击点;对于工业厂房,也可按柱网来设置夯击点。

强夯处理范围应大于建筑物基础范围,具体的放大范围可根据建筑物类型和重要性等因素考虑决定。对一般建筑物,每边超出基础外缘的宽度宜为设计处理深度的1/2~2/3,并不宜小于3 m。对于可液化地基,基础边缘的处理宽度不宜小于5 m;对于湿陷性黄土地基,应符合《湿陷性黄土地区建筑标准》(GB 50025—2018)的规定。

(2)夯击点间距 夯击点间距一般根据地基土的性质和要求处理的深度而定。对于细颗粒土,为便于超静孔隙水压力的消散,夯点间距不宜过小。当要求处理深度较大时,第一遍的夯点间距不宜过小,以免夯击时在浅层形成密实层而影响夯击能往深层传递。此外,若各夯点之间的距离太小,在夯击时上部土体易向侧向已夯成的夯坑中挤出,从而造成坑壁坍塌,夯锤歪斜或倾倒,从而影响夯实效果。

一般来说,第一遍夯击点间距通常为5~15 m(或取夯锤直径的2.5~3.5倍),以保证使夯击能量传递到土层深处,并保护夯坑周围所产生的辐射向裂隙为基本原则。第二遍夯击点位于第一遍夯击点之间,以后各遍夯击点间距可适当减小。对于处理基础较深或单击夯击能较大的工程,第一遍夯击点间距应适当增大。

图3.8(a)、(b)分别表示两种夯击点布置形式及夯击次序。在图3.8(a)中,该地基处理工程夯完一遍共需夯13个夯击点,分3次完成。第一次夯5点,夯点采用4.2 m×4.2 m正方形布置;第二次夯4点,夯点亦采用4.2 m×4.2 m正方形布置;第三次夯4点,夯点采用3 m×3 m正方形布置。分3次夯完一遍后,13个夯击点为2.1 m×2.1 m的正方形布置。

在图3.8(b)中,该地基处理工程夯完一遍共需夯9个夯击点,也分3次完成。第一次夯4点,夯点采用6 m×6 m正方形布置;第二次夯1点,夯点亦采用6 m×6 m正方形布置;第三次夯4点,夯点采用4.2 m×4.2 m正方形布置。分3次夯完一遍后,9个夯击点为3 m×3 m的正方形布置。

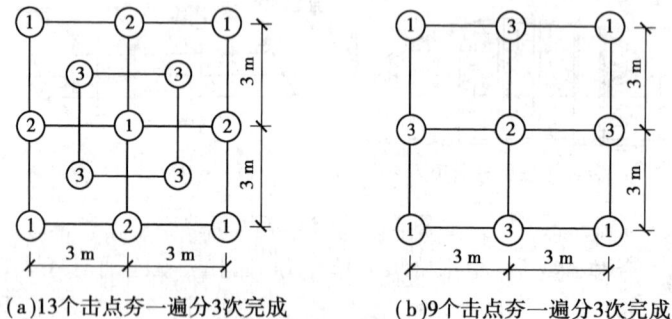

(a)13个击点夯一遍分3次完成   (b)9个击点夯一遍分3次完成

图3.8　夯点布置及夯击次序

4)夯击击数与遍数

单点夯击击数指单个夯点一次连续夯击的次数。一次连续夯完后算为一遍,夯击遍数即是指对强夯场地中同一编号的夯击点,进行一次连续夯击的遍数。

(1)夯击击数的确定 每遍每夯点的夯击击数应按现场试夯得到的夯击击数和夯沉量关系曲线确定,且应同时满足下列条件:

①最后两击的夯沉量不宜大于下列数值:当单击夯击能小于4 000 kN·m时为50 mm;当单击夯击能为4 000~6 000 kN·m时为100 mm;当单击夯击能为6 000~8 000 kN·m时为

150 mm;当单击夯击能为 8 000~12 000 kN·m 时为 200 mm。

②夯坑周围地面不应发生过大隆起。

③不因夯坑过深而发生起锤困难。

确定夯击点的夯击击数时,应使土体竖向压缩量最大,侧向位移最小为原则,一般以 3~10 击比较合适。

(2)夯击遍数的确定 夯击遍数应根据地基土的性质和平均夯击能确定。根据国内外文献记述,一般为 1~8 遍,对于粗颗粒土夯击遍数可少些,而对于细颗粒黏土特别是淤泥质土则夯击遍数要求多些。例如,法国戛纳附近采石场弃渣土填海造地只强夯 1 遍,而瑞典维内乐软弱地基最多夯击 7 遍。国内大多数工程夯 2~4 遍,并进行低能量"搭夯",即"锤印"彼此搭接。对于渗透性弱的细颗粒土地基,必要时夯击遍数可适当增加。

由于表层土是基础的主要持力层,如处理不好,将会增加建筑物的沉降和不均匀沉降。因此,必须重视满夯的夯实效果,除了采用 2 遍满夯外,还可采用轻锤或低落距锤多次夯击,以及锤印搭接等措施。图 3.9 为某强夯法地基处理工程的夯击遍数及夯点布置图,该工程夯击遍数为 6 遍。

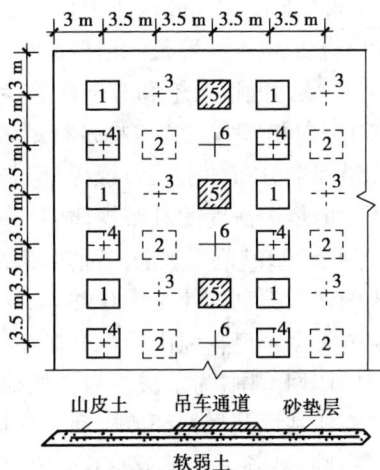

图 3.9 夯击遍数及夯点布置图

5)间歇时间

两遍夯击之间应有一定的时间间隔,间隔时间取决于土中超静孔隙水压力的消散时间。有条件时最好能在试夯前埋设孔隙水压力传感器,通过试夯确定超静孔隙水压力的消散时间,从而决定两遍夯击之间的间隔时间。当缺少实测资料时,可根据地基土渗透性确定。对于渗透性较差的黏性土地基,间隔时间不应少于2~3周;对渗透性较大的砂性土,孔隙水压力的峰值出现在夯完后的瞬间,消散时间只有 2~4 min,即可连续夯击。

目前国内有的工程对黏性土地基的现场埋设了袋装砂井(或塑料排水带),以便加速孔隙水压力的消散,缩短间歇时间。有时根据施工流水顺序后,两遍间也能实现连续夯击。

6)垫层铺设

强夯前要求拟加固的场地必须具有一层稍硬的表层,使其能支承起重设备,亦便于所施工的"夯击能"得到扩散,为此可加大地下水位与地表面的距离。对场地地下水位在−2 m 深度以下的砂砾石土层,可直接施行强夯,无需铺设垫层;对地下水位较高的饱和黏性土与易液化流动的饱和砂土,均需要铺设砂、砂砾或碎石垫层才能进行强夯,否则土体会发生流动。当场地土质条件好,也可减少垫层厚度,垫层厚度一般为 0.5~2.0 m。

7)现场测试设计

在大面积施工之前应选择面积不小于400 m² 场地进行现场试验,以便取得设计数据。

(1)地面及深层变形观测 地面变形研究的目的是:

①了解地表隆起的影响范围及垫层的密实度变化。

②研究夯击能与夯沉量的关系,用以确定单点最佳夯击能量。

③确定场地平均沉降和搭夯的沉降量,用以研究强夯的加固效果。

每当夯击一次应及时测量夯击坑及其周围的沉降量、隆起量和挤出量。

(2)孔隙水压力观测　可在试验现场沿夯击点等距离的不同深度以及等深度的不同距离处,埋设双管封闭式孔隙水压力仪或钢弦式孔隙水压力仪,在夯击作用下进行对孔隙水压力沿深度和水平距离的增长和消散的分布规律研究,从而确定两个夯击点间的夯距、夯击的影响范围、间歇时间以及饱和夯击能等参数。

(3)侧向挤压力观测　将带有钢弦式土压力盒的钢板桩埋入土中后,在强夯加固前,各土压力盒沿深度分布的土压力规律,应与静止土压力相近似。在夯击作用下,可测试每夯击一次的压力增量沿深度的分布规律。

(4)振动影响范围观测　通过测试地面振动加速度可以了解强夯振动的影响范围。通常将地表的最大振动加速度为 $0.98\ m/s^2$ 处(即认为是相当于七度地震设计烈度)作为设计时振动影响的安全距离。但由于强夯振动的周期比地震短得多,强夯产生振动作用的范围也远小于地震的作用范围,为了减少强夯振动的影响,常在夯区周围设置隔振沟。

强夯地基承载力特征值应通过现场载荷试验确定,初步设计时也可根据夯后原位测试和按《建筑地基基础设计规范》(GB 50007—2011)有关规定确定。

▶ 3.3.2 强夯置换法设计计算

1)处理深度

强夯置换墩的深度由土质条件决定,除厚层饱和粉土外,应穿透软土层,到达较硬土层上,深度不宜超过 10 m。强夯置换锤底静接地压力值可取 100~200 kPa。

2)单击夯击能

强夯置换法的单击夯击能应根据现场试验确定,且应同时满足下列条件:墩底穿透软弱土层,且达到设计墩长;累计夯沉量为设计墩长的 1.5~2.0 倍;最后两击的平均夯沉量应满足强夯法的规定。

强夯置换法单击夯击能在可行性研究或初步设计时也可按下列公式估计:

较适宜的夯击能:　　$\overline{E} = 940(H_1 - 2.1)$　　　　　　　　　　(3.2)

夯击能最低值:　　　$E_w = 940(H_1 - 3.3)$　　　　　　　　　　(3.3)

式中　H_1——置换墩深度,m。

初选夯击能宜在 $\overline{E}$ 与 E_w 之间选取,高于 $\overline{E}$ 则可能浪费,低于 E_w 则可能达不到所需的置换深度。强夯置换宜选取同一夯击能中锤底静压力较高的锤施工。

3)墩体材料

墩体材料级配不良或块石过多过大,均易在墩中留下大孔,在后续墩施工或建筑物使用过程中使墩间土挤入孔隙,导致下沉增加。因此,《地基处理规范》规定墩体材料应采用级配良好的块石、碎石、矿渣、建筑垃圾等坚硬粗颗粒材料,粒径大于 300 mm 的颗粒含量不宜超过全重的 30%。

4）墩位布置

强夯置换法的墩位布置宜采用等边三角形或正方形。对独立基础或条形基础可根据基础形状与宽度相应布置。

墩间距应根据荷载大小和原土的承载力选定，当满堂布置时可取夯锤直径的 2~3 倍。对独立基础或条形基础可取夯锤直径的 1.5~2.0 倍。墩的计算直径可取夯锤直径的 1.1~1.2 倍。当墩间净距较大时，应适当提高上部结构和基础的刚度。强夯置换法处理范围与强夯法相同。

墩顶应铺设一层厚度不小于 500 mm 的压实垫层，垫层材料可与墩体相同，粒径不宜大于 100 mm。

5）现场测试设计

强夯置换法的检测项目除进行现场载荷试验检测承载力和变形模量外，尚应采用超重型或重型动力触探等方法，检查置换墩承载力与密度随深度的变化。

当确定软黏性土中强夯置换墩地基承载力特征值时，可只考虑墩体，不考虑墩间土的作用，其承载力应通过现场单墩载荷试验确定。对饱和粉土地基可按复合地基考虑，其承载力可通过现场单墩复合地基载荷试验确定。

3.4 施工技术

▶ 3.4.1 强夯法施工技术

1）施工机械

强夯施工机械宜采用带有自动脱钩装置的履带式起重机或其他专用设备。采用履带式起重机时，可在臂杆端部设置辅助门架，或采取其他安全措施，防止落锤时机架倾覆。如果夯击工艺采用单缆锤击法，则 100 t 的吊机最大只能起吊 20 t 的夯锤。目前，强夯锤质量一般为 10~60 t，若起重机起吊能力不足，可通过设置滑轮组来提高卷扬机的起吊能力，并利用自动脱钩装置使锤形成自由落体运动。

自动脱钩装置工作原理如图 3.10 所示，拉动脱钩器的钢丝绳，其一端拴在桩架的盘上，以钢丝绳的长短控制夯锤的落距。夯锤挂在脱钩器的钩上，当吊钩提升到要求的高度时，张紧的钢丝绳将脱钩器的伸臂拉转一个角度，致使夯锤突然下落。有时为防止起重臂在较大的仰角下突然释重而有可能发生后倾，可在履带起重机的臂杆端部设置辅助门架，或采取其他安全措施，防止落锤时机架倾覆。自动脱钩装置应具有足够的强度，且施工时要求灵活。

2）施工步骤

①清理并平整施工场地，放线、埋设水准点和各夯点标桩。

②铺设垫层，在地表形成硬层，用以支承起重设备，确保机械通行和施工；同时可加大地下水和表层面的距离，防止夯击的效率降低。

③标出第一遍夯击点的位置，并测量场地高程。

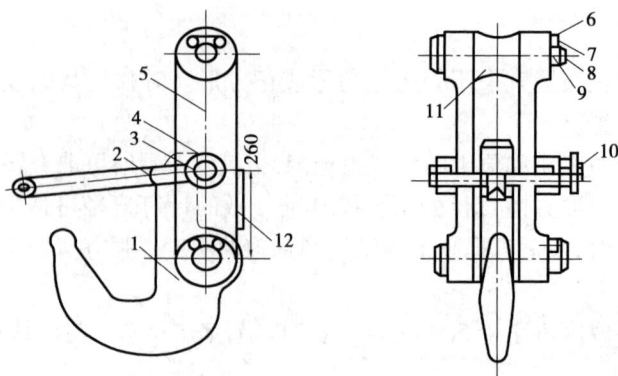

图 3.10　强夯自动脱钩装置工作原理
1—吊钩;2—锁卡焊合件;3,6—螺栓;4—开口销;5—架板;7—垫圈;
8—止动板;9—销轴;10—螺母;11—鼓形轮;12—护板

④起重机就位,使夯锤对准夯点位置。

⑤测量夯前锤顶标高。

⑥将夯锤起吊到预定高度,待夯锤脱钩自由下落后放下吊钩,测量锤顶高程。若发现因坑底倾斜而造成夯锤歪斜时,应及时将坑底整平。

⑦重复步骤⑥,按设计规定的夯击次数及控制标准,完成一个夯点的夯击。

⑧重复步骤④~⑦,完成第一遍全部夯点的夯击。

⑨用推土机将夯坑填平,并测量场地高程。

⑩在规定的间隔时间后,按上述步骤逐次完成全部夯击遍数,最后用低能量满夯,将场地表层土夯实,并测量夯后场地高程。

3)施工注意事项

①当场地表土软弱或地下水位较高,夯坑底积水影响施工时,宜采用人工降低地下水位或铺填一定厚度松散性材料,使地下水位低于坑底面以下 2 m。坑内或场地积水应及时排除。

②施工前应查明场地范围内的地下构筑物和各种地下管线的位置及标高等,并采取必要的措施,以免因施工而造成损坏。

③当强夯施工所产生的振动对邻近建筑物或设备会产生有害影响时,应设置监测点,并采取挖隔振沟等隔振或防振措施。

④按规定起锤高度、锤击数的控制指标施工,或按试夯后的沉降量控制施工。

⑤注意含水量对强夯效果的影响,注意夯锤上部排气孔的畅通。

▶　**3.4.2　强夯置换法施工技术**

强夯置换施工可按下列步骤进行:

①清理并平整施工场地,当表土松软时可铺设一层厚度为 1.0~2.0 m 的砂石施工垫层。

②标出夯点位置,并测量场地高程。

③起重机就位,夯锤置于夯点位置。

④测量夯前锤顶高程。

⑤夯击并逐击记录夯坑深度。当夯坑过深而发生起锤困难时停夯,向坑内填料直至与坑

顶平,记录填料数量,如此重复直至满足规定的夯击次数及控制标准完成一个墩体的夯击。当夯点周围软土挤出影响施工时,可随时清理并在夯点周围铺垫碎石,继续施工。

⑥按由内而外,隔行跳打原则完成全部夯点的施工。

⑦推平场地,用低能量满夯,将场地表层松土夯实,并测量夯后场地高程。

⑧铺设垫层,并分层碾压密实。

▶ 3.4.3 施工监测

施工前,应检查夯锤质量和尺寸、落距控制方法、排水设施及被夯地基的土质。施工中,应检查夯锤落距、夯点位置、夯击范围、夯击击数、夯击遍数、每击夯沉量、最后两击的平均夯沉量、总夯沉量和夯点施工起止时间等;施工结束后,应进行地基承载力、地基土的强度、变形指标及其他设计要求指标检验。

施工过程中应有专人负责下列监测工作:

①开夯前应检查夯锤质量和落距,以确保单击夯击能量符合设计要求。

②在每一遍夯击前,应对夯点放线进行复核,夯完后检查夯坑位置,发现偏差或漏夯应及时纠正。

③按设计要求检查每个夯点的夯击次数和每击的夯沉量。对强夯置换尚应检查置换深度。

④施工过程中应对各项参数及有关情况进行详细记录。

3.5 质量检验

▶ 3.5.1 检验方法

强夯处理后的地基竣工验收时,承载力检验应采用原位测试和室内土工试验。强夯置换后的地基竣工验收时,承载力检验除应采用单墩载荷试验外,尚应采用动力触探等有效手段,查明置换墩着底情况及承载力与密度随深度的变化,对饱和粉土地基允许采用单墩复合地基载荷试验代替单墩载荷试验。

室内试验主要通过夯击前后土的物理力学性质指标的变化来判断其加固效果。其项目包括:抗剪强度指标(c,φ 值)、压缩模量(或压缩系数)、孔隙比、重度、含水量等。

原位测试方法及适用条件如下:

①十字板剪切试验:适用于饱和软黏土。

②轻型动力触探试验:适用贯入深度小于 4 m 的黏性土及素填土(黏性土与粉土组成)。

③重型动力触探试验:适用于砂土和碎石土。

④超重型动力触探试验:适用于粒径较大或密实的碎石土。

⑤标准贯入试验:适用于黏性土、粉土和砂土。

⑥静力触探试验:适用于黏性土、粉土和砂土。

⑦载荷试验:适用于砂土、碎石土、粉土、黏性土和人工填土。当用于检验强夯置换法处理地基时,宜用压板面积较大的复合地基载荷试验。

⑧旁压试验:分预钻式旁压试验和自钻式旁压试验。预钻式旁压试验适用于坚硬、硬塑和可塑黏性土、粉土、密实和中密砂土、碎石土;自钻式旁压试验适用于黏性土、粉土、砂土和饱和软黏土。

⑨波速试验:适用于各类土。

▶ 3.5.2 检验要求

①强夯地基的质量检查,包括施工过程中的质量监测及夯后地基的质量检验,其中前者尤为重要。所以必须认真检查施工过程中的各项测试数据和施工记录,若不符合设计要求时,应补夯或采取其他有效措施。

②经强夯处理的地基,其强度是随着时间增长而逐步恢复和提高的,因此,竣工验收质量检验应在施工结束间隔一定时间后方能进行。其间隔时间可根据土的性质而定。对于碎石土和砂土地基,其间隔时间可取 7~14 d,粉土和黏性土地基可取 14~28 d。强夯置换地基间隔时间可取 28 d。

③强夯法检测点位置可分别布置在夯坑内、夯坑外和夯击区边缘,其数量应根据场地复杂程度和建筑物的重要性确定。对于简单场地上的一般建筑物,按每400 m² 不少于1个检测点,且不少于 3 点;对于复杂场或重要建筑物地基,按每300 m² 不少于1个检测点,且不少于 3 点。检验深度应不小于设计处理的深度。

④强夯置换施工中可采用超重型或重型圆锥动力触探检查置换墩着底情况。其地基载荷试验和置换墩着底情况检验数量均不应少于墩点数的 3%,且不应少于 3 点。

3.6 工程应用实例

【例 3.1】 某港口砂土地基上欲修建一堆料场,地基承载力不能满足设计要求。现采用强夯法进行地基处理,已知夯锤的重量为 300 kN,夯锤的落距为 15 m,求强夯处理的有效加固深度,并进行单点夯击击数与夯击遍数的确定。

【解】 取修正系数 $\alpha = 0.5$,则有效加固深度 H 为:

$$H \approx \alpha\sqrt{Mh/10} = 0.5 \times \sqrt{300 \times 15/10} \text{ m} = 10.6 \text{ m}$$

单点夯击击数应按现场试夯得到的夯击击数和夯沉量关系曲线确定,且应同时满足:

①最后两击的平均夯沉量不大于 50 mm,当单击夯击能量较大时,夯沉量不大于 100 mm。

②夯坑周围地面不应发生过大隆起。

③不因夯坑过深而发生起锤困难。

因为砂性土,夯击遍数取 2 遍,每夯击点的夯击数 6 击。最后再以较低能量(如前几遍能量的 1/4~1/5,击数为 2~3 击)满夯一遍,以加固前几遍之间的松土和被振松的表层土。

【例 3.2】 某新建工厂场区强夯地基处理工程

1)工程概况

某新建工厂场区占地约 2 公顷。其东西两侧为岗丘地形,东侧岗丘主要分布黄褐色硬塑状粉质黏土,一般高程为 28~32 m,西侧岗丘主要分布黄褐色硬塑状粉质黏土及志留系砂质、泥质页岩及砂岩,一般高程为 27~28 m,中部为一冲沟地形,沟宽 60~80 m,冲沟北高南低。

高程在纺纱车间段由 26 m 降至 24.3 m,沟中有一小水塘,面积约 800 m²,沟谷中原种植水稻。

为建厂房而平整场地,建设方用东西二侧岗地上的黏土及志留系页岩、砂岩,填入中部冲沟内。该厂纺纱车间几乎全部坐落于冲沟填土上。纺纱车间南北长 112 m,东西宽 66 m,柱距 9 m×9.9 m,柱荷 1 650 kN,主车间为单层,现浇屋面。抗震设防烈度 7 度。

填土中黏土及页岩分布极不均匀,冲沟西半部填土为粉质黏土及砂页岩混合物,冲沟东半部以粉质黏土为主,未经辗压,不经处理无法满足设计要求。经多种方案对比,决定采用强夯法加固填土地基及其下伏部分天然地基。要求强夯后填土地基承载力 $f_k = 200$ kPa,其下伏土层强度满足下卧层验算。

2)场地工程地质条件

场地土层自上而下为填土、耕土、粉质黏土、粉土、粉质黏土、碎石夹黏土及砂页岩等。

填土层结构疏松,块体间架空现象明显,为新近堆填未经压实的填土,填土平均厚度 2.8 m 左右。原地形低于 28 m 高程的均需堆填至 28 m。耕土为原始地表土层,以种植水稻为主,土质松软,含水量高,厚度 0.5 m 左右。勘察报告提供的土层参数(由新至老)见表 3.3。

表 3.3　该场地土层工程地质参数

序号	土 性	层厚/m	w/%	e	I_L	I_p	a_{1-2}/MPa	E_s/MPa	c/kPa	φ/(°)	标贯 N
③	粉质黏土	2~4	23.27	0.67	0.47	11	0.214	7.72	41	19.25	8
④	粉 土	6~8	24.4	0.68	0.68	7	0.225	7.45	29.2	13.91	5
⑤	粉质黏土	2~4	23.14	0.66	0.22	12	0.169	10.20	22.55	22.55	18

3)有关强夯设计参数及局部软弱区的处理

①锤重 10 t,落距 10 m,为圆柱形锤,其底直径 2 m,锤底静压应力为 31.8 kPa。有效加固深度经计算为 4.5 m($H = \alpha\sqrt{Wh}$,$\alpha = 0.45$)。

②要求填土的地基承载力经强夯加固处理后 $f_k = 200$ kPa。

③强夯的有关参数,锤击数、夯击遍数、相邻二次夯击的间隔时间等要通过现场施工试验确定,根据场地回填土厚度划分 3 个试夯区:A 试夯区,填土厚度不小于 2.4 m;B 试夯区,填土厚度 0~2.4 m;C 试夯区,为厂内池塘回填土区,该区要采用置换强夯法施工。

每个试夯区布置 9 个夯点,夯点的夯击次数应根据现场试夯得到的夯击次数和夯沉量关系曲线确定,且应同时满足下列条件:

①最后两击的平均夯沉量不大于 50 mm,中心夯点平均夯沉量不大于 30 mm。

②夯坑周围地面不发生过大的隆起。

③不应夯坑过深而发生起锤困难。

夯点间距 3 m×3 m,每夯点夯击两遍,最后一遍以低能量搭接满夯一遍,夯点夯击采用间隔跳打进行,两遍夯击之间应有一定的时间间隔。

施工单位在场外 A 试夯区进行了试夯,每一遍夯 6 击,计两遍。经计算单位面积夯击能 $W = \sum E/F = 100 \times 10 \times 6 \times 2/(3 \times 3) = 1\ 333\ (\text{kN·m})/\text{m}^2$。填土下部耕土为饱和状细颗粒土,规范要求细颗粒土 W 应取 1 500 ~ 4 000 $(\text{kN·m})/\text{m}^2$。可见夯 6 击达不到规范要求。

施工后 7 天,用 N_{10} 进行了加固土体检测,发现耕土 N_{10} 有所降低,后改为每夯点夯两遍,每次每夯点不小于 10 击,最后两击平均沉降不大于 30 ~ 50 mm,若 10 击不能满足沉降要求,还需增加击数,直至满足上述要求。夯点夯击采用间隔跳打进行。这样,经计算单位面积夯击能 $W = \sum E/F = 2\,222\ (kN \cdot m)/m^2$,达到了要求。

在河塘区局部淤泥粉质黏土地区,用强夯置换法回填一定数量的粗颗粒土。

4)质量检验与处理效果分析

夯点间距 3 m×3 m,处理面积 120 m×71 m,布置夯点 940 点,每点夯击数 20 击,分两次进行,每次 10 击,间隔跳夯。强夯前后静力触探 q_c 和 f_s 变化见表 3.4。

场地土层重型 $N_{63.5}$ 动力触探检测资料统计:为保证强夯效果,满足设计要求,采用标准贯入试验动力触探 $N_{63.5}$ 对全部柱基及边墙进行了加固效果检测。共检测 99 个点。对场地土层 $N_{63.5}$ 动探资料,用一次二阶距概率法及保证界限法进行统计分析。夯前、夯后动检成果对比见表 3.5。试夯区夯前夯后 N_{10} 变化见表 3.6。

表 3.4 强夯前后静力触探结果对比

土层号	土 性	夯前指标			夯后指标			夯后增加幅度	
		q_c/MPa	f_s/kPa	f_k/kPa	q_c/MPa	f_s/kPa	f_k/kPa	q_c/%	f_s/%
①	素填土	2.42	56.4	100	4.06	201.6	>200	67	257
②	耕 土	0.77	61.2	110	1.06	81.9	180	37	33
②₋₁	淤泥粉质黏土	0.52	21.6	80	0.90	69.3	160	73	220
③	粉质黏土	1.44	94.9	150	1.96	152.5	200	36	60
④	粉 土	1.07	38.4	150	1.10	26.6	165		

表 3.5 夯击前后标准贯入击数的变化

土层号	土 性	夯 前		夯 后		$\dfrac{N_{k后}-N_{k前}}{N_{k前}}$/%
		$\overline{N}_{63.5}$	N_k	$\overline{N}_{63.5}$	N_k	
①	素填土	3.02	2.51	5.19	4.65	85
①₋₂	杂填土	—	—	14.86	13.46	—
②	耕 土	1.77	1.3	3.36	3.06	135
③	粉质黏土	6.4	5.66	7.48	7.08	25
④	粉 土	13.2	11.5	14.7	14.02	22

注:$\overline{N}_{63.5}$ 为重型触探击数平均值,N_k 为重型触探击数标准值。

表 3.6 试夯区夯前夯后 N_{10} 变化

土层号	土 性	夯 前		夯 后		$\dfrac{N_{k后}-N_{k前}}{N_{k前}}$/%
		$\overline{N}_{10}$	N_k	$\overline{N}_{10}$	N_k	
①	杂填土	43	32	103	86	168
②	耕 土	33	28	27	22	−21
③	粉质黏土	61	48	68	61	27

注:$\overline{N}_{10}$ 为轻型动探击数平均值,N_k 为轻型动探击数标准值。

耕土强度减弱的原因:其一是经强夯土体结构强度破坏,由于检测间隔时间仅 5 天,强度尚未恢复;其二是试夯时单位面积夯击能仅 $W=1\,333$ ($kN\cdot m$)/m^2,夯击能偏小。

通过试夯区夯前、夯后 N_{10} 的变化可知:对饱和耕土要提高强夯后的强度,也就是需要提高单位面积夯击能;延长相邻两次夯击的间隔时间;延长检测的间隔时间,使土的强度得以恢复。

在 3 个试夯区各布置一组静荷载试验(荷载板面积 $2\,500\ cm^2$),试验的最大加载分别为 440,480,500 kPa,试验表明,土体均未被破坏,3 个试验点试验深度分别为 30,45,60 cm。强夯加固后地基土承载力标准值分别为 220,240,225 kPa,满足设计要求。取承压板的影响深度为 $2B$,3 个静载试验区的 $\overline{N}_{63.5}$(0.5~1.5 m)资料见表 3.7。

表 3.7   3 个静载试验区的试验结果

试夯区	动探点	测点频数	$\overline{N}_{63.5}$	方 差	变异系数 C_v/%	压板埋深/m	f_k/kPa	填土性质
C	26	11	6.27	3.4	54.3	0.3	220	黏性土
A	38	11	11.09	3.39	30.6	0.6	240	碎石夹黏土
B	49	11	2.45	1.06	43.3	0.45	225	黏性土

由于填土随意倾填,架空现象明显,本工程强夯消除了块体架空现象,减少了孔隙比,并将填土夯入耕土内置换部分软土,在施工过程中夯坑边无隆起现象。

经计算,整个加固场地所有的夯坑体积之和为 $4\,608\ m^3$,将其除以该场地占地面积,则该场地平均下沉量为 0.545 m。

土体的竖向变形主要发生在 1.6 倍夯锤直径的范围内,本工程则为 3.2 m。强夯后单位厚度沉降量为 0.17。若强夯前填土处于松散状态,孔隙比为 0.91,而强夯后夯实土的孔隙比为 0.586,说明夯实后的土可作为建筑物的良好地基。

本工程若用钻孔灌注桩处理,施工单位报价 120 万元,且遇大块石施工,难度较大。强夯处理,造价 40 万元,且工期缩短了一半。因此,采用强夯法设计方案经济效益显著。

习 题

3.1　某建筑工程砂性土地基,地基承载力不能满足设计要求。现欲采用强夯法进行地基处理,已知夯锤的重量为 380 kN,夯锤的落距为 12 m。如何进行强夯加固地基的设计?

3.2　某场地为黏性土地基,采用强夯法进行加固,夯锤的重量为 25 t,落距为 20 m。试计算强夯处理的有效加固深度,并制订质量检验方案。

3.3　某场地为砂土地基,采用强夯法进行加固,夯锤的重量为 200 kN,落距为 22 m。试确定强夯处理地基的有效加固深度,并完成施工方案设计。

4

预压地基法

〖**本章教学要求**〗

了解预压地基法的概念、应用及适用范围;了解预压地基法的加固原理和计算理论;掌握堆载预压、真空预压、真空与堆载联合预压的设计计算及其施工方法;熟悉预压地基法的现场检验与竣工质量检验的目的、方法、内容和操作要求。

4.1 概 述

▶ 4.1.1 预压地基法的概念与应用

预压地基法又称为排水固结法,即在地基上进行堆载预压或真空预压,或联合使用堆载和真空预压,形成固结压密后的地基。

堆载预压法是对天然地基,或先在地基中设置砂井(袋装砂井或塑料排水带)等竖向排水体,然后利用建筑物本身自重分级逐渐加载(或建筑物建造前在场地先行加载预压),使土体中的孔隙水排出,逐渐固结,地基发生沉降,同时土的抗剪强度逐步提高的一种加固方法。

预压地基法可使地基的沉降在加载预压期间基本完成或大部分完成,确保建筑物在使用期间不致产生过大的沉降和沉降差。同时,可增加地基土的抗剪强度,从而提高地基的承载力和稳定性。为了加速压缩过程,可采用比建筑物重量为大的所谓超载进行预压。

真空预压法是在需要加固的软黏土地基内设置砂井或塑料排水带,然后在地面铺设砂垫层,再在其上覆盖一层不透气的密封膜使之与大气隔绝,通过埋设于砂垫层中的吸水管道,用真空泵抽气使膜内保持较高的真空度,在土的孔隙水中产生负的孔隙水压力,孔隙水逐渐被吸出从而达到预压效果。对于在加固范围内有足够水源补给的透水层又没有采取隔断水源补给措施时,不宜采用真空预压法。

预压地基法可和其他地基处理方法结合起来使用,以提高软土地基的加固效果。如天津新港进行了真空预压(先使地基土抗剪强度得以提高),再施工碎石桩形成复合地基的试验,取得了成功。又如美国横跨金山湾南端的 Dumbarton 桥东侧引道路堤下淤泥的抗剪强度小于 5 kPa,其预压固结时间需要 40 年左右,为了支承路堤及加速固结完成所预计的 2 m 的沉降量,采用了以下设计方案:

①采用土工聚合物以分布路堤荷载和减小不均匀沉降。

②使用轻质填料以减少荷载(降低自重应力)。

③采用竖向排水体使固结时间缩短到一年之内。

④设置土工聚合物滤网以防排水层发生污染等。

此外,国内亦有采用长塑料排水板与短深层搅拌桩组成的联合地基加固形式,用以加固高速公路路基的试验与应用报导。

▶ 4.1.2 预压地基法系统构成

预压地基法由排水系统和加压系统两大部分组成。排水系统由竖向排水体和水平向排水体构成。竖向排水体有普通砂井、袋装砂井和塑料排水板,水平排水体为砂垫层。

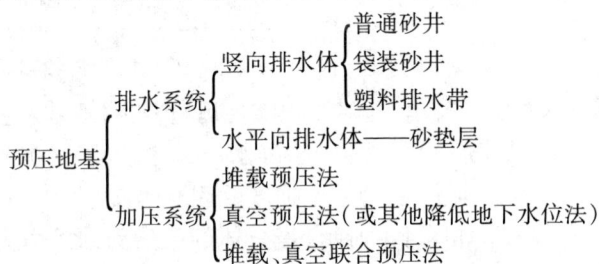

$$
\text{预压地基}
\begin{cases}
\text{排水系统}
\begin{cases}
\text{竖向排水体}
\begin{cases}
\text{普通砂井} \\
\text{袋装砂井} \\
\text{塑料排水带}
\end{cases} \\
\text{水平向排水体——砂垫层}
\end{cases} \\
\text{加压系统}
\begin{cases}
\text{堆载预压法} \\
\text{真空预压法(或其他降低地下水位法)} \\
\text{堆载、真空联合预压法}
\end{cases}
\end{cases}
$$

排水系统主要在于改变地基原有的排水边界条件,增加孔隙水排出的途径,缩短排水距离。该系统是由水平排水垫层和竖向排水体构成的。当软土层较薄或土的渗透性较好,而施工期允许较长时,可仅在地面铺设一定厚度的砂垫层,然后加载,土层中的水沿竖向流入砂垫层而排出。当工程上遇到透水性很差的深厚软土层时,可在地基中设置砂井等竖向排水体,地面连以排水砂垫层,构成排水系统。

加压系统主要作用是给地基土增加固结压力,是起固结作用的荷载。加压方式通常可利用建筑物(如房屋)或构筑物(如路堤、堤坝等)自重、堆放固体材料(如砂和石料、钢材等)、充水(如油罐充水)及抽真空施加负压力荷载等。

排水系统是一种手段,如没有加压系统,孔隙中的水没有压力差就不会自然排出,地基也就得不到加固。如果只增加固结压力,不缩短土层的排水距离,则不能在预压期间尽快地完成设计所要求的沉降量,强度不能及时提高,加载也就不能顺利进行。所以上述两个系统,在设计时总是联系起来考虑的。

▶ 4.1.3 预压地基法适用范围

预压地基法适用于处理淤泥质土、淤泥、冲填土等饱和黏性土地基。对于含水平砂层的黏性土,因其具有较好的横向排水性能,可不设竖向排水体(如砂井等)。对塑性指数大于25且含水量大于85%的淤泥,应通过现场试验确定其适用性。加固土层上覆盖有厚度大于5 m以上的回填土或承载力较高的黏性土层时,不宜采用真空预压加固。

堆载预压分塑料排水带、砂井地基堆载预压和天然地基堆载预压。通常,当软土层厚度小于4 m时,可采用天然地基堆载预压法处理;当软土层厚度超过4 m时,为加速预压过程,应采用塑料排水带、砂井等竖井排水预压法处理。采用真空预压时,必须在地基内设置排水竖井。

真空预压法适用于能在加固区形成(包括采取措施后形成)稳定负压边界条件的软土地基。降低地下水位法、真空预压法和电渗法由于不增加剪应力,地基不会产生剪切破坏,所以它们适用于很软弱的黏土地基,不适用于在加固范围内有足够水源补给的透水土层。

预压地基法可应用于道路、仓库、罐体、飞机跑道、港口等大面积软土地基加固工程。

4.2 加固原理和计算理论

▶ 4.2.1 加固地基原理

在饱和软土地基上施加荷载后,孔隙水被缓慢排出,孔隙体积随之逐渐减少,地基发生固结变形。同时随着超静水压力逐渐消散,有效应力逐渐提高,地基土强度就逐渐增长。

如图4.1所示,当土体的天然固结压力为σ_0'时,其孔隙比为e_0,在e-σ_c'曲线上为相应的A点。当压力增加$\Delta\sigma'$,达到固结终了的C点,孔隙比减少了Δe,曲线ABC称为土的压缩曲线。与此同时,在τ-σ_c'曲线上,土的抗剪强度由A点上升至C点。由此可见,土体在受固结压力时,因孔隙比的减少,使其抗剪强度得到提高。

从C点开始卸荷至F点,卸下压力为$\Delta\sigma'$,土体产生膨胀,见图4.1中CEF卸荷膨胀曲线。如从F点再加压$\Delta\sigma'$,使土体产生再压缩,沿虚线变化到C',从再压缩曲线FGC'可看出,固结压力又从σ_0'增加至σ_1',增幅为$\Delta\sigma'$,相应的孔隙比减小值为$\Delta e'$(比Δe小)。同样,在土体卸荷及再压缩过程中,其抗剪强度与孔隙比变化相似,也经历了下降与上升恢复。

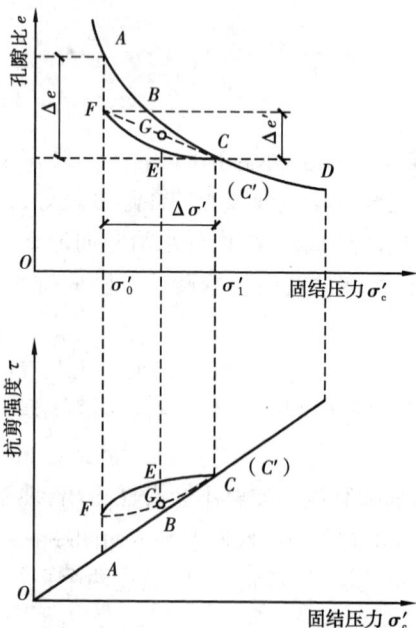

图 4.1 预压地基法加固地基的原理

根据预压地基法加固地基的原理,如果在建筑物场地预先加一个和上部建筑物相同的压力进行预压,使软土层固结,然后卸荷,再建造建筑物,这样可以大大减小由建筑物引起的沉降。如果预压荷载大于建筑物荷载,即称为超载预压,效果会更佳。经过超载预压,固结压力大于使用荷载下的固结压力,原来的正常固结黏性土将处于超固结状态,使软基在使用荷载下变形大为减小。但超载过快易发生地基失稳,工程施工中需逐步施加超载压力。

用填土等外加荷载对地基进行预压,是通过增加总应力 $\Delta\sigma$,并使孔隙水压力 Δu 消散而增加有效应力 $\Delta\sigma'$ 的方法。堆载预压是在地基中形成超静水压力的条件下的排水固结,称为正压固结。

土层的排水固结效果与其排水边界条件有关。如图 4.2(a)所示,土层厚度相对作用荷载宽度(或直径)较小时,土层中的孔隙水将向上、下的透水层排出而使土层产生固结,此种固结称为竖向排水固结。由太沙基的饱和土渗透固结理论可知,土层固结所需时间与排水距离的平方成正比,也就是说,软黏土层越厚,一维固结所需的时间越长。若淤泥质土层厚度大于 10~20 m,要达到较大固结度(>80%),所需时间要几年至几十年之久。

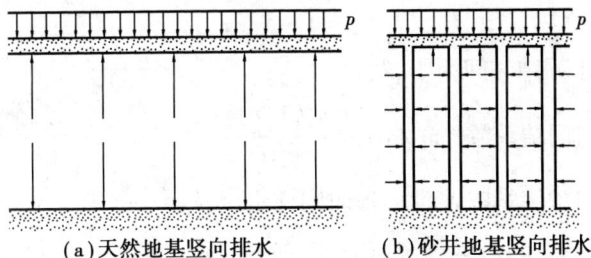

(a)天然地基竖向排水　　　(b)砂井地基竖向排水

图 4.2　预压地基法的排水原理

为了加速土层固结,最有效的方法是在天然土层中增加排水途径,缩短排水距离,在天然地基中设置砂井(袋装砂井或塑料排水带)等竖向排水体的作用就是增加排水途径,缩短排水距离。如图 4.2(b)所示,砂井就是为此目的而设置的排水途径,它使大部分孔隙水改变流向,从水平向通过砂井排出,而只有小部分孔隙水从竖向排出,砂井缩短了排水距离,大大加快了孔隙水的排出速度,加速了固结速率(或沉降速率)。

▶ **4.2.2　地基固结度计算**

1)瞬时加荷条件下固结度计算

在地面堆载作用下,随着地基土孔隙水排出,土体产生固结和强度增长。土层的固结过程就是超静孔隙水压力消散和有效应力增长的过程。在总应力 σ 不变的情况下,超静水压力 u 的减小,使有效应力 σ' 增大。为估算出固结产生的沉降占总沉降的百分比,需要计算地基固结度。一般以 K.太沙基(Terzaghi,1925 年)提出的一维固结理论为基础计算固结度。

(1)固结度定义式

$$U = \frac{s_t}{s} = \frac{\sigma'}{\sigma} = \frac{\sigma - u}{\sigma} = 1 - \frac{u}{\sigma} \tag{4.1}$$

（2）竖向排水平均固结度计算

$$\overline{U}_z = 1 - \frac{8}{\pi^2} e^{-\frac{\pi^2 T_v}{4}}$$ （4.2）

式中　T_v——竖向排水固结时间因子，$T_v = c_v t/H^2$；

t——固结时间，s；

H——土层竖向排水距离，cm，单面排水时为土层厚度，双面排水为土层厚度一半；

c_v——土的竖向固结系数，cm^2/s，$c_v = \dfrac{k_v(1+e)}{\gamma_w a}$；

k_v——土层竖向渗透系数，cm/s；

e——渗流固结前土的孔隙比；

γ_w——水的重度，kN/cm^3；

a——土的压缩系数，kPa^{-1}。

（3）径向固结度计算

$$\overline{U}_r = 1 - e^{\frac{8T_h}{F_n}}$$ （4.3）

式中　T_h——径向排水固结时间因子，$T_h = c_h t/d_e^2$；

c_h——土的径向固结系数，cm^2/s，$c_h = \dfrac{k_h(1+e)}{\gamma_w a}$；

k_h——土层径向渗透系数，cm/s，各向同性土层，$k_h = k_v$；

F_n——与 n 有关的系数，$F_n = \dfrac{n^2}{n^2-1} \ln n - \dfrac{3n^2-1}{4n^2}$；

n——井径比，$n = d_e/d_w$；

d_e——每个砂井有效影响范围的直径，cm；

d_w——砂井直径，cm。

（4）总平均固结度计算

$$\overline{U}_{rz} = 1 - (1 - \overline{U}_z)(1 - \overline{U}_r)$$ （4.4）

土层的平均固结度普遍表达式为：

$$\overline{U} = 1 - \alpha e^{-\beta t}$$ （4.5）

表 4.1 列出了不同条件下 α，β 值及固结度的计算公式。

表 4.1　不同条件下 α，β 值及固结度计算式

序号	条　件	α	β	平均固结度计算
1	竖向排水固结（$\overline{U}_z > 30\%$）	$\dfrac{8}{\pi^2}$	$\dfrac{\pi^2 c_v}{4H^2}$	$\overline{U}_z = 1 - \dfrac{8}{\pi^2} e^{-\frac{\pi^2}{4} \times \frac{c_v}{H^2} t}$
2	向内径向排水固结	1	$\dfrac{8c_h}{F_n d_e^2}$	$\overline{U}_r = 1 - e^{-\frac{8}{F_n} \times \frac{c_h}{d_e^2} t}$
3	竖向和向内径向排水组合固结	$\dfrac{8}{\pi^2}$	$\dfrac{8c_h}{F_n d_e^2} + \dfrac{\pi^2 c_v}{4H^2}$	$\overline{U}_{rz} = 1 - \dfrac{8}{\pi^2} e^{-\left(\frac{8c_h}{F_n d_e^2} + \frac{\pi^2 c_v}{4H^2}\right) t}$

续表

序号	条 件	α	β	平均固结度计算
4	砂井未打穿软土层的总平均固结度	$\dfrac{8}{\pi^2}\lambda$	$\dfrac{8c_h}{F_n d_e^2}$	$\overline{U} = 1 - \dfrac{8\lambda}{\pi^2}\mathrm{e}^{-\frac{8}{F_n}\times\frac{c_h}{d_e^2}t}$
5	向外径向排水固结 ($\overline{U}_r > 60\%$)	0.692	$\dfrac{5.78c_h}{R^2}$	$\overline{U}_r = 1 - 0.692\mathrm{e}^{-\frac{5.78c_h}{R^2}t}$

注：$\lambda = \dfrac{H_1}{H_1 + H_2}$；$H_1$——砂井长度；$H_2$——砂井以下压缩土层厚度；$R$——上柱体半径。

2)逐渐加荷条件下地基固结度的计算

以上计算固结度的理论公式都是假设荷载是一次瞬间加足的。实际工程中,荷载总是分级逐渐施加的。因此,根据上述理论方法求得的固结时间关系或沉降时间关系都必须加以修正。修正的方法有改进的太沙基法和改进的高木俊介法。《地基处理规范》建议采用改进的高木俊介法直接求得修正后的平均固结度。

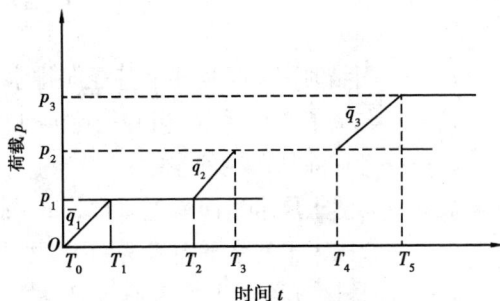

图 4.3 预压地基法多级等速加载图

如图 4.3 所示,在一级或多级等速加载条件下,当固结时间为 t 时,对应于累加荷载 $\sum \Delta p$（即总荷载）的地基平均固结度可按式(4.6)计算:

$$\overline{U}_t = \sum_{i=1}^{n} \frac{\dot{q}_i}{\sum \Delta p}\left[(T_i - T_{i-1}) - \frac{\alpha}{\beta}\mathrm{e}^{-\beta t}(\mathrm{e}^{\beta T_i} - \mathrm{e}^{\beta T_{i-1}})\right] \tag{4.6}$$

式中 $\overline{U}_t$——t 时间地基的平均固结度;

$\dot{q}_i$—— 第 i 级荷载的加载速率, kPa/d, $\dot{q}_i = \Delta p_i /(T_i - T_{i-1})$;

$\sum \Delta p$ ——与一级或多级等速加载历时 t 相对应的累加荷载,kPa;

T_{i-1}, T_i——第 i 级荷载加载的起始和终止时间(从零点起算),d,当计算第 i 级荷载加载过程中某实际 t 的平均固结度时,T_i 改为 t;

α, β——两个参数,根据地基土的排水条件确定,见表 4.1。对竖井地基,表中所列 β 为不考虑涂抹和井阻影响的参数值。

▶ 4.2.3 考虑井阻作用的固结度计算

当排水竖井采用挤土方式施工时,由于井壁涂抹及对周围土的扰动而使土的渗透系数降低,因而影响土层的固结速率,此即为涂抹影响。涂沫对土层固结速率的影响大小取决于涂沫区直径 d_s,以及涂抹区土的水平向渗透系数 k_s 与天然土层水平渗透系数 k_h 的比值。当竖井纵向通水量 q_w 与天然土层水平向渗透系数 k_h 比值较小,且长度又较长时,尚应考虑井阻影响。

瞬时加载条件下,考虑涂抹和井阻影响时,竖井地基径向排水平均固结度可按下式计算:

$$\overline{U}_r = 1 - e^{-\frac{8c_h}{F d_e^2}t} \qquad (4.7)$$

$$F = F_n + F_s + F_r \qquad (4.8)$$

$$F_n = \ln n - \frac{3}{4} \quad (n \geqslant 15) \qquad (4.9)$$

$$F_s = \left(\frac{k_h}{k_s} - 1\right) \ln s \qquad (4.10)$$

$$F_r = \frac{\pi^2 L^2}{4} \frac{k_h}{q_w} \qquad (4.11)$$

式中 $\overline{U}_r$——固结时间 t 时竖井地基径向排水平均固结度;

$\quad F_n$——与 n 有关的系数,当井径比 $n<15$ 时,按式(4.3)之规定计算;

$\quad F_s$——考虑涂抹影响的参数;

$\quad k_h$——天然土层水平向渗透系数,cm/s;

$\quad k_s$——涂抹区土的水平向渗透系数,可取 $k_s = (1/5 \sim 1/3)k_h$;

$\quad s$——涂抹区直径 d_s 与竖井直径 d_w 的比值,可取 $s = 2.0 \sim 3.0$,对中等灵敏黏性土取低值,对高灵敏黏性土取高值;

$\quad F_r$——考虑井阻影响的参数;

$\quad L$——竖井深度,cm;

$\quad q_w$——竖井纵向通水量,cm^3/s,为单位水力梯度下单位时间的排水量。

在一级或多级等速加荷条件下,考虑涂抹和井阻影响时,竖井穿透受压土层地基的平均固结度可按式(4.6)计算,其中 $\alpha = \dfrac{8}{\pi^2}$,$\beta = \dfrac{8c_h}{F d_e^2} + \dfrac{\pi^2 c_v}{4H^2}$。

对砂井,其纵向通水量可按式(4.12)计算:

$$q_w = k_w A_w = k_w \pi d_w^2/4 \qquad (4.12)$$

式中 k_w——砂料渗透系数。

▶ 4.2.4 土体固结抗剪强度增减计算

饱和软黏土根据其天然固结状态可分成正常固结土、超固结土和欠固结土。显然,对不同固结状态的土,在预压荷载下其强度增长是不同的。为此,计算预压荷载下饱和黏性土地基中某点的抗剪强度时,应考虑土体原来的固结状态。

地基中某一时刻土的抗剪强度 τ_{ft} 表达式为:

$$\tau_{ft} = \tau_{f0} + \Delta\tau_{fc} - \Delta\tau_{fs} \qquad (4.13)$$

式中 τ_{f0}——地基中某点处初始抗剪强度;

$\quad \Delta\tau_{fc}$——由于排水固结而增长的抗剪强度增量;

$\quad \Delta\tau_{fs}$——由于土体蠕变引起的抗剪强度减小的数量。

目前常用的预估固结引起的土体抗剪强度增长方法是有效应力法和固结压力法。

1)有效应力法

考虑到因土体蠕变引起的抗剪强度减小的数量 $\Delta\tau_{fs}$ 难以计算,将式(4.13)改写为:

$$\tau_{ft} = \eta(\tau_{f0} + \Delta\tau_{fc}) \tag{4.14}$$

式中,η 为考虑土体蠕变及其他因素时抗剪强度的折减系数,软土地基 $\eta = 0.75 \sim 0.90$。

对于正常固结饱和土,采用有效应力指标计算由于土体固结产生的有效应力增量 $\Delta\sigma_1'$ 所引起的抗剪强度增量 $\Delta\tau_{fc}$,表达式为:

$$\Delta\tau_{fc} = \Delta\sigma' \tan\varphi' \tag{4.15}$$

$$\Delta\sigma' = \frac{\cos^2\varphi'}{1 + \sin\varphi'}\Delta\sigma_1' \tag{4.16}$$

$$\Delta\sigma_1' = \Delta\sigma_1 - \Delta u = U\Delta\sigma_1 \tag{4.17}$$

结合以上各计算表达式得:

$$\Delta\tau_{fc} = \frac{\sin\varphi' \cos\varphi'}{1 + \sin\varphi'}U\Delta\sigma_1 = kU\Delta\sigma_1 \tag{4.18}$$

$$\tau_{ft} = \eta(\tau_{f0} + \Delta\tau_{fc}) = \eta(\tau_{f0} + kU\Delta\sigma_1) \tag{4.19}$$

式中　Δu——荷载引起的地基中某点土体中超孔隙水压力增量;

　　　k——土体有效内摩擦角的函数,$k = \dfrac{\sin\varphi' \cos\varphi'}{1 + \sin\varphi'}$;

　　　U——地基中某点固结度,为简便计算,可用平均固结度代替,见式(4.6);

　　　$\Delta\sigma_1$——荷载引起的地基中某点最大主应力增量,可按弹性理论计算。

2)固结压力法

固结压力法又称为总应力法,也是《地基处理规范》建议的计算方法。对于正常固结饱和软黏土,其强度变化为:

$$\tau_f = \sigma_c' \tan\varphi_{cu} \tag{4.20}$$

式中　σ_c'——土体剪切前的有效固结压力,$\sigma_c' = \sigma_c U$,U 为固结度,σ_c 为总应力;

　　　φ_{cu}——固结不排水剪切试验测定的土体内摩擦角,也可根据天然地基十字板剪切试验值与测点土自重应力的比值确定。

由此,因固结而增长的强度可按式(4.21)计算:

$$\Delta\tau_{fc} = \Delta\sigma_c' \tan\varphi_{cu} = \Delta\sigma_z U_t \tan\varphi_{cu} \tag{4.21}$$

忽略土体蠕变及其他因素的影响,则地基土某点某一时间的抗剪强度可按式(4.22)计算:

$$\tau_{ft} = \tau_{f0} + \Delta\sigma_z U_t \tan\varphi_{cu} \tag{4.22}$$

式中　τ_{ft}——t 时刻该点土的抗剪强度,kPa;

　　　τ_{f0}——地基土的天然抗剪强度,kPa;

　　　$\Delta\sigma_z$——预压荷载引起的该点的附加竖向应力,kPa;

　　　U_t——该点土的固结度;

φ_{cu}——三轴固结不排水压缩试验求得的土的内摩擦角,(°)。

由于超固结土和欠固结土强度增长缺乏实测资料,目前没有合适的计算公式。

4.3 堆载预压法设计计算

▶ 4.3.1 计算规定

1)设计前应取得的资料

①进行岩土工程勘察,查明场地的工程地质和水文地质条件。

②室内土工试验,确定土的固结系数、孔隙比和固结压力关系、三轴试验强度等。

③进行原位十字板剪切试验,确定各土层十字板抗剪强度。

2)设计内容

堆载预压法设计包括加压系统和排水系统的设计。主要设计内容有:

①确定预压荷载的大小、范围、速率和预压时间。

②选择竖向排水体,确定其尺寸、间距、排列方式和深度。

③计算地基的固结度、强度增长。

④进行稳定性和变形计算。

▶ 4.3.2 加压系统设计

堆载预压法加压系统主要是指堆载预压计划以及堆载材料的选用等。

1)堆载预压基本要求

(1)堆载预压分类　根据土质情况,堆载预压可分为单级加荷和多级加荷;根据堆载材料,堆载预压可分为自重预压、加荷预压和加水预压;根据是否超载,堆载预压可分为正常加载预压和超载预压。

(2)荷载大小与加载范围规定　预压荷载大小应根据设计要求确定。对于沉降有严格限制的建筑,应采用超载预压法处理,超载量大小应根据预压时间内要求完成的变形量通过计算确定,并宜使预压荷载下受压土层各点的有效竖向应力大于建筑物荷载引起的相应点的附加应力。

预压荷载顶面的范围应等于或大于建筑物基础外缘所包围的范围。

(3)加载速率控制　加载速率应根据地基土的强度确定。当天然地基土的强度满足预压荷载下地基的稳定性要求时,可一次性加载,否则应分级逐渐加载,待前期预压荷载下地基土的强度增长满足下一级荷载下地基的稳定性要求时方可加载。

由于软黏土地基抗剪强度低,无论直接建造建筑物还是进行堆载预压往往都不可能快速加载,而必须分级逐渐加荷,待前期荷载下地基强度增长满足要求时,方可加下一级荷载。

(4)堆载材料　对于房屋建筑、道路与机场跑道等工程,一般用填土、砂石等散粒材料进行堆载预压。油罐工程通常利用灌体充水对地基进行预压。对堤坝等以稳定为控制的工程，则以其本身的重量有控制地分级逐渐加载，直至设计标高。

2) 预压荷载计算

一般预压荷载大小取建筑物的基底压力值。超载预压法时，其预压荷载大于基底压力值。

（1）正常加载预压的计算

①利用地基的天然地基土抗剪强度计算第一级容许施加的荷载 p_1。

a.用斯开普顿极限荷载半经验公式计算：

$$p_1 = \frac{5c_u}{K}\left(1 + 0.2\frac{B}{A}\right)\left(1 + 0.2\frac{D}{B}\right) + \gamma D \qquad (4.23)$$

式中　K——安全系数，建议采用 $1.1 \sim 1.5$；

　　　c_u——天然地基土的不排水抗剪强度，kPa，由无侧限、三轴不排水试验或原位十字板剪切试验测定；

　　　D——基础埋置深度，m；

　　　A,B——分别为基础的长边和短边，m；

　　　γ——基底标高以上土的重度，kN/m^3。

b.对于饱和软黏土可采用下式估算：

$$p_1 = \frac{5.14c_u}{K} + \gamma D \qquad (4.24)$$

c.对于长条形填土，可根据 Fellenius 公式估算：

$$p_1 = \frac{5.52c_u}{K} \qquad (4.25)$$

②计算第一级荷载下地基强度增长值。

在 p_1 荷载作用下，经过一段时间预压地基强度会提高，提高后的地基强度 c_{u1} 为：

$$c_{u1} = \eta(c_u + \Delta c_u') \qquad (4.26)$$

式中，$\Delta c_u'$ 为 p_1 作用下地基因固结而增长的强度。它与土层的固结度有关，一般可先假定一固结度，通常可假定为 70%，然后求出强度增量 $\Delta c_u'$。η 为考虑剪切蠕动的强度折减系数，一般取 $\eta = 0.75 \sim 0.9$。

③计算 p_1 作用下达到所确定固结度需要的时间及 p_2 加载开始时间。

④根据第二步所得到的地基强度 c_{u1} 计算第二级所施加的荷载 p_2。

$$p_2 = \frac{5.52c_{u1}}{K} \qquad (4.27)$$

并求出 p_2 下地基固结度达 70% 时的强度所需时间，然后依次计算各级荷载。

⑤计算预压荷载下地基的最终沉降量和预压期间的沉降量。

地基土总沉降量 s_f 一般由瞬时沉降 s_d、固结沉降 s_c 和次固结沉降 s_s 三部分组成，即

$$s_f = s_d + s_c + s_s \qquad (4.28)$$

a.瞬时沉降是指荷载施加后立即发生的沉降量，由剪切变形引起，按式（4.29）估算：

$$s_d = c_d pb \left(\frac{1 - \mu^2}{E} \right) \tag{4.29}$$

式中　p——均匀荷载,kPa;

　　　b——荷载面积的直径或宽度,m;

　　　c_d——考虑荷载面积形状和沉降计算点位置的系数,见表4.2;

　　　E,μ——地基土的弹性模量和泊松比。假定土体的体积不可压缩时,取 $\mu = 0.5$。

表 4.2　半无限弹性体表面各种均布荷载面积上各点的 c_d 值

形　状	中心点	角点或边长	短边中点	长边中点	平均值
圆形	1.0	0.64	0.64	0.64	0.35
圆形(刚性)	0.79	0.79	0.79	0.79	0.79
方形	1.12	0.56	0.76	0.76	0.95
方形(刚性)	0.99	0.99	0.99	0.99	0.99
矩形(长宽比)					
1.5	1.36	0.67	0.89	0.97	1.15
2	1.52	0.76	0.98	1.12	1.30
3	1.78	0.88	1.11	1.35	1.52
5	2.10	1.05	1.27	1.68	1.83
10	2.53	1.26	1.49	2.12	2.25
100	4.00	2.00	2.20	3.60	3.70
1 000	5.47	2.75	2.94	5.03	5.15
10 000	6.90	3.50	3.70	6.50	6.60

　　b.固结沉降是指地基排水固结引起的沉降,是地基沉降中最主要的部分,按式(4.30)计算:

$$s_c = \sum_{i=1}^{n} \left(\frac{e_{0i} - e_{1i}}{1 + e_{0i}} \right) h_i \tag{4.30}$$

式中　h_i——第 i 层土的计算厚度,m;

　　　e_{0i}——第 i 层中点之土自重应力所对应的孔隙比;

　　　e_{1i}——第 i 层中点之土自重应力和附加应力之和所对应的孔隙比。

　　c.次固结沉降是由土中骨架在持续荷载作用下,发生蠕变而引起的。一般泥炭土、有机质土或高塑性黏土层次固结沉降所占比例较大,而其他类土所占比例较小,可以忽略。

　　《地基处理规范》推荐的预压荷载下地基的最终竖向变形量计算公式为:

$$s_f = \xi s_c = \xi \sum_{i=1}^{n} \left(\frac{e_{0i} - e_{1i}}{1 + e_{0i}} \right) h_i \tag{4.31}$$

式中　s_f——最终竖向变形量,m;

　　　ξ——经验系数,对正常固结饱和黏性土地基可取 $\xi = 1.1 \sim 1.4$,荷载较大、地基土较软弱时取较大值,否则取较小值。

其他参数意义与式(4.30)相同。进行变形计算时,可取附加应力与土自重应力的比值为0.1 的深度作为受压层的计算深度。

考虑 t 时间平均固结度 $\overline{U}_t$ 之后,在荷载作用下地基的沉降随时间的变化计算式为:

$$s_t = s_d + \overline{U}_t s_c \tag{4.32}$$

对于一次瞬间加荷或一次等速加荷结束之后,任意时间的地基沉降量计算式改写为:

$$s_t = (\xi - 1 + \overline{U}_t) s_c \tag{4.33}$$

对于多级等速加荷情况,应对 s_d 做加荷修正,使其与按式(4.6)计算的修正后固结度 $\overline{U}_t$ 相一致,修正后的任一时刻地基沉降量计算式为:

$$s_t = s_d + \overline{U}_t s_c = \left[(\xi - 1) \frac{p_t}{\sum \Delta p} + \overline{U}_t \right] s_c \tag{4.34}$$

式中　$\overline{U}_t$——t 时间地基的平均固结度;

　　　p_t——t 时间的累计荷载,kPa;

　　　$\sum \Delta p$——总的累计荷载,kPa。

⑥进行每一级荷载下地基的稳定性验算。

稳定分析可以解决的问题:地基在天然状态下的最大堆载;在各级预压荷载作用下的稳定性;最大许可预压堆载;理想的堆载计划。

稳定分析可采用瑞典条分法(费伦纽斯条分法)及毕肖普条分法进行,见土力学教材。

(2)超载预压的计算　对沉降有严格要求的建筑物,应采用超载预压法处理地基。经超载预压后,如受压土层各点的有效竖向应力大于建筑物荷载引起的相应点附加总应力时,则建筑物使用过程中地基土将不会再发生主固结变形,并减少次固结变形,推迟次固结变形的发生。超载预压还可以缩短预压时间。

如图 4.4 所示,在超载预压过程中,任意时间地基的沉降量可表示为:

$$s_t = s_d + \overline{U}_t s_c + s_s \tag{4.35}$$

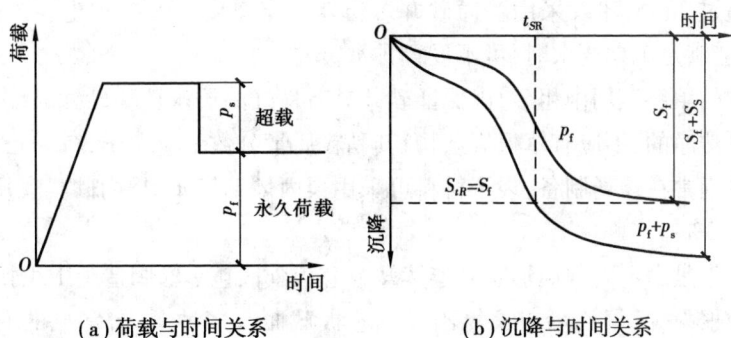

(a)荷载与时间关系　　　　　(b)沉降与时间关系

图 4.4　超载预压消除主固结沉降

式中 s_t——时间 t 时地基的沉降量,m;

s_d——由于剪切变形而引起的瞬时沉降,m;

s_c——最终固结沉降,m;

s_s——次固结沉降,m;

$\overline{U}_t$——t 时间地基的平均固结度。

式(4.35)可用于:

①确定所需的超载压力值 p_s,以保证使用(或永久)荷载 p_f 作用下预期的总沉降量在给定的时间内完成。

②确定在超载下达到预定沉降量所需要的时间。

为了消除超载卸除后继续发生的主固结沉降,超载应维持到使土层中间部位的固结度达到式(4.36)的计算要求。

$$U_{1/2} = \frac{p_f}{p_f + p_s} \tag{4.36}$$

式中 $U_{1/2}$——土层中间部位的固结度;

p_f——永久荷载,即为建筑物荷载;

p_s——超载压力值,即为预压荷载与建筑物荷载之差。

上式计算原则是将超载保持到在 p_f 作用下所有点都完全固结为止,这时土层大部分将处于超固结状态。这是提高安全度的方法,它所预估的 p_s 值或超载时间都大于实际所需值。

对于有机质黏土、泥炭土等高塑性黏土层,因次固结沉降在总沉降中所占比例大,采用超载预压法对减少永久荷载作用下的次固结沉降效果会很好。对此类土质超载预压时,可将永久荷载 p_f 作用下的总沉降量看作主固结沉降和次固结沉降之和。

▶ 4.3.3 排水系统设计

1)竖向排水体材料选择

竖向排水体(或称排水竖井)可采用普通砂井、袋装砂井和塑料排水带。若需要设置的竖向排水体长度超过 20 m,建议采用普通砂井。当软土层厚度不大或软土层含较多薄粉砂夹层,且固结速率能满足工期要求时,可不设置排水竖井。

①制作砂井的填料宜用中粗砂,以保证砂井具有良好的透水性。砂井粒度要不被黏土颗粒堵塞。砂应是洁净的,不应有草根等杂物,其黏粒质量分数不应大于 3%。

②袋装砂井通常在现场制备,袋子材料可采用聚丙烯编织布,袋内砂料宜用风干砂,含泥质量分数应小于 3%。

③塑料排水带是由不同截面形状的连续塑料芯板外面包裹非织造土工织物(滤膜)而成。芯板的原材料为聚丙烯、聚乙烯或聚氯乙烯。芯板截面有多种形式,常见的有口琴型、城墙型、圆孔型、双面型、双面交错凹凸乳头型等,如图 4.5 所示。芯板起骨架作用,截面形成的纵向沟槽供通水之用,而滤膜多为涤纶无纺织物,作用是滤土、透水。塑料排水带的宽度一般为

100 mm,厚度 3.5~4 mm,每卷长 100~200 m,每米重约 0.125 kg。我国目前排水带的宽度最大达 230 mm,国外已有 2 m 以上的宽带产品。

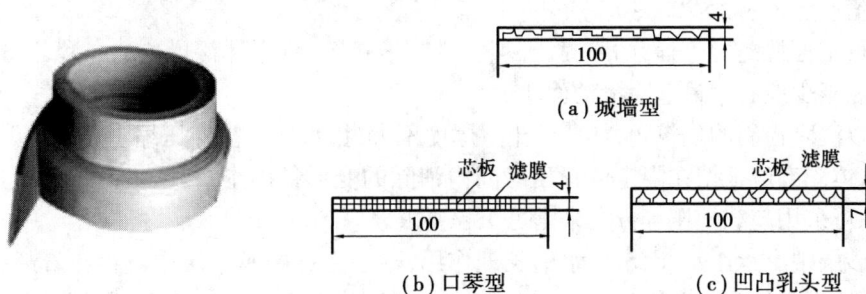

(a) 城墙型

(b) 口琴型   (c) 凹凸乳头型

图 4.5 塑料排水带结构形式

塑料排水带主要质量指标是复合体的力学性能、纵向通水量、滤膜的渗透性和隔土性。塑料排水带的力学性能包括抗拉强度和延伸率、弯曲性能等。不同型号塑料排水带的厚度见表 4.3,塑料排水带的性能见表 4.4。

表 4.3 不同型号塑料排水带的厚度

型 号	A	B	C	D
厚度/mm	>3.5	>4.0	>4.5	>6.0

表 4.4 塑料排水带的性能

项 目		单 位	A 型	B 型	C 型	条 件
纵向通水量		cm^3/s	≥15	≥25	≥40	侧压力
滤膜渗透系数		cm/s	≥5×10⁻⁴			试件在水中浸泡 24 h
滤膜等效直径		μm	<75			以 O_{98} 计
复合体抗拉强度(干态)		kN/10 cm	≥1.0	≥1.3	≥1.5	延伸率 10%时
滤膜抗拉强度	干态	N/cm	≥15	≥25	≥30	延伸率 10%时
	湿态		≥10	≥20	≥25	延伸率 1%时,试件在水中浸泡 24 h
滤膜重度		N/m^3	0.8			

注:A 型排水带适用于插入深度小于 15 m;B 型排水带适用于插入深度小于 25 m;C 型排水带适用于插入深度小于 35 m。

2)竖向排水体深度设计

竖向排水体深度主要根据土层的分布、地基中附加应力大小、施工期限和施工条件以及地基稳定性等因素确定。竖向排水体长度一般为 10~25 m。

①当软土层不厚、底部有透水层时,排水体应尽可能穿透软土层。

②当深厚的高压缩性土层间有砂层或砂透镜体时,排水体应尽可能打至砂层或砂透镜

体。而采用真空预压时,应尽量避免排水体与砂层相连接,以免影响真空效果。

③对于无砂层的深厚地基,则可根据其稳定性及建筑物在地基中造成的附加应力与自重应力之比值确定(一般为 0.1~0.2)。

④按稳定性控制的工程,如路堤、土坝、岸坡、堆料等,排水体深度应通过稳定分析确定,排水体深度至少应超过最危险滑动面 2 m。

⑤对以沉降控制的建筑物,如压缩土层厚度不大,排水体宜贯穿压缩土层;对深厚的压缩土层,排水体深度应根据在限定的预压时间内消除的变形量确定,若施工设备条件达不到设计深度,则可采用超载预压等方法来满足工程要求。

⑥若砂层中有承压水,因承压水的长期作用,砂层上部的黏土层中就存在着超孔隙水压力,这对黏性土固结和强度增长都不利。为此,宜将砂井排水体打到砂层,利用砂井加速承压水的消散。

3)竖向排水体平面布置设计

(1)竖向排水体直径　普通砂井直径一般为 300~500 mm,袋装砂井直径一般为 70~120 mm,塑料排水带尺寸一般为 100 mm × 4 mm。塑料排水带常用当量直径表示,换算直径可按式(4.37)计算:

$$d_p = \frac{2(b + \delta)}{\pi} \tag{4.37}$$

式中　d_p——塑料排水带当量换算直径,mm;

　　　b——塑料排水带宽度,mm;

　　　δ——塑料排水带厚度,mm。

竖向排水体截面大小只要能及时排水固结就行,由于软土的渗透性比砂性土为小,所以排水体的理论直径可很小。但直径过小,施工困难,直径过大对增加固结速率并不显著。从原则上讲,为达到同样的固结度,缩短排水体间距比增加排水体直径效果要好,即井径和井间距关系是"细而密"比"粗而稀"为佳。

(2)竖向排水体排列形式与间距　如图 4.6 所示,竖向排水体的平面布置可采用等边三角形(梅花形)或正方形排列。以正三角形排列较为紧凑和有效。

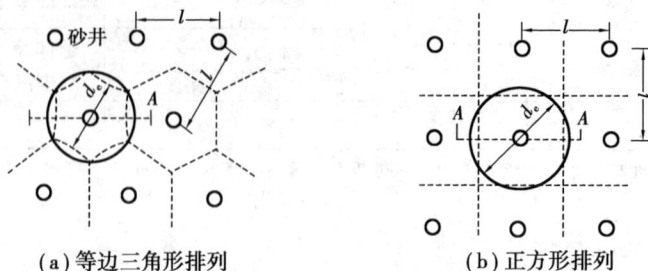

(a)等边三角形排列　　　　(b)正方形排列

图 4.6　竖向排水体平面布置及影响范围

正方形排列的每个砂井,其影响范围为一个正方形,正三角形排列的每个砂井,其影响范围则为一个正六边形。

竖井的有效排水直径 d_e 与间距 l 的关系为:

等边三角形排列　　　$d_e = l\sqrt{\dfrac{2\sqrt{3}}{\pi}} = 1.05l$

正方形排列　　　　　$d_e = l\sqrt{\dfrac{4}{\pi}} = 1.13l$

砂井或塑料排水带的间距可根据地基土的固结特性和预定时间内所要求达到的固结度确定。通常砂井的间距可按井径比 n($n = d_e/d_w$, d_e 为砂井的有效排水圆柱体直径, d_w 为砂井直径)确定。普通砂井的间距可按 $n = 6\sim 8$ 选用,袋装砂井或塑料排水带的间距可按 $n = 15\sim 22$ 选用。

(3)竖向排水体的布置范围　竖向排水体的布置范围一般比建筑物基础范围稍大为好,可由基础的轮廓线向外增大 $2\sim 4$ m。

(4)地表排水砂垫层设计　采用预压法处理地基时,为了使砂井排水有良好的通道,必须在地表铺设与排水竖井相连的砂垫层,以连通各砂井将水排到工程场地以外,砂垫层厚度不应小于 500 mm,水下施工时一般为 1 m 左右。砂垫层砂料宜用中粗砂,黏粒质量分数不宜大于 3%,砂料中可混有少量粒径小于 50 mm 的砾石。砂垫层的干密度应大于 1.5 g/cm³,其渗透系数宜大于 1×10^{-2} cm/s。

砂垫层的宽度应大于堆载宽度或建筑物的底宽,并伸出砂井区外边线 2 倍砂井直径。在砂料贫乏地区,可采用连通砂井的纵横砂沟代替整片砂垫层。

在预压区边缘应设置排水沟,在预压区内宜设置与砂垫层相连的排水盲沟。

4.4　真空预压法设计计算

▶ 4.4.1　真空预压法作用原理

真空预压法与堆载预压法不同的是加压系统,两者排水系统基本相同。真空预压法是通过在砂垫层和竖向排水体中形成负压区,在土体内部与排水体间所形成的压差,迫使软土地基中水排出,完成地基土固结。

真空预压法工作原理如图 4.7 所示。首先在需要加固的地基中设置砂井(或塑料排水带)等竖向排水通道,在地表面铺设砂垫层,形成排水系统;再在砂垫层中埋设排水管道,并与抽真空装置(如射流泵)连接,形成抽气、抽水系统;然后在砂垫层中铺设不透气的封闭膜(2~3层膜),并在加固

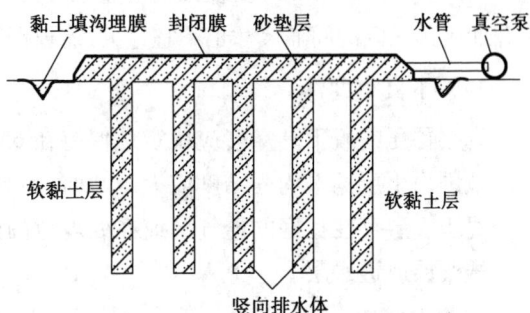

图 4.7　真空预压法工作原理示意图

区四周将薄膜用黏土埋入土中一定深度,以满足不漏水、不漏气的密封要求;最后,通过抽气、抽水,在砂垫层和竖向排水体中形成负压区。一般情况下,薄膜下的真空度可达 80~90 kPa。

通过持续不断抽气、抽水,土体在压差(p_a-p_v)作用下(p_a为大气压力,p_v为砂垫层中气压),孔隙水排出土体,土体发生固结。

由此可见,真空预压法的原理主要反映在以下几个方面:

①薄膜上面承受等于薄膜内外压差的荷载。

②地下水位降低,相应增加附加应力。

③封闭气泡排出,土的渗透性加大。

真空预压法是在总应力不变的情况下,通过减小孔隙水压力来增加有效应力的方法。真空预压是在负超静水压力下排水固结,称为负压固结。

▶ 4.4.2 真空预压法计算内容

真空预压法处理地基必须设置排水竖井。设计内容包括:竖井断面尺寸、间距、排列方式和深度的选择,预压区面积和分块大小,真空预压工艺,要求达到的真空度和土层的固结度,真空预压和建筑物荷载下地基的变形计算,真空预压后地基土的强度增长计算等。

1)竖向排水体尺寸

采用真空预压法处理地基必须设置砂井或塑料排水带。竖向排水体可采用直径为700 mm的袋装砂井,也可采用普通砂井或塑料排水带。砂井或塑料排水带的间距可按照堆载预压法设计的砂井或塑料排水带间距选用。

真空预压竖向排水通道宜穿透软土层,但不应进入下卧透水层。软土层厚度较大且以地基抗滑稳定性控制的工程,竖向排水通道的深度至少应超过最危险滑动面2.0 m。对以变形控制的工程,竖井深度应根据在限定的预压时间内需完成的变形量确定,且宜穿透主要受压土层。竖向排水通道砂井的砂粒应采用中粗砂,其渗透系数k宜大于1×10^{-2} cm/s。

2)预压区面积和分块大小

真空预压加固面积较大时,宜采取分区加固,每块预压面积宜尽可能大且呈方形,分区面积宜为20 000~40 000 m²。真空预压区边缘应大于建筑物基础轮廓线,每边增加量不得小于3 m。相邻两个预压区的间隔尺寸也不宜过大,需根据工程要求和土质决定,一般以2~6 m较好。

3)膜下真空度

真空预压的膜下真空度应稳定地保持在650 mmHg(86.7 kPa)以上,且应均匀分布,竖井深度范围内土层的平均固结度应大于90%,且预压时间不宜低于90 d。

对于表层存在良好的透气层或在处理范围内有充足水源补给的透水层,应采取有效措施隔断透气层或透水层。

4)变形计算

先计算加固前建筑物荷载下天然地基的沉降量,再计算真空预压期间所完成的沉降量,两者之差即为预压后在建筑物使用荷载下可能发生的沉降。预压期间的沉降可根据设计所要求达到的固结度,推算加固区所增加的平均有效应力,从固结度—有效应力曲线上查出相应的孔隙比进行计算。真空预压地基最终竖向变形按式(4.31)计算,可取$\xi=1.0\sim1.3$。

5)**真空设备的数量确定**

真空预压所需抽气设备的数量,可按加固面积的大小和形状、土层结构特点,以一套设备可抽真空的面积为 1 000~1 500 m² 确定。

▶ ### 4.4.3 真空-堆载联合预压法设计

当建筑物的荷载超过真空压力(预压荷载>80 kPa),且建筑物对地基的承载力和变形有严格要求时,应采用真空-堆载联合预压法,其总压力宜超过建筑物的荷载。

工程实践证明,真空预压和堆载预压效果可能叠加,条件是两种预压必须同时进行,如某工程 47 m × 54 m 面积真空和堆载联合预压试验,平均沉降见表 4.5。预压前后十字板强度的变化见表 4.6。

表 4.5　实测沉降值

项　　目	真空预压	加 30 kPa 堆载	加 50 kPa 堆载
沉降量/cm	48	68	84

表 4.6　预压前后十字板强度　　　　　　　　　单位:kPa

深度/m	土　名	预压前	真空预压	真空-堆载预压
2.0~5.8	淤泥夹淤泥质粉质黏土	12	28	40
5.8~10.0	淤泥质黏土夹粉质黏土	15	27	36
10.0~15.0	淤泥	23	28	33

真空-堆载联合预压法地基最终竖向变形仍按式(4.31)计算,以真空预压为主时,可取经验系数 $\xi=1.0~1.3$。

对真空预压工程,在抽真空过程中将产生向内的侧向变形,这是因为抽真空时,孔隙水压力降低,水平方向增加了一个向负压源的压力 $\Delta\sigma_3=-\Delta u$。对真空-堆载联合预压的工程,如孔隙水压力小于初始值,土体仍然发生向内的侧向变形。因此,在按单向压缩分层总和法计算固结变形后,应乘上小于 1 的经验系数方能得到地基的最终竖向变形。

4.5　施工技术

▶ ### 4.5.1 堆载预压法施工技术

1)**竖向排水体施工**

(1)砂井施工　砂井施工一般先在地基中成孔,再在孔内灌砂形成砂井。砂井的灌砂量,应按井孔的体积和砂在中密时的干密度计算,其实际灌砂量不得小于计算值的 95%。灌入砂袋的砂宜用干砂,并应灌制密实,砂袋放入孔内至少应高出孔口 200 mm,以便埋入砂垫层中。

砂井成孔施工方法有振动沉管法、射水法、螺旋钻成孔法和爆破法 4 种。

①沉管法。该法是将带活瓣管尖(或混凝土端靴)的套管沉到预定深度,然后在管内灌砂,拔出套管后形成砂井。根据沉管工艺的不同,可分为静压沉管法、锤击沉管法、振动沉管法、锤击静压联合沉管法等方法。其中,振动沉管法最常用。

振动沉管法以振动锤为动力,将套管沉到预定深度,灌砂后振动,再提管形成砂井。采用该法施工不仅避免了提管时砂随管带上,保证砂井的连续性,同时砂受到振密,砂井质量较好。

②射水法。该法是指利用高压水通过射水管形成高速水流的冲击和环刀的机械切削,使土体破坏,并形成一定直径和深度的砂井孔,然后灌砂而成砂井。

射水法较适用于土质较好且均匀的黏性土地基。对土质很软的淤泥,因成孔和灌砂过程中容易缩孔,很难保证砂井的直径和连续性。对夹有粉砂灌层的软土地基,若压力控制不严,易在冲水成孔时出现串孔,对地基扰动较大。

③螺旋钻成孔法。该法是用动力螺旋钻钻孔,属于干钻法施工,提钻后孔内灌砂成形。此法适用于陆上工程,砂井长度在 10 m 以内,土质较好,不会出现缩颈和塌孔现象的软弱地基。此法成孔比较规整,但灌砂质量较难掌握,对很软弱的地基也不太适用。

④爆破法。该法是先用直径 73 mm 的螺纹钻钻成一个砂井所要求的深度的孔,在孔中放置由传爆线和炸药组成的条形药包,爆破后将孔扩大,然后往孔内灌砂形成砂井。这种方法施工简易,不需要复杂的机具,适用于深度为 6~7 m 的浅砂井。

(2)袋装砂井施工 袋装砂井是用具有一定伸缩性和抗拉强度的聚丙烯或聚乙烯编织袋装满砂子充填而成,它可解决大直径砂井中所存在的问题,保证了砂井的连续性,比较适应在软弱地基上施工。用砂量大为减少,施工速度加快,工程造价降低,是一种比较理想的竖向排水体。

砂袋中的砂用洁净的中砂,砂袋的直径、长度和间距应根据工程对固结时间的要求、工程地质情况等计算确定。袋装砂井常用直径为 70 mm。

图 4.8 履带式插带机施工示意

袋装砂井成孔方法有锤击打入法、水冲法、静力压入法、钻孔法和振动贯入法等。以锤击打入法为例,其施工过程为:打入成孔套管→套管到达规定标高→在套管内放下砂袋→拔套管→袋装砂井施工完毕。

(3)塑料排水带施工

①插带机械。用于插插塑料排水带的机械种类很多,有专门机械,也有用挖掘机、起重机、打桩机等机械改装的。插带机运移方式有轨道式、轮胎式、链条式、履带式和步履式等。履带式插带机施工示意如图 4.8 所示。

②塑料排水带管靴与桩尖。一般打设塑料带的导管靴有圆形和矩形两种。由于导管靴

断面不同,所用桩尖各异,桩尖一般都与导管分离。桩尖主要作用是在打设塑料带过程中防止淤泥进入导管内,并且对塑料带起锚定作用,防止提管时将塑料带拔出。

　　a.圆形桩尖应配圆形管靴,一般为混凝土制品,如图 4.9(a)所示。

　　b.倒梯形绑扎连接桩尖配矩形管靴,一般为塑料制品,薄金属板也可,如图 4.9(b)所示。

　　c.倒梯形楔挤压连接桩尖固定塑料带比较简单,一般为塑料制品,也可用薄金属板,如图 4.9(c)所示。

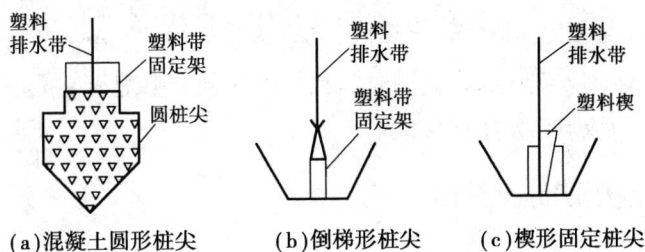

(a)混凝土圆形桩尖　　　(b)倒梯形桩尖　　　(c)楔形固定桩尖

图 4.9　塑料排水带管靴与桩尖形式

　　③塑料排水带打设顺序。塑料排水带打设顺序为:定位→将塑料带通过导管从管靴穿出→将塑料带与桩尖连接贴紧管靴并对准桩位→插入塑料带→拔管剪断塑料带,如图 4.10 所示。

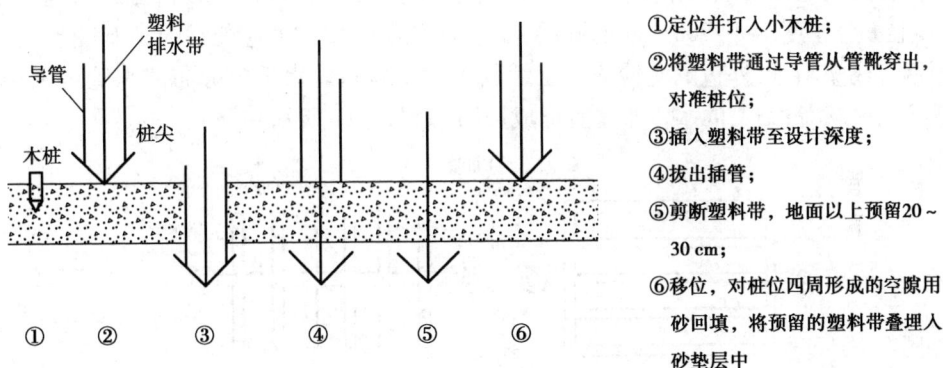

①定位并打入小木桩;

②将塑料带通过导管从管靴穿出,对准桩位;

③插入塑料带至设计深度;

④拔出插管;

⑤剪断塑料带,地面以上预留20～30 cm;

⑥移位,对桩位四周形成的空隙用砂回填,将预留的塑料带叠埋入砂垫层中

图 4.10　塑料排水带打设顺序

2)水平排水垫层施工

水平排水砂垫层施工目前有以下 4 种方法:

　　①当地基表层有一定厚度的硬壳层,其承载力较好,能上一般运输机械时,一般采用机械分堆摊铺法,即先堆成若干砂堆,然后用机械或人工摊平。

　　②当硬壳层承载力不足时,一般采用顺序推进摊铺法。

　　③当软土地基表面很软,如新沉积或新吹填不久的超软地基,首先要改善地基表面的持力条件,使其能上施工人员和轻型运输工具进行摊铺。

　　④尽管对超软地基表面采取了加强措施,但持力条件仍然很差,一般轻型机械上不去,在这种情况下,通常采用人工或轻便机械顺序推进铺设。

3）预压荷载施工

堆载预压工程在加载过程中,应进行竖向变形、边桩水平位移及孔隙水压力等项目的监测,且根据监测资料控制加载速率。对竖井地基,最大竖向变形量每天不应超过 15 mm;对天然地基,最大竖向变形量每天不应超过 10 mm。边桩水平位移每天不应超过 5 mm,并且应根据上述观察资料综合分析、判断地基的稳定性。

对分级加载的工程（如油罐充水预压）,可将测点的观测资料整理成每级荷载下孔隙水压力增量累加值 $\sum \Delta u$ 与相应荷载增量累加值 $\sum \Delta p$ 关系曲线（$\sum \Delta u - \sum \Delta p$ 关系曲线）。对连续逐渐加载工程,可将测点孔压 u 与观测时间相应的荷载 p 整理成 u-p 曲线。当以上曲线斜率出现陡增时,则认为该点已发生剪切破坏。

▶ 4.5.2 真空预压法施工技术

1）排水通道施工

排水通道施工即是在软基表面铺设砂垫层和在土体中埋设袋装砂井或塑料排水带,其施工工艺参见加载预压法施工。

2）膜下管道施工

真空管路的连接处应严格密封,在真空管路中应设置止回阀和截门。滤水管应设在砂垫层中,其上覆盖厚度 100~200 mm 的砂层,滤水管在预压过程中应能适应地基变形。滤水管可采用钢管或塑料管,外包尼龙纱或土工织物等滤水材料。水平向分布滤水管可采用条状、梳齿状及羽毛状等形式,滤水管布置宜形成回路,如图 4.11 所示。

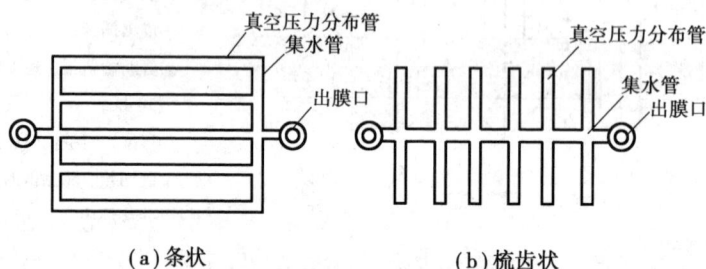

（a）条状　　　　　　　　　（b）梳齿状

图 4.11　真空滤管形式

3）密封膜施工

（1）密封膜材料　密封膜应采用抗老化性能好、韧性好、抗穿刺能力强的不透气材料,如线性聚乙烯等专用薄膜。

（2）密封膜热合　密封膜热合时宜采用两条热合缝的平搭接,搭接长度应大于 15 mm。在热合时,应根据密封膜材料、厚度,选择合适的温度、刀的压力和热合时间,使热合缝黏结牢而不熔。

（3）密封膜铺设　为确保在真空预压全过程的密封性,密封膜宜铺设 3 层,覆盖膜周边可采用挖沟折铺、平铺并用黏土覆盖膜边,围堰沟内覆水以及膜上全面覆水等方法进行密封。

密封膜铺 3 层的理由是:最下一层和砂垫层相接触,膜容易被刺破;最上一层膜易受环境影响,如老化、刺破等;中间一层膜是最安全最起作用的一层膜。

当地基土渗透性强时,应设置黏土密封墙。黏土密封墙宜采用双排水泥土搅拌桩,搅拌桩直径不宜小于 700 mm。当搅拌桩深度小于 15 m 时,搭接宽度不宜小于 200 mm;当搅拌桩深度大 15 m 时,搭接宽度不宜小于 300 mm。搅拌桩成桩搅拌应均匀,黏土密封墙的渗透系数应满足设计要求。

4)抽气设备选用

真空预压的抽气设备宜采用射流真空泵,空抽时必须达到 95 kPa 以上的真空吸力,真空泵的设置应根据预压面积大小和形状、真空泵效率和工程经验确定,但每块预压区至少应设置两台真空泵。

5)管路连接

真空管路的连接点应严格进行密封,以保证密封膜的气密性。由于射流真空泵的结构特点,射流真空泵经连接管进入密封膜内腔,形成连接密封,但系敞开系统。当真空泵工作时,膜内真空度很高,一旦由于某种原因,射流泵全部停止工作,膜内真空度随之全部卸除,这将直接影响地基加固效果,并延长预压时间。因此,为避免膜内真空度在停泵后很快降低,在真空管路中应设置止回阀和截门。当预计停泵时间超过 24 h 时,则应关闭截门。

天津港软基处理采用真空预压法的施工现场如图 4.12 所示。

(a)密封膜分层铺设　　　　　　(b)膜上全面覆水后真空泵抽气

图 4.12　真空预压法施工现场

▶ 4.5.3　真空-堆载预压法施工技术

采用真空-堆载预压法,既能加固软土地基,又能较好地提高地基承载力,其工艺流程为:铺设砂层→打设竖向排水通道→铺膜→抽气→堆载→结束。

对于一般黏性土,当膜下真空度稳定地达到 80 kPa 后,抽真空 10 d 左右可进行上部堆载施工,即边抽真空,边连续施加堆载。对高含水量的淤泥类土,当膜下真空度稳定地达到 80 kPa 后,一般抽真空 20~30 d 可进行堆载施工,若荷载大时应分级施加。

在进行上部堆载之前,必须在密封膜上铺设防护层,以保护密封膜的气密性。防护层可采用土工编织布或无纺布等,其上铺设 100~300 mm 厚的砂垫层,然后再进行堆载。堆载时宜采用轻型运输工具,以免损坏密封膜,并密切观察膜下真孔度变化,发现漏气及时处理。

堆载加载过程中,应满足地基稳定性控制要求。在加载过程中应进行竖向变形、边缘水平位移及孔隙水压力等项目的监测,并应满足如下要求:

①地基向加固区外的侧移速率不大于 5 mm/d；

②地基竖向变形速率不大于 10 mm/d；

③根据上述观察资料综合分析、判断地基的稳定性。

4.6 质量检验

施工前，应检查施工监测措施和监测初始数据、排水设施和竖向排水体等；施工中，应检查堆载高度、变形速率，真空预压施工时应检查密封膜的密封性能、真空表读数等；施工结束后，应进行地基承载力与地基土强度和变形指标检验。

▶ 4.6.1 施工过程质量检验

施工过程质量检验和监测应包括以下内容：

①塑料排水带必须在现场随机抽样送往实验室进行性能指标的测试，其性能指标包括纵向通水量、复合体抗拉强度、滤膜抗拉强度、滤膜渗透系数和等效孔径等。

②对不同来源的砂井和砂垫层砂料，必须取样进行颗粒分析和渗透性试验。

③对于以抗滑稳定性控制的重要工程，应在预压区内预留孔位，在堆载不同阶段进行原位十字板剪切试验和取土进行室内土工试验，根据试验结果验算下一级荷载地基的抗滑稳定性，同时也检验地基处理效果。

④对于预压工程，应进行地基竖向变形、侧向位移和孔隙水压力等项目的监测。

⑤真空预压工程除应进行地基变形、孔隙水压力的监测外，尚应进行膜下真空度和地下水位的量测。

在预压期间应及时整理竖向变形与时间、孔隙水压力与时间等关系曲线，并推算地基的最终竖向变形、不同时间的固结度以分析地基处理效果，并为确定卸载时间提供依据。工程上可利用实测变形与时间关系曲线，按以下公式推算最终竖向变形量 s_f 和参数 β 值：

$$s_f = \frac{s_3(s_2 - s_1) - s_2(s_3 - s_2)}{(s_2 - s_1) - (s_3 - s_2)} \tag{4.38}$$

$$\beta = \frac{1}{t_2 - t_1} \ln \frac{s_2 - s_1}{s_3 - s_2} \tag{4.39}$$

式中，s_1, s_2, s_3 分别为加荷停止后时间 t_1, t_2, t_3 相应的竖向变形量，一般取 $t_2 - t_1 = t_3 - t_2$。停荷后预压时间延续越长，推算的结果越可靠。有了 β 值即可计算出受压土层的平均固结系数，亦可计算出任意时间的固结度。

利用加载停歇时间的孔隙水压力 u 与时间 t 的关系曲线按式（4.40）也可计算出参数 β：

$$\frac{u_1}{u_2} = e^{\beta(t_2 - t_1)} \tag{4.40}$$

式中，u_1, u_2 为相应时间 t_1, t_2 的实测孔隙水压力值。此处的 β 值反映了孔隙水压力测点附近土体的固结速率，而按式（4.39）计算的 β 值则反映了受压土层的平均固结速率。

4.6.2 竣工验收质量检验

竣工验收质量检验应包括以下内容：

①排水竖井处理深度范围内和竖井底面以下受压土层，经预压所完成的竖向变形和平均固结度应满足设计要求。

②应对预压的地基土进行原位试验和室内土工试验。

原位试验可采用十字板剪切试验或静力触探，检验深度不应小于设计处理深度。原位试验和室内土工试验应在预压卸载 3~5 d 后进行。检验数量每个处理分区不少于 6 点，对于堆载斜坡处应增加检验数量。必要时，尚应进行现场载荷试验，试验数量不应少于 3 点。

4.7 工程应用实例

【例 4.1】 某高速公路路基为淤泥质黏土层，水平向渗透系数 $k_h = 1 \times 10^{-7}$ cm/s，$c_h = c_v = 1.8 \times 10^{-3}$ cm²/s，袋装砂井直径 $d_w = 70$ mm，砂料渗透系数 $k_w = 2 \times 10^{-2}$ cm/s，涂抹区土渗透系数 $k_s = k_h/5 = 0.2 \times 10^{-7}$ cm/s。取 $s = 2$，袋装砂井等边三角形排列，间距 $l = 1.4$ m，深度 $H = 20$ m，砂井底部为不透水层，砂井打穿受压土层。预压总荷载 $p = 100$ kPa，分两级等速加载，如图 4.13 所示。请计算加载 120 d 后受压土层平均固结度。

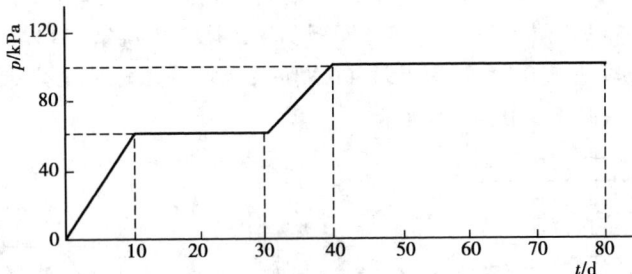

图 4.13 预压法加荷过程

【解】 袋装砂井纵向通水量：$q_w = k_w \pi d_w^2/4 = 2 \times 10^{-2}$ cm/s $\times 3.14 \times (7\text{ cm})^2/4 = 0.769$ cm³/s

$d_e = 1.05l = 1.05 \times 140$ cm $= 147$ cm

$F_n = \ln n - \dfrac{3}{4} = \ln 21 - \dfrac{3}{4} = 2.29$

$F_r = \dfrac{\pi^2 L^2}{4} \dfrac{k_h}{q_w} = \dfrac{3.14^2 \times 2\,000^2}{4} \times \dfrac{1 \times 10^{-7}}{0.769} = 1.28$

$F_s = \left(\dfrac{k_h}{k_s} - 1\right) \ln s = \left(\dfrac{1 \times 10^{-7}}{0.2 \times 10^{-7}} - 1\right) \ln 2 = 2.77$

$F = F_n + F_s + F_r = 2.29 + 2.77 + 1.28 = 6.34$

$\alpha = \dfrac{8}{\pi^2} = 0.81$

$$\beta = \frac{8c_h}{F_n d_e^2} + \frac{\pi^2 c_v}{4H^2} = \frac{8\times1.8\times10^{-3}}{6.34\times147^2}s^{-1} + \frac{3.14^2\times1.8\times10^{-3}}{4\times2\,000^2}s^{-1} = 1.06\times10^{-7}s^{-1} = 0.009\,2d^{-1}$$

第一级加荷速率 $\dot{q}_1 = (60/10)\ \text{kPa/d} = 6\ \text{kPa/d}$；第二级加荷速率 $\dot{q}_2 = (40/10)\ \text{kPa/d} = 4\ \text{kPa/d}$

$$\overline{U}_t = \frac{\dot{q}_1}{\sum\Delta p}\left[(t_1-t_0)-\frac{\alpha}{\beta}e^{-\beta t}(e^{\beta t_1}-e^{\beta t_0})\right] + \frac{\dot{q}_2}{\sum\Delta p}\left[(t_3-t_2)-\frac{\alpha}{\beta}e^{-\beta t}(e^{\beta t_3}-e^{\beta t_2})\right]$$

$$= \frac{6}{100}\left[(10-0)-\frac{0.81}{0.009\,2}e^{-0.009\,2\times120}(e^{0.009\,2\times10}-0)\right] +$$

$$\frac{4}{100}\left[(40-30)-\frac{0.81}{0.009\,2}e^{-0.009\,2\times120}(e^{0.009\,2\times40}-e^{0.009\,2\times30})\right] = 0.68$$

由计算结果分析可知,当考虑竖井井阻和涂抹影响时,120 d 后土层平均固结度仅为 0.68,而不考虑井阻和涂抹作用时,相同的加荷过程其受压土层平均固结度可达 0.93。从计算中发现影响因子 F_s 所占比例较大,因此在施工过程中应尽量减少井壁扰动,以提高固结效果。

【例4.2】 浙江炼油厂油罐地基充水预压处理工程。

1)工程概况

浙江炼油厂位于浙江省东部沿海的镇海县,整个厂区坐落在杭州湾南岸的海涂上,厂区大小油罐共60余个,其中1万 m^3 的油罐10个,罐体采用钢制焊接固定拱顶的结构形式。1万 m^3 油罐直径 $D=31.28$ m,高14.07 m,采用钢筋混凝土环形基础,环基高度取决于油罐沉降大小和使用要求,本设计环基高 $h=2.30$ m,其中填砂。罐区地基土属第四纪滨海相沉积的软黏土,土质十分软弱,而油罐基底压力达 $P=191.4$ kN/ m^2 ,所以油罐地基决定采用砂井并充水的预压处理,油罐砂井地基断面如图4.14所示。

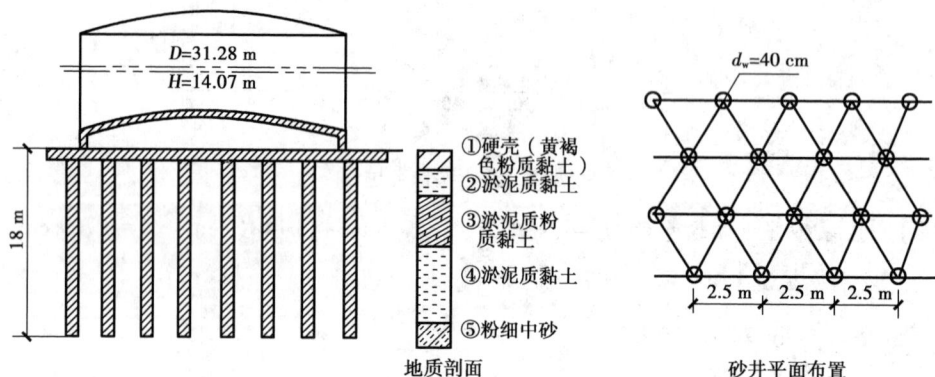

图4.14 砂井地基设计剖面

2)工程地质条件

场地地基土层从上而下分为以下几层:第①层为黄褐色粉质黏土硬壳层,为超固结土,厚度1 m左右;第②层为淤泥质黏土,厚度约3.2 m;第③层为淤泥质粉质黏土,其中夹有薄层粉砂,平均厚度为4.0 m;第④层为淤泥质黏土,其中含有粉砂夹层,下部粉砂夹层逐渐增多而过渡到粉砂层,平均厚度为9.3 m;第⑤层为粉、细、中砂混合层,其中以细砂为主,并混有黏土,平均厚度为8.0 m;第⑤层以下为黏土、粉质黏土及淤泥质黏土层,距地面50 m左右为厚砂层,基岩距地面80 m以下。各土层的物理力学性指标见表4.7。从土工试验资料分析,主要持力层土含水量高(超过液限),压缩性高,抗剪强度低。第③、④层由于含有薄粉砂夹层,其水平向渗透系数大于竖向渗透系数,这对加速土层的排水固结是有利的。

表4.7 各层土的主要物理力学性指标

层序	土层名称	含水量/%	容重/(kN·m⁻³)	孔隙比	液限/%	塑限/%	压缩系数/MPa⁻¹	固结系数/(10⁻³ cm²·s⁻¹) 竖向 c_v	固结系数/(10⁻³ cm²·s⁻¹) 径向 c_h	三轴固结快剪 c'/(kN·m⁻²)	三轴固结快剪 φ'/(°)	十字板强度/(kN·m⁻²)
1	粉质黏土	31.3	19.1	0.87	34.7	19.3	0.36	1.57	1.82	—	—	—
2	淤泥质黏土	46.7	17.7	1.28	40.4	21.3	1.14	1.12	0.91	0	26.1	17.5
3	淤泥质粉质黏土	29.1	18.1	1.07	33.1	19.0	0.66	3.40	4.81	11.4	28.9	24.8
4	淤泥质黏土	50.2	17.1	1.40	41.4	21.3	1.02	0.81	3.15	0	25.7	41.0
5	细粉中砂	30.1	18.4	0.90	23.5	16.3	0.23	—	—	—	—	—
6a	粉质黏土	32.3	18.4	0.90	29.0	17.9	0.38	3.82	6.28	—	—	—
6b	淤泥质黏土	41.2	17.6	1.20	41.0	21.3	0.61	—	—	—	—	—
7	黏土	44.4	17.3	1.28	46.7	25.3	0.45	—	—	—	—	—
8	粉质黏土	32.4	18.3	0.97	33.8	20.7	0.28	—	—	—	—	—

3)设计计算

(1)砂井布置 砂井直径40 cm、间距2.5 m,等边三角形布置,井径比$n=6.55$。考虑到地面下17 m处有粉、细、中砂层,为便于排水,砂井长度定为18 m,砂井的范围一般比构筑物基础稍大为好,本工程基础外设两排砂井,以利于基础外地基土强度的提高和减小侧向变形。砂井布置如图4.14所示。

(2)制订充水预压计划 首先用简便方法确定一个初步加荷计划,然后校核在此加荷计划下地基的稳定性,并进行沉降计算。加荷计划如图4.15所示。计算中假定地基固结度$U=70\%$,土体蠕变等抗剪强度的折减系数$\eta=0.9$,土体有效内摩擦角函数为:

$$k = \frac{\sin \varphi' \cos \varphi'}{1 + \sin \varphi'} = 0.278$$

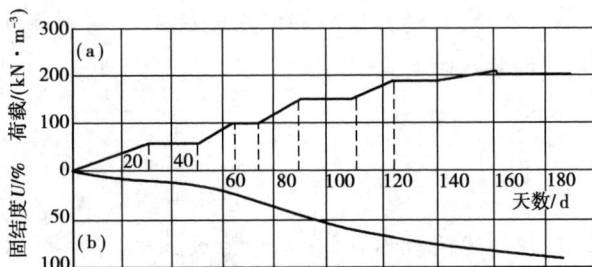

图4.15 加荷过程及固结度变化

（3）地基固结度的计算 分级等速加荷条件下,本工程地基平均固结度按式(4.41)计算,也可按式(4.6)进行计算。

$$\overline{U}'_t = \sum_1^n \overline{U}'_{rz\left(t - \frac{t_n + t_{n-1}}{2}\right)} \cdot \frac{\Delta p_n}{\sum \Delta p} \tag{4.41}$$

式中,$\overline{U}'_{rz}$为一次瞬间加荷条件下地基的平均固结度,可按式(4.5)计算,它是c_v,c_h,n,H和时间t的函数。计算采用的固结系数,根据表4.7的数值取砂井范围内的加权平均值。$\overline{c}_v = 1.1 \times 10^{-3}$ cm^2/s,$\overline{c}_h = 3.22 \times 10^{-3}$ cm^2/s,井径比$n = 6.55$,竖向排水距离$H = 9.0$ m。按照图4.15的加荷计划计算任意时间地基的平均固结度见表4.8。最终充水至14.07 m,时间160 d的固结度为83.9%。其中第Ⅰ级荷载为砂垫层及罐自重,第Ⅱ至第Ⅴ级为充水荷载。

（4）地基强度增长的预估 计算地基强度增长的目的,主要在于验算地基在各级荷载下的稳定性。计算时该地基中某一点的强度为$\tau_{ft} = \eta(\tau_{f0} + \Delta \tau_{fc})$。式中,$\tau_{f0}$为天然地基抗剪强度,本工程采用十字板剪切试验强度,η为强度折减系数,本工程取$\eta = 0.9$。

将7个孔十字板试验强度按最小二乘法整理得：$\tau_{f0} = 9.2 + 2.73z$。式中,z为距地表的深度。因地基固结而增长的强度按式(4.21)计算。因油罐下地基中各点应力不同,强度增长也不同,在进行稳定分析前,应根据强度变化适当分区。

表4.8 加荷过程及地基的平均固结度计算

项　　目	加荷分级					备　注
	Ⅰ	Ⅱ	Ⅲ	Ⅳ	Ⅴ	
各级加荷始终时间 $t_{n-1} \sim t_n$/d	0~30	50~64	74~90	110~124	140~160	$t = 160$ d
各级荷载增量 Δp_n/(kN·m^{-2})	50.7	50	40	30	20.7	
$t - (t_n + t_{n-1})/2$/d	145	103	78	43	10	
各级荷载下的固结度 $\overline{U}'_{rz}$/%	98	95	90	70	30	
$\Delta p_n / \sum \Delta p$	0.265	0.261	0.210	0.156	0.104	
修正后的固结度 $\overline{U}'_t$/%	25.9	24.7	18.9	10.9	3.2	$\sum \overline{U}' = 83.5$

（5）沉降计算 沉降计算的内容包括：

①计算罐中心和边缘的最终沉降,以便确定基础的预抬高和控制不均匀沉降。

②计算加荷过程中的沉降量,以便估计砂井地基预压效果,并推算加荷结束后可能继续发生的沉降量,以确定所需的预压时间。

最终沉降采用下式计算：

$$s_\infty = s_d + s_c = \xi s_c \qquad s_c = \sum_{i=1}^n \left(\frac{e_{0i} - e_{1i}}{1 + e_{0i}} \right) h_i$$

所计算的油罐中心点、罐边缘两对称点(分别标为边$_{38}$,边$_{43}$,数字38,43表示钻孔号)以及中心和罐边缘之间两对称点(距中心点0.5R处)的沉降见表4.9。

根据上述固结度的计算结果,可按下式推算加荷过程中的不同时间的沉降:

$$s_t = s_d + \overline{U}_t s_c = \left[(\xi - 1) \frac{p_t}{\sum \Delta p} + \overline{U}_t \right] s_c$$

表 4.9 罐中心和边缘沉降

位 置	距罐中心距离	s_c /cm	ξ	s_∞ /cm	中—边沉降差/cm	边—边沉降差/cm
中心	0	135.9	1.4	190.26		
边38	R	79.57	1.4	111.40	78.86	3.18
边43	R	77.30	1.4	108.22	82.04	
中~边间 1~38	0.5R	150.8	1.4	183.12		10.26
中~边间 1~43	0.5R	123.4	1.4	172.76		

4)效果评价

根据观测结果,在充水预压过程中,孔隙水压力和沉降速率均未超过控制标准,罐外地面无隆起现象,经过 180 d 预压,罐边缘平均沉降约 1.70 m,罐中心沉降约 1.80 m。绝大部分沉降在预压期间已完成,油罐使用期间的沉降预计是很小的。在充水过程中地基也是稳定的,当充水高度达罐顶后 30 d(即充水开始后 110 d)孔隙水压力已基本消散,地基固结效果显著。

习 题

4.1 某地基为淤泥质黏土,中等灵敏度,固结系数 $c_h = c_v = 1.6 \times 10^{-3}$ cm²/s,受压土层厚 22 m,袋装砂井为等边三角形排列,间距 $l = 1.4$ m,深度 $H = 22$ m。砂井底部为透水细砂层,砂井打穿受压土层,预压荷载总应力 $P = 100$ kPa,分两级加载,如图 4.13 所示。计算地基堆载预压 120 d 后,地层的平均固结度。

4.2 某工程建在饱和软黏土地基上,砂井长 $H = 14$ m,间距 $l = 1.8$ m,$d_w = 30$ cm,梅花形布置,$c_h = c_v = 1.2 \times 10^{-3}$ cm²/s,求一次加荷 2 个月时砂井地基的平均固结度。

4.3 某高速公路路堤高 8 m,修筑路堤的素土重度为 18 kN/m³,路基为淤泥质土 $c_u = 20$ kPa,重度为 17.3 kN/m³,层厚 10 m,$\varphi' = 25°$(有效内摩擦角),压缩系数 $a = 0.6$ MPa⁻¹,孔隙率 $e_0 = 1.2$。水平固结系数与竖向固结系数 $c_h = c_v = 2.0 \times 10^{-3}$ cm²/s,淤泥质土下为较厚的卵砾石层。试进行该路基的预压法加固设计。

5

复合地基理论

〖本章教学要求〗

了解复合地基的概念、分类及选用原则;掌握竖向增强体复合地基和水平向增强体复合地基的作用机理、破坏模式分析和承载力计算方法;熟悉复合地基沉降计算方法和选择原则;了解多元复合地基设计思想、地基承载力计算和沉降计算方法等。

5.1 概 述

▶ 5.1.1 复合地基的概念

复合地基(composite foundation)是指天然地基在地基处理过程中部分土体被增强或被置换,形成由地基土和竖向增强体共同承担荷载的人工地基。在荷载作用下,原基体(天然地基土体)和增强体共同承担荷载作用,通过形成的复合地基达到提高人工地基承载力和减小沉降的目的。

近年来,随着地基处理技术和复合地基理论的发展,复合地基技术在土木工程各个领域如房屋建筑、高等级公路、铁路、堆场、机场、堤坝等工程建设中得到广泛应用,并取得了良好的社会效益和经济效益,复合地基在我国已经成为一种常用的地基处理形式。

▶ 5.1.2 复合地基的分类

根据地基中增强体方向,可将复合地基分为竖向增强体复合地基和水平向增强体复合地基两大类,如图 5.1 所示。水平向增强体(horizontal reinforcement layer)材料多采用土工合成材料,如土工格栅、土工布等;竖向增强体(vertial reinforcement layer)材料可采用砂石桩、水泥土桩、土桩、灰土桩、渣土桩、低强度混凝土桩、钢筋混凝土桩、管桩、薄壁筒桩等。

竖向增强体复合地基一般又称为桩体复合地基。根据桩体材料性质,可将桩体复合地基分为散体材料桩复合地基和黏结材料桩复合地基两类。

散体材料桩复合地基如碎石桩复合地基、砂桩复合地基等,其桩体由散体材料组成,没有内聚力,单独不能成桩,只有依靠周围土体的围箍作用才能形成桩体。

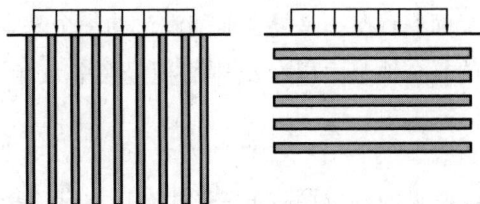

(a)竖向增强体复合地基　(b)水平向增强体复合地基

图 5.1　复合地基的类型

黏结材料桩复合地基根据桩体刚度大小分为柔性桩复合地基、半刚性桩复合地基和刚性桩复合地基 3 类。如水泥土桩、土桩、灰土桩、渣土桩主要形成柔性桩复合地基;各类钢筋混凝土桩(如钢筋混凝土桩、管桩、薄壁筒桩)主要形成刚性桩复合地基;各类低强度桩(粉煤灰碎石桩、石灰粉煤灰桩、素混凝土桩),刚性较一般柔性桩大,但明显小于钢筋混凝土桩,故主要形成的是半刚性桩复合地基。

复合地基分类如下所示:

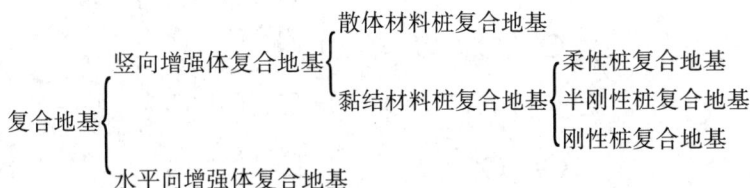

$$
复合地基
\begin{cases}
竖向增强体复合地基
\begin{cases}
散体材料桩复合地基 \\
黏结材料桩复合地基
\begin{cases}
柔性桩复合地基 \\
半刚性桩复合地基 \\
刚性桩复合地基
\end{cases}
\end{cases} \\
水平向增强体复合地基
\end{cases}
$$

▶ 5.1.3　复合地基合理选用的原则

针对具体工程的特点,选用合理的复合地基形式可获得较好的经济效益。复合地基的选用原则如下:

①水平向增强体复合地基主要用于提高地基稳定性。当地基压缩土层不是很厚的情况时,采用水平向增强体复合地基可有效提高地基稳定性,减小地基沉降;但对高压缩土层较厚的情况,采用水平向增强体复合地基对减小总沉降效果不明显。

②散体材料桩复合地基承载力主要取决于桩周土体所能提供的最大侧限力,因此散体材料桩复合地基适于加固砂性土地基,对饱和软黏土地基应慎用。

③对深厚软土地基,可采用刚度较大的复合地基,适当增加桩体长度以减小地基沉降,或采用长短桩复合地基的形式。

④刚性基础下采用黏结材料桩复合地基时,若桩土相对刚度较大,且桩体强度较小时,桩头与基础间宜设置柔性垫层。若桩土相对刚度较小,或桩体强度足够时,也可不设褥垫层。

⑤填土路堤下采用黏结材料桩复合地基时,应在桩头上铺设刚度较好的垫层(如土工格栅砂垫层、灰土垫层),垫层铺设可防止桩体向上刺入路堤,增加桩土应力比,发挥桩体能力。

► 5.1.4 复合地基中的基本术语

1)面积置换率 m

面积置换率是复合地基设计的一个基本参数。若单桩桩身横断面面积为 A_p，该桩体所承担的复合地基面积为 A，则面积置换率 m 定义为：

$$m = \frac{A_p}{A} \tag{5.1}$$

常见的桩位平面布置形式有正方形、等边三角形和矩形等，如图 5.2 所示。以圆形桩为例，若桩身直径为 d，单根桩承担的等效圆直径为 d_e，桩间距为 s，则 $m = A_p/A = d^2/d_e^2$，其中 $d_e = 1.13s$（正方形），$d_e = 1.05s$（等边三角形），$d_e = 1.13\sqrt{s_1 s_2}$（矩形）。面积置换率按下式计算。

正方形布桩　　　　$$m = \frac{\pi d^2}{4s^2} \tag{5.2}$$

等边三角形布桩　　$$m = \frac{\pi d^2}{2\sqrt{3}\,s^2} \tag{5.3}$$

矩形布桩　　　　　$$m = \frac{\pi d^2}{4s_1 s_2} \tag{5.4}$$

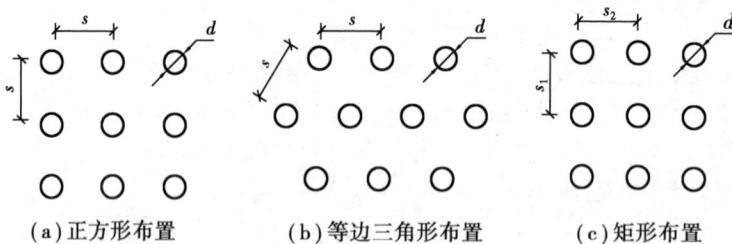

　（a）正方形布置　　　　（b）等边三角形布置　　　　（c）矩形布置

图 5.2　桩位平面布置形式

2)桩土应力比 n

复合地基中用桩土应力比 n 或荷载分担比 N 来定性的反映复合地基的工作状况。

桩土受力如图 5.3 所示，在荷载作用下，复合地基桩体竖向应力 σ_p 和桩间土的竖向应力 σ_s 之比，称为桩土应力比，用 n 表示。

$$n = \frac{\sigma_p}{\sigma_s} \tag{5.5}$$

桩体承担的荷载 P_p 与桩间土承担的荷载 p_s 之比称为桩土荷载分担比，用 N 表示。

$$N = \frac{P_p}{p_s} \tag{5.6}$$

桩土荷载分担比和桩土应力比之间可通过式（5.7）换算：

$$N = \frac{mn}{1-m} \tag{5.7}$$

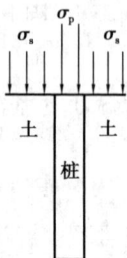

图 5.3　桩土受力示意图

各类桩的桩土应力比 n 见表 5.1。

表 5.1 各类桩的桩土应力比

钢或钢筋混凝土桩	水泥粉煤灰碎石桩 CFG 桩	水泥搅拌桩 （含水泥 5%~12%）	石灰桩	碎石桩
>50	20~50	3~12	2.5~5	1.3~4.4

3）复合模量 E_{sp}

复合地基加固区由增强体和天然土体两部分组成，是非均质的。在复合地基设计时，为简化计算，将加固区视作一均质的复合土体，用假想的、等价的均质复合土体来代替真实的非均质复合土体，这种等价的均质复合土体的模量称为复合地基土体的复合模量。

复合模量 E_{sp} 计算公式应用材料力学方法，由桩土变形协调条件推演而得：

$$E_{sp} = mE_p + (1 - m)E_s \tag{5.8}$$

式中　E_p——桩体压缩模量，MPa；

　　　E_s——土体压缩模量，MPa。

5.2　竖向增强体复合地基承载力计算

▶ 5.2.1　作用机理与破坏模式

1）作用机理

竖向增强体复合地基荷载传递路线如图 5.4 所示。上部结构通过基础将一部分荷载直接传递给地基土体，另一部分通过桩体传递给地基土体，桩和桩间土共同承担荷载。

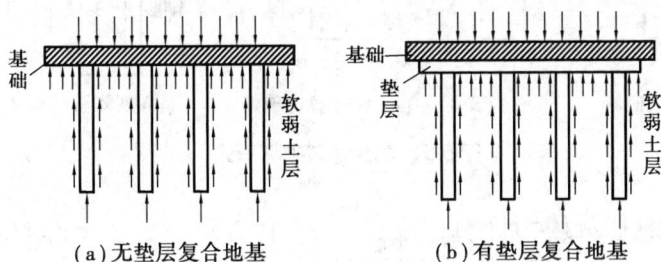

（a）无垫层复合地基　　　　（b）有垫层复合地基

图 5.4　桩体复合地基荷载传递路线示意图

竖向增强体复合地基的加固效应主要表现在以下几方面：

①桩体置换作用。由于复合地基中桩体的刚度比周围土体刚度大，在荷载作用下，桩体产生应力集中现象，此时桩体应力远大于桩间土应力。桩体承担较多荷载，桩间土上作用荷载减小，使得复合地基承载力提高，沉降降低。刚性材料桩复合地基的桩体置换作用较明显。

②挤密效应。砂桩、砂石桩、土桩、灰土桩、石灰桩等，在施工过程中由于振动、挤密作用，使桩间土得到一定的密实，改善了土体的物理力学性能。对于生石灰桩，由于其材料具有吸

水、发热和膨胀作用,对桩间土也起到挤密作用。松散的砂土和粉土的复合地基,其挤密效果较显著。

③排水效应。碎石桩、砂桩、粉煤灰碎石桩等具有较好的透水性,构成了地基中的竖向排水通道,加速桩间土的排水固结,大大提高了桩间土的抗剪强度。此作用在软黏土复合地基中较明显。

2)破坏模式

复合地基破坏模式与复合地基的桩身材料、桩体强度、桩型、地质条件、荷载形式、上部结构形式等诸因素密切相关。复合地基可能的破坏形式有刺入破坏、鼓胀破坏、桩体剪切破坏和整体滑动破坏4种。

①刺入破坏如图5.5(a)所示,当桩体刚度较大、地基土强度较低时,桩尖向下卧层刺入使地基土变形加大,导致土体破坏。刺入破坏是高黏结强度桩复合地基破坏的主要形式。

②桩体鼓胀破坏如图5.5(b)所示,由于桩身无黏聚力,在压力作用下易发生侧移,当桩间土不能提供足够的围压时,桩体侧向变形增大产生鼓胀破坏。桩体鼓胀破坏易发生在散体材料桩复合地基中。

③桩体剪切破坏如图5.5(c)所示,在荷载作用下,复合地基中桩体发生剪切破坏,进而引起复合地基全面破坏。低强度柔性桩较易产生桩体剪切破坏。

④整体滑动破坏如图5.5(d)所示,在荷载作用下,复合地基沿某一滑动面产生滑动破坏,在滑动面上,桩与桩间土同时发生剪切破坏。各种复合地基均可能发生滑动破坏。

此外,在复合地基设计中还应重视沉降问题,尤其是刚性基础下的复合地基设计,应控制最大沉降量和不均匀沉降。

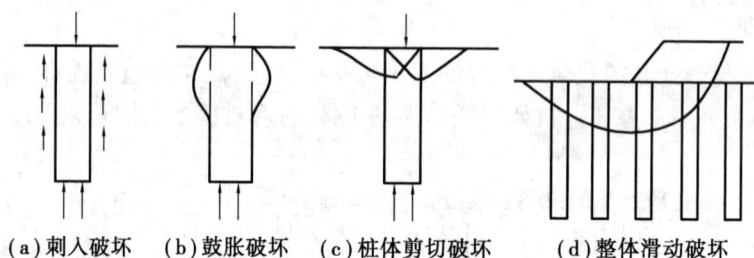

(a)刺入破坏　(b)鼓胀破坏　(c)桩体剪切破坏　　(d)整体滑动破坏

图5.5　复合地基破坏形式

▶ 5.2.2　复合地基承载力计算

竖向增强体复合地基承载力的计算思路如下:先分别确定桩体和桩间土承载力,然后根据一定原则叠加两部分承载力而得到复合地基承载力。

1)复合地基极限承载力

竖向增强体复合地基极限承载力P_{cf}可用式(5.9)计算:

$$P_{cf} = k_1\lambda_1 m P_{pf} + k_2\lambda_2(1-m)P_{sf} \tag{5.9}$$

式中　P_{cf}——复合地基极限承载力,kPa;

P_{pf}——单桩极限承载力,kPa;

P_{sf}——天然地基极限承载力,kPa;

k_1——反映复合地基中桩体实际极限承载力与单桩极限承载力不同的修正系数;

k_2——反映复合地基中桩间土实际极限承载力与天然地基极限承载力不同的修正系数;

λ_1——反映复合地基破坏时,桩体发挥其极限强度的比例,称为桩体极限强度发挥度;

λ_2——反映复合地基破坏时,桩间土发挥其极限强度的比例,称为桩间土极限强度发挥度;

m——复合地基面积置换率。

系数 k_1(一般大于 1.0)主要反映复合地基中桩体实际极限承载力与自由单桩载荷试验测得的极限承载力的区别。由于上部结构荷载对桩间土的压力作用,使得桩间土对桩体的侧压力增加,复合地基中桩体实际极限承载力提高。对散体材料桩,其影响效果较大。

系数 k_2 主要反映复合地基中桩间土实际极限承载力与天然地基极限承载力的区别。对系数 k_2 的影响因素较多,如桩体设置方法、桩体材料、土体性质等。

若能有效地确定复合地基中桩体和桩间土的实际极限承载力,且破坏模式是桩体先破坏进而引起复合地基全面破坏,则式(5.9)可改写为:

$$P_{cf} = mP_{pf} + \lambda(1 - m)P_{sf} \tag{5.10}$$

式中　P_{pf}——桩体实际极限承载力,kPa;

P_{sf}——桩间土实际极限承载力,kPa;

λ——桩体破坏时,桩间土极限强度发挥度。

若取安全系数为 K,则复合地基容许承载力 P_{cc} 计算公式为:

$$P_{cc} = \frac{P_{cf}}{K} \tag{5.11}$$

2)复合地基承载力特征值

复合地基承载力特征值应通过现场复合地基载荷试验确定,或采用增强体的载荷试验结果和周边土的承载力特征值结合经验确定。初步设计时,参考式(5.10),可按式(5.12)估算竖向增强体复合地基承载力特征值。

(1)对散体材料增强体复合地基

$$f_{spk} = [1 + m(n - 1)]f_{sk} \tag{5.12}$$

式中　f_{spk}——复合地基承载力特征值,kPa。

f_{sk}——处理后桩间土承载力特征值,kPa,可按地区经验确定。

n——复合地基桩土应力比,可按地区经验确定,在无实测资料时,可取 1.5~2.5,原土强度低取大值,原土强度高取小值。

m——复合地基置换率,$m = d^2/d_e^2$。d 为桩身平均直径(m);d_e 为一根桩分担的处理地基面积的等效圆直径(m),等边三角形布桩 $d_e = 1.05s$,正方形布桩 $d_e = 1.13s$,矩形布桩 $d_e = 1.13\sqrt{s_1 s_2}$,s, s_1, s_2 分别为桩间距、纵向桩间距和横向桩间距。

(2)对有黏结强度增强体复合地基

$$f_{spk} = \lambda m \frac{R_a}{A_p} + \beta(1 - m)f_{sk} \tag{5.13}$$

式中 λ——单桩承载力发挥系数,宜按当地经验取值,无经验时可取 0.7~1.0;

β——桩间土承载力发挥系数,按当地经验取值,无经验时可按表 5.2 取值;

R_a——单桩竖向承载力特征值,kN;

A_p——桩的截面积,m^2。

表 5.2 桩间土承载力发挥系数 β

石灰桩	振冲桩碎石桩	水泥粉煤灰碎石桩	夯实水泥土桩	水泥土搅拌桩	高压喷射注浆法
1.05~1.2	1.0	0.75~0.95	0.9~1.0	0.1~0.4(桩端土好)	0.5~0.9(摩擦桩)
				0.5~0.9(桩端土差)	0~0.5(端承桩)

3)增强体单桩竖向承载力特征值

增强体单桩竖向承载力特征值应通过现场载荷试验确定,也可按式(5.14)估算:

$$R_a = u_p \sum_{i=1}^{n} q_{si} l_{pi} + \alpha_p q_p A_p \tag{5.14}$$

式中 u_p——桩的周长,m;

n ——桩长范围内所划分的土层数;

α_p——桩端端阻力发挥系数,应按地区经验确定;

q_{si}——桩周第 i 层土的侧阻力特征值,应按地区经验确定;

l_{pi}——桩长范围内第 i 层土的厚度,m;

q_p——桩端土端阻力特征值,kPa,可按地区经验确定,对于水泥搅拌桩、旋喷桩应取未经修正的桩端地基土承载力特征值。

有黏结强度复合地基增强体桩身强度应满足式(5.15)的计算要求;当复合地基承载力进行基础埋深的深度修正时,增强体桩身强度还应满足式(5.16)的计算要求。

$$f_{cu} \geq 4 \frac{\lambda R_a}{A_p} \tag{5.15}$$

$$f_{cu} \geq 4 \frac{\lambda R_a}{A_p} \left[1 + \frac{\gamma_m (d - 0.5)}{f_{spa}} \right] \tag{5.16}$$

式中 f_{cu}——桩体试块(边长 150 mm 立方体)标准养护 28 d 的立方体抗压强度平均值,kPa,对于水泥搅拌桩应符合式(10.4)的计算规定;

γ_m——基础底面以上土的加权平均重度,地下水位以下取浮重度,kN/m^3;

d——基础埋置深度,m;

f_{spa}——深度修正后的复合地基承载力特征值,kPa。

4)软弱下卧层验算

当复合地基加固区下卧层为软弱土层时,尚须验算下卧层承载力。要求作用在下卧层顶面处的基础附加应力 p_0 和自重应力 σ_{cz} 之和不超过下卧层的容许承载力,即

$$p = p_0 + \sigma_{cz} \leq f_{az} \tag{5.17}$$

式中 p_0——相应于荷载效应标准组合时,软弱下卧层顶面处的附加压力,kPa,可采用压力扩散法计算;

σ_{cz}——软弱下卧层顶面处土的自重压应力,kPa;

f_{az}——软弱下卧层顶面处经深度修正后的地基承载力特征值,kPa。

5)复合地基承载力修正

经处理后的地基,当按地基承载力确定基础底面积及埋深而需要对地基承载力特征值进行修正时,其修正系数按下述要求取值:基础宽度的地基承载力修正系数取零;基础埋深的地基承载力修正系数取1.0。

5.3 水平向增强体复合地基承载力计算

▶ 5.3.1 作用机理与破坏模式

1)作用机理

水平向增强体复合地基主要指在地基中铺设各种加筋材料,如土工织物、土工隔栅等形成的复合地基,可用于加固软土路基、堤坝和油罐基础等。以路堤为例,其加筋作用主要体现在以下3个方面:

①承担水平荷载,提高地基土承载力。路堤在竖向荷载作用下,同时受到水平推力作用,由于水平向的推力作用,使得地基竖向承载力下降。在加筋路堤中,利用土工合成材料加筋体承担水平荷载,可显著提高地基承载力。加筋体受力如图5.6所示。

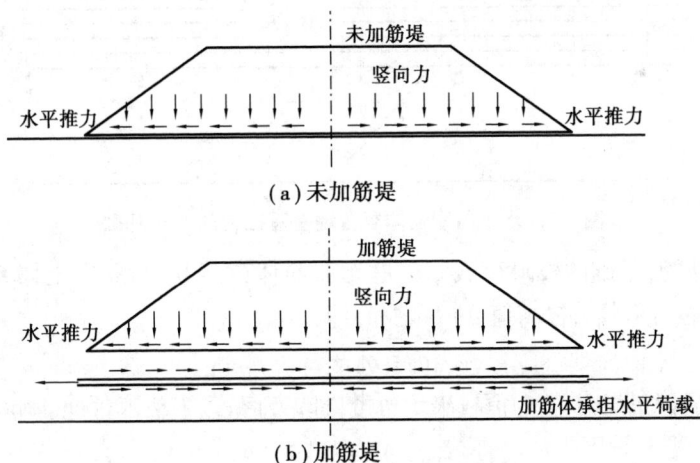

图 5.6 加筋体受力示意图

②增强地基土的约束力,提高竖向承载力。当基底粗糙时,水平向加筋材料能有效约束地基土的侧向变形,从而提高地基土竖向承载力。

③增强路堤填料土拱效应,调整不均匀沉降。在未加筋路堤中,在荷载作用下地基表层产生"锅底状"沉降变形;在加筋路堤中,由于加筋体是良好的受拉材料,使得土拱得到足够的拱脚水平力,形成有效的土拱效应。由于土拱效应,可将地基沉降调整成"平底碟状",显著减小地基的最大沉降量,并使地基所受竖向压应力重新分布,增加路堤稳定性。

2）破坏模式

水平向增强体复合地基破坏分为滑弧破坏、加筋体绷断、承载破坏和薄层挤出4种类型。

（1）滑弧破坏　填土、地基和土工织物三者共同作用，当土工织物抗拉刚度低、延伸率较大时，复合体沿滑动面剪切破坏。此种破坏可采用圆弧滑动稳定分析法进行分析。

（2）加筋体绷断　当加筋体形成较大的弓形沉降，其抗拉承载力不足，加筋体将产生绷断破坏。当加筋体刚度大、延伸率小而强度又不高时，易产生加筋体绷断破坏。

（3）承载破坏　当加筋土工织物与垫层构成一个整体性较好的柔性地基时，可能出现由于地基承载力不足引起的地基整体失稳破坏。

（4）薄层挤出破坏　当薄层土强度较低时，可使薄层土水平向塑性挤出，形成薄层破坏。

具体工程的主控破坏形式与材料性质、受力情况及边界条件有关，地基破坏形式由土的强度发挥程度和土工织物加筋体强度发挥程度的相互关系决定。

▶ 5.3.2　承载力计算方法

水平向增强体复合地基承载力计算理论尚不成熟，下面仅介绍 Florkiewicz（1990）承载力计算公式。

图 5.7 所示为一水平向增强体复合地基上的条形基础。其中，刚性条形基础宽度为 B，加筋复合土层厚度为 Z_0，黏聚力为 c_r，内摩擦角为 φ_0；天然土层黏聚力为 c，内摩擦角为 φ。

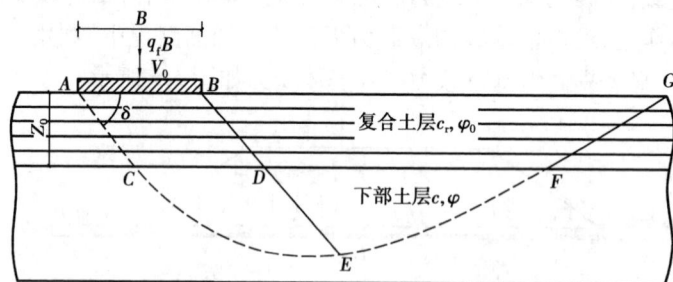

图 5.7　水平向增强体复合地基基础上的条形基础

Florkiewicz 认为，基础的极限荷载 $q_f B$ 是无加筋体（$c_r = 0$）的双层土体系的常规承载力 $q_0 B$，和由加筋引起的承载力提高值 $\Delta q_f B$ 之和，即

$$q_f = q_0 + \Delta q_f \tag{5.18}$$

复合土层中各点的黏聚力 c_r 值取决于所考虑的方向，其表达式（Schlosser 和 Long）为：

$$c_r = \sigma_0 \frac{\sin \delta \cos(\delta - \varphi_0)}{\cos \varphi_0} \tag{5.19}$$

式中　δ——所考虑的方向与加筋体方向的倾斜角；

　　　σ_0——加筋体材料的纵向抗拉强度。

当复合土层中加筋体沿滑移面 AC 面断裂时，地基破坏，此时刚性基础移动速度为 V_0，加筋体沿 AC 面断裂引起的能量消散率增量为 D。

$$D = \overline{AC} c_r V_0 \frac{\cos \varphi_0}{\sin(\delta - \varphi_0)} = \sigma_0 V_0 Z_0 \cot(\delta - \varphi_0) \tag{5.20}$$

上述分析忽略了 ABCD 和 BGFD 区中由于加筋体存在$(c_r \neq 0)$能量耗散率增量的增加。根据上限定理,可得承载力提高值为:

$$\Delta q_f = \frac{D}{V_0 B} = \frac{Z_0}{B} \sigma_0 \cot(\delta - \varphi_0) \qquad (5.21)$$

式中,δ 值根据 Praudtl 的破坏模式确定。

5.4 复合地基沉降计算方法

复合地基沉降计算总的思路是:将地基沉降分为复合地基加固区沉降 s_1 和下卧层沉降 s_2 两部分,如图 5.8 所示。分别计算 s_1 和 s_2,然后将二者相加即得复合地基总沉降量,即

$$s = s_1 + s_2 \qquad (5.22)$$

▶ 5.4.1 加固区压缩量计算

加固区土层压缩量 s_1 可采用复合模量法、应力修正法和桩身压缩量法计算。

1)复合模量法

将复合地基加固区中增强体和地基土体视为一复合土体,采用复合压缩模量 E_{sp} 评价复合土体的压缩性,并用分层总和法计算加固区沉降量。加固区土层压缩量 s_1 计算表达式为:

$$s_1 = \sum_{i=1}^{n} \frac{\Delta p_i}{E_{spi}} h_i \qquad (5.23)$$

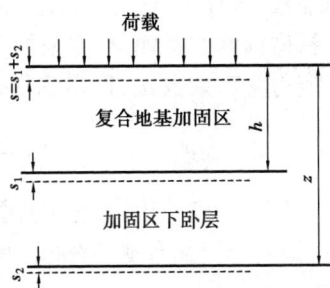

图 5.8　复合地基沉降示意图

式中　Δp_i——第 i 层复合土层上附加应力增量,kPa;

　　　E_{spi}——第 i 层复合土层的复合压缩模量,kPa,见式(5.8)或式(5.24);

　　　h_i—— 第 i 层复合土层的厚度,m。

《地基处理规范》规定:地基变形计算深度应大于复合土层的深度。复合土层的分层与天然地基相同,各复合土层的压缩模量等于该层天然地基压缩模量的 ζ 倍,见式(5.24),ζ 值也可按式(5.25)计算确定。

$$E_{spi} = \zeta E_{si} \qquad (5.24)$$

$$\zeta = \frac{f_{spk}}{f_{ak}} \qquad (5.25)$$

式中　E_{spi}——第 i 层复合土层的压缩模量,MPa;

　　　ζ——复合土层的压缩模量提高系数;

　　　f_{spk}——复合地基承载力特征值,kPa;

　　　f_{ak}——基础底面下天然地基承载力特征值,kPa。

复合地基的沉降计算经验系数 ψ_s 可根据地区沉降观测资料统计值确定,无经验资料时可采用表 5.3 的数值。

表 5.3　沉降计算经验系数 ψ_s

E_s/MPa	4.0	7.0	15.0	20.0	35.0
ψ_s	1.0	0.7	0.4	0.25	0.2

注: $\overline{E}_s$ 为变形计算深度范围内压缩模量的当量值,应按式(5.26)计算。

$$\overline{E}_s = \frac{\sum\limits_{i=1}^{n} A_i + \sum\limits_{j=1}^{m} A_j}{\sum\limits_{i=1}^{n} \dfrac{A_i}{E_{spi}} + \sum\limits_{j=1}^{m} \dfrac{A_j}{E_{sj}}} \tag{5.26}$$

式中　A_i——加固土层第 i 层土附加应力系数沿土层厚度的积分值;

　　　A_j——加固土层第 j 层土附加应力系数沿土层厚度的积分值。

2)应力修正法

根据复合地基桩间土分担的荷载,按照桩间土的压缩模量,采用分层总和法计算桩间土的压缩量,将计算得到的桩间土的压缩量视为加固区土层的压缩量。

具体计算方法如下:将未加固地基(天然地基)在荷载 P 作用下相应厚度内的压缩量 s_{1s} 乘以应力修正系数 μ_s,即得到复合地基沉降量。计算公式为:

$$s_1 = \sum_{i=1}^{n} \frac{\Delta p_{si}}{E_{si}} h_i = \mu_s \sum_{i=1}^{n} \frac{\Delta p_i}{E_{si}} h_i = \mu_s s_{1s} \tag{5.27}$$

式中　Δp_i——未加固地基在荷载 P 作用下第 i 层土上的附加应力增量,kPa;

　　　Δp_{si}——复合地基在第 i 层桩间土上的附加应力增量,kPa;

　　　μ_s——应力修正系数, $\mu_s = \dfrac{1}{1+m(n-1)}$;

　　　n,m——复合地基桩土应力比和复合地基面积置换率;

　　　E_{si}——未加固地基第 i 层土的压缩模量,kPa;

　　　h_i——第 i 层土层厚度,m。

3)桩身压缩量法

令荷载作用下的桩身压缩量为 s_p,桩底端下卧层土体刺入量为 Δ,如图 5.9 所示,则加固区土层压缩量计算公式为:

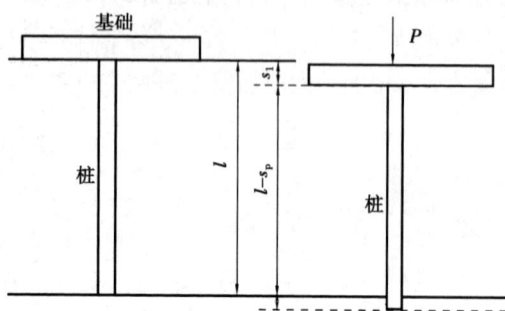

图 5.9　桩身压缩量法示意图

$$s_1 = s_p + \Delta \tag{5.28}$$

桩身压缩量 s_p 可按下式计算:

$$s_p = \frac{\mu_p P + p_{b0}}{2E_p} l \tag{5.29}$$

式中　μ_p——应力修正系数, $\mu_p = \dfrac{n}{1+m(n-1)}$;

　　　l——桩身长度,m,等于加固区厚度 h;

　　　E_p——桩身材料变形模量,kPa;

　　　p_{b0}——桩底端端承力密度,kPa。

桩身压缩量法计算复合地基沉降量的思路清晰,但准确计算桩身压缩量和桩底端刺入下卧层的刺入量尚有一定困难。

▶ 5.4.2 加固区下卧层压缩量计算

加固层下卧层压缩量 s_2 通常采用分层总和法计算。作用在下卧层土体上的附加应力计算方法有压力扩散法、等效实体法计算和改进的 Geddes 法。

1)压力扩散法

压力扩散法计算加固区下卧层上附加应力如图 5.10(a)所示,复合地基作用面长度为 L,宽度为 B,荷载密度为 p,加固区厚度为 h,复合地基压力扩散角为 β,则作用在下卧土层上的荷载 P_b 为:

$$P_b = \frac{BLp}{(B + 2h \tan \beta)(L + 2h \tan \beta)} \tag{5.30}$$

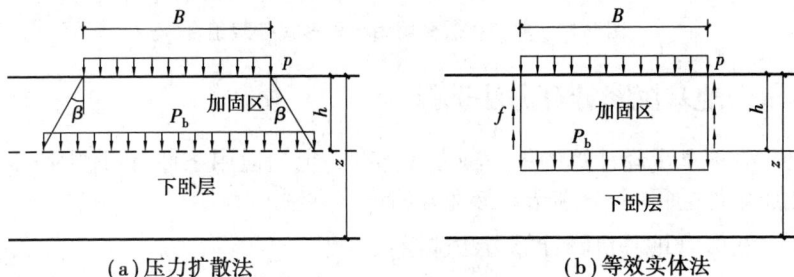

(a)压力扩散法 (b)等效实体法

图 5.10 压力扩散法和等效实体法

2)等效实体法

等效实体法计算加固区下卧层上附加应力如图 5.10(b)所示,复合地基作用面长度为 L,宽度为 B,荷载密度为 p,加固区厚度为 h,等效实体侧平均摩阻力密度为 f,则作用在下卧土层上的荷载 P_b 为:

$$P_b = \frac{BLp - (2B + 2L)hf}{BL} \tag{5.31}$$

3)改进的 Geddes 法

设复合地基总荷载为 P,桩体承担荷载 P_p,桩间土承担荷载 $P_s = P - P_p$。黄绍铭等建议(1991年),由桩体荷载 P_p 和桩间土承担的荷载 P_s 共同产生的地基中的竖向附加应力表达式为:

$$\sigma_z = \sigma_{z,Q} + \sigma_{z,P_s} \tag{5.32}$$

式中 σ_{z,P_s}——桩间土承担的荷载 P_s 在地基中产生的竖向应力;

       $\sigma_{z,Q}$——桩体承担的荷载 P_p 在地基中产生的竖向应力。

σ_{z,P_s} 的计算方法和天然地基中的应力计算方法相同,$\sigma_{z,Q}$ 采用 Geddes 法计算。

S.D.Geddes(1966年)将长度为 L 的单桩在荷载 Q 作用下对地基土产生的作用力,视作桩端集中力 Q_p、桩侧均匀分布摩阻力 Q_r 和桩侧随深度线性增长的分布摩阻力 Q_t 3 种形式荷载的组合,如图 5.11 所示。根据弹性理论半无限体中作用一集中力的 Mindilin 应力解积分,导出了单桩的上述 3 种形式荷载在地基中产生的应力计算公式。地基中的竖向应力 $\sigma_{z,Q}$ 可按

式(5.30)计算:

$$\sigma_{z,Q} = \sigma_{z,Q_p} + \sigma_{z,Q_r} + \sigma_{z,Q_t} = \frac{Q_p K_p}{L^2} + \frac{Q_r K_r}{L^2} + \frac{Q_t K_t}{L^2} \tag{5.33}$$

式中 K_p, K_r, K_t——竖向应力系数。

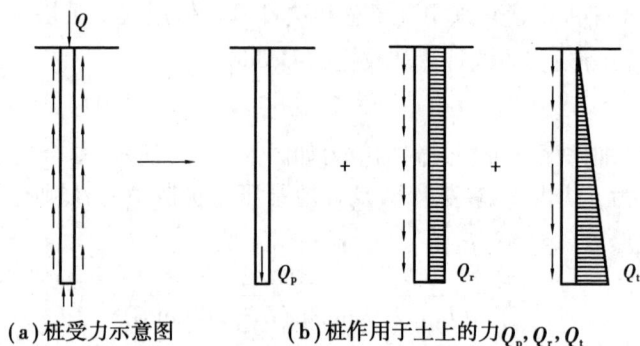

(a)桩受力示意图　　　　(b)桩作用于土上的力 Q_p, Q_r, Q_t

图 5.11　单桩荷载分解为 3 种形式荷载组合

5.4.3　复合地基沉降计算方法选择

上述所讲复合地基沉降计算的每一种方法都有一定的适用条件,设计中应根据复合地基桩体材料及地质条件的不同,分别选择最适合的计算方法。

1)散体材料桩复合地基沉降计算方法选择

散体材料桩复合地基置换率较大,桩土应力比较小,因此加固区压缩量常采用复合模量法计算,下卧层压缩量可采用分层总和法计算,地基附加应力计算常采用压力扩散法。

2)柔性桩复合地基沉降计算方法选择

与刚性桩复合地基相比,柔性桩复合地基置换率一般较高,桩土应力比较小,沉降计算方法与散体材料桩类似,故加固区压缩量一般可用复合模量法计算,下卧层压缩量采用分层总和法计算,地基中附加应力采用压力扩散法或等效实体法计算。

3)刚性桩复合地基沉降计算方法选择

刚性桩复合地基置换率较小、桩土应力比较高,在荷载作用下桩的承载力能得到充分发挥,达到极限工作状态,所以可按经验根据桩体达到极限状态时所需的沉降来估算加固区沉降。当复合地基加固区下卧层有压缩性较大的土层时,复合地基沉降主要发生在下卧层中。

加固区压缩量一般采用桩身压缩量法计算,下卧层地基中附加应力可采用改进的 Geddes 法计算,也可采用压力扩散法或等效实体法计算。

5.5　多桩型复合地基

5.5.1　多桩型复合地基的概念及设计原则

多桩型复合地基是指采用两种及两种以上不同材料增强体,或采用同一材料、不同长度增强体加固形成的复合地基。

多桩型复合地基适用于处理不同深度存在相对硬层的正常固结土,或浅层存在欠固结土、湿陷性土、可液化土等特殊土,以及地基承载力和变形要求较高时的地基。

多桩型复合地基的设计应符合下列原则:

①桩形及施工工艺的确定,应考虑土层情况、承载力与变形控制要求、经济性和环境要求等综合因素。

②对复合地基承载力贡献较大或用于控制复合土层变形的长桩,应选择相对较好的持力层;对处理欠固结土的增强体,其桩长应穿越欠固结土层;对需要消除湿陷性土的增强体,其桩长宜穿过湿陷性土层;对处理液化土的增强体,其桩长应穿过可液化土层。

③对浅部存有较好持力层的正常固结土,可采用长桩与短桩的组合方案。

④对浅部存在软土或欠固结土,宜先采用预压、压实、夯实、挤密方法或低强度桩复合地基等处理浅层地基,再采用桩身强度相对较高的长桩进行地基处理。

⑤对湿陷性黄土应根据《湿陷性黄土地区建筑标准》(GB 50025—2018)的规定要求,采用压实、夯实或土桩、灰土桩等处理地基的湿陷性,再采用桩身强度相对较高的长桩进行地基处理。

⑥对可液化地基,可采用碎石桩等方法处理液化土层,再采用有黏结性强度桩进行地基处理的方案。

▶ 5.5.2 多桩型复合地基的设计计算

1)布桩要求

多桩型复合地基的布桩宜采用正方形或三角形间隔布置,刚性桩宜在基础范围内布置,其他增强体的布桩应满足液化土地基和湿陷性黄土地基等对不同性质土质处理范围的要求。

2)垫层设置

对由刚性长、短桩组成的复合地基宜选择砂石垫层,垫层厚度宜取对复合地基承载力贡献大的增强体桩直径的 1/2;对刚性桩与其他增强体桩组合的复合地基,垫层厚度宜取刚性桩直径的 1/2;对湿陷性黄土地基,垫层材料宜采用灰土,其厚度宜为 300 mm。

3)单桩承载力计算

多桩型复合地基单桩承载力应由载荷试验确定,初步设计可按式(5.15)、式(5.16)进行估算,对施工扰动敏感的土层,应考虑后施工桩对已施工桩承载力的影响,其单桩承载力应予以折减。

4)复合地基承载力特征值确定

多桩型复合地基承载力特征值,应采用多桩复合地基承载力载荷试验确定,初步设计时可采用以下公式估算:

(1)对具有黏结强度的两种桩组合形式的多桩型复合地基承载力特征值

$$f_{spk} = m_1 \frac{\lambda_1 R_{a1}}{A_{p1}} + m_2 \frac{\lambda_2 R_{a2}}{A_{p2}} + \beta(1 - m_1 - m_2)f_{sk} \tag{5.34}$$

式中 m_1,m_2——桩1、桩2的面积置换率;

λ_1,λ_2——桩1、桩2的单桩承载力发挥系数,一般小于1.0,应由单桩复合地基试验按变形准则或多桩复合地基静载试验确定,或按地区经验确定;

R_{a1},R_{a2}——桩1、桩2的单桩竖向承载力特征值,kN;

A_{p1},A_{p2}——桩1、桩2的截面面积,m²;

β——桩间土承载力发挥系数,无当地经验时可取0.9~1.0;

f_{sk}——处理后复合地基桩间土承载力特征值,kPa。

(2)对具有黏结强度的桩与散体材料桩组合形成的复合地基承载力特征值

$$f_{spk} = m_1 \frac{\lambda_1 R_{a1}}{A_{p1}} + \beta[1 - m_1 + m_2(n-1)]f_{sk} \tag{5.35}$$

式中 β——仅由散体材料桩加固处理形成的复合地基承载力发挥系数;

n——仅由散体材料桩加固处理形成复合地基的桩土应力比;

f_{sk}——仅由散体材料桩加固处理后桩间土承载力特征值,kPa。

5)面积置换率计算

多桩型复合地基面积置换率,应根据基础面积与该面积范围内实际的布桩数量进行计算,当基础面积较大或条形基础较长时,可用单元面积置换率替代。

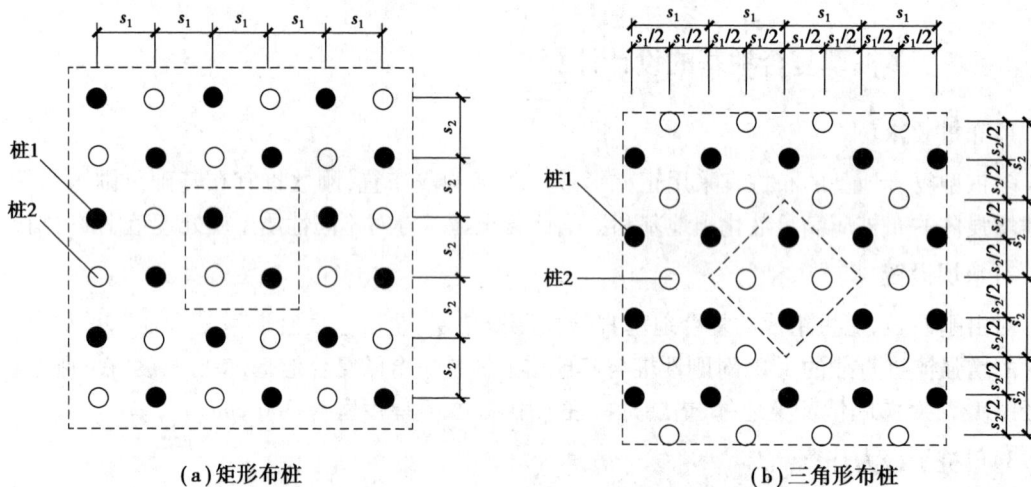

(a)矩形布桩 **(b)三角形布桩**

图5.12 多桩型复合地基单元面积及面积置换率计算模型

(1)当按图5.12(a)矩形布桩时

$$m_1 = \frac{A_{p1}}{2s_1 s_2}, \quad m_2 = \frac{A_{p2}}{2s_1 s_2} \tag{5.36}$$

(2)当按图5.12(b)三角形布桩,且 $s_1 = s_2$ 时

$$m_1 = \frac{A_{p1}}{2s_1^2}, \quad m_2 = \frac{A_{p2}}{2s_1^2} \tag{5.37}$$

6) 多桩型复合地基变形计算

可采用复合模量法进行多桩型复合地基变形的计算,见 5.4.1 节。复合地基变形计算深度应大于复合土层的厚度,并应满足《建筑地基基础设计规范》(GB 50007—2011)的有关规定。

复合土层的压缩模量提高系数计算规定如下:

(1)有黏结强度增强体的长短桩复合加固区、仅长桩加固区土层压缩模量提高系数

$$\zeta_1 = \frac{f_{spk}}{f_{ak}}, \quad \zeta_2 = \frac{f_{spk1}}{f_{ak}} \tag{5.38}$$

式中 ζ_1, ζ_2——长短桩复合地基加固土层压缩模量提高系数和仅由长桩处理形成复合地基加固土层压缩模量提高系数;

f_{spk}, f_{spk1}——仅由长桩处理形成复合地基承载力特征值和长短桩复合地基承载力特征值,kPa;

f_{ak}——天然地基承载力特征值,kPa。

(2)有黏结强度的桩与散体材料桩组合形成的复合地基加固区土层压缩模量提高系数

$$\zeta_1 = \frac{f_{spk}}{f_{spk2}}[1 + m(n - 1)]\alpha \tag{5.39}$$

式中 f_{spk2}——仅由散体材料桩加固处理后复合地基承载力特征值,kPa;

α——处理后桩间土地基承载力的调整系数,$\alpha = f_{sk}/f_{ak}$;

m——散体材料桩的面积置换率。

此种情况,也可按式(5.38)计算复合地基加固区土层压缩模量提高系数 ζ_1。

▶ 5.5.3 多桩型复合地基的施工要点

多桩型复合地基的施工应符合下列要求:

①对处理可液化土层的多桩型复合地基,应先施工处理液化的增强体桩,再施工提高承载力的增强体桩。

②对消除或部分消除湿陷性黄土地基,应先施工处理湿陷性的增强体桩,再施工提高承载力增强体桩。

③应降低或减小后施工增强体桩对已施工增强体桩的质量和承载力的扰动影响。

④对长短桩复合地基,应先施工长桩,后施工短桩。

▶ 5.5.4 多桩型复合地基质量检验

多桩型复合地基质量检验应符合下列规定:

①竣工验收时,多桩复合地基承载力检验应采用多桩复合地基静载试验和单桩静载试验,检验数量不得小于总桩数的1%。

②多桩复合地基载荷板静载试验,对每个单体工程检验数量不得少于3点。

③增强体施工质量检验,对散体材料增强体的检验数量不应少于其总桩数的2%;对具有黏结强度的增强体,完整性检验数量不应少于其总桩数的10%。

5.6 工程应用实例

【例5.1】 黑龙江省某大厦地面以上共12层,建筑占地面积为40 m×70 m,总建筑面积为32 000 m²,基础采用筏板基础,筏板厚度为0.9 m,筏板底面埋深为1.6 m,基底荷载设计值为280 kPa。

根据工程地质勘察报告,该建筑物地基土自上而下为:

①杂填土:厚度0~1.5 m,为建筑垃圾及填土。

②粉质黏土:厚1.5~7 m,可塑~硬塑状态,压缩系数$a_{1-2}=0.26$ MPa⁻¹,承载力特征值$f_{sk}=140$ kPa,压缩模量$E_s=6.3$ MPa。

③黏土:厚7~14 m,可塑,中压缩性土,$a_{1-2}=0.20$ MPa⁻¹,$f_{sk}=200$ kPa,$E_s=6.8$ MPa。

④泥岩:埋深14~20 m,致密坚硬,上部有微风化,$f_{ak}=2\ 000$ kPa,$E_s=20$ MPa。

场地地下水主要是赋存在第四系的上层滞水,水位2.0~3.5 m。

1)地基处理设计方案选择

因与筏板基础接触的地基为粉质黏土,其天然地基承载力不足,需对该持力层进行加固处理。综合评价后认为,该工程采用长短桩非线性组合的多元复合地基处理方案为最佳,其复合地基承载力特征值为$f_{spk}=280$ kPa。

短桩采用灰砂桩,桩长6 m,孔径ϕ400 mm,桩间距1.2 m,正方形布置,主要用于提高复合地基的承载力。长桩采用CFG桩,桩长13 m,孔径ϕ400 mm,桩间距1.2 m,正方形布置,主要用于控制沉降。在复合地基和基底之间,铺设0.3 m厚度的砂石垫层。场地桩位布置如图5.13所示。

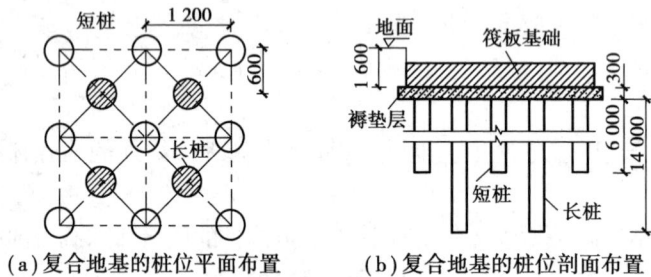

图5.13 场地桩位布置

2)复合地基设计计算

(1)单桩承载力特征值确定 现场静载试验测得短桩(灰砂桩)的单桩承载力特征值为85 kN,长桩(CFG桩)的单桩承载力特征值为230 kN。

(2)复合地基承载力特征值确定 根据式(5.35)计算,各参数取值为:$m_1=m_2=0.4^2/(1.13\times1.2)^2=0.087$;$f_{sk}=1.1\times140$ kPa$=154$ kPa;$\lambda_1=0.9$;$\beta=0.85$;$R_{a1}=230$ kPa;$A_{p1}=\pi d^2/4=0.125\ 6$ m²;$n=3.0$。代入得$f_{spk}=285.7$ kPa>280 kPa,满足地基强度的设计要求。

(3)复合地基沉降的计算与观测 静载试验测得长桩承载能力特征值为230 kN。当长桩达到承载力极限状态时,整个地基沉降量为 25 mm 左右;当长桩所受压应力达到其特征值的 80% 时,地基沉降值仅为 10 mm,这与工程实际荷载情况相当。因此预估该场地复合地基沉降量可控制在 15 mm 以内。

3)施工技术

(1)灰砂桩施工 灰砂桩体积比为石灰∶砂子∶水泥 = 5∶4∶1。生石灰的粒径 ≤5 cm,活性氧化钙质量分数 >80%。砂子为中粗砂,过筛除去砂中的卵石、碎石、泥块等,泥的质量分数 ≤6%。

本工程采用长螺旋回转钻机在土中成孔,成桩时分段夯实混合料,每段 1.0 m,桩底投 20 cm 厚中砂,顶部 0.5 m 采用水泥黏土夯实封顶。

控制投料量不少于桩孔体积的 1.4 倍(即充盈系数 ≥1.4),保证桩身填料的密实度,提高桩身强度,避免发生桩体"软心"现象。

(2)CFG 桩施工 CFG 桩的配合比,按配制 1 m³ 桩身混合料计算,需加水 187 kg,水泥 88 kg,粉煤灰 217 kg,石屑(粒径 ≤10 mm)512 kg,碎石 1 194 kg。

采用长螺旋钻孔、管内泵压混合料灌注成桩的方法施工 CFG 桩。

(3)垫层铺设 待灰砂桩和 CFG 桩全部施工完毕,挖除地表填土至地坪标高(−1.9 m),夯实整平之后,方可铺设砂石垫层,形成复合地基的褥垫层。垫层材料为中粗砂与 8~20 mm 碎石组成,应级配合理,分 2 或 3 层铺设,边铺边夯实,铺设总厚度为 0.3 m。

4)处理效果

采用开挖检测、钻探取样、轻便触探和静载试验等方法,对本工程灰砂桩与 CFG 桩组合处理地基效果进行检测,检测结果均符合要求。静载测试复合地基承载力特征值达到了 320 kPa,这说明该工程施工质量良好,符合设计要求。

习 题

某建筑场地地质条件如下:

①杂填土:厚度 1.0~1.5 m,主要为天然腐殖土。
②淤泥质土:厚度 2~3 m,流塑状态,地基承载力特征值 40 kPa。
③粉质黏土:厚度 4~6 m,可塑~硬塑状态,地基承载力特征值 120 kPa。
④细砂:厚度 2~4 m,中等密实,地基承载力特征值 150 kPa。
⑤卵石层:未钻透,密实,地基承载力特征值 280 kPa。

该建筑场地地下水位较高,水位在天然地表以下 1.5 m。建筑采用筏板基础,基础埋深 1.5 m,结构设计要求地基承载力特征值不小于 280 kPa。试选择地基加固方案,并说明原因。

6

挤密地基法

〚**本章教学要求**〛

了解挤密地基的概念、工程分类;掌握碎石(砂)桩、石灰桩、土或灰土桩的特点与适用范围、加固机理、设计计算;熟悉碎石(砂)桩、石灰桩、土或灰土桩的施工技术和质量检测。

6.1 概 述

▶ 6.1.1 挤密地基法的概念

挤密地基法是指利用沉管、冲击、夯扩、振冲、振动沉管等方法在土中挤压、振动成孔,使桩孔周围土体得到挤密、振密,并向桩孔内分层填入砂、碎石、土或灰土、石灰、渣土或其他材料形成的地基。挤密法适用于处理湿陷性黄土、砂土、粉土、素填土和杂填土等地基。

当以消除地基土的湿陷性为主要目的时,宜选用土桩挤密法;当以提高地基土的承载力或增强其水稳性为主要目的时,宜选用灰土桩(或其他具有一定胶凝强度桩,如二灰桩、水泥土桩等)挤密法;当以消除地基土液化为主要目的时,宜选用振冲或振动挤密法。对重要工程或在缺乏经验的地区,施工前应按设计要求,在现场进行试验。

一般来说,对于砂性土,挤密地基法的侧向挤密、振密作用占主导地位;而对于黏性土,则以置换作用为主,桩体与桩间土形成复合地基。

▶ 6.1.2 挤密地基法的分类

1)按桩体填充材料分类

广义而言,凡具有挤密桩间土作用的竖向增强体的地基处理方法均可以称为挤密地基法。按照挤密地基的桩体填充材料类别,可以将挤密地基法分为土或灰土挤密桩法、石灰挤密桩法、碎(砂)石挤密桩法、渣土挤密桩法等。

(1)碎石(砂)桩法　采用振冲、沉管、锤击或其他技术方法,在软土中设置砂或碎石桩柱体,置换后形成复合地基,可提高地基承载力,降低地基沉降。同时,砂、石柱体在软黏土中形成排水通道,可加速固结。碎石桩、砂桩总称为砂石桩。

(2)石灰桩法　在软弱土中成孔后,填入生石灰或其他混合料,形成竖向石灰桩柱体,通过生石灰的吸水膨胀、放热以及离子交换作用改善桩柱体周围土体的性质,形成石灰桩复合地基,以提高地基承载力,减少沉降量。

(3)土或灰土挤密桩法　采用沉管法或其他技术,在地基中成孔,回填土或灰土形成竖向加固体,通过排土和振动作用,挤密土体,形成复合地基,提高地基承载力,减小沉降量。

2)按施工方法分类

挤密地基法的施工工艺多种多样,按施工方法可以分为振冲挤密桩法(简称振冲法)、沉管挤密桩法(简称沉管法)和爆破挤密桩法(简称爆破法)等。

(1)振冲法　该法是通过振动和高压水喷射的联合作用,在地基中形成很密实的桩体。用振冲法施工的碎石桩称为振冲碎石桩。

(2)沉管法　该法是指采用振动或锤击沉管等方式在软弱地基中成孔后,再将砂、碎石或砂石混合料通过桩管挤压入已成的孔中,在成桩过程中逐层挤密、振密,形成大直径的砂石体所构成的密实桩体。该法主要靠桩的挤密和施工中的振动作用使桩周围土的密度增大,从而使地基的承载能力提高、压缩性降低。用沉管法施工的砂石桩称为沉管砂石桩。

(3)爆破法　将一定量的炸药埋入土中引爆后爆炸挤压成孔,它无须打桩机械,工艺简便,特别适用于缺乏施工机械的地区和新建的工程场地。

6.2 振冲碎石桩和沉管砂石桩

▶ 6.2.1 适用范围

振冲碎石桩、沉管砂石桩复合地基处理应符合下列规定:

①适用于挤密处理松散砂土、粉土、粉质黏土、素填土和杂填土等地基,以及处理可液化地基。饱和黏土地基,如对变形控制不严,可采用砂石桩置换处理。

②对于大型的、重要的或场地地层复杂的工程,以及对于处理不排水抗剪强度不小于20 kPa的饱和黏性土和黄土地基,应在施工前通过现场试验确定其适用性。

③不加填料振冲挤密法适用于处理黏粒含量不大于10%的中砂、粗砂地基,在初步设计

阶段宜进行现场工艺试验,确定不加填料振密的可行性,确定孔距、振密电流值、振冲水压力、振后砂层的物理力学指标等施工参数。30 kW 振冲器振密深度不宜超过 7 m,75 kW 振冲器振密深度不宜超过 15 m。

振冲法对不同性质的土层分别具有置换、挤密和振动密实等作用。对黏性土主要起置换作用,对中细砂和粉土除置换作用外还有振实挤密作用。在以上各种土中施工都要在振冲孔内加填碎石(或卵石等)回填料,制成密实的振冲桩,而桩间土则受到不同程度的挤密和振密。桩和桩间土构成复合地基,使地基承载力提高,变形减少,并可消除土层的液化。

在中、粗砂层中振冲,由于周围砂料能自行塌入孔内,也可以采用不加填料进行原地振冲加密的方法。这种方法适用于较纯净的中、粗砂层,施工简便,加密效果好。

砂石桩法适用于挤密松散砂土、粉土、黏性土、素填土、杂填土等地基。对饱和黏土地基上变形控制要求不严的工程,也可采用砂石桩置换处理。砂石桩法也可用于处理可液化地基。

工程实践表明,砂石桩用于处理松散砂土和塑性指数不高的非饱和黏性土地基,其挤密(或振密)效果较好,不仅可以提高地基承载力,减少地基固结沉降,而且可以防止砂土由于振动或地震所产生的液化。

▶ 6.2.2 加固机理

1)在松散砂土和粉土地基中的作用

(1)挤密作用 砂土和粉土属于单粒结构,其组成单元为散粒状体。单粒结构在松散状态时,颗粒的排列位置是很不稳定的,在动力和静力作用下会重新进行排列,趋于较稳定的状态。即使颗粒的排列接近较稳定的密实状态,在动力和静力作用下也将发生位移,改变其原来的排列位置。松散砂土在振动力作用下,其体积缩小可达 20%。

无论采用锤击法还是振动法,在砂土和粉土中沉入桩管时,对其周围土体都产生很大的横向挤压力,桩管将地基中等于桩管体积的砂挤向桩管周围的土层,使其孔隙比减小,密实度增加。此即碎石(砂)桩法的挤密作用。根据圆柱形孔扩张理论,在土中沉管时,桩管周围的土因受到挤压、扰动而发生变形和重塑,如图 6.1 所示。

桩管周围塑性变形区半径 R_p 为:

$$R_p = R_u \sqrt{\frac{G}{\tau \cos \varphi}} \qquad (6.1)$$

式中　R_p——塑性区最大半径;

　　　R_u——桩孔半径;

　　　τ——土的抗剪强度;

　　　φ——土的内摩擦角;

　　　G——土的剪切模量,$G = \dfrac{E_0}{2(1 + \mu)}$,$E_0$,$\mu$ 分别为土的变形模量及泊松比。

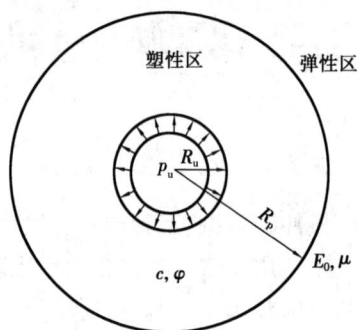

图 6.1　桩孔周围应力分区

从桩管表面到塑性变形区和弹性变形区,在挤压应力作用下,土体都受到不同程度的压密。受到严重扰动的塑性变形区土的强度会随休止期的增长而渐渐恢复,碎石(砂)桩成桩后,随着超孔隙水压力的消散,将加速其强度的恢复。

(2)振密作用　沉管,特别是采用垂直振动的激振力沉管时,桩管四周的土体受到挤压,同时,桩管的振动能量以波的形式在土体中传播,引起桩四周土体的振动,在挤压和振动作用下,土的结构逐渐被破坏,孔隙水压力逐渐增大。

由于土结构的破坏,土颗粒重新进行排列,向具较低势能的位置移动,从而使土由较松散状态变为密实状态。随着孔隙水压力的进一步增大,达到等于或大于土中上覆土的自重应力时,土的有效应力将为零,土体开始液化成流体状态,流体状态的土变密实的可能性较小,如果有排水通道(砂石桩),土体中的水此时就沿着排水通道排出地面。随着孔隙水压力的消散,土粒重新排列、固结,形成新的结构,其密实度得到提高。在砂土和粉土中振密作用比挤密作用要显著,是碎石(砂)桩的主要加固机理。振动成桩过程中,一般形成以桩管为中心的"沉降漏斗",直径达$(6\sim9)d(d$ 为桩直径),并形成多条环状裂隙。

振密作用的大小不仅与砂土的性质,如起始密实度、湿度、颗粒大小、应力状态有关,还与振动成桩机械的性能,如振动力、振动频率、振动持续时间等有关。例如,砂土的起始密实度越低,抗剪强度越小,破坏其结构强度所需要的能量就越少,因此振密作用就显得更大。

(3)抗液化作用　在地震作用或振动作用下,饱和砂土和粉土的结构受到破坏,土中的孔隙水压力升高,从而使土的抗剪强度降低。当土的抗剪强度完全丧失,或者土的抗剪强度降低到使土不再能抵抗它原来所能承受的剪应力时,土体就发生液化流动破坏。

碎石(砂)桩法形成的复合地基,其抗液化作用主要有两个方面:

①桩间可液化土层受到挤密和振密作用后,土层的密实度增加,结构强度提高,表现在土层标准贯入锤击数的增加,从而提高土层本身的抗液化能力。

②碎石(砂)桩在土层中形成良好的排水通道,可以加速挤压和振动作用产生的超孔隙水压力的消散,降低孔隙水压力上升的幅度,因而提高桩间土的抗液化能力。预先受过适度水平循环应力预振的砂土,将具有较大的抗液化能力。由于振动成桩过程中,桩间土受到了多次预振作用,因此使地基土的抗液化能力得到提高。

2)在黏性土地基中的作用

黏性土结构为蜂窝状或絮状结构,颗粒之间的分子吸引力较强,渗透系数小。对于非饱和黏性土,沉管时能产生一定的挤密作用。但对于饱和黏性土地基,由于沉管成桩过程中的挤压和振动等强烈的扰动,黏粒之间的结合力以及黏粒、离子、水分子所组成的平衡体系受到破坏,孔隙水压力急剧升高,土的强度降低,压缩性增大,挤密作用则不明显。碎石(砂)桩施工结束后,在上覆土体重力作用下,通过碎石(砂)桩良好的排水作用,桩间黏性土发生排水固结,同时由于黏粒、水分子、离子之间重新形成新的稳定平衡体系,使土的结构强度得以恢复。

(1)置换作用　碎石(砂)桩在软弱黏性土中成桩以后与桩间土共同组成复合地基,由密实的碎石(砂)桩桩体取代了与桩体体积相同的软弱土,因为碎石(砂)桩的强度和抗变形性能等均优于其周围的土,所以形成的复合地基的承载力、模量就比原来天然地基的承载力、模量大,从而提高了地基的整体稳定性,减小了地基的沉降量。复合地基承载力增大率与沉降量的减小率均和置换率成正比关系。

（2）排水固结作用 黏性土是一种颗粒细、渗透性低且结构性较强的土，在成桩过程中，由于振动挤压等扰动作用，桩间土出现较大的超静孔隙水压力，从而导致原地基土的强度降低。工程实测资料表明，制桩后桩间土含水量可增加 10%，干密度可下降 3%，十字板强度比原地基土降低 10%~40%。制桩结束后，一方面原地基土的结构强度逐渐恢复，另外，在软黏土中，所制的碎石（砂）桩是黏性土地基中一个良好的排水通道，碎石（砂）桩可以和砂井一样起排水作用，大大缩短了土体的横向排水距离，加快了地基的固结速度，加速了地基土的沉降稳定。挤密桩加固结果可使有效应力增加，强度恢复并提高，甚至超过原土强度。

（3）加筋作用 由于碎石（砂）桩的刚度比桩周黏性土的刚度大，而地基中应力按材料变形模量进行重新分配，因此，大部分荷载将由碎石（砂）桩来承担，桩体应力和桩间黏性土应力之比值称为桩土应力比，一般能达到 2~4。

如果软弱土层厚度不大，则桩可穿透整个软弱土层达到其下的相对硬层面，此时，桩体在荷载作用下就会产生应力集中，从而使软土地基承担的应力相应减小，其结果与天然地基相比，复合地基承载力会提高，压缩会减小，稳定性会增加，沉降速率会加快，还可提高土体抗剪强度，从而增强土体的稳定性。

（4）垫层作用 如果软弱土层较厚，则桩体不可能穿透整个土层，此时，加固过的复合桩土层能起到垫层作用，垫层将荷载扩散，使扩散到下卧层顶面的应力减弱，并使其分布趋于均匀，从而提高地基的整体抵抗力，减小其沉降量。

▶ 6.2.3 设计计算

振冲碎石桩、沉管砂石桩复合地基设计包括地基处理范围，桩位布置，桩径、桩距、桩长的确定，复合地基稳定性验算及地基沉降计算等。

1）一般原则

（1）加固范围 地基处理范围应根据建筑物的重要性和场地条件确定，宜在基础外缘扩大 1~3 排桩。对可液化地基，在基础外缘扩大宽度不应小于基底下可液化土层厚度的 1/2，且不应小于 5 m。

（2）桩体材料 可采用含泥量不大于 5% 的碎石、卵石、矿渣或其他性能稳定的硬质材料，不宜使用风化易碎的石料。对于 30 kW 振冲器，填料粒径宜为 20~80 mm；对于 55 kW 振冲器，填料粒径宜为 30~100 mm；对于 75 kW 振冲器，填料粒径宜为 40~150 mm。沉管桩桩体材料可用含泥量不大于 5% 的碎石、卵石、角砾、圆砾、砾砂或石、石屑等硬质材料，最大粒径不宜大于 50 mm。

（3）桩体直径 桩径可根据地基土质情况、成桩方式和成桩设备等因素确定，桩的平均直径可按每根桩所用填料量计算。振冲碎石桩桩径宜为 0.8~1.2 m，沉管砂石桩桩径宜为 0.30~0.80 m。

（4）桩体长度 桩长可根据工程要求和工程地质条件，通过计算确定并应符合下列规定：
①当相对硬土层埋深较浅时，可按相对硬土层埋深确定。

②当相对硬土层埋深较大时,应按建筑物地基变形允许值确定。

③对按稳定性控制的工程,桩长应不小于最危险滑动面以下 2.0 m 的深度。

④对可液化的地基,桩长应按要求处理液化的深度确定。

⑤桩长不宜小于 4 m。

（5）垫层铺设　桩顶和基础之间宜铺设厚度为 300~500 mm 的垫层,垫层材料宜用中砂、粗砂、级配砂石和碎石等,最大粒径不宜大于 30 mm,其夯填度（夯实后的厚度与虚铺厚度的比值）不应大于 0.9。

（6）桩位布置　对大面积满堂基础和独立基础,可采用三角形、正方形、矩形布桩;对条形基础,可沿基础轴线采用单排布桩或对称轴线多排布桩。

2）桩孔间距的确定

（1）振冲碎石桩的桩间距

振冲碎石桩的桩间距应根据上部结构荷载大小和地基土情况通过现场试验确定,并结合所采用的振冲器功率大小综合考虑;30 kW 振冲器布桩间距可采用 1.3~2.0 m;55 kW 振冲器布桩间距可采用 1.4~2.5 m;75 kW 振冲器布桩间距可采用 1.5~3.0 m;不加填料振冲挤密孔距可为 2~3 m。

（2）沉管砂石桩的桩间距

沉管砂石桩的桩间距应通过现场试验确定,一般不宜大于砂石桩直径的 4.5 倍,并符合下列规定:

①对松散粉土和砂土地基,应根据挤密后要求达到的孔隙比确定,其桩距计算示意图如图 6.2 所示。

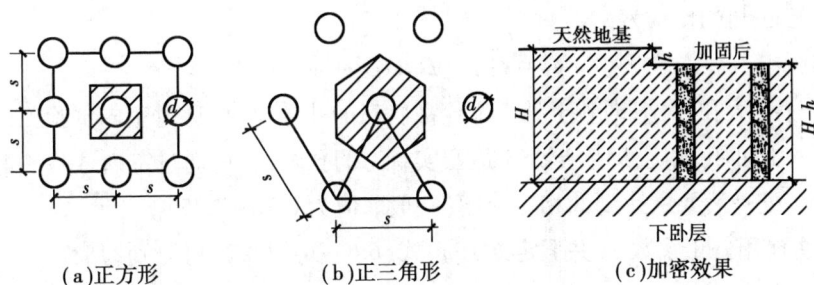

(a)正方形　　　(b)正三角形　　　(c)加密效果

图 6.2　桩距计算示意图

对于正三角形布置,则一根桩所影响的范围为六边形,如图 6.2(b)中阴影部分,加固处理后的土体体应变为:

$$\varepsilon_v = \frac{\Delta v}{v_0} = \frac{e_0 - e_1}{1 + e_0} \tag{6.2}$$

式中　e_0——地基土天然孔隙比;

e_1——处理后要求达到的孔隙比。

一根桩处理范围为:

$$v_0 = \frac{\sqrt{3}}{2}s^2H \tag{6.3}$$

式中 s——桩间距;

H——欲处理的天然土层厚度。

$$\Delta v = \varepsilon_v v_0 = \left(\frac{e_0 - e_1}{1 + e_0}\right)\frac{\sqrt{3}}{2}s^2H \tag{6.4}$$

实际上,Δv 等于碎石(砂)桩体向四周挤排土的挤密作用引起的体积减小和土体在振动作用下发生竖向的振密变形引起的体积减小之和,即

$$\Delta v = \frac{\pi}{4}d^2(H - h) + \frac{\sqrt{3}}{2}s^2h \tag{6.5}$$

式中 d——桩直径;

h——竖向变形(下降时取正值,隆起时取负值)。

整理后得:

$$s = 0.95d\sqrt{\frac{H - h}{\dfrac{e_0 - e_1}{1 + e_0}H - h}} \tag{6.6}$$

同理,正方形布桩时:

$$s = 0.89d\sqrt{\frac{H - h}{\dfrac{e_0 - e_1}{1 + e_0}H - h}} \tag{6.7}$$

处理后土的孔隙比 e_1 为:

$$e_1 = e_{\max} - D_{r1}(e_{\max} - e_{\min}) \tag{6.8}$$

式中 $e_{\max}$——最大孔隙比,即砂土处于最松散状态的孔隙比,可通过室内试验测得;

$e_{\min}$——最小孔隙比,即砂土处于最密实状态的孔隙比,可通过室内试验测得;

D_{r1}——处理后要求达到的相对密度(一般取值为 0.70~0.85)。

引入振密作用修正系数 ξ(并假定 $h = 0$),式(6.6)和式(6.7)可分别写成:

正三角形布置 $s = 0.95\xi d\sqrt{\dfrac{1 + e_0}{e_0 - e_1}} \tag{6.9}$

正方形布置 $s = 0.89\xi d\sqrt{\dfrac{1 + e_0}{e_0 - e_1}} \tag{6.10}$

式中,ξ 为修正系数,当考虑振动下沉密实作用时,可取 $\xi = 1.1 \sim 1.2$;不考虑振动下沉密实作用时,可取 $\xi = 1.0$。

②对于黏性土地基,只考虑置换作用时,正三角形布桩,一根砂桩的处理面积 A_e 为:

$$A_e = \frac{\sqrt{3}}{2}s^2 \tag{6.11}$$

即
$$s = \sqrt{\frac{2}{\sqrt{3}}} A_e = 1.08 \sqrt{A_e} \qquad (6.12)$$

正方形布置时,且 $A_e = s^2$,即有:
$$s = \sqrt{A_e} \qquad (6.13)$$

式中　A_e——1 根碎石(砂)桩承担的处理面积,$A_e = A_p/m$;

　　　A_p——碎石(砂)桩的截面积;

　　　m——面积置换率,一般情况下,$m = 0.10 \sim 0.30$。

3)复合地基承载力计算

复合地基的承载力初步设计可按式(5.12)估算,处理后桩间土承载力特征值可按地区经验确定,如无经验时,对于一般黏性土地基可取天然地基承载力特征值,松散的砂土、粉土可取原天然地基承载力特征值的 1.2~1.5 倍;复合地基桩土应力比 n,宜采用实测值确定,如无实测资料时,对于黏性土可取 2.0~4.0,对于砂土、粉土可取 1.5~3.0。

4)复合地基沉降计算

复合地基沉降量为加固区压缩量 s_1 和加固区下卧层压缩量 s_2 之和。可将加固区视为一复合土体,采用复合模量法计算 s_1,具体见 5.4.1 节。

复合土体的压缩模量可以通过碎石(砂)桩的压缩模量 E_p 和桩间土的压缩模量 E_s,在面积上进行加权平均的方法求得,即
$$E_{sp} = \left[1 + m(n - 1) \right] E_s \qquad (6.14)$$

式中　E_{sp}——复合土层压缩模量,MPa;

　　　E_s——桩间土压缩模量,MPa,宜按当地经验取值,如无经验时可取天然地基压缩模量。

5)稳定分析

若碎石(砂)桩用于改善天然地基整体稳定性时,可利用复合地基的抗剪特性,再使用圆弧滑动法来进行计算。

假定在复合地基中某深度处剪切面与水平面的夹角为 ϕ,考虑碎石(砂)桩和桩间土两者都发挥抗剪强度,则可得出复合地基的抗剪强度 τ_{sp}。
$$\tau_{sp} = (1 - m)c + m(\mu_p p + \gamma_p z)\tan \psi_p \cos^2 \phi \qquad (6.15)$$

式中　c——桩间土的黏聚力,kPa;

　　　p——作用在复合地基上的荷载,kPa;

　　　z——自地表面起算的计算深度,m;

　　　γ_p——砂石料的重度,kN/m³;

　　　ψ_p——砂石料的内摩擦角,(°);

　　　μ_p——应力集中系数,$\mu_p = n/[1+m(n-1)]$;

　　　m——面积置换率。

▶ 6.2.4　施工技术

1)振冲法

振冲法是碎石桩主要施工方法之一。振冲器构造组成如图6.3所示,其工作原理是:以起重机吊起振冲器,启动潜水电机后,带动偏心块,使振冲器产生高频振动,同时开动水泵,使高压水通过喷射高压水流,在边振边冲的联合作用下,将振冲器沉到土中的设计深度。经过清孔后,就可从地面向孔中逐段填入碎石,每段填料均在振动作用下被振挤密实,达到所要求的密实度后提升振冲器。如此重复填料和振密,直至地面,从而在地基中形成一根大直径、很密实的桩体。

(1)施工机具及配套设备　振冲法施工主要机具有振冲器、起吊机械、水泵、泥浆泵、填料机械、电控系统等。振冲法施工现场及所用施工机具情况如图6.4所示。

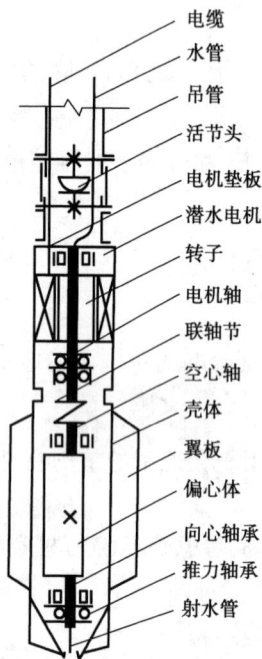

电缆
水管
吊管
活节头
电机垫板
潜水电机
转子
电机轴
联轴节
空心轴
壳体
翼板
偏心体
向心轴承
推力轴承
射水管

图6.3　振冲器构造组成

(a)振冲器入孔前检查

(b)振冲器正常工作中

图6.4　振冲法施工现场及所用施工机具

①振冲器:振冲器是振冲法施工的主要机具,国内常用振冲器型号见表6.1。

②起吊设备:起吊设备是用来操作振冲器的,起吊设备可用汽车吊、履带吊或自行井架式专用平车,有些施工单位还采用扒杆打桩机等。30 kW 的振冲器的起吊力应大于 50 ~ 100 kN,75 kW 的振冲器的起吊力应大于 100 ~ 200 kN,即振冲器的总重量乘以一个5 左右的扩大系数,即可确定起吊设备的起吊力。起吊高度必须大于加固深度,自行井架专用平车的特点是位移工效高、施工安全,最大加固深度可达 15 m。

表 6.1 我国振冲器主要技术参数

项 目		型 号					
		ZCQ13	ZCQ30	ZCQ55	ZCQ75C	ZCQ100	ZCQ125
潜水电动机	功率/kW	13	30	55	75	100	125
	转速/(r·min⁻¹)	1 450	1 450	1 460	1 460	1 460	1 480
振动机体	动力矩/(N·m)	14.89	38.5	68.3	68.3	83	90
	激振力/kN	35	90	130	160	190	220
	头部振幅/mm	3	4.2	5.6	7.5	7	6
振冲器外径/mm		273	351	351	426	402	402
全长/mm		1 965	2 150	2 790	3 162	3 214	3 638
总质量/kg		800	980	1 040	1 220	1 520	1 800

③供水泵:供水泵要求压力 0.5~1.0 MPa,供水量达 20 m³/h 左右。每台振冲器配一台水泵,如有数台振冲器同时施工,也可采用集中供水的办法。

④填料设备:填料设备常用装载机、柴油小翻斗车的人力车。30 kW 振冲器应配 0.5 m³ 以上装载机,75 kW 的振冲器配 1.0 m³ 以上装载机为宜,如填料采用柴油小翻斗车或人力车,可根据情况确定其数量。

⑤电控系统:电控系统除为施工配电,还应具有控制施工质量的功能。若用发电机供电,一台 30 kW 振冲器施工需配备 48~60 kW 柴油发电机一台。即一台发电机驱动一台振冲器时,发电机的输出功率要大于振冲器电机额定功率的 1.5~2 倍,振冲器才能正常工作。施工现场应配有 380 V 的工业电源。

⑥排浆泵:排浆泵应根据排浆量和排浆距离选用合适的排浆泵。

(2)施工前准备

①收集资料:包括地层剖面、地基土物理力学性质以及有关试验资料、地下水位等。

②熟悉技术文件:熟悉施工图纸和对施工工艺的要求,掌握试验桩的施工工艺等。

③放线布桩:根据设计图纸进行现场放线布桩,避免施工中出现错位和漏桩现象。

④做好三通一平:确保水通、电通和料通,整平好场地。

⑤现场布置:对大型工程应做好施工组织设计,合理布置现场。

(3)施工顺序 一般施工顺序有由里向外、一边推向另一边、间隔跳打、由外向里等几种方式,如图 6.5 所示。

(4)填料方式 振冲法填料的方式有间断填料法、连续填料法、综合填料法、先护壁后制桩法和不加填料法等。

①间断填料法:如图 6.6 所示,成孔后把振冲器提出孔口,直接往孔内倒入一批填料,然后再下降振冲器使填料振密,每次填料都这样反复进行,直到全孔填满结束。

②连续填料法:如图 6.7 所示,连续填料法是将间断填料法中的填料和振密合为一步来做,即连续填料法是边把振冲器缓慢向上提升(不提出孔口),边向孔中填料的施工方法。

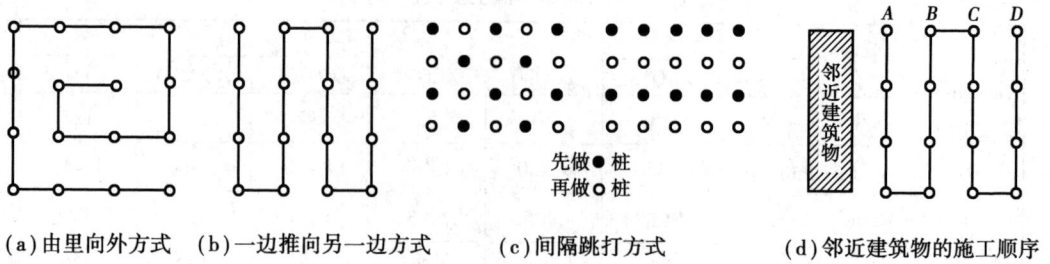

(a) 由里向外方式　(b) 一边推向另一边方式　(c) 间隔跳打方式　(d) 邻近建筑物的施工顺序

图 6.5　振冲法的施工顺序

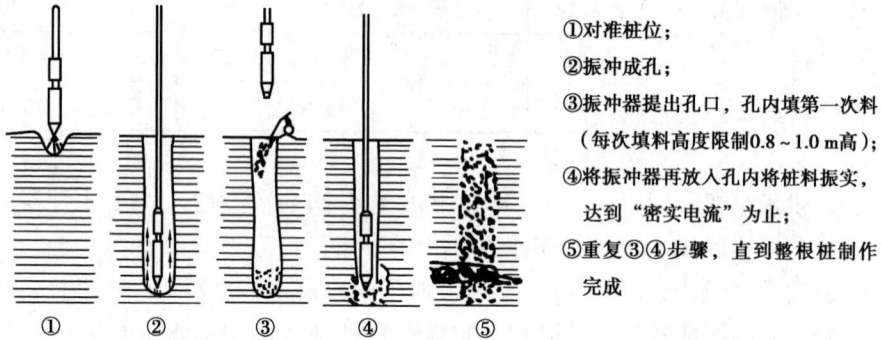

①对准桩位;

②振冲成孔;

③振冲器提出孔口,孔内填第一次料
　(每次填料高度限制0.8~1.0 m高);

④将振冲器再放入孔内将桩料振实,
　达到"密实电流"为止;

⑤重复③④步骤,直到整根桩制作
　完成

图 6.6　间断填料法制桩步骤

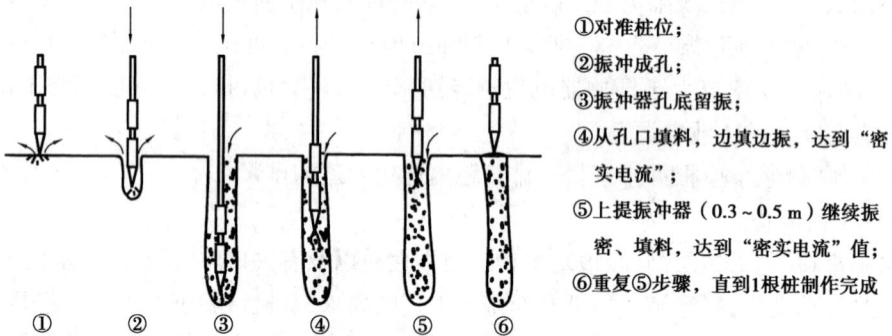

①对准桩位;

②振冲成孔;

③振冲器孔底留振;

④从孔口填料,边填边振,达到"密
　实电流";

⑤上提振冲器(0.3~0.5 m)继续振
　密、填料,达到"密实电流"值;

⑥重复⑤步骤,直到1根桩制作完成

图 6.7　连续填料法制桩步骤

　③综合填料法:相当于前两种填料的组合施工方法。这种施工是第一次填料,振密过程采用的是间断填料法,即成孔后将振冲器提出孔口,填一次料后,然后下降振冲器,使填料振密,之后就采用连续填料法,即第一批填料后,振冲器不提出孔口,而是边填边振。

　④先护壁后制桩法:在较软的土层中施工时,应采用"先护壁,后制桩"的办法施工。该法即成孔时,不要直接达到设计深度,而是先达到软土层上部后,即将振冲器提出孔口,加一批填料,然后下沉振冲器将这批填料挤入孔壁,这样就可把这段软土层的孔壁加强以防塌孔,然后使振冲器下降到下一段软土层中,用同样的方法填料扩壁。如此反复进行,直到设计深度。孔壁护好后,就可任选前述3种方法中的一种进行填料制桩。

　⑤不加填料法:对于松散的中粗砂地基,由于振冲器提升后,孔壁即会塌落,这时可利用

中粗砂本身的自由塌陷代替外加填料而填满下面的孔洞,从而可以不加填料就可振密。这种施工方法特别适用于处理人工回填或吹填的大面积砂层。

不加填料振冲加密宜采用大功率振冲器,为了避免孔中塌砂将振冲器抱住,下沉速度宜快,造孔速度宜为 8~10 m/min,到达深度后将射水量减至最小,留振至"密实电流"达到规定值时,上提 0.5 m,逐段振密直至孔口,一般每米振密时间约 1 分钟。

以上 5 种填料方法各有其优缺点和适用性。在振冲密实法中,对于处理粉细砂地基,宜采用加填料的振密工艺;对处理中粗砂地基,可用不加填料就地振密的方法。在振冲置换法中,均应采用加填料工艺。"先护壁,后制桩"的工艺适用软弱黏性土的振冲置换工程中;间断填料法多次提出振冲器,每次填料量的堆高不能超过 0.8~1.0 m,操作烦琐,制桩效率低,但适合人工推车填料,并可大致估算造桩时每段的填料量;连续填料法振冲器不提出孔口,制桩效率高,制成的桩体密实度较均匀,施工简单,操作方便,适合机械化作业。

连续填料法必须严格控制振冲器的上提高度,每次上提高度 0.3~0.5 m,不宜大于0.5 m,否则就会造成桩体密实度不均匀。连续填料法由于施工振动的扰动,在桩底部形成松软的扰动区,桩底填料不易振密,影响加固质量。对于黏性土地基的振冲置换,由于成孔后孔径较小,采用连续填料法不能保证填料能顺利下到孔底,而采用间断填料法易保证桩体质量。

综合填料法施工不仅可避免前两种方法的缺点,而且可提高地基的加固效果。实践证明,用此法处理的桩周土的加密效果良好,成桩直径也比间断填料法的桩径大 20%以上,成桩工效也比较高。由于综合填料法在孔底压入并振捣密实了回填石料,桩底端头密度和强度显著提高,改善了石料和地基土的受力特性,这对于短桩加固的地基尤为重要。

在松散砂土中,尤其是饱和松散粉细砂地基中,在振冲作用下很容易产生液化和下沉,振冲成孔的孔径较大,施工时填入的石料容易从孔壁和振冲器之间的空隙下落,因此常采用连续填料法,此法能充分发挥振冲器水平向振动力的作用,挤密作用好。

(5)施工步骤及注意事项

施工前应在现场进行试验,以确定水压、振密电流和留振时间等各种施工参数。振冲施工可按下列步骤进行:

①振冲定位。吊机起吊振冲器对准桩位(误差应小于 10 cm),开启供水泵,水压可用 200~600 kPa,水量可用 200~400 L/min,待振冲器下端喷水口出水后,开动电源,启动振冲器,检查水压、电压和振冲器的空载电流是否正常。

②振冲成孔。启动施工车或吊车的卷扬机下放振冲器,使其以 0.5~2 m/min 的速度徐徐贯入土中,造孔过程应保持振冲器呈垂直状态。振冲器下沉过程中的电流值不得超过电机的额定电流值,一旦超过,须减速下沉或暂停下沉或向上提升一段距离,借助于高压水松动土层后,电流值下降到额定电流以内时再进行下沉。在开孔过程中,要记录振冲器各深度的电流值和时间。若孔口不返水,应加大供水量,并记录造孔速度及返水的情况。

③留振时间和上拔速度。当振冲器达到设计深度后,振冲密实法时,可在这一深度上留振 30 s,将水压和水量降至孔口有一定量回水但无大量细小颗粒带走的程度。如遇中部硬夹层,应适当通孔,每深入 1 m 应停留扩孔 5~10 s,达到深度后,振冲器再往返 1~2 次进行扩孔。连续填料法时,振冲器留在孔底以上 30~50 cm 准备填料。间断填料法时,可将振冲器提

出孔口,提升速度可在 5~6 m/min。振冲置换法时,成孔后要留有一定时间清孔。

④清孔。成孔后,若返水中含泥量较高或孔口被泥淤堵塞,以及孔中有强度较高的黏性土,导致成孔直径小时,一般需清孔,即把振冲器提出孔口(或需清孔的位置),然后重复②、③步骤1或2遍,借助于循环水使孔内泥浆变稀,清除孔内泥土保证填料畅通。最后,将振冲器停留在加固深度以上 30~50 cm 处准备填料。

⑤填料。无论采用何种填料方法,填料都要求振实振密。由于填料的不断挤入,孔壁土的约束力逐渐增大,一旦约束力与振冲器产生的水平振动力相平衡时,桩径不再扩大,这时振冲器的电流值迅速增大。当电流达到规定电流(即密实电流)时,可认为该深度的桩已经振密,如果电流达不到其密实电流,则需要提起振冲器向孔内倒一批料,然后再下降振冲器继续进行振密。如此重复操作,直到达到密实电流为止。密实电流由现场制桩试验确定或按经验估算。填料过程中,一般以 1~2 m/min 速度提升振冲器,并观察振冲器电机电流变化,记录每次提升高度、留振时间和密实电流。

⑥制桩结束。制桩至桩顶设计标高以上时,先停止振冲器运转,再停止供水泵,这样1根桩就制作完成。

(6)质量控制措施 振冲密实法施工中要严格控制质量,不漏振、不漏孔。在连续填料法中,要控制振冲器的提升速度;在间断填料法中,要控制每次填料的数量。无论是有填料的振冲密实还是无填料的振冲密实,只要振密时能使振密控制电流达到密实电流,就能达到设计要求,确保加密质量。必须指出,如在施工中发生底部漏振或电流未能达到其控制值(即密实电流),从而造成质量事故,再用振冲补孔是十分困难的,这是因为上部砂层已经振密。

振冲置换桩的施工质量控制,实质上就是对施工中所用的水、电、料的控制,并有机地综合控制才能达到理想的加固效果。下面介绍主要的控制原则:

①水的控制。主要是控制水压和水量,水量要充足,使孔内充满水,这样才可防止塌孔,使制桩工作得以顺利进行。反之,水量亦不能太多,过多时,易把填料带出孔口。一般水量 200~400 L/min 较适宜。水压视土质和强度而定,对于强度较低的软土,水压要小些。一般在成孔过程中水压可用 200~600 kPa。成孔过程中,水量和水压尽可能大,当接近设计加固深度时,要降低水压,以免破坏桩底以下的土。加料振密过程中,水量水压均宜小。

②电的控制。主要是控制加料振密过程中的密实电流。密实电流应根据现场制桩试验确定,一般对于振冲密实法,其密实电流应超过空载电流 25~30 A;对振冲置换法,其密实电流一般应超过空振电流 35~45 A。值得注意的是,在较硬的土或砂性较大的地基中制桩时,不能把振冲器刚接触填料一瞬间的电流值作为密度电流,瞬时电流值有时高达 100~120 A,但只要把振冲器停住不下降,电流值便立即变小,可见瞬时电流并不能真正反映填料的密实程度。只有振冲器在固定深度上振动一定时间(砂土地基一般为 5~10 s;黏性地基一般为 10~20 s,视不同土质而定),即留振时间,而电流稳定在某一数值,这一稳定电流才能反映填料的密实度。一般要求稳定电流超过规定的密实电流值,该段桩体才算制桩完成。

采用密实电流作为质量控制标准的优点是:能使软弱土层处多填料,强度高的土层相对少填料,这样加固结果可使地基在水平方向和垂直方向的强度变得均匀。这是振冲法优于其他地基加固方法的主要方面之一。

③填料的控制。关于填料要坚持"少吃多餐",即勤加料,且每批填入料不宜过多,控制填料在桩孔中的堆高在 0.8 m 左右,为 $0.15 \sim 0.5$ m³。在制作最深处桩体时,为达到规定的密实电流,所需的填料量远比制作其他部位桩体多,有时这段填料量可占整根桩填料量的 1/4 或 1/3。这是因为:开始阶段加的料有相当一部分从孔口向孔底下落过程中被黏留在各深度的孔壁上,只有少量落到孔底;或者是水压控制不当,造成桩孔超深,使孔底填料数量剧增;或者是孔底遇到了事先不知的局部软弱土层,导致桩底填料量超过正常填料量。

④综合指标的控制。所谓施工质量的控制就是要谨慎地掌握好填料数量、密实电流和留振时间这 3 个施工质量控制指标,要使每段桩体在这 3 个方面都达到规定值。只有在一定填料的情况下,才能保证达到一定的密实电流,而这必须有一定的留振时间,才能把填料挤紧振密。一般来说,在粉性较重的地基中制桩或地层中存在软弱土夹层部位制桩,填料量和留振时间容易达到规定值,这时还要把好密实电流关。

2)振动沉管法

振动沉管成桩法的施工机械包括振动机、料斗、振动套管等。套管的下端装有底盖和排砂活瓣(或砂塞)。为了使砂或砂石有效地排出和套管易于打入,还装有高压空气的喷射装置。其配套机械有起重机、装砂(碎石)机、空压机和施工管理仪器等。

振动挤密砂或砂石桩的成桩工艺就是在振动机的振动作用下,把带有底盖(或砂塞)的套管打入规定的设计深度。套管入土后,挤密了套管周围土体,然后投入砂(或砂石),排砂(或碎石)于土中,振动密实成桩。目前,振动成桩法分为一次拔管法、逐步拔管法和重复压拔管法 3 种。

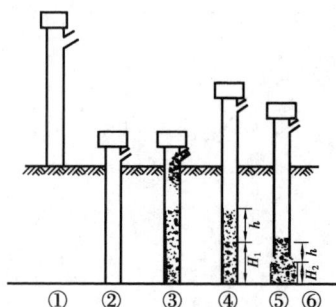

图 6.8　一次拔管和逐步拔管成桩工艺

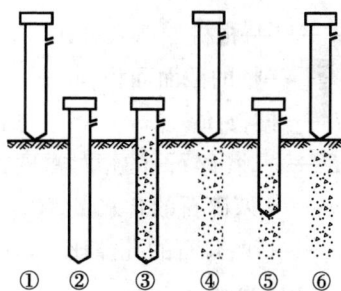

图 6.9　重复压拔管成桩工艺

(1)一次拔管法　如图 6.8 所示,一次拔管法成桩工艺步骤如下:

①桩管垂直对准桩位(活瓣桩靴闭合)。

②启动振动桩锤,将桩管振动沉入土中并达到设计深度,使桩管周围的土被挤密或挤压。

③从桩管上端投料漏斗加入砂石料,数量根据设计确定,为保证顺利下料,可加适量水。

④边振动边拔管直至拔出地面。通过拔管速度控制桩身的连续性和密实度,拔管速度应通过试验确定,一般地层情况的拔管速度为 $1 \sim 2$ m/min。

(2)逐步拔管法　逐步拔管法成桩工艺步骤如下:

①~③与一次拔管法步骤相同。

④逐步拔管,边振动边拔管,每拔管 50 cm,停止拔管而继续振动,停拔时间 $10 \sim 20$ s,直至

将桩管拔出地面。

（3）重复压拔管法　如图 6.9 所示，重复压拔管法成桩工艺步骤如下：

①桩管垂直就位，闭合桩靴。

②将桩管沉入地基土中并达到设计深度。

③按设计规定的砂石料量向桩管内投入砂石料。

④边振动边拔管，拔管高度根据设计确定。

⑤边振动边向下压管（沉管），下压的高度由设计和试验确定。一般情况下，桩管每提高 100 cm，下压 30 cm，然后留振 10～20 s。

⑥停止拔管，继续振动，停拔时间长短按规定要求。

⑦重复步骤③～⑥，直至桩管拔出地面。

振动沉管法每根桩的灌砂（或碎石量）按式（6.16）计算：

$$q = kl \frac{\pi d^2}{4} \tag{6.16}$$

式中　q——每根桩的填料量，m^3；

l——桩长，m；

k——充盈系数，一般为 1.2～1.4；

d——桩径，m。

也可按式（6.17）计算：

$$q' = \frac{A_p l D_r}{1 + e_1}(1 + 0.01w) \tag{6.17}$$

式中　q'——每根桩的灌入量，t；

A_p——桩的截面面积，m^2；

l——桩长，m；

D_r——砂（碎石）的相对密度，t/m^3；

w——砂、碎石的含水量，%；

e_1——砂、碎石的孔隙比。

3）锤击成桩法

锤击法适用于加固杂填土、黏性土、粉细砂、粉土、淤泥土等。下列情况不宜采用锤击碎石桩：

①地基中夹有大于 2 m 以上的饱和软黏土、淤泥和淤泥质土，土体不排水抗剪强度小于 20 kPa 或承载力小于 70 kPa。

②桩端未达到相对硬层，桩身下段淤泥超出桩长的 2/5。

③上部结构对地基变形有严格要求。

锤击法（也称冲击法）成桩工艺分为单管法、双管法、内击沉管法等。双管锤击法又分为芯管密实法和内击沉管法。芯管密实法适用于砂桩和碎石桩，内击沉管法适用于碎石桩。

（1）单管成桩法　如图 6.10 所示，单管锤击法成桩工艺步骤如下：

①桩管垂直就位，下端为活瓣桩靴时则对准桩位，下端为开口的则对准已按桩位埋好的预

制钢筋混凝土锥形桩尖。

②启动蒸汽桩锤或柴油桩锤,将桩管打入土层至设计深度。

③从加料漏斗向桩管内灌入砂石料。当砂石量较大时,可分两次灌入,第一次灌总料量的 2/3 或灌满桩管,然后上拔桩管,当能容纳剩余的砂石料时再第二次加够所需砂石料。

④按规定的拔管速度将桩管拔出。一般土质条件下,拔管速度为 1.5~3.0 m/min。

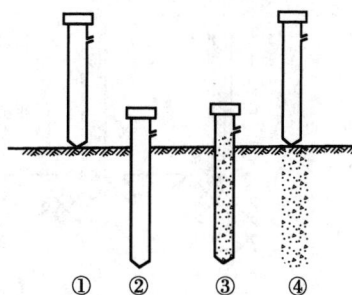

图 6.10　单管锤击成桩工艺

(2)芯管密实双管成桩法　如图 6.11 所示,该双管锤击法成桩工艺步骤如下:

①桩管垂直就位。

②启动蒸汽桩锤或柴油桩锤,将内、外管同时打入土层中至设计规定的深度。

③拔起内管至一定高度不致堵住外管上的投料口,打开投料口门,将砂石料装入外管里。

④关闭投料口门,放下内管压在外管内的砂石料面上,拔起外管,使外管上端与内管和桩锤接触。

⑤启动桩锤,锤击内、外管将砂石料压实。桩底第一次投料较少,如填 1 手推车约 0.15 m³(是桩身每次投料的一半),然后锤击压实,这一阶段叫"座底",以保证桩长和桩底密实度。

⑥拔起内管,向外管里加砂石料,每次投料为 2 手推车约 0.30 m³。

⑦重复步骤④~⑥,直至拔管接近桩顶。

⑧制桩达到桩顶时,最后 1~2 次加料每次加 1 手推车或 1.5 手推车砂石料,锤击压实至设计规定的桩长或桩顶标高,这一阶段叫"封顶"。

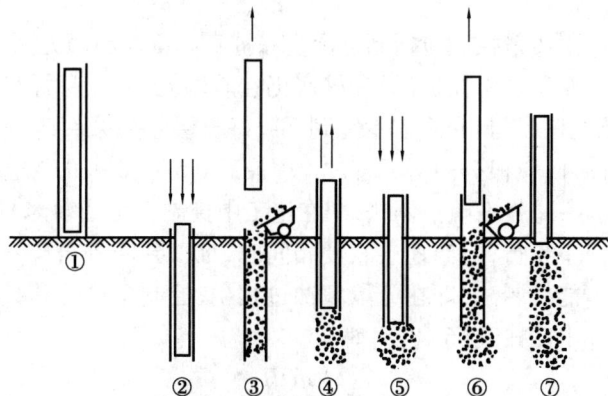

图 6.11　芯管密实双管法成桩工艺

对于芯管密实双管锤击法,可用贯入度和填料量两项指标双重控制桩的直径和密实度。对于以提高地基承载力为主要目的的非液化土,以贯入度控制为主,填料量控制为辅;对于以消除砂土和粉土地震液化为主要目的的,则以填料量控制为主,以贯入度控制为辅。贯入度和填料量可通过试桩确定。

(3)内击双管锤击法　该法是指采用重锤内击沉管和分层填料击实工艺制作的碎石桩,与"福兰克桩"工艺相似,不同之处在于福兰克桩用的是混凝土,而内击沉管法用的是碎石。

如图 6.12 所示,内击双管锤击法成桩工艺如下:

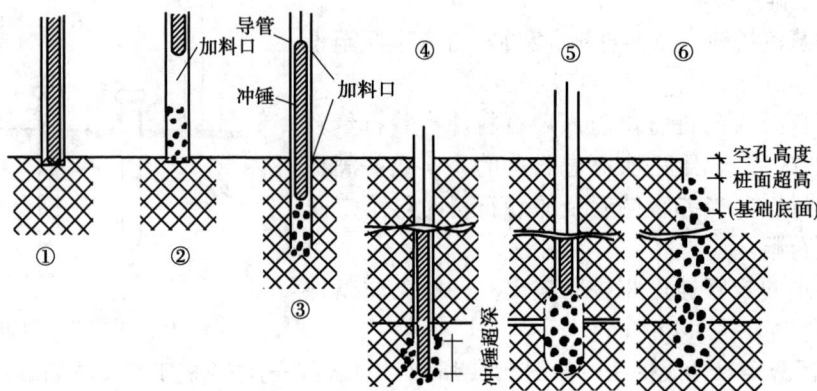

图 6.12　内击沉管法制桩工艺

①移机就位,将导管中心对准桩位,而后放落地面。

②在导管内填入一定数量的碎石(一般管内填高度为 0.6~1.2 m)形成"石塞"。

③内击沉管,用吊锤冲击管内已形成的石塞,通过碎石与导管内壁的侧摩阻力带动导管与石塞一起沉入土中,达到预定深度为止。

④击穿石塞,导管移至预定深度后,将导管拔起离孔底数十厘米,然后用吊锤将石塞碎石击出管外,并使其冲入管底土中一定深度,称为"冲锤超深",冲锤超深一般为 0.5~1.0 m。

⑤分段填冲,穿塞后,再适当拔起导管,向管内填入适量碎石,用吊锤反复冲夯将它击出管外,达到预定击实要求为止,然后再次拔管—填料—冲夯,反复循环至制桩完成。

⑥制桩完成后,桩顶标高应高出基底标高 0.5~1.0 m,开挖基坑时将其挖除,保证桩顶质量。

内击双管锤击法施工质量控制包括制桩深度和桩身质量控制两方面。

①制桩深度控制。对于非承托桩(设计桩底仍在软弱土中,又称浮桩或悬挂桩),主要按设计桩长控制;对于承托桩(设计桩底需承托到下卧好土层上并深入其中 0.5~1.0 m),除参考预定桩长和地质剖面图外,应根据内击沉管过程中最后 0.5~1.0 m 的沉管贯入度进行控制。

②桩体质量控制。一是投石量控制法,即在施工中控制全桩或每米桩所应投入的碎石量最低数量。其优点是简单易行,但当地层软硬相间时,难以判断桩身碎石密度达到要求时的投石量。二是单体冲击能控制法,即在分段填冲过程中,控制单位体积碎石填料所应接收的冲击能最低值。单体冲击能按式(6.18)计算:

$$W = \frac{nQH}{V} \qquad (6.18)$$

式中　W——单位冲击能,$(kN\cdot m)/m^3$;

　　　n——冲锤冲击次数;

　　　Q——冲锤重量,kN;

　　　H——冲锤高度,m;

　　　V——碎石填料体积,m^3。

为使桩体碎石密实度达到所需的单位冲击能量值,可通过对比试验得出。此与地层有关,多数情况下可取 $W = 350(kN\cdot m)/m^3$ 为控制标准。工程实践中,Q,H 均为定值,填料以车数计,则上述标准可简化表示为每填 1 车料所需的冲击次数。例如,当 $Q = 12$ kN,$H = 3.5$ m,料车容积为 0.1 m³ 时,上述标准即等于每填 1 车料冲击 10 次。施工中应视具体情况进行"微调",例如,浅部(地基主要压缩层内和桩体主要受力段内)或软层中可适当多冲,深部或硬层中可适当少冲。

砂石桩施工后,应将表层的松散层挖除或夯压密实,随后铺设并压实砂石垫层。采用振动沉管法成桩时,对邻近建筑物及其可液化地基的振陷产生一定程度的影响。施工中应对邻近建筑物进行沉降观测并挖设减震沟。一些实测资料表明,振动沉管法施工距相邻建筑物的最小安全距离约等于处理的深度,一般情况下,以保持 $8 \sim 10$ m 的距离为宜。

▶ 6.2.5 质量检验

施工前,应检查砂石料的含泥量及有机质含量等。振冲法施工前应检查振冲器的性能,应对电流表、电压表进行检定或校准。施工中,应检查每根砂石桩的桩位、填料量、标高、垂直度等,振冲法施工中尚应检查密实电流、供水压力、供水量、填料量、留振时间、振冲点位置、振冲器施工参数等。施工结束后,应进行复合地基承载力、桩体密实度等检验。

振冲碎石桩、沉管砂石桩复合地基的质量检验应符合下列规定:

①检查各项施工记录,如有遗漏或不符合要求的桩,应补桩或采取其他补救措施。

②施工后,应间隔一定时间方可进行质量检验。对粉质黏土地基不宜少于 21 d,对粉土地基不宜少于 14 d,对砂土和杂填土地基不宜少于 7 d。

③施工质量的检验,对桩体可采用重型动力触探试验;对桩间土可采用标准贯入、静力触探、动力触探或其他原位测试等方法;对消除液化的地基应采用标准贯入试验。桩间土质量的检测位置应在等边三角形或正方形的中心。检验深度不应小于处理地基深度,检测数量不应少于桩孔总数的 2%。

竣工验收时,地基承载力检验应采用复合地基静载荷试验,试验数量不应少于总桩数的 1%,且每个单体建筑不应少于 3 点。

▶ 6.2.6 工程应用实例

【例 6.1】 京珠高速公路广琼东段灵山试验路,过渡路段采用碎石桩处理软基。

1)工程地质条件

灵山试验路地基自上而下土层为:

①耕植土:层厚 $0 \sim 1.2$ m,$c_u = 20$ kPa。

②淤泥层:层厚 $1.2 \sim 14.0$ m,含水量高达 70%,压缩模量 $E_s = 1.2$ MPa,$c_u = 6 \sim 8$ kPa。

③粗砂夹淤泥层:层厚 $14.0 \sim 19.0$ m,$c_u = 40$ kPa,压缩模量 $E_s = 3.3$ MPa。

④淤泥质亚黏土层:层厚 $19.0 \sim 28.0$ m,含水量 52%,压缩模量 $E_s = 1.5$ MPa,$c_u = 17$ kPa。

⑤28.0 m 以下,弱风化黏土层。

2)振冲碎石桩的设计

(1)设计参数

①加固范围:自桥头起 25 m 长 [K23+(941.28~966.28)],宽度与路基底部同宽。

②桩长:桩长取 15 m。

③布桩形式:按等边三角形布桩。

④桩距、桩径:碎石桩的沉降量介于桥台与路基之间,为更好地发挥缓冲区的作用,采取了变间距设计,靠近桥头 15 m 内,桩间距为 1.5 m;靠近路基 10 m 范围内,桩间距为 1.8 m。实际成桩直径平均达 1.1 m。

(2)承载力验算

桩间距为 1.5 m 时,$\dfrac{d^2}{d_e^2}=\dfrac{1.1^2}{(1.5\times1.05)^2}=0.49$,实测桩土应力比 $n=5$,则有:

$$f_{spk}=[1+m(n-1)]f_{sk}=[1+0.49(5-1)]\times40\ kPa=120\ kPa$$

桩间距为 1.8 m 时,$\dfrac{d^2}{d_e^2}=\dfrac{1.1^2}{(1.8\times1.05)^2}=0.34$;$f_{spk}=[1+0.34(5-1)]\times40\ kPa=94\ kPa$

(3)压缩模量计算

桩间距为 1.5 m 时,$E_{sp}=[1+m(n-1)]E_s=[1+0.49(5-1)]\times1.2\ MPa=3.6\ MPa$

桩间距为 1.8 m 时,$E_{sp}=[1+m(n-1)]E_s=[1+0.34(5-1)]\times1.2\ MPa=2.8\ MPa$

碎石桩区的设计标高为 5.0 m,荷载为 110 kPa。

3)处理效果检验

为了检验碎石桩的加固效果,进行天然地基和振冲碎石桩复合地基现场静载荷试验。碎石桩实测数据见表 6.2,载荷试验成果见表 6.3。载荷试验承载力特征值根据《建筑地基处理技术规范》(JGJ 79—2012),取 $s/b=0.02$ 对应的荷载,由表 6.3 可知,用振冲碎石桩加固软土地基,其复合地基的承载力提高了 3.8 倍,达到 160 kPa,加固效果显著。

表 6.2 碎石桩实测数据

处理形式	间距/m	长度/m	最终沉降量/m	荷载/kPa	最大沉降速率/(mm·d⁻¹)
碎石桩	1.5	15	1.57	120.5	12.5

表 6.3 碎石桩荷载试验成果

项　目	天然地基/kPa	复合地基/kPa	备　注
容许承载力	42	160	单桩承载力为 210 kN

4)沉降分析

碎石桩沉降量计算结果和实测值见表 6.4。由于碎石桩未打穿软土层,桩端下还留有 13 m 厚的高压缩性淤泥和淤泥质亚黏土,下卧层沉降较大,计算结果与实测数据相接近。为减小过大的沉降,可以适当增加碎石桩的桩长。

表 6.4 碎石桩沉降量

区域	桩间距/m	碎石桩层沉降/mm（计算值）	砂层沉降/mm（计算值）	下卧层沉降/mm（计算值）	总沉降/mm 计算值	总沉降/mm 实测值
I	1.5	458	133	660	1 251	1 571
II	1.8	589	133	660	1 382	1 443

6.3 石灰桩

▶ 6.3.1 石灰桩的概念与适用范围

石灰桩是以生石灰为主要固化剂,与粉煤灰或火山灰、炉渣、矿渣、黏性土等掺合料按一定比例均匀混合后,在桩孔中经机械或人工分层振压或夯实所形成的密实桩体。为提高桩身强度,还可掺加石膏、水泥等外加剂。石灰桩与经改良的桩周土共同组成石灰桩复合地基。在生石灰块中掺入粉煤灰所形成的桩称为"二灰桩",掺入砂子的桩称为"石灰砂桩"。

石灰桩法具有增加土反应、节约用灰、加固深度大、机械化施工程度高等特点,成为国内外应用最广的石灰处理地基的方法。按用料和施工工艺将石灰桩法可分为以下三大类:

(1)石灰桩法(石灰块灌入法) 采用钢套管成孔,然后在孔中灌入新鲜生石灰块,或在生灰块中掺入适量水硬性掺合料粉煤灰和火山灰,一般配合比为8∶2或7∶3。在拔管的同时进行振密和捣密。利用生石灰吸水、膨胀、发热以及离子交换作用,使桩周土体含水量降低、孔隙比减小,使土体挤密和桩柱体硬化。桩和桩间土共同承受荷载,成为复合地基。

(2)石灰柱法(粉体搅拌法) 该法是粉体喷射搅拌法的一种,所用的原材料是石灰粉。通过特制的搅拌机将石灰粉加固料与原位软土搅拌均匀,促使软土硬结,形成石灰土柱。

(3)石灰浆压力喷注法 该法是高压喷射注浆法的一种。它是采用压力将石灰浆或石灰—粉煤灰(二灰)浆,喷射注于地基土的孔隙内或预先灌进桩孔内,使灰浆在地基土中扩散和硬凝,形成不透水的网状结构层,从而达到加固的目的。此法可适用于处理膨胀土,以减少膨胀潜势和隆起。也可用于处理加固破坏的堤岸坡,整治易松动下沉的路基。

石灰桩法适用于处理饱和黏性土、淤泥、淤泥质土、素填土和杂填土等地基。用于地下水位以上的土层时,宜增加掺合料的含水量并减少生石灰用量,或采取土层浸水等措施。采用石灰桩法,可提高地基的承载力,减少沉降量,提高稳定性。

国外,石灰桩主要用于路基加固、堆场地基处理、基坑边坡稳定工程;国内,石灰桩主要用于建筑物软弱地基加固,也少量用于危房加固、路基加固以及基坑边坡加固工程。

▶ 6.3.2 加固机理

石灰桩既有别于砂桩、碎石桩等散体材料桩,又与混凝土桩等刚性桩不同。其主要特点是在形成桩身强度的同时也加固了桩间土。其加固机理有桩间土作用、桩身作用和复合地基作用。

1)桩间土作用

(1)成孔挤密 石灰桩施工时是由振动钢管下沉而成孔,使桩间土产生挤压和排土作用,其挤密效果与土质、上覆压力及地下水状况等密切相关。一般地基土的渗透性越大,挤密效果越好,且地下水位以上比地下水位以下为好。对灵敏度高的饱和软黏土,成桩过程中非但不能挤密桩间土,而且还会破坏土的结构,促使土的强度降低。试验表明,对于饱和软黏土,石灰桩成桩后地面隆起占总灌灰体积的 70%～90%,如加上侧向挤出,则成桩过程中桩对软黏土挤密效果更小。

（2）膨胀挤密　石灰桩成孔后灌入生石灰便吸水膨胀，使桩间土产生强大的挤压力，这对地下水位以下软黏土的挤密起主导作用。生石灰体积膨胀的主要原因是固体崩解和孔隙体积增大，颗粒比表面积增大，表面附着物增多，使固相颗粒体积也增大。体积膨胀与生石灰磨细度、水灰比、熟化温度、有效钙含量和外约束等有关。生石灰越细，膨胀就越小，熟化温度高时膨胀也大。测试表明，根据生石灰有效钙含量高低，在自然状态下熟化后其体积可增到原来的1.5~3.5倍。

（3）脱水挤密　软黏土的含水量一般为40%~80%，1 kg生石灰的消解反应要吸收0.32 kg的水。同时，由于反应中放出热量提高了地基土的温度，实测桩土的温度在50 ℃以上，使土产生一定的汽化脱水，从而使土中的含水量下降，孔隙比减小，土颗粒靠拢挤密，使所加固区的地下水位也有一定下降。

（4）胶凝作用　生石灰生成的$Ca(OH)_2$中一部分与土中二氧化硅和氧化铝产生化学反应，生成水化硅酸钙、水化铝酸钙等水化产物。水化物对土颗粒产生胶结作用，使土聚集体增大，加固前土样单元体为1~4 μm，加固后为10 μm。即加固前颗粒排列松散，加固后趋于紧密。从粒度分析中也可看出加固土黏粒含量减少，这都说明颗粒胶结作用从本质上改变了土的结构，提高了土的强度，且土体的强度将随龄期的增长而增加。

2）桩身作用

对单一生石灰作原料的石灰桩，当生石灰水化后，石灰桩的体积可胀到原来所填的生石灰块屑体积的1倍，如充填密实和纯氧化钙的含量较高，则生石灰密度可达1.1~1.2 t/m^3。

生石灰吸水膨胀后仍存在着相当多的孔隙，当将胀发后相当硬的石灰团用手揉捏时，水分就会被挤出，石灰块会变成稠糊状。这种现象说明不宜过多地依靠石灰桩本身的强度，但很多试验证明石灰桩膨胀后的挤密作用使桩周土的孔隙比减小，土的含水量降低，形成一圈类似空心桩的较硬土壳，使土的强度提高。因此对这类桩其作用是使土挤密加固，而不是使桩起承重作用。

为保证石灰桩桩身不产生软化，必须要求石灰桩具有一定的初始密度，而且吸水过程中有一定的压力限制其自由胀发。当填充初始密度为1.17 t/m^3，上覆压力大于50 kPa时，石灰吸水并不软化。也可采用较大的充盈系数（如1.6~1.7），提高石灰含量或缩短桩距来进一步约束桩的胀发作用，提高桩身的密实度。用砂填充石灰桩的孔隙，也可使胀发后的石灰桩本身比胀发前密实。桩顶采用黏土封顶，可限制由于石灰膨胀而隆起，同样可起到提高桩身的密实度的作用。采用掺合料（粉煤灰、火山灰、钢渣右黏性土料）也可防止石灰桩软心，粉煤灰的掺入量一般占石灰柱重量的15%~30%。

当桩身由生石灰和粉煤组成时，由于石灰与含有二氧化硅、三氧化二铝和三氧化二铁的粉煤灰混合后，生石灰吸水膨胀，放热及离子交换作用，促成化学反应生成具有强度和水硬度性的水化硅酸钙$CaO \cdot SiO_2 \cdot (n+1)H_2O$、水化铝酸钙$CaO \cdot Al_2O_3 \cdot (n+1)H_2O$和水化铁酸钙$CaO \cdot Fe_2O_3 \cdot (n+1)H_2O$，并且它们埋在土中其强度还会随龄期增长。这种方法既利用了工业废料，又克服了石灰桩桩心的软化，还解决了石灰桩在地下水位以下的硬化问题。

试验表明，石灰桩桩体渗透系数一般在10^{-5}~10^{-8} cm/s，相当于细砂。建筑竣工时其沉降已基本稳定,沉降率在 0.04 mm/d 左右。

3)复合地基作用

由于石灰桩桩体具有较桩间土更大的强度(抗压强度约为 500 kPa),在与桩间土形成的复合地基中具有"骨架"作用。当承受荷载时,桩上将产生应力集中现象,根据国内实测数据,石灰桩复合地基的桩土应力比一般为 2.5~5.0。

▶ 6.3.3 设计计算

1)桩体掺合料配合比

石灰桩的主要固化剂为生石灰,掺合料宜优先选用粉煤灰、火山灰、炉渣等工业废料。生石灰与掺合料的配合比宜根据地质情况确定,生石灰与掺合料的体积比可选用 1:1 或 1:2,对于淤泥、淤泥质土等软土可适当增加生石灰用量,桩顶附近生石灰用量不宜过大。当掺石膏和水泥时,掺加量为生石灰用量的 3%~10%。

石灰桩属可压缩性桩,一般情况下桩顶可不设垫层。当地基需要排水通道时,可在桩顶以上铺设 200~500 mm 厚的砂石垫层。

由于石灰桩膨胀作用,桩顶覆盖压力不够时,易引起桩顶土隆起,增加再沉降。为此,应保持一定的覆盖压力,石灰桩宜留 500 mm 以上的孔口高度,并用含水量适当的黏性土封口,封口材料必须夯实,封口标高略高于原地面。桩顶施工标高应高出设计标高 100 mm 以上。

2)桩径、桩距及布桩

石灰桩成孔直径应根据设计要求及所选用的成孔方法确定,常用 300~400 mm,可按等边三角形或矩形布桩,桩中心距可取 2~3 倍成孔直径。石灰桩可仅布置在基础底面下,但当基底土的承载力特征值小于 70 kPa 时,宜在基础以外布置 1~2 排围护桩。

试验表明,石灰桩宜采用细而密的布桩方式,这样可以充分发挥生石灰膨胀挤密效应,但桩径过小则影响施工速度。目前人工成孔桩径以 400 mm 为宜,机械成孔桩径以 350 mm 左右为宜。

3)桩长

桩的长度取决于石灰桩的加固目的和上部结构条件。若石灰桩加固只是为了形成一个压缩性较小的垫层,则桩长可较小,一般可取 2~4 m;若是为了减少沉降,则就需要较长的桩;如果为了解决深层滑动问题,也需较长的桩以保证桩身穿过滑动面。

若采用洛阳铲成孔,桩长不宜超过 6 m;机械成孔管外投料时,桩长不宜超过 8 m;螺旋钻成孔及管内投料时可适当加长。

石灰桩桩端宜选在承载力较高的土层中。在深厚的软弱地基中采用"悬浮桩"时,应减少上部结构重心与基础形心的偏心,必要时宜加强上部结构及基础的刚度。

4)承载力计算

石灰桩在软土中桩身强度多在 0.3~1.0 MPa,强度较低。因此,石灰桩复合地基承载力特征值不宜超过 160 kPa,当土质较好并采取保证桩身强度措施,经过试验后可适当提高。

石灰桩复合地基承载力特征值应通过单桩或多桩复合地基载荷试验确定。试验研究证明，当石灰桩复合地基荷载达到其承载力特征值时，具有以下特征：

①桩长范围内各点桩和土的相对位移很小（2 mm以内），桩土变形协调。

②土的接触压力接近桩间土承载力特征值，即桩间土发挥度系数为1。

③桩顶接触压力达到桩体比例极限，桩顶出现塑性变形。

④桩土应力比趋于稳定，其值在2.5~5.0。

⑤桩土的接触压力可采用平均压力进行计算。

基于以上特征，初步设计时可按式（6.19）估算：

$$f_{spk} = mf_{pk} + (1 - m)f_{sk} \tag{6.19}$$

式中　f_{spk}——石灰桩复合地基承载力特征值，kPa。

　　　f_{pk}——石灰桩桩身抗压强度比例界限值，由单桩竖向载荷试验测定，初步设计时可取350~500 kPa，土质软弱时取低值，kPa；

　　　f_{sk}——桩间土承载力特征值，取天然地基承载力特征值的1.05~1.20倍，土质软弱或置换率大时取高值，kPa；

　　　m——复合地基置换率，$m = d^2/d_e^2$。d为桩身平均直径（m）；d_e为一根桩分担的处理地基面积的等效圆直径（m），等边三角形布桩 $d_e = 1.05s$，正方形布桩 $d_e = 1.13s$，矩形布桩 $d_e = 1.13\sqrt{s_1 s_2}$，s,s_1,s_2分别为桩间距、纵向桩间距和横向桩间距；对于石灰桩，桩身直径按1.1~1.2倍成孔直径计算，土质软弱时宜取高值。

试验检测表明，生石灰对桩周边厚0.3d左右的环状土体具有明显的加固效果，强度提高系数达1.4~1.6，圆环以外的土体则加固效果不明显。因此，可采用式（6.20）计算桩间土承载力：

$$f_{sk} = \left[\frac{(K - 1)d^2}{A_e(1 - m)} + 1\right]\mu f_{ak} \tag{6.20}$$

式中　f_{ak}——天然地基承载力特征值；

　　　K——桩边土强度提高系数取1.4~1.6，软土取高值；

　　　A_e——1根桩分担的处理地基面积；

　　　m——面积置换率；

　　　d——计算桩直径；

　　　μ——成桩中挤压系数，排土成孔时$\mu = 1$，挤土成孔时$\mu = 1~1.3$（可挤密土取高值，饱和软土取1）。

5）沉降计算

处理后的地基变形应按《建筑地基基础设计规范》（GB 50007—2011）有关规定进行计算。变形经验系数ψ_s可按地区沉降观测资料及经验确定。

石灰桩复合土层压缩模量宜通过桩身及桩间土压缩试验确定，初步设计时可按式（6.21）估算：

$$E_{sp} = \alpha[1 + m(n - 1)]E_s \tag{6.21}$$

式中　E_{sp}——复合土层的压缩模量，MPa；

　　　α——系数，可取1.1~1.3，成孔对桩周土挤密效应好或置换率大时取高值；

n——桩土应力比,可取 3~4,长桩取大值;

E_s——天然土的压缩模量,MPa。

▶ 6.3.4 施工技术

1)材料选用

石灰材料应选用新鲜生石灰块,有效氧化钙的质量分数不宜低于 70%,粒径不应大于 70 mm,含粉的质量分数(指消石灰)不宜超过 15%。掺合料应保持适当的含水量,使用粉煤灰或炉渣时其含水量宜控制在 30% 左右。无经验时宜进行成桩工艺试验,确定密实度的施工控制指标。

2)施工顺序

在加固范围内施工时,应先外排再内排,先周边后中间。单排桩应先施工两端后中间,并按每间隔 1 或 2 孔的施工顺序进行,不允许由一边向另一边平行推移。如对原建筑物地基加固,其施工顺序应由外向里进行。如临近建筑物或紧贴水源边施工,可先施工部分"隔断桩"将其施工区隔开。对很软的黏性土地基,应先隔较大距离打石灰桩,过 28 d 后再按设计间距补桩。

3)成孔方法

石灰桩施工可采用洛阳铲或机械成孔。机械成孔分为沉管、冲击、螺旋及爆破成孔等。

(1)沉管法　这是最常用的成孔方法。使用柴油或振动打桩机将带有特制桩尖的钢桩管打入土层中,达到设计深度后,缓慢拔出桩管即成桩孔。沉管法成孔的孔壁光滑规整,挤密效果和施工技术都比较容易控制和掌握,成孔最大深度由于受桩架高度的限制,一般不超过 8 m。

(2)冲击法　使用冲击钻机将 0.6~3.2 t 锥形钻头提升 0.5~2.0 m 高度后自由落下,反复冲击,使土层成孔。冲击法成孔的孔径大,孔深不受机架高度的限制,同一套设备既可成孔,又能填夯。

(3)螺旋钻进法　因该法不使用冲洗液,符合石灰桩施工要求。钻进时不断向孔壁挤压,可使孔壁保持稳定,可一次成孔,不需要升降工序。可进行深孔钻进,桩孔深度不受设备限制,且钻进效率高,每小时效率可达几十米。

(4)爆破法　其成孔工艺简便,不需要打桩机械,适用于缺少施工机械的建筑工程场地。可分药眼法和药管法两种施工法。

①药眼法。将直径 15~30 mm 钢钎打入土中,拔出钢钎后土中形成小眼(药眼),再往里面直接装炸药和 1 或 2 个电雷管,引爆后即成桩孔。此法适用于含水量不超过 22% 的土层。

②药管法。用洛阳铲或扁锥头钢铲在土中挖成直径 60~80 mm,深度与设计深度一致的孔洞,然后往孔内放入炸药管和 1 或 2 个电雷管,引爆后即成桩孔。此法适用于含水量较大土层。

4)成桩工艺

待成孔检验合格后应立即填料成桩。可采用管外投料法、管内投料法、挖孔投料法成桩。

(1)管外投料法　管外投料法可避免施工堵管现象,但是,管外投料法的质量难以保证。

此法仅在大面积淤泥等软土地基中采用。

管外投料法成桩工艺流程如图 6.13 所示,先将石灰料铺放在待加固的地面,地基土吸水膨胀固结后再用打桩机将钢管打下,成一段孔,拔出管填一段料后再成一段孔。桩孔达到设计深度后拔出钢管,钢管外已形成较硬的石灰桩壁,桩间已基本固结,管外桩身由上而下逐段形成,然后再在管内填料夯实,形成管内桩身,最后黏土封顶。

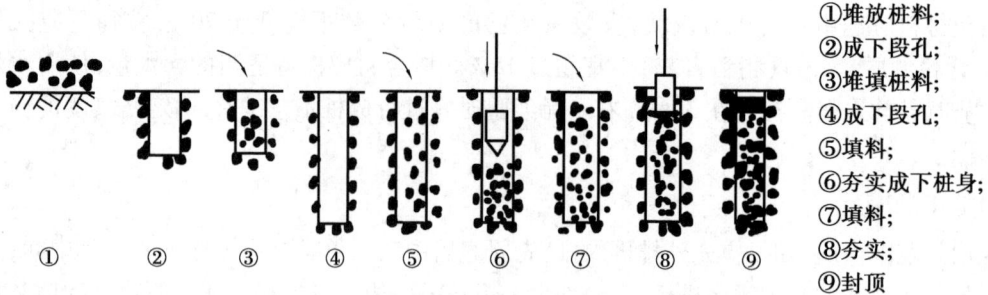

①堆放桩料;
②成下段孔;
③堆填桩料;
④成下段孔;
⑤填料;
⑥夯实成下桩身;
⑦填料;
⑧夯实;
⑨封顶

图 6.13　管外投料法成桩工艺流程

管外投料法施工要点如下:

①灌料量控制。影响灌料量的因素有很多,如桩间土强度、压实次数、设计桩径、桩管直径等。控制灌料量目的是保证桩径和桩长能达到设计要求,同时保证桩体密实度。试验资料表明,当掺合料为粉煤灰和煤渣时,桩料干密度达到 $10 \sim 11$ kN/m^3,可保证桩身密实度。

确定灌料量时,首先根据设计桩径计算每延米桩料体积,然后将计算乘以 1.4 的压实系数(施工充盈系数)作为每延米灌料量。由于掺合料含水量变化较大,施工中宜按质量控制。

桩管直径原则上应按设计直径确定,一般设计桩径为桩管直径的 $1.2 \sim 1.4$ 倍,当桩管直径较大时,要防止造成拔管困难。

②打桩顺序。应尽量采用封闭式打法,即从外圈向内圈施工。这样做的目的是能以桩身重量增加覆盖压力,减少地面隆起。为避免生石灰膨胀引起邻近孔的塌孔,宜间隔施打。

管外投料法施工注意事项如下:

①生石灰与掺合料应随拌随灌,以免生石灰遇水胀发影响质量。拌和过早容易造成冲孔"放炮"(即生石灰拌合料冲出孔口)。冲孔的原因是桩料内含有过量空气,空气遇热膨胀,产生爆发力。因此,防止冲孔的主要措施是保证桩料填充的密实度。要求孔内不能大量进水,掺合料(指粉煤灰、炉渣)的含水量不宜大于 5%,如可能应尽量使用干灰。

②作好施工前的准备工作,采取可靠的现场防、排水措施,保证施工顺利进行。

③石灰桩施打后,在地下水位以上和在含水量小于 20% 的土中,当掺合料的含水量也不大时,完成吸水膨胀需要较长时间,但后期膨胀量显著减小。经验证明,在石灰桩施打 $5 \sim 7$ d 后,即可进行基坑开挖。

④孔口封顶应用含水量适中的土,一般可用膨胀力小、密度大的灰土或黏土将桩顶捣实,也称桩顶土塞。封口高度不宜小于 0.5 m,孔口封土标高应高于地面,防止地面水早期浸泡桩顶。对于桩径为 $300 \sim 500$ mm 的石灰桩,在桩顶 1.0 m 范围内,用 C7.5 素混凝土封顶捣实,并且拔管后在封头部位用适当重量的碎石压住。封顶长度一般为 $1.0 \sim 1.5$ m。

封顶是石灰桩施工中不可缺少的工序。天津市规定,石灰桩加固土层顶面至少做两步灰土垫层封顶(每步夯实后为 150 mm),设计时地基的标高应以灰土上皮为准。

⑤大块生石灰必须破碎,粒径一般不宜大于 5 cm,宜过筛。生石灰露天堆放的时间视空气湿度和堆放条件而定,一般不宜超过 2~3 d。

⑥桩顶高程应高出基底标高 10 cm 左右。施工基础时再去掉桩头多余部分。

(2)管内投料法　管内投料法施工工艺与振动沉管施工法类似,管内投料施工适用于地下水位较高的软土地区,其施工的桩与管外投料法相比,不易形成桩回淤而导致的桩身缩颈、断裂等现象。管内投料法施工要点如下:

①石灰及其他掺合料应符合设计要求,随时抽样检验。新鲜生石灰露天堆放时间不应超过 2~3 d,要做好石灰堆放的防水、防火工作。

②石灰灌入量不应小于设计要求,拔出套管后,用盲板将套管底封住,将桩顶石灰压下 80 cm,然后用黏土将桩孔顶部填平夯实,以防止石灰向上胀发,并对场地采取防、排水措施,防止地表水流入桩孔内,从而导致上部桩体过早胀发。

管内投料法施工中的其他要点及注意事项类似于管外投料法。

(3)挖孔投料法　利用洛阳铲,人工成孔,投料夯实。因洛阳铲切土、取土过程中对周围土体扰动很小,在软土甚至淤泥土中均可保持孔壁稳定。挖孔填料法的桩长不宜超过 6 m。此法在有地下水的砂类土及塑性指数小于 10 的粉土中则难以成孔。该法振动和噪声低,能在极狭窄的场地和室内作业,造价低,工期短,质量可靠,适用范围较大。

待挖孔验收合格后,用小型污水泵(功率 1.1 kW,扬程 8~10 m)将孔内水排干。在铁板上按配合比拌和桩材,每次拌合量为 0.3~0.4 m 桩长用料量,拌均匀后灌入孔内,夯击密实。

挖孔投料法工艺流程:定位→十字镐、钢钎或铁锹开口→工人洛阳铲成孔→孔径、孔深检查→孔内抽水→孔口拌和桩料→下料→夯实→再下料→再夯实→封口填土→夯实。

国外石灰桩成桩方法以日本比较先进,如旋转下沉套管法,即采用管内投料、压缩空气送料冲压密实的施工方法。该施工方法的主要技术特点是:套管正转旋入时,底部桩尖活门封闭,至设计深度将石灰料投入管内后送入压缩空气;反转套管上提时,桩底活门自动开启,利用压缩空气将石灰料从套管送入桩孔内,因气流冲压作用使桩体具有较高的密实度。

▶ 6.3.5　提高石灰桩复合地基承载力途径

1)提高桩身强度的方法

(1)增加桩身的约束力,限制膨胀

①采用灰土、素土、低标号混凝土以及其他不透水材料压实封顶,利用施工机械前进式的打桩顺序等均可增加限制膨胀力的上覆压力。

②保证填筑石灰的干密度 γ_d 为 11.6 kN/m³,膨胀时压力能达到 50 kPa,则石灰桩吸水膨胀后的干密度能保持在 8.8~8.9 kN/m³,能保证桩身不出现"软心",并具有一定桩身强度。

(2)桩身掺加活性材料　主要是高硅质材料,如火山灰、粉煤灰等,实际工程中多用粉煤灰。如果同时再掺加一些石膏、水泥或铁粉,效果可能更佳。粉煤灰掺量对桩身强度和复合地基承载力的影响见表 6.5,粉煤灰对石灰膨胀力和膨胀量的影响见表 6.6。

表 6.5　粉煤灰掺量对石灰桩桩身强度的影响

掺合料	桩身抗压强度/kPa				备　注
（生石灰：粉煤灰）	16 d	28 d	90 d	120 d	
75：25	408	793	1 323		
85：15	357	548	828		
95：5	76	408	675		
60：40			663		20 cm×20 cm×20 cm 试块强度
80：20			608		
60：40				1 770	
66.7：33.3				1 380	

注："生石灰：粉煤灰"系按体积比。

表 6.6　不同粉煤灰、火山灰掺量的石灰膨胀量减少百分数　　　单位:%

压力/kPa	石灰：粉煤灰	石灰：火山灰		
	80：20	70：20	80：20	70：30
50	18.4	30.6	28.6	46.3
100	13.3	25.3	25.3	49.3
150	11.4	23.5	26.9	58.6

粉煤灰掺量越大,桩身强度越高,而桩身膨胀应力和膨胀量越小。有些学者提出,粉煤灰的掺量以 30% 为好,工程上常用的是 20%～40%,在工地上应按质量来控制掺量。

2)改善桩间土加固效果的措施

第一,采用优质生石灰是改善桩间土加固效果的首要措施。第二,增加石灰的置换率。常用的置换率在 1/11～1/5。随着置换率的增加,桩间土的加固效果明显增加,但处理费用也相应增加。第三,在置换率相同的情况下,采取"细而密"布桩方案,可缩短桩间土的固结排水路径,有利于桩间土的改善。第四,在高含水量的软土中设置排水砂井等。

▶ 6.3.6　质量检测

石灰桩施工检测宜在施工 7～10 d 后进行。施工检测可采用静力触探、动力触探或标准贯入试验。检测部位为桩中心及桩间土,每两点为一组。检测组数不少于总桩数的 1%。

竣工验收检测宜在施工后 28 d 后进行。石灰桩地基竣工验收时,承载力检验应采用复合地基载荷试验。载荷试验数量宜为每 200 m² 处理面积布置一个点,且每一单体工程不应少于 3 点。

▶ 6.3.7　工程应用实例

【例6.2】　华东某县供电局食堂石灰桩地基处理工程。

1) 工程概况及地质条件

华东某县供电局食堂，建筑面积 1 201 m²，由两层现浇钢筋混凝土框架结构和单层砖混结构组成。框架部分底层柱网有 5.4 m×4 m 和 5.4 m×7 m 两种，柱下钢筋混凝土格筏基础。单层房采用墙下混凝土条基。建筑总长 42 m，宽 15~28.7 m。设 3 道沉降缝，划分成 4 个独立单元。该工程所处位置属长江三角洲冲积平原，区内河网发育，湖塘广布。

拟建工程全部坐落在杂土、建筑垃圾堆填的古芦塘河道上。塘河内沉积着深达 30 m 沼相淤泥质软土并有薄层泥炭，30 m 以下才见粉砂层，场内地下水与现有河塘水相通，水位与河塘水面一致，随季节变化，稳定水位埋深在 1.8 m 左右，水量丰富，无侵蚀性。

2) 地基加固方案的选择

拟建工程场地上部为松散杂填土，下部为厚度很大的淤泥层。决定采用石灰粉煤灰桩对持力软弱土层进行挤密加固，提高地基承载力，并通过应力扩散作用，降低下卧软土层的附加应力，从而消除沉降对上部结构的危害。为加强基础刚度，采用钢筋混凝土格筏基础。

3) 加固地基的设计方案

设计桩径为 400 mm，桩距(中心距离)为 2 倍桩径，按等边三角形布置。平面处理宽度为：框架部分较基础宽度每边各放出 2~3 个桩位，单层部分较条基宽度每边各放出 1 个桩位。处理深度为：框架部分在基础底面以下 6 m，单层部分在基础底面以下 4 m。复合地基上铺 300 mm 厚碎石层，将基础做在碎石层上，有利于桩土应力调整。

桩体混合料采用生石灰:粉煤灰＝2:8(体积比)。生石灰中 CaO 和 MgO 的质量分数占 60% 以上，密度为 0.8~1.0 t/m³，石灰的块粉比为 3:7，最大粒径控制在 50 mm 以内。

全部工程共布置石灰粉煤灰挤密桩 1 535 根，其中 6 m 长桩 1 135 根，4 m 长桩 400 根。要求加固后复合地基的承载力特征值由 65 kPa 提高到 120 kPa。

4) 试桩效果

试验桩采用设计的桩径、桩距，按等边三角形顶点布置，桩长 6 m。试验设备采用混凝土灌注桩使用的 DZ30Y 振动打桩机。经分析比较决定采用管外投料法试打，4 次下料，4 次反插(反插静力 224 kPa)，共完成长 6 m 桩 6 根。其中生石灰、粉煤灰采用体积比为 4:6 的 3 根，2:8 的 3 根。试桩自然养护 14 d 后，挖除桩间土进行观察。其结果为：

①桩体直立，外形似串糖葫芦，桩径大小不一，最大处平均为 520 mm，最小处平均为 450 mm 左右，较设计桩径分别增大 30% 和 12.5%。

②桩间土含水量下降，干密度增大，挤密效果好，桩土黏为一体，结合紧密，很难剥离。

③桩体顶部 150 mm 范围内，因生石灰膨胀，桩体松动，强度极小，自 200 mm 以下强度逐渐增加，500 mm 以下强度明显增大。

④用环刀法测出桩顶 800 mm 以下不同深度处桩、土的含水量及密度。桩间挤密土的干重度均大于 16 kN/m³，说明挤密效果很好。

5) 施工工艺

采用上述管外投料法进行施工。桩管直径 377 mm，反插压力改为 312.1 kPa，较试打时自重压力增加 39.3%。桩体采用双灰比 2:8(体积比)，人工搅拌。施工拔管过程中如果遇到严重缩孔，下料、反插出现困难时，则采用先下生石灰块，使淤泥质土产生 300 ℃ 左右的高温，土体结构受胀松动，黏阻力减小后再按正常方法下料灌打。

在施工过程中发现，被加固场地地面普遍隆起 500 mm 左右，并出现辐射裂缝，延伸长度

$3\sim5$ m,最大缝宽约 30 mm。施工结束后,经对外露在基槽内的 101 根桩身检查,测得最大桩径为 800 mm,最小为 400 mm,平均桩径为 537 mm。加固后的地基土质密实。

6)复合地基承载力

(1)由载荷试验估算地基承载力特征值 f_{ak} 复合地基变形及强度特性通过静载荷试验测定,试验是在石灰粉煤灰桩龄期 40 d 天以后进行的。试坑深度为 1.35 m(即设计基础底面的高程),承压板厚度为 400 mm,底面积 0.7 m×0.8 m,用 C18 级素混凝土浇筑。

1 号试坑(A 点)最大加载值为 160 kN,2 号坑(B 点)最大加载值为 169 kN。最大加载值均为预估荷载的 1.2 倍。确定 $f_{ak}=240$ kPa(相应沉降量为 2.30 mm)。

(2)复合地基变形模量 E_0 及压缩模量 E_s 的计算 加固后的复合地基在试验荷载下呈直线变形体,E_0 值可通过均质弹性无侧限体理论按下式进行计算:

$$E_0 = \frac{\omega(1-\mu^2)pB}{s}$$

本工程,取方形承压板的沉降影响系数 $\omega=0.88$,承压板的宽度 $B=70$ cm,坚硬土的泊松比 $\mu=0.25$,$p=285$ kPa,$s=0.348$ cm,并且 $\beta=1-2\mu^2/(1-\mu)$。

代入上式得:$E_0=47.41$ MPa;$E_s=E_0/\beta=47.41$ MPa/0.83=57.12 MPa。

(3)软弱下卧层强度的验算 验算是根据场地加固前后的土性情况进行。

因为,$E_{s1}/E_{s2}=57.12/3.8=15(>3)$。式中,$E_{s1}$,$E_{s2}$ 分别为复合地基及软土地基的压缩模量,$E_{s2}=3.8$ MPa(勘察资料提供)。

所以,下卧层顶面附加压力 σ_z 可用下式计算:

$$\sigma_z = \frac{b(p-p_c)}{b+2z\tan\theta}$$

式中,取基础底部宽度 $b=2.2$ m,地基承载力特征值 $p=f_{ak1}=240$ kPa,基础埋深+填土覆盖层 $d=2$ m,加固土层厚度 $z=6$ m,基底以上土的自重应力 $p_c=Dr_0=2\times18$ kPa=36 kPa,应力扩散角 $\theta=30°$。

将已知数据代入上式求得软土层顶的附加应力 $\sigma_z=49.17$ kPa,自重应力 $\sigma_{cz}=75$ kPa。软弱土层的承载力特征值 $f_{ak2}=65$ kPa,根据勘察资料算得软土层顶面(地面下 8 m 处)经深度修正后的承载力特征值 $f_{az}=151.6$ kPa。

所以 $\sigma_z+\sigma_{cz}=124.17$ kPa$<f_{az}=151.6$ kPa,说明地基下卧软土层强度无问题。

7)处理效果评价

本工程采用石灰粉煤灰挤密桩,通过振动灌注桩打桩机管外投料及反插法加固软弱地基取得了良好的效果。实践证明,桩管直径 d 取 377 mm 时,桩间距宜采用 3 d 比较合适。复合地基的承载力特征值由天然地基的 65 kPa 增加到 240 kPa,提高了 3 倍多。

6.4 灰土挤密桩和土挤密桩

▶ 6.4.1 灰土挤密桩和土挤密桩的概念与适用范围

灰土挤密桩(简称灰土桩)和土挤密桩(简称土桩)是通过成孔过程中横向挤压作用,桩孔内的土被挤向周围,使桩间土得以挤密,然后将备好的灰土或素土(黏性土)分层填入桩孔内,并分层捣实至设计标高。用灰土分层夯实的桩体,称为灰土挤密桩;用素土分层夯实的桩体,称为土挤密桩。二者分别与挤密的桩间土组成复合地基,共同承受基础上部荷载。

土桩和灰土桩法具有原位处理、深层挤密、就地取材、施工工艺多样、施工速度快和造价低廉的特点,多用于处理厚度较大的湿陷性黄土或填土地基,具有显著的技术经济效益。

土挤密桩法由苏联阿别列夫教授于1934年首创,至今仍是俄罗斯和东欧国家深层处理湿陷性黄土地基的一种主要方法。我国自20世纪50年代中期开始,在西北黄土地区多次进行土桩挤密地基的试验研究和应用。20世纪60年代中期,西安地区为解决杂填土地基的深层处理问题,在土桩挤密法的基础上试验成功了灰土桩挤密法,并自20世纪70年代初起逐步推广应用。甘肃、陕西、山西、河南等黄土地区都先后开展了土桩或灰土桩挤密法的试验研究和推广应用,获得了丰富的科研资料和实践经验。

灰土挤密桩法和土挤密桩法适用于处理地下水位以上的粉土、黏性土、素填土、杂填土和湿陷性黄土等地基,可处理地基的厚度宜为3~15 m。当以消除地基土的湿陷性为主要目的时,可选用土挤密桩;当以提高地基土的承载力或增强其水稳性为主要目的时,宜选用灰土挤密桩;当地基土的含水量大于24%、饱和度大于65%时,应通过试验确定其适用性。对重要工程或在缺乏经验地区,施工前应按设计要求,在有代表性的地段进行现场试验。

▶ 6.4.2 加固机理

1)挤密作用

灰土挤密桩和土挤密桩的挤密作用与砂桩类似。当桩的含水量接近最优含水量时,土呈塑性状态,挤密效果最佳;当含水量偏低,土呈坚硬状态时,有效挤密区变小;当含水量过高时,由于挤密引起超孔隙水压力,土体难以挤密,且孔壁附近土的强度因受扰动而降低,拔管时容易出现缩颈等情况。土的天然干密度越大,有效挤密范围越大,反之亦然。

2)灰土性质作用

灰土桩是用石灰和土按一定体积比例(2∶8或3∶7)拌和,并在桩孔内夯实加密后形成的桩,这种材料在化学性能上具有气硬性和水硬性,由于石灰内带正电荷钙离子与带负电荷黏土颗粒相互吸附,形成胶体凝聚,并随灰土龄期增长,土体固化作用提高,使灰土逐渐增加强度。它可达到挤密地基效果,能提高地基承载力,消除湿陷性,使沉降均匀和沉降量减小。

3)桩体作用

在灰土桩挤密地基中,由于灰土桩的变形模量远大于桩间土的变形量(灰土的变形模量为$E_0 = 40 \sim 200$ MPa,相当于夯实素土的2~10倍),故灰土桩在复合地基中承担了很大比例的荷载。载荷试验表明:只占压板面积约20%的灰土桩承担了总荷载的一半左右,而占压板面积80%的桩间土仅承担了其余一半。由于总荷载的一半由灰土桩承担,从而降低了基础底面下一定深度内土中的应力,消除了持力层内产生大量压缩变形和湿陷变形的不利因素。此外,由于灰土桩对桩间土能起侧向约束作用,限制土的侧向移动,桩间土只进行竖向压密,使压力与沉降始终呈线形关系。

在土桩挤密地基上,测试刚性板接触压力的结果表明,在同一部位的土桩体上的应力相差不大,两者的应力分担比 $\sigma_p/\sigma_s \approx 1$。同时,基底接触压力分布情况与土垫层情况相似。

6.4.3 设计计算

1)处理范围

(1)处理地基的面积　灰土挤密桩和土挤密桩处理地基的面积,应大于基础或建筑物底层平面的面积,并应符合下列规定:

①当采用局部处理时,应超出基础底面的宽度。对非自重湿陷性黄土、素填土和杂填土等地基,每边不应小于基底宽度的25%,并不应小于0.50 m;对自重湿陷性黄土地基,每边不应小于基底宽度的75%,并不应小于1.0 m。

②当采用整片处理时,应超出建筑物外墙基础底面外缘的宽度,每边不宜小于处理土层厚度的1/2,并不应小于2 m。

(2)处理地基的深度　灰土挤密桩和土挤密桩处理地基的深度应根据土质情况、建筑物对地基的要求、成孔设备等因素综合考虑确定。对湿陷性黄土地基,应按《湿陷性黄土地区建筑标准》(GB 50025—2018)规定的原则确定土桩或灰土桩挤密地基的深度。

消除地基全部湿陷量的处理厚度,应符合下列要求:在自重湿陷性黄土场地,应处理基础以下的全部湿陷性土层;非自重湿陷性黄土场地,应将基础下湿陷起始压力小于附加压力与上覆土的饱和自重压力之和的所有土层,进行处理或处理至基础下的压缩层下限为止。

消除地基部分湿陷量,适用于乙类建筑,其最小处理厚度应符合下列要求:在自重湿陷性黄土场地,不应小于湿陷性土层厚度的2/3,并应控制剩余湿陷量不大于20 cm;在非自重湿陷性黄土场地,不应小于压缩层厚度的2/3。

对于自重湿陷性不敏感、自重湿陷性土层埋藏较深或自重湿陷量较小的黄土场地(如陕西关中地区),地基的处理深度可根据当地工程经验,按非自重湿陷性黄土场地考虑。

当以提高地基承载力为主要目的时,对基础下持力层范围内的低承载力和高压缩性土层应进行处理,并应通过下卧层承载力验算来确定地基的处理深度。桩长从基础算起,一般不宜小于5 m。当处理深度过小时,采用土桩挤密是不经济的,桩孔深度目前施工可达12~15 m。

桩基施工后,宜挖去表面松动层,并在桩顶面上设置厚度0.3 m以上的素土或灰土垫层。

2)桩孔布置原则

布桩方式主要取决于基础形式和基础尺寸,不同布桩方式对桩的置换作用无影响,但对桩间土的挤密作用有影响。布桩重复挤密面积对比分析如图6.14所示,如正三角形布桩重复挤密面积为21%,而正方形布桩为57%。可见,在整片基础下设计挤密桩时,宜优先采用正三角形布桩。布桩方式选择见表6.7。

表6.7　不同基础的布桩方式选择

基础形式	常用布桩形式	注意事项
整片基础	等距正三角形或正方形均匀布桩	挤密桩,正三角形布桩优于正方形布桩
单独基础	正三角形布桩、正方形布桩、梅花点布桩	桩位布置应对称于中心纵横轴线
条形基础	单排布桩,三角形双排布桩,正方形双排桩,正三角形或正方形三排布桩	桩位应重合基础轴线或与基础轴线对称,且转角处及构造柱部位均宜布桩

对单独基础和条形基础,常采用等边三角形布桩,土桩不少于 2 排,灰土桩不少于 3 排。对圆形基础采用整片地基,处理时宜按正三角形、等腰三角形或梅花形布桩。

3)桩径、桩间距、排距及桩孔数量的确定

(1)桩孔直径 桩孔直径宜为 300~600 mm,沉管法的桩管直径多为 400 mm。设计桩径时,应根据当地常用设备规格、型号或成孔方法选用。

(2)桩孔间距 桩孔宜按等边三角形布置,桩孔之间的中心距离可为桩孔直径的 2~3 倍,也可按式(6.22)估算:

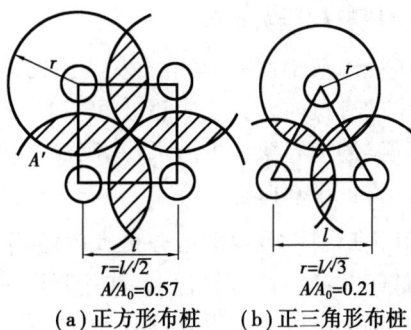

图 6.14 布桩重复挤密面积对比分析

$$s = 0.95d\sqrt{\frac{\overline{\eta}_c \rho_{dmax}}{\overline{\eta}_c \rho_{dmax} - \overline{\rho}_d}} \tag{6.22}$$

式中 s——桩孔之间的中心距离,m;

d——桩孔直径,m;

ρ_{dmax}——桩间土的最大干密度,t/m³;

$\overline{\rho}_d$——地基处理前土的平均干密度,t/m³;

$\overline{\eta}_c$——桩间土经成孔挤密后的平均挤密系数,$\overline{\eta}_c = \overline{\rho}_{d1}/\rho_{dmax}$,不宜小于0.93;

$\overline{\rho}_{d1}$——在成孔挤密深度内,桩间土平均干密度,t/m³,平均试样数不应少于 6 组。

处理填土地基时,鉴于其干密度值变动较大,一般按式(6.22)不容易计算桩孔间距。为此,可按式(6.23)计算桩孔间距:

$$s = 0.95d\sqrt{\frac{f_{pk} - f_{sk}}{f_{spk} - f_{sk}}} \tag{6.23}$$

式中 f_{pk}——灰土桩体的承载力特征值(宜取 $f_{pk} = 500$ kPa);

f_{sk}——挤密前填土地基的承载力特征值(应通过现场测试确定);

f_{spk}——处理后要求的复合地基承载力特征值。

对重要工程或缺乏经验的地区,应通过现场成孔挤密试验,按照不同桩距时的实测挤密效果确定桩间距。

(3)桩孔排距 桩孔间距确定之后,可计算桩孔排距 l。等边三角形布桩,$l = 0.87s$;正方形布桩,$l = s$。

(4)桩孔数量 桩孔的数量可按式(6.24)估算:

$$n = \frac{A}{A_e} \tag{6.24}$$

式中 n——桩孔的数量;

A——拟处理地基的面积,m²;

A_e——单根土或灰土挤密桩所承担的处理地基面积,m²,$A_e = \pi d_e^2/4$;

d_e——单根桩分担的处理地基面积的等效圆直径,m。

4)填料和压实系数

桩孔内灰土填料,其消石灰与土的体积配合比宜为 2:8 或 3:7。土料宜选用粉质黏土,土料中的有机质含量不应超过 5%,且不得含有冻土,渣土垃圾粒径不应超过 15 mm。石灰可选用新鲜的消石灰或生石灰粉,粒径不应大于 5 mm。消石灰的质量应合格,有效 CaO+MgO 含量不得低于 60%。

孔内填料应分层回填夯实,填料的平均压实系数 $\bar{\lambda}_c$ 不应低于 0.97,其中压实系数最小值不应低于 0.93。混合料含水量应满足最优含水量要求,允许偏差应为 ±2%。

桩顶标高以上应设置 300~600 mm 厚的褥垫层。垫层材料可根据工程要求采用 2:8 或 3:7 灰土、水泥土等。其压实系数均不应低于 0.95。

5)地基承载力

土桩和灰土挤密桩复合地基承载力特征值应通过现场复合地基载荷试验确定,初步设计时可按式(5.12)进行估算。桩土应力比应按试验或地区经验确定。

如挤密桩的目的是消除地基的湿陷性,还应进行浸水试验。在自重湿陷性黄土地基上,浸水试坑直径或边长不应小于湿陷性黄土层的厚度,且不小于 10 m。试验时如 p-s 曲线上无明显直线段,则土桩挤密地基按 $s/b = 0.01$~0.015,灰土挤密桩复合地基按 $s/b = 0.008$(b 为载荷板宽度),所对应的荷载作为处理地基的承载力特征值。

对一般工程可参照当地经验确定挤密地基土的承载力设计值。当缺乏经验时,灰土挤密桩复合地基的承载力特征值不宜大于处理前的 2.0 倍,并不宜大于 250 kPa;土挤密桩复合地基的承载力特征值不宜大于处理前的 1.4 倍,并不宜大于 180 kPa。该规定的前提是必须对桩间土进行挤密。挤密的效果以桩间土平均压实系数不小于 0.93 来控制,以此计算桩距。

6)变形计算

灰土挤密桩或土挤密桩复合地基的变形,包括桩和桩间土及其下卧未处理土层的变形。前者通过挤密后,桩间土的物理力学性质明显改善,即土的干密度增大、压缩性降低、承载力提高、湿陷性消除,故桩和桩间土(复合土层)的变形可不计算,但应计算下卧未处理土层的变形。可采用复合模量法计算复合地基的变形,具体见 5.4.1 节。

▶ 6.4.4 施工技术

1)成孔方法

成孔应按设计要求、成孔设备、现场土质和周围环境等情况,选用振动沉管、锤击沉管、冲击或钻孔等方法。

桩顶设计标高以上的预留覆盖土层厚度,宜符合下列规定:沉管成孔不宜小于 0.50 m;冲击成孔或钻孔夯扩法成孔不宜小于 1.20 m。

成孔时,地基土宜接近最优(或塑限)含水量,当土的含水量低于 12% 时,宜对拟处理范围内的土层进行增湿,增湿土的加水量可按式(6.25)估算。

$$Q = v\bar{\rho}_d(w_{op} - \bar{w})k \tag{6.25}$$

式中　Q——计算加水量,m³;

　　　v——拟加固土的总体积,m³;

$\bar{\rho}_d$——地基处理前土的平均干密度,t/m³;

w_{op}——土的最优含水量,%,通过室内击实试验求得;

$\bar{w}$——地基处理前土的平均含水量,%;

k——损耗系数,可取 1.05~1.10。

应于地基处理前 4~6 d,将需增湿的水通过一定数量和一定深度的渗水孔,均匀地浸入拟处理范围内的土层中。

2)桩孔填夯

(1)填料选配 桩孔填料的选用及配备与同类垫层的标准相同,应符合下列要求:

①素土:土料宜选用纯净的黄土、一般黏性土或 I_p>4 的粉土,有机质的质量分数不得超过 5%,也不得含有杂土、砖瓦块、石块、膨胀土、盐渍土和冻土块等。土块的粒径不宜大于 15 mm。

②石灰:应选用新鲜的消石灰,颗粒直径不得大于 5 mm。石灰的质量不应低于 Ⅲ 级标准,活性 CaO 和 MgO 的质量分数(按干重计)不少于 60%。

③灰土:灰土的配合比应符合设计要求,常用的配合比为体积比 2:8 或 3:7。配制灰土时应充分拌和至颜色均匀一致,多数情况下还应边拌和边加水至含水量接近其最优值,灰土粒径不应大于 15 mm。

素土或灰土填料前均应通过击实试验求得其最大干密度和最优含水量。填夯时素土或灰土的含水量宜接近其最优值,允许偏差为±2%,夯实后应达到设计要求的压实系数。

灰土的最优含水量一般为 21%~26%,而素土的最优含水量多数在 20% 以下,两者相差悬殊。在拌和灰土的过程中,需要加入适量的水才能使灰土接近其最优含水量。

(2)填料夯实 常用的夯实机有以下两种类型:

①偏心轮夹杆式夯实机。通常安装在翻斗车或小型拖拉机上行走定位,夯锤重 100~150 kg,落距 0.6~1.0 m,1 min 夯击 40~50 次。其优点是构造简单,便于操作。缺点是仅依靠偏心轮摩擦力提升夯锤,因而锤重受到限制并普遍偏小。

②卷扬机提升式夯实机。如图 6.15 所示,锤重可达 450 kg,落距为 1~3 m。夯击能量大,一次可填入较多的土料,夯实效果较好,但需人工操作。

该法使用的卷扬机提升力不宜小于锤重的 1.5 倍。回填桩孔用的夯锤,宜采用倒置抛物线形锥体或尖锥形,锤重不宜小于 100 kg。夯锤最大直径应比桩孔直径小 100~160 mm,以便夯锤自由落下时将填料夯实。填料时每一锨料夯击 1 次或 2 次,夯击 25~30 次/min,长为 6 m 的桩孔在 15~20 min 内夯击完成。

(3)填夯质量检查 桩孔填夯的质量是保证地基处理技术效果的重要因素,应采取随机的方法抽样检查,抽查的数量不得少于桩孔总数的 2%。常用的桩孔填夯质量检测方法有:轻便触探检测法、小环刀深层取样检测法、开剖取样检测法和夯击能控制检测法等。

3)施工技术要求

①成孔和孔内回填夯实的施工顺序,当整片处理时,宜从里(或中间)向外间隔 1~2 孔依此进行,对大型工程,可采取分段施工;当局部处理时,宜从外向里间隔 1~2 孔进行。

②向孔内填料前,孔底应夯实,并应抽样检查桩孔的直径、深度和垂直度。

③桩孔的垂直度偏差应为±1%。

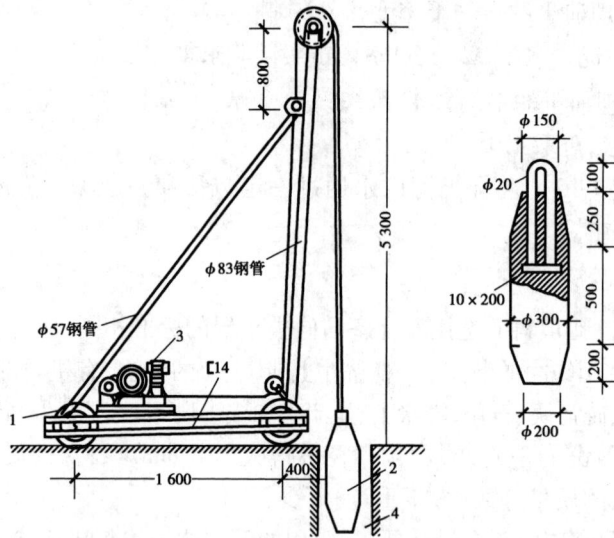

图 6.15　卷扬机提升式桩孔填料夯实机
1—机架;2—铸钢夯锤,重 450 kg;3—1.0 t 卷扬机;4—桩孔

④桩孔中心点的偏差应为桩距的±5%。

⑤经检验合格后,应按设计要求,向孔内分层填入筛好的素土、灰土或其他填料,并应分层夯实至设计标高。

⑥铺设灰土垫层前,应按设计要求将桩顶标高以上预留松动土层挖除或夯(压)密实。

⑦施工过程中,应有专人监理成孔及回填夯实质量,并应做好施工记录。如发现地基土质与勘察资料不符,应立即停止施工,待查明情况或采取有效措施处理后,方可继续施工。

⑧雨季或冬季施工,应采取防雨或防冻措施,防止灰土和土料受雨水淋湿或冻结。

▶ 6.4.5　质量检测

施工前,应对石灰及土的质量、桩位等进行检查;施工中,应对桩孔直径、桩孔深度、夯击次数、填料的含水量及压实系数等进行检查;施工结束后,应检验成桩的质量及复合地基承载力。

灰土挤密桩、土挤密桩复合地基质量检验应符合下列规定:

①桩孔质量检验应在成孔后及时进行,所有桩孔均需检验并作出记录,检验合格或经处理后方可进行夯填施工。

②应随机抽样检测夯后桩长范围内灰土或土填料的平均压实系数 $\bar{\lambda}_c$(见 2.2.2 节),抽检的数量不应少于桩总数的 1%,且不得少于 9 根。对灰土桩桩身强度有怀疑时,尚应检验消石灰与土的体积配合比。

③应抽样检验处理深度内桩间土的平均挤密系数 $\bar{\eta}_c$,检测桩数不应少于总桩数的 0.3%,且每项单体工程不得少于 3 个。

④对消除湿陷性的工程,除应检测上述内容外,尚应进行现场浸水静载荷试验,试验方法应符合现行国家标准《湿陷性黄土地区建筑标准》(GB 50025—2018)的规定。

⑤承载力检验应在成桩后 14~28 d 后进行,检测数量不应少于总桩数的 1%,且每项单体工程复合地基静载荷试验不应少于 3 点。

竣工验收时,灰土挤密桩、土挤密桩复合地基的承载力检验应采用复合地基静载荷试验。

▶ 6.4.6 工程应用实例

【例 6.3】 陕西省农牧产品贸易中心大楼灰土挤密桩地基处理工程。

1) 工程概况

陕西省农牧产品贸易中心大楼(现名金龙大酒店)是一幢包括客房、办公、商贸和服务的综合性建筑,主楼地面以上 17 层,局部 19 层,高 59.7 m,地下 1 层,平面尺寸 32.45 m×22.9 m,剪力墙结构,地下室顶板以上总重 185 MN,基底压力 303 kPa。主楼三面有 2~3 层的裙房,结构为大空间框架结构,柱距 4.80 m 和 3.75 m,裙房与主楼用沉降缝分开。主楼基础采用箱形基础,地基采用灰土桩挤密法处理,成功地解决了地基湿陷和承载力不足的问题,建筑物沉降量显著减少且基本均匀,获得了良好的技术经济效益。

2) 工程地质条件

建筑场地位于西安市北关外龙首塬上,地下水位深约 16 m。地层构造自上而下分别为黄土状粉质黏土或粉土与古土壤层相间,黄土(4)以下为粉质黏土、粉砂和中砂。勘察孔深至57 m。基底以下主要土层及其工程性质列于表 6.8 中。

表 6.8　主要土层的工程性质

土层名称	层地深度/m	含水量 w/%	承载力标准值 f_{ak}/kPa	压缩模量 E_s/MPa
黄土(1-1)	≤5.0	18.6	110	5.9
黄土(1-2)	6.8~9.5	18.6	150	5.9
黄土(1-3)	10.5~12.0	21.3	130	14.2
古土壤(1)	15.8~16.6	21.3	150	14.1
黄土(2-1)	18.6~21.7	(水位以下)	120	5.9
黄土(2-2)	23.0~24.6	(水位以下)	140	6.6
黄土(2-3)	26.5~28.3	(水位以下)	180	8.6
古土壤(2)	27.7~28.3	(水位以下)	250	12.6

注:古土壤(2)以下为黄土(3)、古土壤(3)、黄土(4)及粉质黏土(1)等,其承载力 f_{ak}≥280 kPa,压缩模量 E_s≥11.4 MPa。

场地内湿陷性黄土层深 10.6~12.0 m,7 m 以上土的湿陷性较强,湿陷系数 δ_s = 0.040~0.124;7 m 以下土的湿陷系数 δ_s = 0.020,湿陷性已比较弱。分析判定,该场地属于 Ⅱ~Ⅲ 自重湿陷性黄土场地。

3) 地基与基础的方案设计

从工程地质条件看,该建筑场地具有较强的自重湿陷性,且在 27 m(黄土 2-3)以上地基土的承载力偏低,压缩性较高。同时,在 27 m 以下也没有理想的坚硬桩尖持力层。设计采用

了单层箱基和灰土桩挤密处理地基的方案,具体做法是:

①将地下室层高从 4.0 m 增大为 5.0 m,按箱基设计。

②箱基下地基采用灰土桩挤密法处理。这样既可消除地基土的全部湿陷性,又可提高地基的承载力,处理深度可满足需要。

③灰土桩顶面设 1.1 m 厚 3:7 灰土垫层,整片的灰土垫层可使灰土桩地基受力更加均匀,且使箱基面积适当扩大。

④对裙楼独立柱基也同样采用灰土桩挤密法处理,以减少地基的沉降。在施工程序上,采取先高层主楼后低层裙房的做法,尽量减少高低层间的沉降差。

4)灰土桩的设计与施工技术

灰土桩直径按施工条件定为 $d=0.46$ m。为了确定合理的柱孔间距,在现场进行了挤密试验,当桩距 s 为 1.10 m 时,桩间土的压实系数 $\lambda_c<0.93$,达不到全部消除湿陷性的要求。后确定将桩距改为 $2.2d$,即 $s=1.0$ m。通过计算,当 $s=2.2d$ 时,桩间土的平均干密度可达到 16 kN/m³,压实系数 $\lambda_c\geq0.93$。桩长根据古土壤(1)以上的黄土层需要处理,设计桩长 7.5 m,桩尖标高为 -13.7 m,包括 1.1 m 厚的灰土垫层,处理层的总厚度是 8.6 m。通过验算,传至灰土桩挤密地基面上的压力为 243 kPa,低于原地基承载力特征值的 2 倍,同时也不超过 250 kPa,符合有关规程的规定。

施工采用沉管法成孔。施工及建设单位对成孔及填夯施工进行了严格的监督和检验,每一桩孔装填的灰土数量和夯击次数均进行检查和记录,施工质量比较可靠。

5)地基处理效果检验与分析

到主体施工完并砌完外墙时观测,实测沉降量为 20~45 mm,预估建筑全部建成后的最大沉降将达到 64.5 mm,与按变形模量法的计算结果基本一致。

习 题

6.1 某场地地表下 1.5 m 为细砂层,该层厚约 15 m,孔隙比 $e=0.80$,该层以下为硬塑状粉质黏土,地下水位在地面下 1.0 m。要求处理后细砂层孔隙比 $e_1\leq0.67$,试进行该场地的地基处理设计。(答案:采用 $\phi400$ mm 砂石桩,桩长 $L=16.5$ m,等边三角形布置,间距 $s=1.40$ m)

6.2 某场地黄土的物理性质指标为:含水量 $w=16\%$,孔隙比 $e=0.9$,土粒密度 $G_s=2.70$ g/cm³,要求经 $\phi400$ mm 的灰土挤密桩挤密后桩间土的干密度达到 1.60 g/cm³ 以上,试设计灰土桩的布置方式与间距。(参考答案:等边三角形布置,间距 $s=1.10$ m)

6.3 某拟建筏板基础,基础埋深 2 m,基础底部为黏土层,其承载力特征值 $f_{sk}=80$ kPa,土压缩模量为 7 MPa。要求复合地基承载力特征值 $f_{spk}\geq120$ kPa,复合压缩模量 $E_{sp}\geq9$ MPa。试进行碎石桩工程设计。

6.4 某砂土地基,拟采用挤密砂石桩处理。处理前土的孔隙比为 0.80,土工试验测得:$e_{max}=0.91$,$e_{min}=0.60$。要求挤密后砂土地基 $D_r=0.82$。若砂石桩直径为 0.7 m,正三角形布桩,试计算桩间距。

7

水泥粉煤灰碎石桩法

〖**本章教学要求**〗
  了解 CFG 桩复合地基法的概念、工程特性及适用范围；掌握 CFG 桩复合地基加固机理、设计计算；熟悉 CFG 桩复合地基主要施工工艺及质量检测方法。

7.1 概 述

▶ 7.1.1 CFG 桩复合地基的概念

  CFG 桩复合地基是由水泥、粉煤灰、碎石、石屑或砂加水拌和形成高黏结强度的水泥粉煤灰碎石桩(Cement-Flyash-Gravel Pile,简称 CFG 桩),再由桩、桩间土和褥垫层一起构成复合地基,如图 7.1 所示。

  CFG 桩系高黏结强度桩,需在基础和桩顶之间设置一定厚度的褥垫层,以保证桩、土共同承担荷载形成复合地基。

▶ 7.1.2 CFG 桩复合地基的应用与发展

  CFG 桩复合地基试验研究是建设部"七五"计划课题,于 1988 年立题进行试验研究,并应用于工程实践。CFG

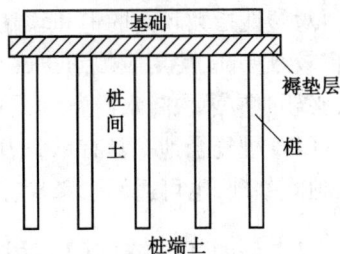

图 7.1 CFG 桩复合地基组成示意图

桩复合地基成套技术于 1994 年被建设部和国家科委列为国家级重点推广项目。20 世纪 80 年代末至 90 年代初,CFG 桩多采用振动沉管打桩机施工。90 年代中期,在北京开始应用长螺旋钻管孔内泵压 CFG 桩混合料成桩工艺,该技术被列入"九五"国家重点攻关项目,1999 年 2 月通过国家验收,并迅速在全国推广。

CFG 桩复合地基适用于处理黏性土、粉土、砂土和自重固结已完成的素填土等地基。CFG 桩可全桩长发挥侧阻,桩端落在好的土层时可很好地发挥端阻作用,形成的复合地基置换作用强,复合地基承载力提高幅度大,复合模量高,地基变形小。由于 CFG 桩桩体材料可以掺入工业废料粉煤灰,不配钢筋,并可充分发挥桩间土的承载力,工程造价仅为桩基的 1/3 ~ 1/2,经济效益和社会效益显著。CFG 桩采用长螺旋钻孔管内泵压成桩工艺,具有无泥浆污染、无振动、低噪声等特点,且施工速度快,工期短,质量容易控制。该地基处理方法目前已广泛应用于建筑和公路工程的地基加固处理。

▶ 7.1.3 CFG 桩复合地基工程特性

(1)承载力提高幅度大、可调性强 CFG 桩桩长可从几米到 20 多米,可全桩长发挥桩的侧阻力,桩承担的荷载占总荷载的 40% ~ 75%,复合地基承载力提高幅度大,并具有可调性。

(2)刚性桩性状明显 与柔性桩相比,CFG 桩具有较大的刚性,可向深层土传递荷载。在荷载作用下,不仅能充分发挥侧阻力,当桩端落在好土层上时,还具有明显的端承作用。

(3)桩体排水作用 CFG 桩在饱和粉土和砂土中施工时,由于沉管和拔管的振动作用,会使土体产生超孔隙水压力。当上部土层透水性较差时,CFG 桩形成一个良好的排水通道,孔隙水沿着桩体向上排出,直到 CFG 桩体硬结为止。这种排水作用可减少因孔隙水压力消散缓慢引起的地面隆起,增加桩间土的密实度。

(4)桩体强度和承载力的关系 CFG 桩桩体强度不宜太高,一般取桩顶应力的 3 倍即可。当桩体强度大于某一数值时,提高桩体标号对复合地基承载力没有影响。

(5)复合地基变形小 CFG 桩复合地基模量大,地基沉降量小,当软弱土层较厚时,将桩端落在较硬土层,可有效减小沉降。

▶ 7.1.4 CFG 桩的适用范围

CFG 桩适用于处理黏性土、粉土、砂土和自重固结已完成的素填土等地基。对淤泥质土应按地区经验或通过现场试验确定其适用性。应选择承载力相对较高的土层作为桩端持力层。

对塑性指数较高的饱和软黏土,由于桩间土承载力太小,土的荷载分担比例太低,成桩质量也较难保证,使用应慎重。在含水丰富、砂层较厚的地区,施工时应防止砂层坍塌造成断桩,必要时应采取降水措施。

CFG 桩复合地基具有承载力提高幅度大、地基变形小等特点,适用范围广,既可适用于条基、独立基础,也可适用于箱基、筏基,适于加固建筑工程和高等级公路地基。

▶ 7.1.5 CFG 桩与碎石桩的区别

(1)概念上的区别 CFG 桩桩体材料除了碎石以外,还有水泥、粉煤灰的成分,桩身具有高黏结强度。

（2）承载机理的区别　CFG桩为复合地基刚性桩，桩身可在全长范围内受力，能充分发挥桩周摩阻力和端承力；而碎石桩为散体材料桩，桩身无黏结强度，仅依靠周围土体的约束力来承受上部荷载。

（3）桩土应力比的区别　CFG桩的桩土应力比较高，一般为 10~40，而且具有很大的可调性，在软土中 $n \geqslant 100$；而碎石桩桩土应力比一般为 1.5~4.0，增加桩长对提高复合地基承载力意义不大，只有提高置换率，而提高置换率会给施工造成很多困难。

（4）适用土类的区别　CFG桩用于加固填土、饱和及非饱和黏性土、松散的砂土、粉土等，对塑性指数高的饱和软黏土使用时要慎重；而碎石桩宜处理砂土、粉土、黏性土、填土以及软土，但对不排水抗剪强度小于 20 kPa 的软土使用时要慎重。

此外，CFG桩与素混凝土桩的区别仅在于桩体材料的构成不同，而在其受力和变形特性方面没有什么区别。

7.2　加固机理

▶ 7.2.1　桩、土受力特性

1）桩、土共同作用

在CFG桩复合地基中，基础通过一定厚度的褥垫层与桩和桩间土相联系。褥垫层一般由级配砂石组成。由基础传来的荷载，先传给褥垫层，再由褥垫层传递给桩与桩间土。由于桩间土的抗压强度远小于桩的抗压强度，上部传来的荷载大部分集中在桩顶，当桩顶压应力超过褥垫层局部抗压强度时，桩体向上刺入，褥垫层产生局部压缩。同时，在上部荷载作用下，基础和褥垫层整体产生向下位移，压缩桩间土，此时，桩间土承载力开始发挥作用，并产生沉降（地面沉降量为 s），直至力的平衡。CFG桩复合地基桩土共同作用如图7.2所示。

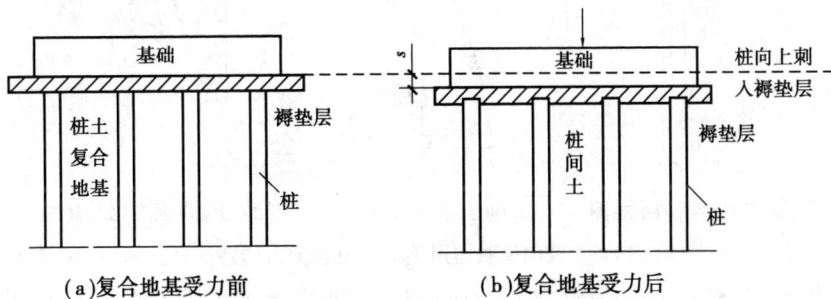

（a）复合地基受力前　　　　（b）复合地基受力后

图7.2　CFG桩复合地基桩土共同作用示意图

2）桩、土荷载分担

假定复合地基中，总荷载为 P，桩体承担的荷载为 P_p，桩间土承受的荷载为 P_s。则CFG桩承担的荷载占总荷载的百分比 δ_p 为：

$$\delta_p = \frac{P_p}{P} \tag{7.1}$$

桩间土承担的荷载占总荷载的百分比 δ_s 为:

$$\delta_s = \frac{P_s}{P} \tag{7.2}$$

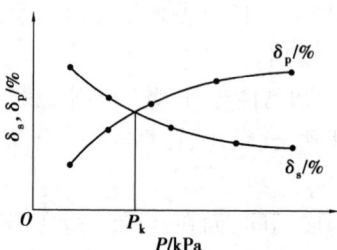

图 7.3　CFG 桩复合地基桩、土荷载
分担比示意图

如图 7.3 所示为垂直荷载作用下复合地基桩、土荷载分担比的变化曲线。由图可知,当荷载较小时,土承担的荷载大于桩承担的荷载,随着荷载增加,桩间土承担的荷载占总荷载的百分比 δ_s 逐渐减小,桩承担的荷载占总荷载的百分比 δ_p 逐渐增大。当荷载 $P = P_k$ 时,桩土承担的荷载各占 50%。$P > P_k$ 后,桩承担的荷载超过桩间土承担的荷载。

δ_p,δ_s 与荷载大小、土的性质、桩长、桩距、褥垫层厚度有关。荷载一定,其他条件相同时,δ_p 随桩长增加而增大,随桩距减小而增大;土的强度越低,褥垫层越薄,δ_p 越大。

3)桩传递轴向力的特征

在竖向荷载作用下,CFG 桩和桩间土均产生沉降,在某一深度范围内,土的位移大于桩位移,土对桩产生负摩阻力,如图 7.4(a)、(b)所示。z_0 处桩位移与土的位移相等,该断面所处位置为中性点。当 $z > z_0$ 时,桩位移大于土的位移,土对桩产生正摩阻力。

在中性点以上,桩的轴力随深度增加而增大,中性点以下桩的轴力随深度增加而减小,桩的最大轴向应力在中性点处,如图 7.4(c)所示。

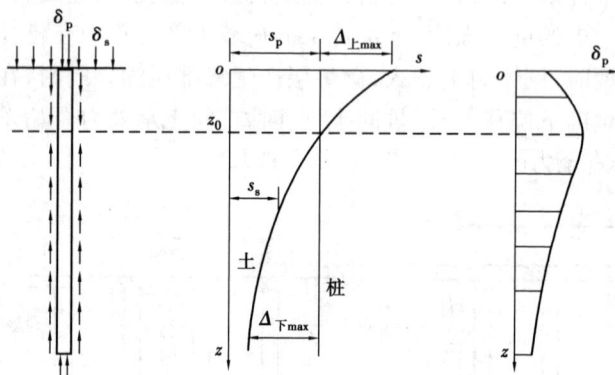

(a)桩身摩阻力示意图　　(b)桩土位移示意图　　(c)桩轴力随深度变化示意图

图 7.4　竖向荷载作用下桩传递轴向力的特征

在复合地基中,桩间土在荷载作用下产生的压缩虽然增大了桩的轴向应力,降低了单桩承载力,但桩间土被挤密,增大了复合地基模量,对提高桩间土承载力、减小复合地基变形起着有益作用。

4)桩间土应力分布

刚性基础下桩间土上的应力分布情况是基础边缘应力较大,基础中间部分较小,内外区的平均应力比为 1.25 ~ 1.45。

7.2.2 复合地基变形特性

1)变形模式

CFG 桩复合地基总沉降 s 由 3 部分组成,即由复合地基加固区范围内土层压缩量 s_1、下卧层压缩量 s_2 和褥垫层压缩量 s_3 组成。

$$s = s_1 + s_2 + s_3 \qquad (7.3)$$

2)复合地基土的变形性状

复合地基和天然地基不同深度处土的位移曲线如图 7.5所示。曲线 1 表示天然地基位移曲线,曲线 2 表示复合地基位移曲线。复合地基 s-z 曲线比较平缓,在荷载较小时,复合地基桩间土变形小于天然地基变形。随着荷载增加,复合地基变形大于天然地基变形,说明复合地基中桩将一部分荷载传递到深层土。

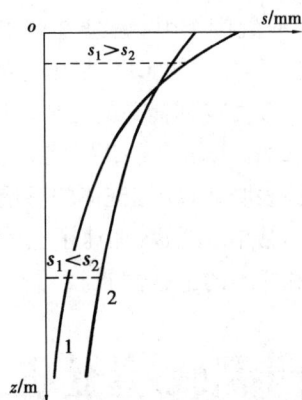

图 7.5 复合地基和天然地基不同深度处土的位移曲线
1—天然地基;2—复合地基

3)复合地基中桩的变形性状

与自由单桩相比,在荷载相同的情况下,复合地基中桩的变形大于自由单桩变形。主要原因有:一是由于复合地基群桩效应的影响;二是由于复合地基褥垫层的设置,土对桩产生负摩阻力,导致桩沉降加大。

▶ 7.2.3 CFG 桩复合地基各组成要素的主要作用

1)褥垫层的作用

(1)保证桩与土共同承担荷载 在 CFG 桩复合地基中,设置褥垫层,可以保证基础始终通过褥垫层的塑性调节作用把一部分荷载传到桩间土上,保证桩和桩间土始终参与工作并满足变形协调条件,从而达到桩土共同承担荷载的目的。

(2)减小基础底面的应力集中 当褥垫层厚度 $H = 0$ 时,桩对基础底板的应力集中显著,基础设计时需考虑桩对基础底板的冲切破坏。随着褥垫层厚度的增加,这种应力集中现象越来越不明显,当褥垫层厚度增大到一定程度,基础反力与天然地基的反力分布情况近似。试验研究表明,当褥垫层厚度 $H \geqslant 100$ mm 时,桩对基础产生的应力集中现象显著降低;当褥垫层厚度达到 $H = 300$ mm 时,应力集中已经很小。也就是说,当褥垫层超过一定厚度后,在基础底板设计时可不考虑桩对基础应力集中的影响。

2)桩的作用

(1)承担基础传来的荷载 CFG 桩属于刚性桩,不仅可全桩长发挥桩的侧阻作用,当桩端落在较硬土层时还可发挥端阻作用。桩由于其周围土体密实度增大,侧应力增加而改善了受力性能,增加了桩体极限承载力,提高了桩的延性。桩体强度特别是近桩头部分桩体强度对复合地基承载力起决定作用,增加桩体强度和桩长是提高复合地基承载力的有效途径。

(2)对地基土产生一定的挤密作用 当 CFG 桩采用振动沉管成孔时,由于桩管振动和侧向挤压作用,可减小桩间土孔隙比,降低土的压缩性,提高土体承载力。

3) CFG 桩复合地基加固作用

(1)置换作用 根据桩体和加固后桩间土特性对比,CFG 桩桩体的弹性模量远大于桩间土弹性模量,可见 CFG 桩承担的荷载远大于桩间土承担的荷载,因此土被 CFG 桩置换是复合地基承载力得到提高的主要原因。

(2)排水作用 CFG 桩由于在普通混凝土拌合料中掺入粉煤灰,因此具有很强的渗透性,有试验表明,CFG 桩桩体的渗透系数远大于桩间土层渗透系数。实际上,桩体相对于土体构成了固结排水通道,加速了土体的排水固结过程,有效提高了土体强度,同时还可明显改善黏性土和粉土的工程性质。

7.3 设计计算

▶ 7.3.1 CFG 桩复合地基布桩基本要求

1) CFG 桩参数设计

(1)桩径 长螺旋钻中心压灌、干成孔和振动沉管成桩桩径宜为 350~600 mm;泥浆护壁钻孔成桩桩径宜为 600~800 mm;钢筋混凝土预制桩桩径宜为 300~600 mm。

(2)桩间距 桩间距应根据基础形式、设计要求的复合地基承载力和变形、土性及施工工艺确定。

①采用非挤土成桩工艺和部分挤土成桩工艺,桩间距宜为 3~5 倍桩径。

②采用挤土成桩工艺和墙下条形基础单排布桩的,桩间距宜为 3~6 倍桩径。

③桩长范围内有饱和粉土、粉细砂、淤泥、淤泥质土层,采用长螺旋钻中心压灌成桩施工中可能发生窜孔时,宜采用较大桩距。

(3)桩长 CFG 桩应选择承载力相对较高的土层作为桩端持力层,选择桩长时应考虑可作为桩端持力层的土层埋深。在满足承载力和变形要求的前提下,可以通过调整桩长来调整桩距,桩越长,桩间距可以越大。

2) 平面布置

CFG 桩可只在基础范围内布桩,并可根据建筑物荷载分布、基础形式和地基土性状,合理确定布桩参数。

①内筒外框结构内筒部位可采用减小桩距、增大桩长或桩径布桩。

②对相邻柱荷载水平相差较大的独立基础,应按变形控制确定桩长和桩距。

③筏板厚度与跨距之比小于 1/6 的平板式筏基、梁的高跨比大于 1/6 且板的厚跨比(筏板厚度与梁的中心距之比)小于 1/6 的梁板式筏基,应在柱(平板式筏基)和梁(梁板式筏基)边缘每边外扩 2.5 倍板厚的面积范围内布桩。

④对荷载水平不高的墙下条形基础可采用墙下单排布桩。

3)褥垫层设计

桩顶和基础之间应设置褥垫层,褥垫层厚度宜为桩径的 40%~60%。褥垫层材料宜采用中砂、粗砂、级配砂石和碎石等,最大粒径不宜大于 30 mm。

褥垫层的铺设厚度的计算式为:

$$h = \frac{\Delta H}{\nu} \tag{7.4}$$

式中 h——褥垫层的虚铺厚度,cm;

   ν——夯填度,取 $\nu = 0.87 \sim 0.90$;

   ΔH——褥垫层压实厚度,宜为桩径的 40%~60%,一般可取 15~30 cm。

▶ 7.3.2 CFG 桩复合地基承载力计算

1)复合地基承载力特征值

CFG 桩复合地基承载力特征值应通过现场复合地基载荷试验确定,初步设计时可按式(5.13)进行估算。其中单桩承载力发挥系数 λ 和桩间土承载力发挥系数应按地区经验取值,无经验时 λ 可取 $0.8 \sim 0.9$,β 可取 $0.9 \sim 1.0$。处理后桩间土的承载力特征值 f_{sk},对非挤土成桩工艺,可取天然地基承载力特征值;对挤土成桩工艺,一般黏性土可取天然地基承载力特征值,松散砂土、粉土可取天然地基承载力特征值的 1.2~1.5 倍,原土强度低的取大值。

当采用挤土成桩工艺时,对结构性土如淤泥质土等,施工时因受扰动强度降低,施工完后随着恢复期的增加,土体强度会有所恢复,土性不同。强度恢复的程度和所需的时间也不同。比如南京造纸厂工程,地基土为淤泥质粉质黏土,天然地基承载力特征值 $f_{ak} = 87$ kPa,采用振动沉管打桩机施工,施工后不同恢复期的地基承载力特征值见表 7.1。

表 7.1 施工后不同恢复期的地基承载力特征值

恢复期/d	14	34	36	42	53
承载力特征值 f_{ak}/kPa	49	92	96	99	105

恢复期超过 32 d,桩间土承载力大于原天然地基承载力。而天津塘沽地区的淤泥质黏土,成桩后 120 d 后才能恢复到原土强度。考虑到地基处理后,上部结构施工有一个过程,应根据荷载增长和土体强度恢复的快慢来确定 f_{sk}。

对可挤密的一般黏性土,f_{sk} 可取 1.1~1.2 倍天然地基承载力特征值,即 $f_{sk} = (1.1 \sim 1.2)f_{ak}$,塑性指数小,孔隙比大时取高值。

对不可挤密土,若施工速度慢,可取 $f_{sk} = f_{ak}$;若施工速度快,宜通过现场试验确定 f_{sk}。对挤密效果好的土,由于承载力提高幅值的挤密分量较大,宜通过现场试验确定 f_{sk}。

2)单桩竖向承载力特征值

①根据单桩载荷试验获得单桩竖向极限承载力 Q_u,将单桩竖向极限承载力除以安全系数 2,可得单桩承载力特征值为:

$$R_a = \frac{Q_u}{2} \tag{7.5}$$

②无单桩载荷试验资料时,可按式(5.14)估算 CFG 桩单桩承载力,桩端端阻力发挥系数 α_p 可取 1.0;桩身强度应满足式(5.15)的规定。

3)软弱下卧层验算

当复合地基加固区的下卧层为软弱土层时,尚须验算下卧层承载力。要求作用在下卧层顶面处的基础附加应力 P_0 和自重应力 σ_{cz} 之和,不超过下卧层的容许承载力。计算方法见 5.2.2 节。

▶ 7.3.3 CFG 桩配合比设计

CFG 桩是由水泥、粉煤灰、碎石、石屑加水拌和形成的混合料,其中各组成成分含量的多少对混合料的强度、和易性都有很大影响。CFG 桩中碎石粒径一般采用 $20 \sim 50$ mm。石屑为中等粒径骨料,在水泥掺量不高的混合料中,可掺加石屑来填充碎石间的空隙。水泥一般采用 42.5 级普通硅酸盐水泥。桩体材料中水泥掺量及其他材料的配合比确定如下:

(1)以 28 d 混合料试块的强度 f_{cu} 确定桩身混合料的水灰比

$$f_{cu} = 0.366 R_c \left(\frac{C}{W} - 0.071 \right) \tag{7.6}$$

式中　R_c——水泥标号强度,MPa,42.5 级普通硅酸盐水泥 $R_c = 42.5$ MPa;

　　　C——水泥用量,kg;

　　　W——水的用量,kg;

　　　f_{cu}——桩体混合料试块标准养护 28 d 立方体(边长 150 mm)抗压强度平均值,kPa。

(2)混合料中粉灰比的用量计算

$$\frac{W}{C} = 0.187 + 0.791 \frac{F}{C} \tag{7.7}$$

式中　F——粉煤灰的用量,kg。

(3)碎石与石屑的用量计算

$$G = \rho - C - W - F \tag{7.8}$$

式中　ρ——混合料密度,一般情况下取 $\rho = 2\ 200$ kg/m³。

(4)石屑率的计算

$$\lambda = \frac{G_1}{G_1 + G_2} \tag{7.9}$$

式中　G_1——每 m³ 石屑质量,kg;

　　　G_2——每 m³ 碎石质量,kg,$G_2 = G - G_1$;

　　　λ——石屑率,一般取 $\lambda = 0.25 \sim 0.33$。

▶ 7.3.4 CFG 桩复合地基沉降计算

1)复合地基沉降计算公式

CFG 桩复合地基沉降量 s 由其加固区范围内土层压缩量 s_1 和下卧层压缩量 s_2 组成。

（1）分层计算法　对单、双排布桩的条形基础或桩数较少的独立基础,采用荷载 p_0（$p_0 = p - \gamma d$，p 为基底压力，γd 为基底自重应力）在基底桩间土产生的附加应力 σ_{s0} 作为荷载计算加固区的压缩变形 s_1，用荷载 p_0 在下卧层产生的附加应力计算下卧层压缩量 s_2，计算值与实测值不会产生大的误差。置换率越低,桩数越少,两者的差异就越小。

当荷载不超过复合地基承载力时,可按式（7.10）计算复合地基沉降。

$$s = s_1 + s_2 = \psi_s \left[\sum_{i=1}^{n_1} \frac{\Delta\sigma_{s0i}}{E_{si}} h_i + \sum_{j=1}^{n_2} \frac{\Delta p_{0j}}{E_{sj}} h_j \right] \tag{7.10}$$

式中　s——CFG 桩复合地基总沉降量,mm;

n_1——加固区土分层数;

n_2——下卧层土分层数;

$\Delta\sigma_{s0i}$——桩间土应力 $\Delta\sigma_{s0}$ 在加固区第 i 层土产生的平均附加应力,kPa;

Δp_{0j}——荷载 p_0 在下卧层第 j 层土产生的平均附加应力,kPa;

E_{si}——加固区第 i 层的压缩模量,MPa;

E_{sj}——下卧层第 j 层土的压缩模量,MPa;

h_i, h_j——加固区和下卧层第 i 层和第 j 层的分层厚度,m;

ψ_s——变形计算经验系数,根据当地沉降观测资料及经验确定,也可采用表 7.2 的数值。

表 7.2　变形计算经验系数 ψ_s

$\overline{E}_s$/MPa	2.5	4.0	7.0	15.0	20.0
ψ_s	1.1	1.0	0.7	0.4	0.2

注:$\overline{E}_s$ 为变形计算深度范围内压缩模量的当量值,应按 $\overline{E}_s = \sum A_i / (\sum A_i / E_{si})$ 计算。A_i 为第 i 层土附加应力系数沿土层厚度的积分值;E_{si} 为基础底面下第 i 层土的压缩模量值,桩长范围内的复合土层,按复合土层的压缩模量取值。

（2）复合模量法　假定加固区的复合土体是与天然地基分层相同的若干层均质地基,不同的是压缩模量都相应扩大 ξ 倍。这样,加固区和下卧层均按分层总和法进行沉降计算。

当荷载不大于复合地基承载力时,总沉降量 s 为:

$$s = s_1 + s_2 = \psi_s \left(\sum_{i=1}^{n_1} \frac{\Delta p_{0i}}{E_{spi}} h_i + \sum_{j=1}^{n_2} \frac{\Delta p_{0j}}{E_{sj}} h_j \right) \tag{7.11}$$

式中　Δp_{0i}——荷载 p_0 在第 i 层复合土层产生的平均附加应力,kPa;

E_{spi}——第 i 层复合土层的压缩模量,MPa,见式（5.24）;

其他符号意义同式（7.10）。

上述变形计算,可采用《建筑地基基础设计规范》（GB 50007—2011）沉降计算方法,即

$$s = \psi_s s' = \psi_s \sum_{i=1}^{n} \frac{p_0}{E_{si}} (z_i \overline{\alpha}_i - z_{i-1} \overline{\alpha}_{i-1}) \tag{7.12}$$

式中　p_0——对应于荷载效应标准组合时的基础底面处的附加压力,kPa;

z_i, z_{i-1}——基础底面至第 i 层土、第 $i-1$ 层土底面的距离,m;

$\overline{\alpha}_i,\overline{\alpha}_{i-1}$——基础底面计算点至第 i 层土、第 $i-1$ 层土底面范围内平均附加应力系数,可查规范附录;

n——地基变形计算深度范围内所划分的土层数;

E_{si}——第 i 层土的压缩模量,MPa,对于加固区范围内土层,取复合土层的压缩模量 E_{sp} [按式(5.24)计算,具体见 5.4.1 节],对桩底下卧层土层,取天然土层的压缩模量 E_s。

2)地基变形计算深度 z_n

地基变形计算深度应符合下式要求:

$$\Delta s_n' \leqslant 0.025 \sum_{i=1}^{n} \Delta s_i' \tag{7.13}$$

式中 $\Delta s_i'$——在计算深度范围内,第 i 层土的计算变形值;

$\Delta s_n'$——在由计算深度向上取厚度为 Δz 的土层计算变形值,Δz 取值见表 7.3。

表 7.3 Δz 取值

b/m	$b \leqslant 2$	$2 < b \leqslant 4$	$4 < b \leqslant 8$	$b > 8$
Δz/m	0.3	0.6	0.8	1.0

当无相邻荷载影响,基础宽度在 1~30 m 时,基础中点的地基变形计算深度可按下列简化公式计算:

$$z_n = b(2.5 - 0.4 \ln b) \tag{7.14}$$

式中 b——基础宽度,m。

当计算深度范围内存在基岩时,z_n 可取至基岩表面;当存在较厚的坚硬黏土层,其孔隙比小于 0.5、压缩模量大于 50 MPa,或存在较厚密实砂卵石层,其压缩模量大于 80 MPa 时,计算深度可取至该层土表面。无论何种情况,复合地基变形计算深度必须大于复合土层厚度。

7.4 施工技术

▶ 7.4.1 CFG 桩成桩工艺

目前常用 CFG 桩施工工艺有长螺旋钻孔灌注成桩、长螺旋钻中心压灌成桩、振动沉管灌注成桩及泥浆护壁成孔灌注成桩 4 种。选择施工工艺时应综合考虑设计要求、地基土性质、地下水埋深及对场地周边环境的影响等因素。

1)长螺旋钻孔灌注成桩工艺

长螺旋钻孔灌注成桩,适用于地下水位以上的黏性土、粉土、素填土、中等密实以上的砂土。施工处理深度一般小于 30 m,常用桩径在 400~420 mm。

长螺旋钻孔灌注成桩属于非挤土桩成桩工艺,施工过程中对桩间土扰动较小。该施工工艺具有穿透能力强、低噪声、无振动、无泥浆污染等特点,为保证成孔时不出现塌孔,施工时要求桩长范围内无地下水,必要时采取井点降水措施。

图 7.6 为步履式长螺旋钻孔机示意图。

2)长螺旋钻中心压灌成桩工艺

长螺旋钻中心压灌成桩,适用于黏性土、粉土、砂土和素填土地基。对噪声或泥浆污染要求严格的场地可优先选用;穿越卵石夹层时,应通过试验确定其适用性。

长螺旋钻中心压灌成桩施工工艺是由长螺旋钻机、混凝土泵和强制式混凝土搅拌机组成的完整的施工体系,如图 7.7 所示。该法将长螺旋钻孔与管内泵压混合料灌注成桩结合起来。

该施工工艺具有以下优点:低噪声、无泥浆污染;成孔制桩时不产生振动,避免了新打桩对已打桩产生的不良影响;成孔穿透能力强,可穿透硬土层,诸如砂层、圆砾层和粒径不大于 60 mm 的卵石层;施工效率高。

该法施工流程为:钻机就位→钻进成孔→连续压灌混合料→提升钻杆成桩→钻机移位。

3)振动沉管灌注成桩工艺

图 7.6　步履式全螺旋钻孔机

1—上盘;2—下盘;3—回转滚轴;
4—行走滚轴;5—钢丝滑轮;6—回转中心轴;
7—行走油缸;8—中盘;9—底座

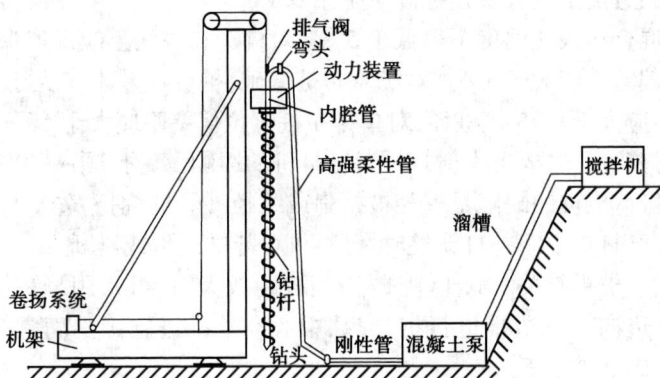

振动沉管灌注成桩工艺属于挤土成桩工艺,主要适用于粉土、黏性土及素填土地基。该工艺具有施工操作简单、施工费用低、对桩间土挤密效果显著、可消除地基液化等优点。振动沉管成桩深度一般小于 30 m,常用桩径在 360～420 mm。

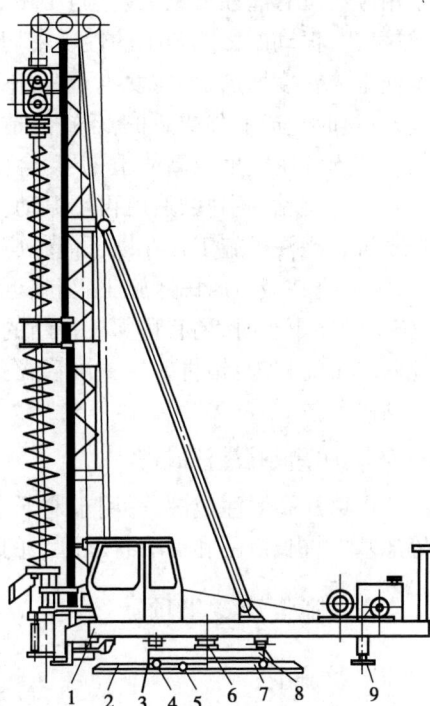

图 7.7　长螺旋钻中心压灌成桩施工体系

采用振动沉管灌注成桩工艺,施工中无论是振动沉管还是振动拔管,都将对周围土产生扰动或挤密。振动的影响与土的性质密切相关,挤密效果好的土(如松散粉土、粉砂),施工时振动可使土体密度增加,场地发生下沉;不可挤密的土(如密实粉土、黏土、粉砂),则会发生地表隆起,严重时造成缩颈或断桩,若挤土造成地面隆起量大时,应采用较大桩距施工。对于灵敏度较高的土和密实度较高的土,振动会使土的结构强度破坏,密实度减小,承载力下降。施工中可采用螺旋钻预引孔,然后再用振动沉管机制桩,避免扰动桩间土。

振动沉管灌注桩施工存在以下问题应引起注意:难以穿透砂层、卵石层等硬土层;施工噪音较大,不适宜在城市居民区施工;当临近已有建筑物施工时,振动对建筑物可能产生不良影响;当施工顺序不当时,还有将邻桩挤断的可能。

此法施工流程为:钻机就位→沉管成孔→钻杆内灌注混合料→提升钻杆并补投混合料→成桩→钻机移位。

4)泥浆护壁成孔灌注成桩

泥浆护壁成孔灌注成桩,适用于地下水位以下的黏性土、粉土、砂土、填土、碎石土及风化岩层等地基。桩长范围和桩端有承压水的土层应通过试验确定其适应性。

▶ 7.4.2 施工注意事项

1)CFG 桩施工

①施工前应按照设计要求在实验室进行配合比试验,施工时按配合比配置混合料。长螺旋钻中心压灌施工的坍落度宜为 160~200 mm,振动沉管灌注成桩施工的坍落度宜为 30~50 mm,振动沉管灌注成桩后桩顶浮浆厚度不宜超过 200 mm。

②长螺旋钻中心压灌成桩施工在钻至设计深度后,应准确掌握提拔钻杆时间,混合料泵送量应与拔管速度相匹配,遇到饱和砂土或饱和粉土层,不得停泵待料。沉管灌注成桩施工的拔管速度应匀速控制,以 1.2~1.5 m/min 为宜,如遇淤泥或淤泥质土,拔管速度应适当放慢。

③成桩过程中,抽样做混合料试块,每台机械一天应做 1 组(3 块)试块(边长为 150 mm 的立方体),标准养护,测定其立方体抗压强度。

④施工桩顶标高宜高出设计桩顶标高不少于 0.5 m。

⑤冬季施工时混合料入孔温度不得低于 5 ℃,对桩头和桩间土应采取保温措施。

⑥施工垂直度偏差不应大于 1%。对满堂布桩基础,桩位偏差不应大于 0.4 倍桩径;对条形基础,桩位偏差不应大于 0.25 倍桩径,对单排布桩桩位偏差不应大于 60 mm。

⑦设计桩的施打顺序,主要考虑新打桩对已打桩的影响。施打顺序一般分为连续施打和隔桩跳打。连续施打造成桩的缺陷是桩径被挤扁或缩径。隔桩跳打,先打桩不易发生缩径现象,但土质较硬时在已打桩中间补打新桩时,已打桩可能被震裂或震断。

施打顺序与土性、桩距有关。软土中成桩,当桩距较大时,可采用隔桩跳打;在饱和松散粉土中,应采用从一边向另一边推进打桩,或从中心向外推进施工。满堂布桩,无论桩距大小,均不宜从四周向内推进施工。

2)清土和截桩

保护桩长是指成桩时预先设定的加长的一段桩长,可取 0.5~0.7 m,上部用黏土封顶。待强度达到设计要求,复合地基检测完成后截掉桩头。清土和截桩时,应采用小型机械或人工剔除等措施,不得造成桩顶标高以下桩身断裂和扰动桩间土。

3)褥垫层施工

褥垫层铺设宜采用静力压实法,当基础底面下桩间土含水量较小时,也可采用动力夯实法,夯填度(夯实后的褥垫层厚度与虚铺厚度比值)不得大于0.9。

7.5 质量检验

▶ 7.5.1 施工质量检验

施工期质量检验主要检查施工记录、混合料坍落度、桩数、桩位偏差、褥垫层厚度、夯填度和桩体试块抗压强度等。

CFG桩施工前应对水泥、粉煤灰、砂及碎石等原材料进行检验。施工中应对桩身混合料的配合比、混合料坍落度、提拔钻管速度、成孔深度、混合料灌入量等进行控制。打桩过程中随时检测地面是否发生隆起,打新桩时对已打但尚未固结桩的桩顶进行位移测量,以估算桩径缩小量,对已打并结硬桩的桩顶进行桩顶位移测量,以判断是否断桩。一般当桩顶位移超过10 mm,需开挖进行检查。

施工结束后,应对桩体质量、单桩及复合地基承载力进行检验。

▶ 7.5.2 竣工验收

竣工验收时,水泥粉煤灰碎石桩复合地基承载力检验应采用复合地基静载荷试验和单桩静载荷试验。

承载力检验宜在施工结束28 d后进行,其桩身强度应满足试验荷载条件;复合地基静载荷试验和单桩静载荷试验的数量不应少于总桩数的1%,且每个单体工程的复合地基静载荷试验的试验数量不应少于3点。

采用低应变动力试验检测桩身完整性,检查数量不低于总桩数的10%。

CFG桩复合地基属于高黏结强度桩复合地基,试验时按《地基处理规范》"复合地基试验要点"执行的同时,还需注意以下几点:

①褥垫层的厚度与铺设方法。试验时褥垫层的底标高应与桩顶设计标高相同,褥垫层底面要求平整,褥垫层铺设厚度为6~10 cm,铺设面积与载荷板面积相同,褥垫层周围要求有原状土约束。

②当p-s曲线不存在极限荷载时,按相对变形值确定复合地基承载力,取$s/b = 0.01$对应的荷载作为CFG桩复合地基承载力标准值。

7.6 工程应用实例

【例7.1】 江苏省某建筑工程,建筑场地为第四纪全新世冲积层,地下水位较高,场地土为深厚的中高压缩性饱和软土,场地质分层自上而下分为 7 层,主要物理力学指标见表7.4。

表 7.4　场地地层分布与主要物理力学性质

层号	土层名称	平均层厚 /m	压缩模量 E_s/MPa	承载力特征值 f_{sk}/kPa	桩侧阻力特征值 q_{si}/kPa	桩端阻力特征值 q_{pi}/kPa
①	杂填土	2.0				
②	淤泥质粉质黏土	3.0	3.0	80	12	
③	淤泥质粉土	7.0	4.0	80	15	
④	粉质黏土	7.0	5.0	110	30	1 100
⑤	粉　砂	4.0	9.0	160	32	1 200
⑥	中　砂	10	30.0	280	42	2 100
⑦	密实卵石	未钻透	80.0	350	80	4 000

该建筑为框架结构,基础采用筏板基础,设置地下室,室内外高差 0.3 m,基础埋深自室外地坪起算 2 m。上部结构传至基础顶面的竖向荷载标准值 $F_k = 480 \times 10^3$ kN,准永久荷载组合值 $F'_k = 350 \times 10^3$ kN,筏板基础底面尺寸 30 m×90 m。由岩土勘察报告可知,该建筑物基础坐落在第②层淤泥质粉质黏土层上,天然地基承载力特征值为 80 kPa,采用 CFG 桩复合地基进行地基处理,设计要求处理后的地基承载力特征值 f_{spk} 不小于 180 kPa,沉降量不大于 120 mm。

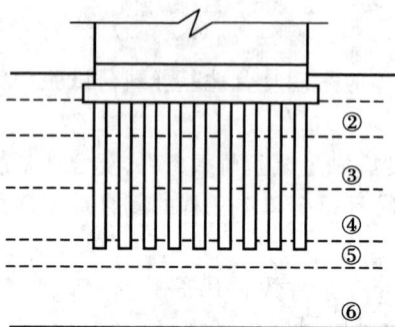

图 7.8　地基处理与土层关系示意图

CFG 桩复合地基设计如下:

1)CFG 桩几何尺寸及布置初步设计

由于上部结构基础为筏板基础,CFG 桩按梅花桩形式(等边三角形)满堂布置在基础范围内,采用长螺旋钻孔灌注桩施工工艺,有效桩径 $d = 400$ mm。

由于软弱土层较厚,为满足承载力和沉降要求,选择长桩疏桩布置方案。初步确定桩端持力层为第⑤粉砂层,桩端进入持力层的深度宜为桩径的 1~3 倍,取 1.0 m,则桩长 $l = 3$ m+7 m+7 m+1 m = 18.5 m。地基处理与土层关系如图 7.8 所示。

初步确定桩距 $s = 6d = 2.4$ m,则:

$$A_p = \frac{\pi d^2}{4} = 0.125\,6\ \text{m}^2 \qquad u_p = \pi d = 1.256\ \text{m} \qquad m = \frac{\pi d^2}{2\sqrt{3}s^2} = 0.025$$

2)复合地基的承载力校核

单桩承载力特征值计算:

$$R_a = u_p \sum q_{si}l_i + \alpha_p A_p q_p = 1.256\ \text{m} \times (12\ \text{kPa} \times 3\ \text{m} + 15\ \text{kPa} \times 7\ \text{m} +$$
$$30\ \text{kPa} \times 7\ \text{m} + 32\ \text{kPa} \times 1\ \text{m}) + 1.0 \times 0.125\,6\ \text{m} \times 1\,200\ \text{kPa} = 631\ \text{kN}$$

复合地基承载力特征值计算,因天然地基承载力较低,取 $\lambda = 0.9$,$\beta = 1.0$。

$$f_{spk} = \lambda m \frac{R_a}{A_p} + \beta(1 - m)f_{sk}$$

$$= 0.9 \times 0.025 \times \frac{631 \text{ kN}}{0.125\ 6\ \text{m}^2} + 1.0 \times (1 - 0.025) \times 80\ \text{kPa} = 191\ \text{kPa} > 180\ \text{kPa}$$

满足要求。

3) 复合地基的变形校核

地基变形计算深度应大于复合土层的厚度,并符合《建筑地基基础设计规范》(GB 50007—2011)关于地基变形计算深度的规定。沉降计算深度按下式计算:

$$z_n = b(2.5 - 0.4 \ln b) = 30\ \text{m} \times (2.5 - 0.4 \times \ln 30) = 34\ \text{m}$$

因第⑦层为致密卵石层,沉降计算深度取在卵石层表面,即 $z = 31$ m。

复合地基土层的分层与天然地基相同,各复合土层的压缩模量等于该层天然地基压缩模量的 ξ 倍,$\xi = f_{spk}/f_{sk} = 184/80 = 2.3$。复合地基换算后的各土层压缩模量值见表 7.5。

表 7.5 复合地基换算后的各土层压缩模量

土层编号	土层名称	平均层厚/m	天然土层压缩模量 E_s/MPa	复合地基压缩模量换算值 ξE_s/MPa
②	淤泥质粉质黏土	3.0	3.0	6.9
③	淤泥质粉土	7.0	4.0	9.2
④	淤泥黏土	7.0	5.0	11.5
⑤	粉 砂	1.0	9.0	20.7
		3.0	9.0	
⑥	中 砂	10	30.0	

说明:②③④及⑤的1.0 m处为复合地基;⑤的3.0 m及⑥为天然地基。

基底附加应力 p_0 如下:

因建筑设地下室,取 $G_k = 0$,竖向荷载取准永久组合值 $F_k = 350 \times 10^3$ kN。

$$p_0 = \frac{F_k + G_k}{A} - \gamma_0 d = \frac{F_k + 0}{A} - \gamma_0 d = \frac{350 \times 10^3 \text{kN}}{30\ \text{m} \times 90\ \text{m}} - 18 \times 2\ \text{kPa} = 93.6\ \text{kPa}$$

采用《建筑地基基础设计规范》推荐的地基沉降计算公式计算沉降量:

$$s = \psi_s s' = \psi_s \sum_{i=1}^{n} \frac{p_0}{E_{si}} (z_i \overline{\alpha_i} - z_{i-1} \overline{\alpha_{i-1}})$$

沉降计算深度范围内土层压缩量采用角点法计算(按表 7.5 分层),s' 计算结果见表 7.6。

$$\overline{E_s} = \frac{\sum A_i}{\sum \dfrac{A_i}{E_{si}}} = \frac{0.749 + 1.69 + 1.485 + 0.191 + 0.532 + 2.223}{\dfrac{0.749}{6.9} + \dfrac{1.69}{9.2} + \dfrac{1.485}{11.5} + \dfrac{0.191}{20.7} + \dfrac{0.532}{9} + \dfrac{2.223}{30}}\ \text{MPa} = 12.2\ \text{MPa}$$

查表 7.2 得,沉降计算经验系数 $\psi_s = 0.51$。$s = \psi_s s' = 0.51 \times 52.34\ \text{mm} = 26.7\ \text{mm} < 120\ \text{mm}$,满足沉降量控制要求。

表 7.6　复合地基沉降计算表

l'/m	b'/m	l'/b'	z/m	z/b'	$\overline{\alpha}_i$	$\overline{\alpha}_i z_i$	$z_i\,\overline{\alpha}_i - z_{i-1}\overline{\alpha}_{i-1}$	E_s /MPa	$\Delta s'$ /mm	$s' = \Delta s'$ /mm
			0	0	0.250	0	0	0	0	
			3	0.2	0.249 8	0.749	0.749	6.9	10.16	
$90/2$ $=45$	$30/2$ $=15$	3	10	0.67	0.243 9	2.439	1.69	9.2	17.19	
			17	1.13	0.230 8	3.924	1.485	11.5	11.87	
			18	1.2	0.228 6	4.115	0.191	20.7	0.86	
			21	1.4	0.221 3	4.647	0.532	9.0	5.53	
			31	2.1	0.221 6	6.870	2.223	30.9	6.73	52.34

4) CFG 桩桩体强度设计

$$f_{cu} \geq 3\,\frac{R_a}{A_p} = 3 \times \frac{631}{0.125\,6}\ \text{kN/m}^2 = 15\,072\ \text{kN/m}^2 = 15.07\ \text{MPa}$$

桩身混合料强度取 15 MPa。

5) 桩体材料中水泥掺量及其他材料的配合比确定

①以 28 d 混合料试块的强度 f_{cu} 确定桩身混合料的水灰比。

$$f_{cu} = 0.366\,R_c\left(\frac{C}{W} - 0.071\right)$$

其中,42.5 级普通硅酸盐水泥 $R_c = 42.5$ MPa,$f_{cu} = 15$ MPa。经计算得,$C/W = 1.035$。一般情况下,混合料密度为 2.2 g/cm³。如振动沉管施工中,混合料的坍落度为 3 cm 时,需水量为 189 kg/m³,则可得出水泥用量 $C = 195.7$ kg。

②混合料中粉灰比的用量计算。

$$\frac{W}{C} = 0.187 + 0.791\,\frac{F}{C}$$

计算得粉煤灰的用量 $F = 192.8$ kg。

③碎石与石屑的用量计算。

$$G = 2.2 \times 10^3 - C - W - F = 1\,622.5\ \text{kg}$$

④石屑率的计算。

$$\lambda = \frac{G_1}{G_1 + G_2}$$

取 $\lambda = 0.30$,经计算得:$G_1 = 486.75$ kg,$G_2 = 1\,135.75$ kg。

6) 褥垫层的铺设厚度计算

$$h = \frac{\Delta H}{\nu}$$

取 $\Delta H = 20$ cm,$\nu = 0.88$,则 $h = 22.7$ cm。褥垫层采用中粗砂、碎石与卵石等均可。

【例7.2】 北京某小区一高层住宅楼,剪力墙结构,地上24层,地下2层,基础采用箱形基础,基础埋深5.0 m。该建筑东西两侧有已建高层住宅两栋,最近距离15 m。

基础坐于第④层黏质粉土层,④层及以下工程地质条件如下:

④黏质粉土层:厚度1.0~4.0 m,土层厚度极不均匀,可塑,桩侧阻力特征值$q_s = 30$ kPa,承载力特征值$f_{sk} = 180$ kPa;

⑤粉质黏土层:厚度2.0~5.0 m,桩侧阻力特征值$q_s = 32$ kPa,承载力特征值$f_{sk} = 150$ kPa;

⑥细砂层:平均厚度8 m,土层厚度均匀,标准贯入锤击数23击,桩侧阻力特征值$q_s = 35$ kPa,桩端阻力特征值$q_p = 700$ kPa,承载力特征值$f_{sk} = 250$ kPa;

⑦黏质粉土层:平均层厚5 m,硬塑,桩侧阻力特征值$q_s = 32$ kPa,桩端阻力特征值$q_p = 900$ kPa,承载力特征值$f_{sk} = 200$ kPa;

⑧细砂层:平均厚度5~6 m,密实,标准贯入锤击数39击,桩端阻力特征值$q_p = 1\,100$ kPa,承载力特征值$f_{sk} = 280$ kPa;

⑨圆砾层:未钻透,密实,桩端阻力特征值$q_p = 2\,100$ kPa,承载力特征值$f_{sk} = 400$ kPa。

设计要求经深度修正后的地基承载力特征值f_{spk}不小于400 kPa,沉降不大于100 mm。设计及施工方案如下:

1)CFG桩布置方案

根据场地特点,初步设计4种方案,见表7.7。

表7.7 设计方案

方 案	桩长/m	桩端土层
1	6.5	⑥细砂层
2	15	⑦黏质粉土层
3	20	⑧细砂层
4	25	⑨圆砾层

4种设计方案中,3和4方案持力层承载力高,但埋藏深,桩身较长。

方案1桩长较小,适当减小桩间距即可满足复合地基承载力要求,且已穿越厚度不均的第④层黏质粉土层,持力层为第⑥层细砂层,其下土层厚度均匀,不会出现不均匀沉降。

方案2桩长较长,设计桩间距较大,虽满足承载力要求,但穿越第④层黏质粉土层,难以消除不均匀土层造成的沉降差。若减小桩间距,则费用增加,不经济。

经上述分析,建议采用方案1。

2)复合地基承载力与变形计算

基本参数:桩径$d = 400$ mm、桩长$l = 6.5$ m、等边三角形布桩,桩间距$s = 1.4$ m,则:

$$A_p = \frac{\pi d^2}{4} = 0.125\,6 \text{ m}^2 \qquad u_p = \pi d = 1.256 \text{ m} \qquad m = \frac{\pi d^2}{2\sqrt{3}\,s^2} = 0.074$$

取第④层平均土层厚度2.5 m,第⑤层平均土层厚度3.0 m,桩身进入第⑥层1.0 m。单桩竖向承载力特征值计算如下:

$$R_a = u_p \sum q_{si}l_i + \alpha_p A_p q_p = 1.256 \text{ m} \times (30 \text{ kPa} \times 2.5 \text{ m} + 32 \text{ kPa} \times 3.0 \text{ m} +$$

$$35 \text{ kPa} \times 1.0 \text{ m}) + 1.1 \times 0.125 \text{ 6 m}^2 \times 700 \text{ kPa} = 347 \text{ kN}$$

复合地基承载力特征值计算:因天然地基承载力较高,取 $\lambda = 1.0, \beta = 0.9$。

$$f_{spk} = \lambda m \frac{R_a}{A_p} + \beta(1 - m)f_{sk}$$

$$= 1.0 \times 0.074 \times \frac{347 \text{ kN}}{0.125 \text{ 6 m}^2} + 0.9 \times (1 - 0.074) \times 180 \text{ kPa} = 354 \text{ kPa}$$

对复合地基承载力进行深度修正:基础以上土的加权平均重度 $\gamma_m = 18 \text{ kN/m}^2$,复合地基深度修正系数 $\eta_d = 1.0$。

$$f_{sp} = f_{spk} + \eta_d \gamma_m(d - 0.5)$$

$$= 354 \text{ kPa} + 1.0 \times 18 \times (5.0 - 0.5) \text{kPa} = 435 \text{ kPa} > 400 \text{ kPa}$$

复合地基承载力经修正后,满足设计要求。

加固区计算变形量为 15.5 mm,下卧层变形量 61 mm,最大倾斜 1.1‰,满足要求。

3)施工工艺选择

采用长螺旋钻中心压灌成桩的施工工艺。在地基处理施工工艺选择时,主要考虑到以下因素:由于场地两侧均有已建高层建筑,为避免深层降水对已有建筑物产生不良影响,降水至基坑作业面以下 1 m,不再做深层降水;地基处理工艺应避免振动和噪声。

4)地基加固效果

(1)CFG 桩单桩静载荷试验　3 根 CFG 桩破坏荷载均为 960 kN,极限荷载为 880 kN,均大于理论设计值。说明短桩施工质量容易保证,设计值偏于安全。

(2)单桩复合地基静载荷试验　从 $Q\text{-}s$ 曲线可以看出,复合地基载荷试验曲线是渐近形的光滑曲线,不存在极限荷载。取 $s/b = 0.01$ 对应的荷载作为复合地基承载力特征值,两次试验的平均值为 386 kPa,经深度修正后,承载力特征值为 467 kPa,复合地基承载力超过设计要求。

5)评价

当桩端下卧层土质均匀,且变形能够满足设计要求时,应优先设计短桩复合地基。在设计时,桩间距越小,复合地基模量越大,变形量越小,能很好地解决加固区土质不均匀问题,且短桩施工质量易于保证。

习　题

7.1　某建筑物地上 28 层,地下两层,结构形式为框架-剪力墙结构,基础形式为箱形基础,面积为 35 m×30 m,基底压力为 515 kPa,基础埋深 7 m,地下水埋深 2.6 m,地基土的性质见表7.8。采用 CFG 桩进行处理,桩径为 400 mm,桩体材料为 C25(即强度 $f_{cu} = 25$ MPa),采用正三角形布桩。

表 7.8　地基土的性质

名　称	层厚/m	重度 $\gamma/(\,kN\cdot m^{-3})$	承载力特征值 f_{sk}/kPa	桩侧阻力特征值 q_s/kPa	桩端阻力特征值 q_p/kPa
粉　土	0~10	18.9	140	48	640
黏　土	10~18	19	170	65	900
粉　砂	>18	20.6	240	70	1 200

试对 CFG 复合地基进行如下设计计算:①计算单桩承载力;②计算地基承载力特征值;③计算面积置换率;④确定桩数及桩间距。

7.2　某建筑工程场地地质情况如下:

①杂填土:平均厚度为 1.5 m。

②粉质黏土:土质较均匀,平均层厚 2.5 m,桩侧阻力特征值 $q_s = 20$ kPa,压缩模量 $E_s = 5.0$ MPa,地基承载力特征值 $f_{ak} = 90$ kPa。

③粉细砂层:松散、稍密,平均层厚 3.5 m,桩侧阻力特征值 $q_s = 35$ kPa,$E_s = 8$ MPa,$f_{ak} = 100$ kPa。

④黏土层:硬塑,平均层厚 3.0 m,桩侧阻力特征值 $q_s = 32$ kPa,$E_s = 7$ MPa,地基承载力特征值 $f_{ak} = 120$ kPa。

⑤中粗砂层:中密,平均层厚 4.0 m,桩端阻力特征值 $q_p = 350$ kPa,$E_s = 32$ MPa,$f_{ak} = 200$ kPa。

⑥卵石层:密实,未钻透,桩端阻力特征值 $q_p = 1\,500$ kPa,$E_s = 80$ MPa,$f_{ak} = 280$ kPa。

该建筑为剪力墙结构,基础采用筏板基础。上部结构传至基础顶面的竖向荷载标准值 $F_k = 420\times10^3$ kN,准永久荷载组合值 $F_k' = 320\times10^3$ kN,筏板基础底面尺寸 25 m×80 m。设计要求处理后的地基承载力特征值 f_{ak} 不小于 200 kPa,沉降量不大于 150 mm。建议采用 CFG 桩复合地基进行地基处理,试设计该复合地基,并选择适合的施工工艺。

8

夯实水泥土桩法

〖**本章教学要求**〗

了解夯实水泥土桩复合地基法的概念、工程应用情况、适用范围、受力特性和作用机理；掌握夯实水泥土桩复合地基设计计算方法，包括复合地基布桩要求、桩体强度设计、复合地基承载力计算和沉降计算；熟悉夯实水泥土桩施工工艺及质量检测方法。

8.1 概　述

▶ 8.1.1 夯实水泥土桩法的概念

夯实水泥土桩法(Rammed Soil-Cement Pile)复合地基技术是将水泥和土按设计的比例搅拌均匀，在孔内夯实至设计要求的密实度而形成的加固体，并与桩间土组成复合地基的一种地基处理方法。

夯实水泥土桩施工时，桩身混合料在孔外拌和，然后逐层填入孔中并经外力机械夯实。夯实水泥土的强度主要由两部分组成：一部分为水泥胶结体的强度，另一部分为夯实后因密实度增加而提高的强度。

▶ 8.1.2 夯实水泥土桩的应用与发展

夯实水泥土桩复合地基技术1991年由中国建筑科学研究院地基基础研究所开发研究，其后与河北省建筑科学研究院一起，对该桩的力学特性、适用范围、施工工艺及其特点进行了详细研究。

夯实水泥土桩主要材料为土,辅助材料为水泥,水泥使用量为土的 $1/8\sim1/4$,成本低廉。经夯实水泥土桩复合地基处理的工程,承载力可提高 $50\%\sim100\%$,沉降量减少。与现场搅拌水泥土桩相比,夯实水泥土桩桩身强度、桩体密度、抗冻性等性能均较好,且具有施工方便、施工质量容易控制、造价低廉等特点。该技术首先在北京、河北等地推广使用,随后在全国推广使用。1998 年该项成果列入国家及科技成果重点推广计划,2000 年列为建设部科技成果专业化指南项目。

夯实水泥土桩施工可根据工程地质条件和设计要求选择人工成孔和机械成孔,机械成孔可采用机械洛阳铲成孔、长螺旋钻机成孔、夯扩机或挤土机成孔。

▶ 8.1.3 夯实水泥土桩法的适用范围

夯实水泥土桩法适用于处理地下水位以上的粉土、素填土、杂填土、黏性土等地基。处理深度不宜超过 15 m。当采用洛阳铲成孔工艺时,深度不宜超过 6 m。

当有地下水时,适用于渗透系数小于 10^{-5} cm/s 的黏性土,以及桩端以上 $0.5\sim1.0$ m 范围内有水的地质条件。对含水量特别高的地基土,不宜采用夯实水泥土桩处理。

8.2 加固机理

▶ 8.2.1 夯实水泥土桩复合地基受力特性

夯实水泥土桩是一种中等黏结强度桩,形成的复合地基属于半刚性桩复合地基。与 CFG 桩复合地基相似,夯实水泥土桩复合地基与基础间设置一定厚度的褥垫层,通过褥垫层调整变形作用,保证复合地基中桩土共同承担上部结构荷载。

夯实水泥土桩复合地基主要是通过桩体的置换作用来提高地基承载力。当天然地基承载力小于 60 kPa 时,可考虑夯填施工对桩间土的挤密作用。

1)夯实水泥土桩受力特点

夯实水泥土桩具有一定的强度,在垂直荷载作用下,桩身不会因侧向约束不足发生鼓胀破坏,桩顶荷载可以传入较深的土层中,从而充分发挥桩侧阻力作用。但由于桩身强度不大,桩身仍可发生较大的压缩变形。

由于桩身的可压缩性,桩的承载力发挥要经历桩身逐段压密,侧阻力逐渐发挥,最后才是桩端承载力开始发挥的过程。

2)桩土应力比

夯实水泥土桩复合地基载荷试验的桩土应力比 n 与荷载 P 的关系曲线如图 8.1 所示。随着荷载

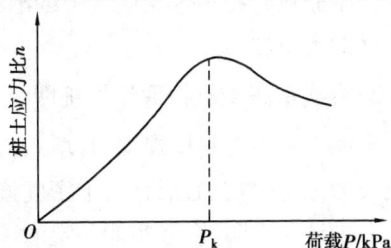

图 8.1 水泥土桩复合地基 n-P 关系示意图

的增加,桩土应力比增加,曲线呈上凸形,至桩身屈服破坏时,桩土应力比达到峰值,可以认为桩体达到极限荷载。当桩身屈服后,桩土应力比随着荷载的增加而降低,并渐趋于较稳定的数值。说明在水泥土桩复合地基中,水泥土桩体的破坏将引起整个复合地基的破坏。

▶ 8.2.2 夯实水泥土桩加固机理

1)夯实水泥土桩化学作用机理

夯实水泥土桩拌和土料不同,其固化作用机理也有差别。当拌和土料为砂性土时,夯实水泥土桩固化机理类似水泥砂浆,其固化时间短、固化强度高;当拌和土料为黏性土和粉土时,由于水泥掺入比有限(水泥掺入量一般为7%~20%),而土料中的黏粒和粉粒具有较大的比表面积并含有一定的活性介质,所以水泥固化速度缓慢,其固化机理也较复杂。

夯实水泥土桩的桩体材料主要是固化剂水泥、拌和土料及水。拌和土料可以使用原地土料,若天然土性质不好,可采用其他性能更好的土料。含水量以使拌和水泥土料达到最优含水量为准。

(1)水泥的水化水解反应　在将拌和料逐层夯入孔内形成桩体的过程中,水泥与拌和土料中的水分充分接触,发生水化水解反应,主要反应方程式如下:

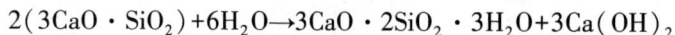

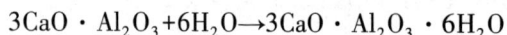

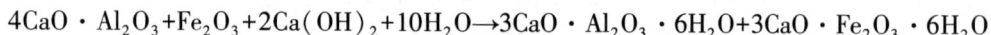

$$2(3CaO \cdot SiO_2)+6H_2O \rightarrow 3CaO \cdot 2SiO_2 \cdot 3H_2O+3Ca(OH)_2$$

$$2(2CaO \cdot SiO_2)+4H_2O \rightarrow 3CaO \cdot 2SiO_2 \cdot 3H_2O+Ca(OH)_2$$

$$3CaO \cdot Al_2O_3+6H_2O \rightarrow 3CaO \cdot Al_2O_3 \cdot 6H_2O$$

$$4CaO \cdot Al_2O_3+Fe_2O_3+2Ca(OH)_2+10H_2O \rightarrow 3CaO \cdot Al_2O_3 \cdot 6H_2O+3CaO \cdot Fe_2O_3 \cdot 6H_2O$$

水泥中硅酸三钙($3CaO \cdot SiO_2$)是加固体强度的决定因素,加固体后期强度取决于硅酸二钙($2CaO \cdot SiO_2$)的水化程度,铝酸三钙($3CaO \cdot Al_2O_3$)水化速度快,能促进早凝,铝酸四钙($4CaO \cdot Al_2O_3$)则促进早强。这些水化物形成胶体,进一步凝结硬化成水化物晶体。

(2)水泥土的离子交换和团粒化作用　拌和土料中的黏性土和粉土颗粒与水分子结合时呈现胶体特性。土料中的二氧化硅(SiO_2)遇水后形成硅酸胶体颗粒,其表面带有 Na^+ 和 K^+,它们能和水泥水化生成的氢氧化钙中的钙离子(Ca^{2+})进行当量吸附交换,使较小的土颗粒形成较大的土团粒,逐渐形成网络状结构,起主骨架作用。

(3)水泥土的硬凝反应　随着水泥水解和水化反应的深入,溶液中析出的大量钙离子(Ca^{2+})与黏土矿物中的氧化硅(SiO_2)、氧化铝(Al_2O_3)进行化学反应,生成不溶于水的结晶化合物。结晶化合物在水及空气中逐渐硬化固结,由于结构致密,水分不容易侵入,使水泥土具有足够的水稳性。

2)夯实水泥土桩物理作用机理

水泥土桩混合料搅拌均匀,填入桩孔后,经外力机械分层夯实,桩体达到密实。随着夯击次数及夯击能的增加,混合料干密度逐渐增大,强度明显提高。

夯击试验表明,在夯实能一定的情况下,对应最佳含水量的干密度为混合料最大干密度,即在施工中只要将桩体混合料的含水量控制在最佳含水量,便可获得桩体的最大干密度和最大夯实强度。

在持续的外力机械夯实作用下,水泥土形成具有较好水稳性的网络状结构,具有结构致密、孔隙率低、强度高、压缩性低及整体性好等特点。

8.3 设计计算

▶ 8.3.1 夯实水泥土桩复合地基布桩基本要求

1)平面布置

夯实水泥土桩宜在建筑物基础范围内布置。基础边缘距离最外一排桩中心的距离不宜小于 1.0 倍桩径。

2)夯实水泥土桩参数设计

①桩径 d:桩孔直径宜为 300~600 mm,常用直径为 350~400 mm。

②桩距 s:桩距宜为 2~4 倍桩径。具体设计时在桩径选定后,根据面积置换率确定。

③桩长 L:夯实水泥土桩最大桩长不宜超过 15 m,最小长度不宜小于 2.5 m。当相对硬土层埋藏较浅时,应按相对硬土层的埋藏深度确定;当相对硬土层的埋藏较深时,可按建筑物地基的变形允许值确定。

④面积置换率:夯实水泥土桩面积置换率一般为 5%~15%,一般采用三角形或正方形布桩。

3)褥垫层设计

在桩顶面应铺设 100~300 mm 厚褥垫层,垫层材料可采用中砂、粗砂或碎石等,最大粒径不宜大于 20 mm。

▶ 8.3.2 夯实水泥土桩桩体强度设计

夯实水泥土桩的强度与加固时所用的水泥品种、强度等级、水泥掺量、被加固土体性质及施工工艺等因素有关。夯实水泥土桩立方体抗压强度一般可达到 3.0~5.0 MPa。

1)材料选择与配合比

(1)水泥品种与强度等级　宜采用 32.5 或 42.5 级矿渣水泥或普通硅酸盐水泥。水泥土的强度随水泥强度等级提高而增加。据资料统计,水泥强度等级每增加 C10 级,水泥土标准抗压强度可提高 20%~30%。

(2)水泥掺入比 α_w

$$\alpha_w = \frac{掺入水泥的质量}{被加固软土质量} \times 100\% \quad 或 \quad \alpha_w = \frac{掺入水泥的体积}{被加固软土体积} \times 100\%$$

水泥土强度随水泥掺入比的增加而增大。水泥掺量过低,桩身强度低,加固效果差;水泥掺量过高,地基加固不经济。对一般地基加固,水泥掺入比可取 7%~20%。

(3)外掺剂　由于粉煤灰中含有 SiO_2,Al_2O_3 等活性物质,在水泥土中掺入一定量的粉煤灰,可提高水泥土强度。一般可掺入 10% 左右的粉煤灰。

2)水泥土标准强度

设计中根据室内水泥土配合比试验资料,合理选取配合比,并测定其标准强度。夯实水泥土桩体强度宜取 28 d 龄期试块的立方体(边长为 70.7 mm)抗压强度平均值,桩体试块抗压强度计算参见式(5.15)。

▶ 8.3.3 夯实水泥土桩复合地基承载力计算

1)复合地基承载力特征值

夯实水泥土桩复合地基承载力特征值应通过现场复合地基载荷试验确定,初步设计时可按式(5.13)估算,式中桩间土承载力发挥系数 β 可取 0.9~1.0,单桩承载力发挥系数 λ 可取 1.0。

2)单桩竖向承载力特征值

无单桩载荷试验资料时,夯实水泥土桩单桩竖向承载力特征值可按式(5.14)估算,桩端端阻力发挥系数 α_p 可取 1.0,桩身强度应满足式(5.15)的规定。

3)软弱下卧层验算

当复合地基加固区下卧层为软弱土层时,尚须验算下卧层承载力。要求作用在下卧层顶面处的基础附加应力 p_0 和自重应力 σ_{cz} 之和不超过下卧层容许承载力,计算方法参见5.2.2节。

▶ 8.3.4 夯实水泥土桩复合地基沉降计算

夯实水泥土桩复合地基沉降量 s,由复合地基加固区范围内土层压缩量 s_1 和下卧层压缩量 s_2 组成。复合地基沉降计算采用各向同性均质线性变形体理论,可按分层总和法计算加固区和下卧层变形。具体计算可参见 7.3.4 节。

根据《建筑地基基础设计规范》(GB 50007—2011)规定,夯实水泥土桩复合土层压缩模量的计算采用提高系数法,具体计算见式(5.24)。

为简化计算,当加固层由多层土组成时,E_{sp} 可取多层土的加权平均值。

8.4 施工技术

夯实水泥土桩施工分为 3 步:成孔、制备水泥土、夯填成桩。成桩过程如图 8.2 所示。

▶ 8.4.1 施工准备及制桩

1)施工准备

①现场取土,确定原位土土质与含水量是否适宜做水泥土桩混合料。

②根据设计选用成孔方法并做现场成孔试验,确定成孔可行性。试桩数量不得少于 2 根。

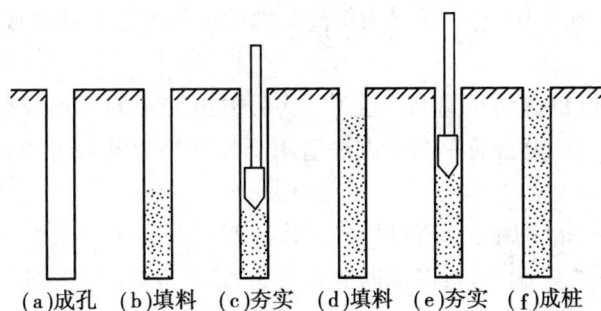

(a)成孔　(b)填料　(c)夯实　(d)填料　(e)夯实　(f)成桩

图8.2　夯实水泥土桩施工过程示意图

2)桩材制备

夯实水泥土桩桩体材料主要由水泥和土的混合料组成,选用材料应符合以下要求:

①夯实水泥土桩所用水泥应符合设计要求的种类及规格,宜采用32.5级或42.5级矿渣水泥或普通硅酸盐水泥。水泥在储存和使用过程中,要做好防潮、防雨工作。

②夯实水泥土桩的土料宜采用黏性土、粉土、粉细砂或渣土,选用原位土作为混合料时,土料中有机质质量分数不得超过5%,不得含有冻土或膨胀土,使用时应过10~20 mm筛。

③混合料按设计配合比配置,一般可采用水泥∶混合料=1∶5~7(体积比)的比例试配。

④混合料含水量应满足土料的最优含水量 w_{op}(室内击实试验确定),其允许偏差不得大于±2%。土料与水泥应拌和均匀,水泥用量不得少于按配比试验确定的重量。

⑤混合料采用强制式混凝土搅拌机或人工进行拌和,搅拌后混合料应在2 h内用于成桩。

▶ 8.4.2 成孔工艺

根据成孔过程中是否取土,可分为非挤土法(也称排土法)成孔和挤土法成孔两种。非挤土法成孔在成孔过程中对桩间土没有扰动,而挤土法成孔对桩间土有一定挤密和振密作用。对于处理地下水位以上,有振密和挤密效应的土宜选用挤土法成孔;当含水量超过24%,呈流塑状,或当含水量低于14%,呈坚硬状态的地基宜选用非挤土法成孔。

1)非挤土法成孔

非挤土法成孔是指在成孔过程中把土排到孔外的成孔方法。该法没有挤土效应,多用于原土已经固结、没有湿陷性和振陷性的土。常用的成孔机具有人工洛阳铲、长螺旋钻孔机。

洛阳铲成孔直径一般在250~400 mm。洛阳铲成孔的特点是设备简单,不需要任何能源,无振动、无噪声,可靠近旧建筑物成孔,操作简单,工作面可以根据工程的需要扩展,特别适合中小型工程成孔。

长螺旋钻孔机成孔是夯实水泥土桩的主要机种,该机能连续出土,成孔质量好,成孔深,效率高。该机适用于地下水位以上的填土、黏性土、粉土,对于砂土其含水量要适中,太干的砂土和饱和砂土均易出现坍孔。

2)挤土法成孔

挤土法成孔是在成孔过程中把原桩孔的土体挤到桩间土中去的成孔方法。挤土成孔可使桩间土干密度增加,孔隙比减少,承载力提高。常用成孔方法有锤击成孔、振动沉管和干法振冲器成孔。

锤击法是指采用打桩锤将桩管打入土中,然后拔出桩管的一种成孔法。夯锤由铸铁制成,锤重一般为 3~10 kN,设备简单。该方法适用于处理松散的填土、黏性土和粉土,适用于桩较小且孔不太深的情况。

振动沉管法成孔是指采用振动打桩机将桩管打入土中,然后拔出管的成孔方法。目前我国振动打桩机已系列化、定型化,可以根据地质情况、成孔直径和桩深来选取。振动时土壤中所含的水分能减少桩管表面和土壤之间的摩擦,因此当桩管在含水饱和的砂土和湿黏土中沉管阻力较小,而在干砂和干硬的黏土中用振动法沉桩阻力很大,而且在砂土和粉土中施工拔管时宜停振,否则易出现坍孔,但频繁的启动容易使电机损坏。

干法振动成孔器成孔与碎石桩方法相同。采用该法也宜停振拔管,否则易使桩孔坍塌,也存在易损坏电机的问题。

3)桩孔施工注意事项

①桩孔按设计图纸定位钻孔,桩孔中心偏差不应超过桩径设计值的 1/4,对条形基础不得超过桩径设计值的 1/6。

②桩孔垂直度偏差不应大于 1.5%。

③桩孔直径不得小于设计桩径,桩孔深度不得小于设计深度。

▶ 8.4.3 夯填工艺

夯填可用机械夯实,也可用人工夯实。常用的夯填方式有以下几种:夹板自落夯实机成桩、夹管自落夯实机成桩、人工夯锤夯实成桩、卷扬吊锤夯实机成桩等。

1)夯填桩孔

①夯填桩孔时,宜选用机械夯实,分段夯填。向孔内填料前孔底必须夯实。

②成桩时填料量与锤质量、锤的提升高度及夯击能密切相关。要求填料厚度不得大于 50 cm,夯锤质量不应小于 150 kg,提升高度不应低于 70 cm。

③夯击能不仅取决于夯锤质量和提升高度,还与填料量和夯击次数密切相关。施工时应做现场制桩试验,使夯实效果满足设计要求,混合料压实系数 λ_c 一般不应小于 0.93。

④桩顶夯填高度应大于设计桩顶标高 200~300 mm,垫层施工时将多余桩体凿除。

⑤施工过程中,应有专人检测成孔及回填夯实质量,并做好施工记录。如发现地基土质与勘察资料不符时,应查明情况,采取有效处理措施。

⑥雨期或冬期施工时,应采取防雨、防冻措施,防止土料和水泥淋湿或冻结。

2)垫层施工

垫层材料应级配良好,不含植物残体、垃圾等杂质。为了减少施工期地基的变形量,垫层铺设时应分层夯压密实,夯填度不得大于 0.9。垫层施工时应严禁扰动基底土层。

8.5 质量检验

▶ 8.5.1 夯实水泥土桩桩体夯实质量检验

施工前,应对进场的水泥及夯实用土料的质量进行检验;施工中,应检查孔位、孔深、孔径、水泥和土的配比及混合料含水量等;施工结束后,应对桩体质量、复合地基承载力及褥垫层夯填度进行检验。

夯实水泥土桩桩体的夯实质量检查应在成桩过程中随机抽取。抽样检查数量不应少于总桩数的2%。

对一般工程,可检查桩的干密度和施工记录。干密度检验方法可在24 h内采用取土样测定,或采用轻型动力触探锤击数 N_{10} 与现场试验确定的干密度进行对比,以判断桩身质量。

桩体不同配比的控制最小干密度值可参照表8.1。

表8.1 桩体不同配比的控制最小干密度   单位:g/cm³

土料种类	水泥与土的体积比			
	1:5	1:6	1:7	1:8
粉细砂	1.72	1.71	1.71	1.67
粉土	1.69	1.69	1.69	1.69
粉质黏土	1.58	1.58	1.58	1.57

▶ 8.5.2 承载力检测

夯实水泥土桩复合地基竣工验收时,承载力检验可采用单桩复合地基载荷试验,对重要或大型工程尚应进行多桩复合地基载荷试验。

单桩复合地基载荷试验宜在成桩15 d后进行。静载荷试验点为总桩数的1.0%,且每个单体工程检验数量不应小于3个试验点。

夯实水泥土桩复合地基载荷试验完成后,当以相对变形值确定夯实水泥土桩复合地基承载力特征值时,对以黏性土、粉土为主的地基,可取载荷试验沉降比 s/b(或 s/d)等于0.01时所对应的压力值;对以卵石、圆砾、密实粗中砂为主的地基,可取载荷试验沉降比 s/b(或 s/d)等于0.008时所对应的压力值。

8.6 工程应用实例

【例8.1】 北京大兴某工程,根据岩土勘察报告,场地地基土层主要为:
①杂填土,平均厚度为0.5 m;

②新近沉积粉质黏土,褐黄色、稍湿、稍密,土质较均匀,平均层厚为 2.0 m,承载力特征值 $f_{ak}=120$ kPa;

③新近沉积粉质黏土,硬塑,土质不均,平均层厚为 1.2 m,桩侧阻力特征值 $q_s=20$ kPa,地基承载力特征值 $f_{ak}=130$ kPa;

④新近沉积粉细砂,松散、稍密,平均层厚 2.8 m,桩侧阻力特征值 $q_s=20$ kPa,$f_{ak}=120$ kPa;

⑤中粗砂,稍湿、中密,平均层厚 3.5 m,桩端阻力特征值 $q_p=250$ kPa,$f_{ak}=250$ kPa。

勘探最大深度 20 m 内未见地下水。

该建筑共计 10 层,设计采用框架结构,柱下独立基础。设计基础埋深 −2.5 m,持力层为第③层粉质黏土层。设计要求处理后的地基承载力特征值 f_{ak} 不小于 180 kPa。建议采用夯实水泥土桩进行地基加固。

1)夯实水泥土桩设计

(1)桩体材料确定　水泥采用 32.5 级普通硅酸盐水泥,土料采用桩孔土砂。

将水泥和砂按照 1:7(体积比)的比例,加适量水搅拌均匀,室内用标准夯实试验制成试块,养护 28 d 后,得抗压强度平均值 $f_{cu}=3$ MPa。

(2)桩的几何参数设计　根据地层及设备条件,设计桩径 $d=400$ mm,则有:

$$u_p = \pi d = 3.14 \times 0.4 \text{ m} = 1.256 \text{ m}$$

$$A_p = \frac{\pi}{4}d^2 = \frac{3.14}{4} \times 0.4^2 \text{ m}^2 = 0.125\ 6 \text{ m}^2$$

桩身应穿越③、④层软弱土,桩端落于密实的中砂层,因此,初步设计桩长 $s=4$ m。根据基础尺寸,采用正方形布桩。

(3)单桩竖向承载力特征值　根据已知地质参数,计算单桩竖向承载力特征值 R_a 为:

$$R_a = u_p \sum_{i=1}^{n} q_{si}l_i + \alpha_p q_p A_p = 1.256 \text{ m} \times (20 \text{ kPa} \times 4 \text{ m}) + 1.0 \times 250 \text{ kPa} \times 0.125\ 6 \text{ m}^2 = 132 \text{ kN}$$

根据桩身强度,单桩竖向承载力特征值 R_a 尚应满足下式要求:

$$R_a \leq \frac{f_{cu}A_p}{4\lambda} = \frac{3\ 000 \times 0.125\ 6}{4 \times 1.0} \text{ kN} = 94 \text{ kN}$$

因此,单桩竖向承载力特征值 R_a 取 94 kN。

(4)面积置换率的确定　根据复合地基承载力要求反算面积置换率,代入下面公式:

$$f_{spk} = \lambda m \frac{R_a}{A_p} + \beta(1-m)f_{sk}$$

式中,$f_{spk}=180$ kPa,$R_a/A_p=94$ kN$/0.125\ 6$ m$^2=784.4$ kPa,$\beta=0.9$,$\lambda=1.0$,$f_{sk}=120$ kPa。计算得:$m=0.112$。

(5)布桩　正方形布桩。由于 $m=\dfrac{\pi d^2}{4s^2}$,则有 $s=\sqrt{\dfrac{\pi d^2}{4\ m}}=1.06$ m。

实际布桩时,桩间距采用 1.0 m,可根据基础尺寸适当进行调整。

(6)褥垫层　为调节桩土应力比,桩顶铺设 150 mm 厚中粗砂褥垫层。

2) 施工关键工序及质量控制

①成孔:采用螺旋钻机成孔,低转速钻进,并隔行隔排进行。上提钻头时,速度尽量放慢,以防止孔壁塌陷。塌孔严重的部位是第④层粉细砂层,施工时首先人工成孔至④层顶面,然后加适量水,使其含水量增加以增强孔壁稳定性。

②拌料:混合料按照试验配合比1:7比例拌和,采用搅拌机搅拌,每盘加水15~18 kg,拌和时间不低于60 s,保证混合料均匀。

③成桩:采用直径为300 mm,长为0.8 m,重为150 kg锤进行夯击,落距控制在1.5~2.5 m。首先夯击孔底3次,使虚土密实,然后分层填料夯实,每层厚度控制在300~500 mm,夯击2或3次。夯击时,锤正对孔中心,落锤要稳、准,防止锤摆动碰撞孔壁。对塌孔严重的部位,应多填多夯,使混合料填满,并且有一定的密实度。

3) 加固效果检验

①施工时进行常规自检,标准贯入基数为50~85击,说明桩体密实且较均匀。

②取桩体试块3组,28 d强度 f_{cu} 均超过3 MPa。

③开挖3根桩进行观测,观测结果:桩体固结程度较好,桩周土较密实,只在个别桩中有2~3 cm厚砂夹层,夹层进入桩体最大为8 cm。塌孔严重的部位形成强度较高的盖顶,且与桩间土结合较好。

④共进行6根单桩复合地基载荷试验,压板面积采用1.25 m×1.25 m的方板,荷载为设计值的2倍,采用慢快维持法进行试验。$p\text{-}s$ 曲线均匀,无明显拐点,下降段平缓,未出现破坏荷载。

习 题

某建筑工程,场地地质条件如下:①杂填土,平均层厚1.5 m;②粉质黏土,松散、平均层厚2.5 m,桩侧阻力特征值 $q_s = 18$ kPa,地基承载力特征值 $f_{ak} = 90$ kPa;③黏土,硬塑,平均层厚为3.0 m,桩侧阻力特征值 $q_s = 30$ kPa,$f_{ak} = 110$ kPa;④中砂层,稍湿、中密,平均层厚3.5 m,桩端阻力特征值 $q_p = 240$ kPa,$f_{ak} = 250$ kPa。

该场地地下水埋藏于中砂层,地下水位较低。该建筑采用框架结构,柱下筏板基础,设计基础埋深−1.5 m。设计要求处理后的地基承载力特征值 f_{ak} 不小于180 kPa。试进行夯实水泥土桩复合地基处理方案设计。

9

柱锤冲扩桩法

了解柱锤冲扩桩法的概念、特点、作用机理及适用范围;掌握柱锤冲扩桩法的设计计算,如处理范围与桩位布置、复合地基承载力计算和地基变形计算等;熟悉柱锤冲扩桩法施工工艺,如施工机具选择、桩体材料制备和施工步骤等;了解柱锤冲扩桩法的质量检验方法、内容和操作要求。

9.1 概 述

▶ 9.1.1 柱锤冲扩桩法的概念、应用与发展

柱锤冲扩桩法是采用直径 300~500 mm、长度 2~6 m、质量 2~10 t 的柱状锤(简称柱锤,长径比 $L/d=7~12$),通过自行杆式起重机或其他专用设备,将柱锤提升到距地基 5~10 m 高度后下落,在地基土中冲击成孔,并重复冲击到设计深度,在孔内分层填料、分层夯实形成桩体,同时对桩间土进行挤密,形成复合地基。在桩顶部可设置 200~300 mm 厚砂石垫层。

柱锤冲扩桩法是在土桩、灰土桩、强夯置换等工法的基础上发展起来的。在使用初期(1994 年以前),主要用于浅层松软土层(≤4 m)处理,桩身填料主要是渣土或 2∶8 灰土,建筑物多为 4~6 层砖混住宅,加固机理以挤密为主。20 世纪 90 年代中期,该工法被引入天津,多用于沟、坑、洼地、水塘等松软土层或杂填土等地基的处理。为解决坍孔及提高地基处理效果,开发出复打成孔及套管成孔新工艺。借鉴生石灰桩的加固机理,在桩身填料中加入生石

灰(即碎砖三合土),加固效果良好。

20 世纪末,柱锤冲扩桩桩身填料除了渣土、碎砖三合土及灰土以外,级配砂石、水泥土、干硬性水泥砂石料、低强度等级混凝土等也开始采用。柱锤冲孔静压沉管-分层填料夯扩成桩工艺、中空锤振动沉管-分层填料夯扩成桩工艺被先后采用,使得地基处理深度大大加深,桩身强度及复合地基承载力也大大提高。除建筑工程外,公路工程地基处理、堆场等也开始采用这一地基处理方法。

近几年来,柱锤冲扩桩法的应用领域进一步扩大,其他各种无机物料及黏结性材料的应用也比较广泛。如为了消除砂土液化,北京周边地区广泛采用柱锤冲扩挤密砂石桩,处理深度达 6~8 m。江西利用土夹石(山皮土)柱锤强夯置换成桩,直径可达 1 m,处理深度达 10 m 左右。西北地区广泛采用柱锤冲扩灰土(土)桩挤密桩间土,消除黄土湿陷性,深度达 15~20 m。河北利用干硬性生水泥砂石料及干硬性水泥土柱锤冲扩成桩也取得了成功,桩身直径可达 0.6 m,处理深度可达 10~20 m。当桩身填料采用干硬性水泥砂石料时,可实现一桩两用,既可消除黄土湿陷性,又可大大提高地基承载力。

▶ 9.1.2 柱锤冲扩桩法的适用范围

柱锤冲扩桩复合地基适用于处理地下水位以上的杂填土、粉土、黏性土、素填土和黄土等地基;对地下水位以下饱和松软土层,应通过现场试验确定其适用性。柱锤冲扩桩法地基处理深度不宜超过 10 m。

工程实践表明,柱锤冲扩桩法桩体直径可达 0.6~2.5 m,最大处理深度可达 30 m,地基承载力可提高 3~8 倍。

▶ 9.1.3 柱锤冲扩桩法的特点

柱锤冲扩桩法地基处理技术和其他技术相比,具有以下突出特点:

①柱锤冲扩桩法能够用于各种复杂地层的加固处理,适用于各类软弱土地基。特别是对人工填筑的沟、坑、洼地、浜塘等欠固结松软土层和杂填土的处理,更显示出特有的优越性。

②桩身直径随土的软硬自行调整,土软处桩径大,桩身成串珠状,与桩间土呈咬合抱紧的镶嵌挤密状态,使处理后的地基均匀密实。

③用料广泛,可就地取材,桩身填料可以采用各种无污染的散体颗粒材料。

④施工设备简单、操作方便、直观,便于控制,振动及噪声小。

⑤工程造价低,当采用渣土、碎砖三合土作为桩身填料时,可以大量消耗建筑垃圾,社会效益及经济效益好。

9.2 作用机理

在柱锤冲扩成孔及成桩过程中,通过对原状土的动力挤密、强力夯实、动力固结、充填置换(包括桩身及挤入桩间土的骨料)、生石灰的水化和胶凝等作用,使软弱地基土得到加固。

▶ 9.2.1 冲击荷载作用分析

柱锤冲扩桩法施工中,其冲孔、填料夯实的作用可看作重复性(短脉冲)冲击荷载。柱锤对土体的冲击速度可达 1~25 m/s。这种短时冲击荷载对地基土是一种撞击作用,冲击次数越多,成孔越深,累积的夯击能就越大。

柱锤冲扩桩法所用柱锤的底面积小,柱锤底静接地压力值普遍大于 100 kPa,最高可达 500 kPa 以上,而强夯锤底静接地压力值仅为 25~40 kPa。在相同锤重及落距情况下,柱锤冲扩地基土的单位面积夯击能量比强夯大很多。对比计算结果见表 9.1 及表 9.2。

表 9.1　柱锤冲扩桩法常用柱锤单位面积夯击能

序　号	柱锤直径 /mm	柱锤底面积 /m²	柱锤质量 /t	锤底静压力 /kPa	单位面积夯击能 /[（kN·m）·m⁻²]	
					落距 5 m	落距 10 m
1	325	0.083	1.0~4.0	121~482	591~2 346	1 182~4 728
2	377	0.112	1.5~5.0	134~446	659~2 196	1 318~4 392
3	500	0.196	3.0~9.0	153~459	749~2 247	1 498~4 494

注:目前柱锤质量已达 15~20 t,单位面积夯击能高达 18 000（kN·m）/m²。

表 9.2　强夯单位面积夯击能

序　号	锤底静压力 /kPa	单位面积夯击能/[（kN·m）·m⁻²]			
		落距 10 m	落距 20 m	落距 30 m	落距 40 m
1	25	250	500	750	1 000
2	30	300	600	900	1 200
3	35	350	700	1 050	1 400
4	40	400	800	1 200	1 600

注:强夯法夯锤质量一般为 10~40 t,落距 10~40 m,锤底单位面积静压力为 25~40 kPa。

由表中数据可知,柱锤冲扩桩法柱锤的单位面积夯击能可达 600~5 000（kN·m）/m²,与同比条件下强夯比较,是一般强夯单位面积夯击能的 10~20 倍。用柱锤冲击成孔时,冲击压力远远大于土的极限承载力,从而使土层产生冲切破坏。柱锤向土中侵彻过程中,孔侧土受冲切挤压,孔底土受夯击冲压,对桩间及桩底土均起到夯实挤密的效应。

柱锤冲孔时,地基土受力情况如图 9.1 所示。其中,q_s 为冲孔时柱锤作用在孔壁上的侵彻切应力;P_x 为冲孔时侧向挤压力;P_d 是由柱锤冲孔引起的锤底冲击压力,P_d 的大小与夯击能、成孔深度、土质等有关。

柱锤对土体不仅产生侧向挤压,而且对锤底的地基土产生冲击压力。柱锤冲扩产生冲击波及应力扩散的双重效应,可使土产生动力密实。对于饱和软土及中密以上土层,由于埋深浅,桩孔周围土层覆盖压力小,冲击压力较大时可能会产生隆起,造成局部土体松动破坏,因此,采用柱锤冲扩桩法时,桩顶以上应有一定覆盖土层。

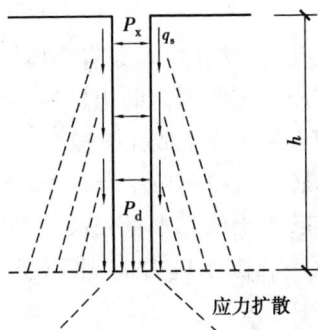

图 9.1 柱锤冲孔时地基土受力分析

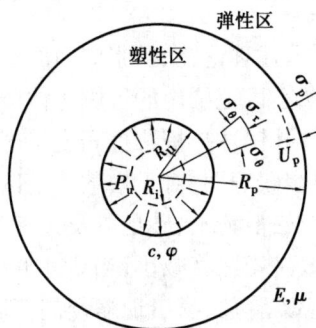

图 9.2 圆筒形孔扩张理论计算简图

▶ 9.2.2 柱锤冲孔的侧向挤密作用

柱锤冲孔对桩间土的侧向挤密作用,可采用 Vesic(魏西克)圆筒形孔扩张理论来描述。圆孔扩张理论以摩尔-库仑条件为依据,在无限土体(黏聚力 c、内摩擦角 φ 为已知)中可确定出圆筒形孔扩张理论的一般解。

如图 9.2 所示,具有初始半径为 R_i 的圆筒形孔,被均匀分布的内压力 P_x 所扩张。当 P_x 增加时,围绕着孔的圆筒形区将成为塑性区。该塑性区将随着内压力 P_x 的增加而不断扩张,一直达到最终值 P_u 为止。当圆筒形孔内压力达到 P_u 时,冲扩孔的半径为 R_u,而孔周围土体塑性区的半径则扩大到 R_p,塑性区内土体可视为可压缩的塑性固体,在半径 R_p 以外的土体仍保持为弹性平衡状态。因此,塑性区半径 R_p 即可看作圆孔扩张的影响半径,其表达式为:

$$R_p = R_u \sqrt{\frac{I_r \sec \varphi}{1 + I_r \Delta \sec \varphi}} \tag{9.1}$$

$$I_r = \frac{G}{S} = \frac{E}{2(1 + \mu)(c + q \tan \varphi)} \tag{9.2}$$

式中　R_p——塑性区半径;

R_u——扩张孔的半径;

I_r——地基土的刚度指标;

Δ——塑性区内土体积应变的平均值;

G——地基土的剪切模量;

S——地基土的抗剪强度;

E——土的变形模量;

μ——土的泊松比;

q——地基中原始固结压力;

c,φ——土黏聚力和内摩擦角。

当塑性区体积应变平均值 $\Delta = 0$ 时,塑性区半径 R_p 的表达式为:

$$R_p = R_u \sqrt{\frac{E}{2(1 + \mu)(c \cos \varphi + q \sin \varphi)}} \tag{9.3}$$

由式(9.3)可知,塑性区半径与桩孔半径成正比,并与土的变形模量、泊松比、抗剪强度指标等有关。

根据上述理论,在扩张应力的作用下,柱锤冲扩挤压成孔时,桩孔位置原有土体被强制侧向挤压,塑性区范围内的桩侧土体产生塑性变形,因此使桩周一定范围内的土层密实度提高。实践证明,柱锤冲扩桩法桩间土挤密影响范围为 $1.5 \sim 2.0\ d_0$(d_0 为冲击成孔直径)。

工程实践表明:对于松散填土以及达到最优含水量的黏性土,挤密效果最佳;对于非饱和的黏性土、松散粉土、砂土以及人工填土,冲孔挤密效果较佳;当土的含水量偏低,土呈坚硬状态时,有效挤密区将减小;当含水量过高时,由于挤压引起超孔隙水应力,土难以挤密,提锤时,由于应力释放,易出现缩颈甚至坍孔现象。

对于淤泥、淤泥质土及地下水位下的饱和软黏土,冲孔挤密效果较差。同时,孔壁附近土强度因受冲击扰动反而会降低,且极易出现缩颈、坍孔和地表隆起,桩身质量也难以保证。因此,该类土层应通过现场试验确定柱锤冲扩桩法适用性。

▶ 9.2.3 孔内强力夯实的作用机理

在冲孔及填料成桩过程中,柱锤在孔内有深层强力夯实的动力挤密及动力固结作用。在饱和软黏土中,动力固结作用尤为突出。桩身的散体材料可起到排水固结作用。

随着柱锤冲扩深度的不断增长,上覆土压力不断增加,其夯实效果不断增强。柱锤孔内夯实的作用机理与强夯不同。强夯是在地表对土层进行夯实,夯实效果与深度直接相关,夯实挤密效果随深度增加而逐渐减弱;柱锤冲扩是在地表一定深度以下对土层(或通过填料)进行强力夯击,当成孔达到一定深度以后,由于上覆土压力及桩侧土的约束,夯实压密效果较好。

柱锤冲孔时,孔内土体发生冲切破坏,产生较大的瞬时沉降,柱锤底部土体形成锥形弹性土楔向下运动。此时土体的受力情况可用土力学中梅耶霍夫关于地基极限承载力的理论来描述。结合魏西克圆筒形扩张理论,柱锤在孔内强力夯击时,锤底形成的压密核将土向四周挤出,如图9.3所示,则 BD 及 AE 面上的土必然向外侧移动,柱锤才能继续贯入,从而对柱锤底部及四周的地基土起到强力夯实挤密作用。

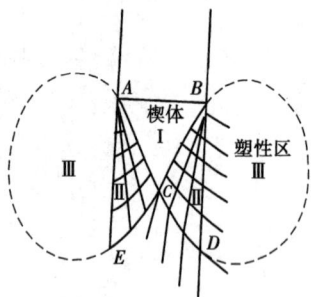

图9.3 柱锤冲孔孔内夯击示意图　　图9.4 柱锤在不同深度冲扩时的土体变形模式

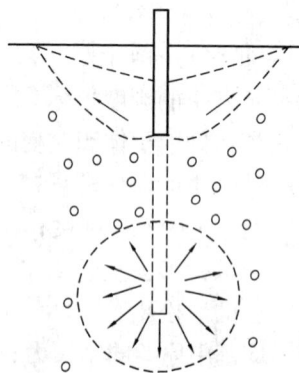

对于松散填土、粉土、砂土及低饱和度黏性土层等,随着冲孔(自上而下)夯击及填料(自下而上)夯击,桩底及桩间土不断被动力挤密,且范围不断扩大。但是,柱锤在不同深度冲扩时,土体的变形模式是不同的。如图9.4所示,在地面下浅层处,柱锤冲孔夯扩时,土体是以剪

切变形为主。随着冲孔深度不断增加,土的侧向约束应力增大,压缩作用逐渐占据上风,而剪切作用就难以发挥出来了。

柱锤冲扩夯击的地基加固模式可简化成如图9.5所示。在浅层,桩孔中的土在剪切作用下被侧向挤出,形成被动破坏区,表层桩间土在被动土压力作用下隆起。随着冲扩深度的加大,柱锤在孔内形成强力夯实作用,孔底下土体在压缩机理的作用下形成主压实区和次压实区。冲孔深度越大,则压实范围越大。

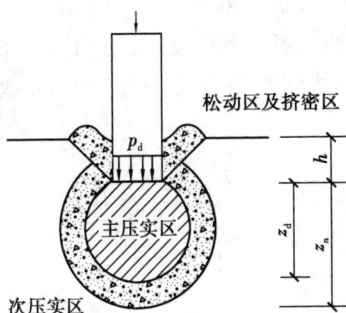

图9.5 简化的柱锤冲扩夯击的地基加固模式

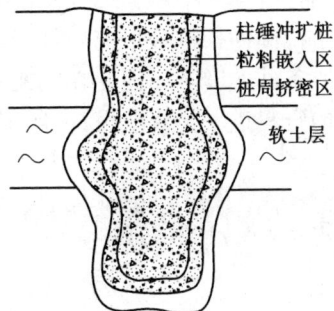

图9.6 柱锤冲扩桩对地基土的加固效果

对于地下水位以下饱和松软土层,其冲孔及填料夯扩的动力密实作用虽不明显,但在孔内强力夯击过程中会产生动力固结效应。施工时,桩孔及附近地表开裂出现涌水冒砂现象(如天津市福东北单住宅小区),说明柱锤冲扩桩法对各种不同土层均有夯实挤密效应。对饱和松软土层应待超静孔隙水应力消散,土层强度恢复后再进行基础施工,修建上部结构。

▶ 9.2.4 填料冲扩的二次挤密效应及嵌入作用

柱锤冲扩桩法在填料夯实挤密过程中,由于夯击能量很大,桩径不断扩大,迫使填料向周边土体中强制挤入,桩间土也被强力挤密加固,即发生二次挤密作用。如成孔直径400 mm,成桩后桩径 d 可达 $600 \sim 1\ 000$ mm,最大可达2.5 m,这是其他挤密桩(灰土桩、土桩、砂石桩)所不能达到的。

当被加固的地基土软硬不均时,软土层部分成桩直径增大,且会有部分粗骨料挤入桩间土,使桩身与桩间土嵌入咬合,密切接触,共同受力。经过填料夯击二次挤密作用后,柱锤冲扩桩对地基土的加固效果如图9.6所示。此外,在湿陷性黄土地区,利用螺旋钻引孔,然后填料用柱锤夯扩挤密桩间土,可达到消除湿陷性的目的。

▶ 9.2.5 桩身填料的物理化学作用

在含水量较高的软土地基中,当桩身填料采用生石灰或碎砖三合土时,其中的生石灰遇水后消解成熟石灰,生石灰固体崩解,孔隙体积增大,从而对桩间土产生较大的膨胀挤密作用。由于这种胶凝反应随龄期增长,所以可提高桩身及桩间土的后期强度。此外,当桩身填料含有水泥时,水泥的水化胶凝作用也会增加桩身强度。

▶ 9.2.6 柱锤冲扩桩法复合地基工作机理

柱锤冲扩桩法的填料主要采用碎砖三合土,形成的桩体为散体材料桩,属于可压缩性的柔性桩。因此,可以认为桩土之间的变形是协调的,桩土复合土层类似人工垫层。

柱锤冲扩桩对原有地基土进行动力置换,依靠桩身强度实现桩体效应。这种桩式置换依靠桩身强度和桩间土的侧向约束维持桩体的平衡,桩与桩间土共同工作形成柱锤冲扩桩复合地基。当桩身填料采用干硬性水泥砂石料等黏结性材料时,桩体效应更加明显。

由于柱锤冲扩桩法目前还处于半理论半经验状态,成孔和成桩工艺及地基固结效果直接受到土质条件的影响。因此在正式施工前进行成桩试验及试验性施工十分必要,根据现场试验取得的资料进一步修改设计,制定出施工及检验要求。

9.3 设计计算

柱锤冲扩桩法复合地基设计主要内容有桩体材料、桩径、桩长、置换率、桩距和布桩范围的设计,并满足复合地基承载力和沉降变形要求。

1)桩体材料

桩体材料推荐采用以拆房土为主组成的碎砖三合土,主要是为了降低工程造价,减少杂土丢弃对环境的污染。有条件时也可以采用级配砂石、矿渣、灰土、水泥混合土等,由于目前尚缺少足够的工程经验,当采用其他材料时应经试验确定其适用性和配合比等有关参数。

碎砖三合土的配合比(体积比)除设计有特殊要求外,一般可采用1:2:4(生石灰:碎砖:黏性土)。

对地下水位以下流塑状态松软土层,宜适当加大碎砖及生石灰用量。碎砖三合土中的石灰宜采用块状生石灰,CaO质量分数应在80%以上。碎砖三合土中的土料,尽量选用就地基坑开挖出的黏性土料,不应含有机物料(如油毡、苇草、木片等),不应使用淤泥质土、盐渍土和冻土。土料含水量对桩身密实度影响较大,因此应采用最佳含水量进行施工,考虑实际施工时土料来源及成分复杂,根据大量工程实践经验,采用自力鉴别即手握成团、落地开花即可。

为了保证桩身均匀及触探试验的可靠性,碎砖粒径不宜大于120 mm,如条件容许,碎砖粒径控制在60 mm左右最佳,成桩过程中严禁使用粒径大于240 mm砖料及混凝土块。

2)地基处理范围

地基处理的范围应大于基底面积。对一般地基,在基础外缘应扩大1~3排桩,且不应小于基底下处理土层厚度的1/2;对可液化地基,在基础外缘扩大的宽度,不应小于基底下可液化土层厚度的1/2且不应小于5 m。

用柱锤冲扩桩法处理可液化地基应适当加大处理宽度。对于上部荷载较小的室内非承重墙及单层砖房可仅在基础范围内布桩。

3)桩径、桩距及布桩要求

柱锤冲扩桩法桩位布置宜为正方形和等边三角形。对于可塑状态黏性土、黄土等,因靠冲扩桩的挤密来提高桩间土的密实度,所以采用等边三角形布桩有利,可使地基挤密均匀;对于软黏土地基,主要靠置换,因而选用任何一种布桩方式均可。

桩间距与设计要求的复合地基承载力及原地基土的承载力有关,根据经验,桩中心距一般可取 1.2~2.5 m,或取桩径的 2~3 倍。

柱锤冲扩桩法有以下 3 个直径:

①柱锤直径。它是柱锤实际直径,现已经形成系列,常用直径为 300~500 mm,如公称直径 ϕ377 mm 锤。

②冲孔直径。它是冲孔达到设计深度时,地基被冲击成孔的直径,对于可塑状态黏性土,其成孔直径往往比锤直径要大。

③桩径。它是桩身填料夯实后的平均直径,它比冲孔直径大,如 ϕ377 柱锤夯实后形成的桩径可达 600~800 mm。因此,桩径不是一个常数,当土层松软时,桩径就大;当土层较密时,桩径就小。

设计时一般先根据经验假设桩径,假设时应考虑柱锤规格、土质情况及复合地基的设计要求,一般常用 $d = 500 \sim 800$ mm,经试桩后再调整桩径。

4)桩长及地基处理深度

地基处理深度可根据工程地质情况及设计要求确定。对相对硬层埋藏较浅时,应深达相对硬土层;当相对硬层埋藏较深时,应按下卧层地基承载力及建筑物地基的变形允许值确定;对可液化地基,应按《建筑抗震设计规范》(GB 50011—2010,2016 年版)的有关规定确定。

为实现复合地基的受力条件,在桩顶部应铺设 200~300 mm 厚砂石垫层,垫层的夯填度不应大于 0.9。对湿陷性黄土,垫层材料应采用灰土,其消石灰与土的体积配合比宜为 2∶8 或 3∶7。

5)复合地基承载力特征值

柱锤冲扩桩复合地基承载力特征值应通过现场复合地基载荷试验确定,也可按式(9.4)估算:

$$f_{\text{spk}} = [1 + m(n - 1)]f_{\text{sk}} \tag{9.4}$$

式中　f_{spk}——柱锤冲扩桩复合地基承载力特征值,kPa;

m——面积置换率,可取 0.2~0.5;

n——桩土应力比,无实测资料时可取 2~4,桩间土承载力低时取大值;

f_{sk}——处理后桩间土承载力特征值,kPa,宜按当地经验取值,如无经验时,当 $f_{\text{ak}} \geqslant$ 80 kPa 时,可取加固前天然地基承载力进行估算。

对于新填沟坑、杂填土等松软土层,f_{sk} 可根据重型动力触探平均击数 $\overline{N}_{63.5}$ 确定,见表 9.3。

表 9.3　根据重型动力触探平均击数 $\overline{N}_{63.5}$ 确定桩间土 f_{sk} 和 E_{s}

$\overline{N}_{63.5}$	2	3	4	5	6	7
f_{sk}/kPa	80	110	130	140	150	160
E_{s}/MPa	4.0	6.0	7.0	7.5	8.0	—

注:①计算 $\overline{N}_{63.5}$ 时应去掉 10% 的极大值和极小值,当触探深度大于 4 m 时,$\overline{N}_{63.5}$ 应乘以 0.9 折减系数。

②杂填土及饱和松软土层,表中 f_{sk} 应乘以 0.9 折减系数。

此外,当柱锤冲扩桩处理深度以下存在软弱下卧层时,应按《建筑地基基础设计规范》(GB 50007—2011)的有关规定进行下卧层地基承载力验算。

6)地基变形计算

地基处理后的变形计算应按《建筑地基基础设计规范》(GB 50007—2011)有关规定执行。初步设计时复合土层的压缩模量可按式(5.24)或式(5.8)估算,公式中 E_s 为加固后桩间土的压缩模量,可按当地经验取值,也可根据加固后桩间土重型动力触探平均击数 $\overline{N}_{63.5}$ 确定,具体选用见表9.3。

9.4 施工技术

▶ 9.4.1 施工设备选择

1)柱锤类型及选择

柱锤冲扩桩法采用的柱锤可分为等截面杆状柱锤、变截面柱锤两类。每一类柱锤中的锤尖、锤体的形式也有所不同,具体参数见表9.4。

表9.4 柱锤类型

类型参数	等截面杆状柱锤					变截面柱锤	
	平底或凹底	锥形底	半球形底	方形断面	活动锤尖	纺锤形	扩底锤
直径/mm	300~500	300~500	300~500	300~500	300~500	500~1 000	300~600
质量/t	1~9	1~9	1~9	1~9	1~9	10~20	1~9
适用范围	一般软土	较硬土层	扩底桩	饱和软黏土	饱和软黏土	大直径桩	一般软土

柱锤冲扩桩法施工过程中,不同锤型的地基土的作用效应是不同的,因此,锤型选择应按土质软硬、处理深度及成桩直径经试桩后加以确定,柱锤长度不宜小于处理深度。柱锤冲扩桩法加固一般软土地基,主要使用等截面圆形平底或凹底杆状柱锤。尖锥形杆状柱锤及变截面柱锤等也有应用。目前采用的系列柱锤参数见表9.5。

表9.5 柱锤规格参数表

序号	规格参数				锤底形式
	直径/mm	长度/m	质量/t	锤底静压力/kPa	
1	325	2~6	1.0~4.0	120~480	平底、凹底或锥形底
2	377	2~6	1.5~5.0	134~447	平底、凹底或锥形底
3	500	2~6	3.0~9.0	153~459	平底、凹底或锥形底

注:封顶或拍底时,可采用质量2~10 t的扁平重锤进行。

柱锤可用钢材制作或用钢板为外壳内部浇筑混凝土制成,也可用钢管为外壳内部浇铸铁制成。钢制柱锤可制成装配式,由组合块和锤顶两部分组成,使用时用螺栓连成整体,调整组合块数(一般 0.5 t/块),即可按工程需要组合成不同质量和长度的柱锤。

2)冲扩桩机

(1)吊车型冲扩桩机　吊车型冲扩桩机由吊车、柱锤、护筒、卷扬机、自动脱钩装置等组成,适用于桩长在 6 m 以内的桩体施工。

吊车可选用 10~30 t 自行杆式起重机。当成桩深度不大于 4 m 时,为减少冲击能量损耗,可采用自动脱钩装置。起重能力应通过计算或现场试验确定(按锤重及成孔时土层对柱锤的吸附力确定),一般不应小于锤重的 3~5 倍。必要时也可增设辅助桅杆或锚拉设备。

自动脱钩装置由钢板制成,要求有足够的强度,使用灵活。柱锤提升到预定高度时,能自动脱钩下落。护筒采用钢管制作,常用钢管外径为 $\phi325$、$\phi377$、$\phi426$、$\phi477$。在护筒上部应开加料口,加焊提筒吊耳。柱锤直径应比护筒内径小 50~70 mm(护筒长度大时取大值),当采用自动脱钩装置时,柱锤应比使用护筒长 1 000~1 500 mm。

(2)多功能冲扩桩机　多功能冲扩桩机由沧州市机械施工有限公司和河北工业大学联合研制。整机为液压步履式(分为前置式及中置式),可完成柱锤冲扩、沉管及螺旋钻取土等各项作业,如图 9.7 所示。该桩机由液压步履行走底盘、机架、柱锤、钢护筒、主副卷扬机、配电箱、液压夹持器等组成,必要时配有长螺旋取土钻头及振动装置。

当冲孔过程中坍孔不严重时,可利用钢丝绳起吊柱锤完成冲孔及填料夯扩。根据工程需要,可利用护筒导向及孔口防护。在地下水位以下施工或冲孔过程中坍孔严重时,可采用跟管成孔,即一边用柱锤冲孔,一边下压护筒(分液压抱压式及绳索式加压),以防止孔壁坍塌。成桩时边提护筒边填料冲扩成桩。当遇到硬夹层或为防止冲孔产生挤土造成地面隆起时,也可换上螺旋钻头先引孔再冲扩成桩。

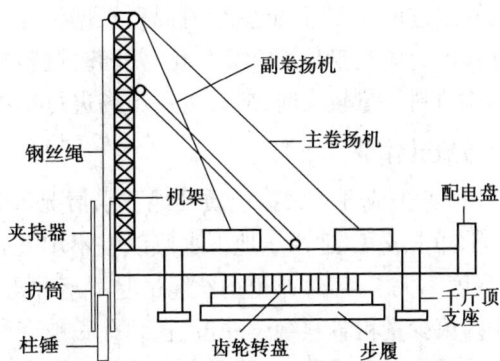

图 9.7　前置式多功能冲扩桩机示意图

(3)振动沉管冲扩桩机　该类冲扩桩机由一般振动沉管桩机改制而成,通常由沉管拔管设备、中空双电机振锤、柱锤、沉管、卷扬机等组成,适用于桩长在 20 m 以内的桩体施工。

3)其他机具

为了便于填料的运输及拌和,应配置翻斗汽车、铲车、推土机、手推车、搅拌机等机具。为了计算填料量及成桩深度,尚应配置量料斗及量尺等。

▶ **9.4.2　施工工艺**

柱锤冲扩桩施工流程为:桩机就位→成孔→填料夯实成桩→桩机移位,重复上述步骤进行下一根桩施工。

1)施工前准备

①正式施工前施工单位应具备如下文件资料:

a.工程地质详细勘察资料(包括加固深度内松软土层的动力触探资料);

b.建筑物总平面布置图及室内地面标高;

c.柱锤冲扩桩桩位平面布置图及设计施工说明;

d.施工前应编制施工组织设计,对机械配置、人员组织、场地布置、施工顺序、进度、工期、质量、安全及季节性施工措施等进行合理安排;

e.应具有根据总平面图设置的永久性或半永久性建筑物方位及标高控制桩。

②施工前应整平场地,清除地上及地下障碍物。当表层土过于松软时应碾压夯实。场地整平后,桩顶设计标高以上应预留0.5~1.0 m厚土层。

场地平整、清除障碍物是机械作业的基本条件。当加固深度较深,柱锤长度不够时,也可采取先挖出一部分土,然后再进行冲扩施工。施工时桩位放线一般可在地面上撒白灰线,或在桩位处用短钢钎击深200 mm,然后灌入白灰,以保证桩位准确。

③试成桩时发现孔内积水较多且坍孔严重时,宜采取措施降低地下水位。

④桩位放线定位前应设置建筑物轴线定位点和水准基点,并采取相关措施加以保护。

⑤根据桩位设计图在施工现场布设桩位,桩位布置与设计图误差不得大于50 mm,并经复验后方可开工,在施工过程中尚应随时进行检查校验。

⑥成桩前应测量场地整平标高,根据设计要求及动力触探结果确定成桩深度及桩长。施工过程中尚应测量地面标高变化,并随时调整成桩深度。

⑦填料用量较大时,应设专用料场进行集中拌料,桩身填料质量及配合比应符合要求。

2)成孔作业

(1)冲击成孔　根据土质及地下水情况可分别采用下述3种成孔方式:

①冲击成孔:适用于地下水位以上不坍孔土层。成孔时将柱锤提升一定高度,自动脱钩(孔深度不大于4 m)或用钢丝绳吊起下落冲击土层,如此反复冲击,接近设计成孔深度时,可在孔内填少量粗骨料继续冲击,直到孔底被夯密实。

②填料冲击成孔:成孔时出现缩径或坍孔时,可分次填入碎砖和生石灰块,边冲击边将填料挤入孔壁及孔底,当孔底接近设计成孔深度时,夯入部分碎砖挤密桩端土。

运用该工艺方法时的填料与成桩填料不同,主要目的是吸收孔壁附近地基中的水分,密实孔壁,使孔壁直立、不坍孔、不缩径。由于碎砖及生石灰能够显著降低土壤中的水分,提高桩间土承载力,因此填料冲击成孔时应采用碎砖及生石灰块。

③复打成孔:当坍孔严重、难以成孔时,可提锤反复冲击至设计孔深,然后分次填入碎砖和生石灰块,待孔内生石灰吸水膨胀、桩间土性质有所改善后,再进行二次冲击复打成孔。

在每一次冲扩时,填料以碎砖、生石灰为主,根据土质不同采用不同配比,其目的是吸收土壤中水分,改善原土性状。第二次复打成孔后要求孔壁直立、不坍孔,然后边填料边夯实形成桩体。第二次冲孔可在原桩位,也可在桩间进行。

当采用上述方法仍难以成孔或成孔速度较慢时,可采用跟管成孔。

(2)跟管成孔　跟管成孔可根据情况,采用内击沉管、柱锤冲扩和静压沉管、振动沉管等几种方法。

内击沉管法适用于 6 m 以下桩长施工,可采用吊车型或步履式夯扩桩机进行。施工步骤为:第一,挖桩位孔,孔深 0.4~0.6 m;第二,放入护筒,在护筒中加入 0.4~0.6 m 高碎砖等粗骨料制成砖塞;第三,将柱锤吊入护筒进行冲击,直至护筒达到设计标高。

在柱锤冲击过程中,需保证砖塞不被击出护筒,并根据施工情况随时填加碎砖。管底标高依设计要求及终孔时护筒贯入阻力确定。填料夯扩前应将砖塞击出护筒。

柱锤冲扩和静压沉管法适用于 12 m 以下桩长施工,可采用步履式夯扩桩机进行。施工步骤为:第一,桩机就位,将护筒及柱锤置于桩点;第二,柱锤冲击成孔,边冲孔边压护筒至设计标高,管底标高依设计要求及终孔时柱锤最后贯入深度确定。

振动沉管法比较适合于砂土层施工,施工步骤为:第一,桩机就位,将预制桩尖置于桩点凹坑中;第二,振动沉管。管底标高依设计要求及终孔时最后 30 s 密实电流确定,电流值根据试桩或当地经验确定。填料夯扩前应将预制桩尖夯入土中。

(3)螺旋钻引孔　螺旋钻引孔(可结合柱锤冲扩)成孔速度快,成桩直径大,噪声及振动小,易通过土中硬夹层,但成孔挤密效果差。螺旋钻引孔法多用于局部硬夹层引孔或土质坚硬且深度较大时。当地下水位较浅且水量丰富时,不宜采用。若采用则需进行有效止水或采取预先降水措施。

3)填料成桩

(1)选择成桩方法　进行桩身填料前孔底应夯实。当孔底土质松软时可夯填碎砖、生石灰挤密。依据成孔方法及采用的施工机具不同,分为以下 4 种桩体施工方法。

①孔内分层填料夯扩:采用柱锤冲孔或螺旋钻引孔达到预定深度以后,先将孔底填料夯实,然后在孔内自下而上分层填料夯扩成桩。

②逐步拔管填料夯扩:当采用跟管成孔达到预定深度以后,可采用边填料、边拔管、边由柱锤夯扩的方法成桩。

③扩底填料夯扩:当孔底地基土层较软时,可在孔底进行反复填料夯扩形成扩大端。待孔底夯击贯入度满足要求时,再自下而上分层填料夯扩成桩。当桩身采用水泥砂石料等黏结性材料且桩底土质较硬时,为提高单桩承载力也可以实施扩底。

④边冲孔边填料、柱锤强力夯实置换法:对于过于松软土层(厚度 3 m),当采用上述方法仍难以成孔及填料成桩时,可采用边冲孔边填料、柱锤强力夯实置换法。

(2)夯填要求　用标准料斗或运料车将拌和好的填料分层填入桩孔夯实。当采用套管成孔时,边分层填料夯实,边将套管拔出。锤的质量、锤长、落距、分层填料量、分层夯填度(夯实后填料厚度与虚铺厚度的比值)、夯击次数、总填料量等应根据试验或按当地经验确定。一般填料充盈系数不宜小于 1.5。如密实度达不到设计要求,应空夯夯实。

每个桩孔应夯填至桩顶设计标高以上至少 0.5 m,其上部桩孔宜用原槽土夯封。施工中应作好记录,并对发现的问题及时进行处理。

(3)成桩顺序　成桩顺序依土质情况决定。当地基土经柱锤冲扩后地面不隆起时,采用自外向内成桩;当地基土经柱锤冲扩后地面有隆起时,采用自内向外成桩;当地基土经柱锤冲扩后地面隆起严重时,可隔行跳打或先用长螺旋钻引孔,再施工柱锤冲扩桩;当一侧毗邻建筑物时,应由毗邻建筑物向另外一方向施打。

▶ 9.4.3 施工注意事项

①当试桩成孔时发现孔内积水较多且坍孔严重,宜采取措施降低地下水位。

②柱锤冲扩桩施工过程中,如果出现缩径和坍孔,可采取分次填碎砖和生石灰。边冲击边将填料挤入孔壁及孔底时,柱锤的落距应适当降低,冲孔速度也应适当放慢,使碎砖和生石灰与孔内松软土层强行拌和,生石灰吸水膨胀,改善孔壁土的性质。

③当采用填料冲击成孔或二次复打成孔仍难以成孔时,也可采用套管跟进成孔,即用柱锤边成孔边将套管压入土中,直至桩底设计标高。

④对于散体材料桩,补桩或复打成孔宜在原桩位,有困难时也可在桩间进行。

⑤柱锤夯扩桩施工质量关键在于桩体密实度,即分层填料量、分层夯填度及总填料量的控制,施工前应根据试桩及设计要求的桩径和桩长进行确定。施工时应随时计算每分层成桩厚度的充盈系数是否大于1.5(或设计要求)。

⑥当柱锤冲扩桩夯实桩体施工至设计桩顶标高以上时,为了防止倒锤,余下桩体的夯实可改用平锤夯封。

⑦基槽开挖后,应进行晾槽拍底或碾压,随后铺设垫层并压实。

⑧柱锤冲扩桩法夯击能量较大,易发生地面隆起,造成表层桩和桩间土出现松动,从而降低处理效果,因此成孔及填料夯实的施工顺序宜间隔进行。

⑨施工时应注意地面隆起造成的标高变化,并应根据实际地面标高调整成孔深度。

9.5 质量检验

柱锤冲扩桩法质量检验程序有施工中施工单位自检、竣工后质检部门抽检和基槽开挖后验槽3个环节。

1)施工中施工单位自检

施工过程中应随时检查施工记录及现场施工情况,并对照预定的施工工艺标准,对每根桩进行质量评定。对质量有怀疑的工程桩,应用重型动力触探进行自检。

2)竣工后质检部门抽检

采用柱锤冲扩桩法处理的地基,其承载力是随着时间增长而逐步提高的,因此要求在施工结束后休止7~14 d再进行检验。对非饱和土和粉土的休止时间可适当缩短。

桩身及桩间土密实度检验可采用重型动力触探或标准贯入试验对桩身及桩间土进行抽样检验,检验数量不应少于冲扩桩总数的2%,每个单体工程桩身及桩间土总检验点数均不应少于6点。当土质条件复杂时,应增加检验数量。实践表明,采用柱锤冲扩桩法处理的土层,往往上部及下部稍差而中间较密实,因此必要时可分层进行评价。

对于复合地基载荷试验,其检验数量为总桩数的1%,且每一单体工程不应少于3点。载荷试验应在成桩14 d后进行。

3)基槽开挖后验槽

基槽开挖后,应检查桩位、桩径、桩数、桩顶密实度及槽底土质情况。如发现漏桩、桩位偏差过大、桩头及槽底土质松软等质量问题,应采取补救措施。

基槽开挖检验的重点是桩顶密实度及槽底土质情况。由于柱锤冲扩桩法施工工艺的特点是冲孔后自下而上成桩,即由下往上对地基进行加固处理,由于顶部上覆压力小,容易造成桩顶及槽底土质松动,而这部分又是直接持力层,因此应加强对桩顶特别是槽底以下 1 m 厚范围内土质的检验,检验可采用轻便触探法进行。桩位偏差不宜大于 1/2 桩径,桩径负偏差不宜大于 10 mm,桩数应满足设计要求。

9.6 工程应用实例

【例 9.1】 某黏性土填土场地采用柱锤冲扩桩法处理,正三角形布桩,桩体直径 0.8 m,桩土应力比为 4,天然地基承载力特征值为 70 kPa,处理后桩间土承载力特征值为 85 kPa,加固后桩间土压缩模量为 6 MPa,地基基底附加压力为 160 kPa。试进行该复合地基的有关计算。

【解】 1)计算柱锤冲扩桩法复合地基的面积置换率

由 $f_{spk} = [1 + m(n-1)]f_{sk}$,得:

$$m = \frac{\dfrac{f_{spk}}{f_{sk}} - 1}{n - 1} = \frac{\dfrac{160}{85} - 1}{4 - 1} = 0.294$$

2)桩距计算

由 $m = \dfrac{d^2}{d_e^2}$,得 $d_e = \dfrac{d}{\sqrt{m}} = \dfrac{0.8 \text{ m}}{\sqrt{0.294}} = 1.48 \text{ m}$

因采用正三角形布桩,则有:

$$s = \frac{d_e}{1.05} = \frac{1.48 \text{ m}}{1.05} = 1.4 \text{ m}$$

3)复合地基的压缩模量

$$E_{sp} = [1 + m(n-1)]E_s = [1 + 0.294 \times (4-1)] \times 6 \text{ MPa} = 11.3 \text{ MPa}$$

【例 9.2】 拟建工程为公路路基工程,场地内主要为新近 1~2 年回填的杂填土,厚度大,成分复杂且不均匀,主要为房渣土,建筑垃圾及砂、卵石等欠固结。填土厚度为 2~22 m,人工堆积地层由上至下依次为:

低液限黏土填土(CL)①层:黄褐色~褐黄色,稍湿~湿,可塑~硬塑,含砖渣、白灰。

建筑垃圾(B)①1 层:杂色,湿,松散,含砖渣、白灰、树根等。

级配不良砾填土(GW)①2 层:杂色,稍湿,稍密,一般粒径 3~10 mm,粒径大于 2 mm 的颗粒约占全重的 85%,含砖渣、白灰。

其下为级配良好的砂、卵石。地下水埋藏较深,可不考虑地下水的影响。

本工程要求地基承载力特征值 ≥120 kPa,沉降量 ≤10 cm。根据勘察报告提供的地基承载力特征值为 85 kPa,承载力不能满足设计要求,需进行地基处理。

地基处理方法:先将填土挖去 2~3 m,然后用柱锤冲扩灰土挤密桩加固地基。

柱锤长 4.3 m、重 4 t、凹形底、直径为 377 mm。采用体积比为 3:7 灰土填料。桩间距为

1.5 m,梅花形布桩,设计桩径 550 mm,设计桩长 2~14 m。

经对现场柱锤冲扩灰土挤密桩静载荷试验,单桩承载力特征值的平均值为 307 kPa,满足其极差不超过平均值 30% 的规范要求。同时,现场测得桩间土承载力特征值为 100 kPa。

复合地基承载力计算公式为:

$$f_{spk} = mf_{pk} + (1 - m)f_{sk}$$

式中 f_{pk}——桩体承载力特征值,取 $f_{pk} = 307$ kPa;

      f_{sk}——处理后桩间土承载力特征值,取 $f_{sk} = 100$ kPa;

      m——桩土面积置换率,$m = d^2/d_e^2$,而 $d_e = 1.05$ s,则有 $m = 0.121\ 9$;

      f_{spk}——复合地基承载力特征值,计算得 $f_{spk} = 125.23$ kPa>120 kPa,满足设计要求。

施工后进行了 36 处复合地基检测试验,检测结果表明:处理后的复合地基承载力特征值为 131.7~152.4 kPa,均大于理论计算值 125.23 kPa,这说明处理后的复合地基承载力特征值满足设计要求。

习 题

某黏性素填土场地,天然地基承载力特征值为 90 kPa,压缩模量为 5 MPa。决定采用柱锤冲扩桩法处理,正方形布桩,桩体直径 0.8 m,桩土应力比为 3。处理后桩间土承载力特征值为 100 kPa,加固后桩间土压缩模量为 5.5 MPa,地基基底附加压力为 150 kPa。试进行该复合地基的有关计算。

10

水泥土搅拌法

〖**本章教学要求**〗

了解水泥土搅拌法的概念、工程应用、特点及适用范围;通过对水泥土固化原理的分析和水泥加固土的室内外试验情况,熟练掌握柱状水泥土搅拌桩复合地基的设计计算;了解壁状水泥土搅拌桩挡墙和拱形水泥土搅拌桩挡墙的设计计算的主要内容;掌握浆体搅拌法和粉体搅拌法的施工工艺及质量检测的方法和要求。

10.1 概　述

▶ **10.1.1 水泥土搅拌法的概念及适用范围**

水泥土搅拌桩复合地基(composite foundation with cement deep mixed columns),又称为深层搅拌法,它是以水泥作为固化剂的主要材料,通过深层搅拌机械,将固化剂和地基土强制搅拌形成竖向增强体的复合地基。

根据固化剂掺入的状态不同,水泥土搅拌法的施工工艺分为浆液搅拌法(以下简称湿法)、粉体搅拌法(以下简称干法)。可采用单轴、双轴、多轴搅拌或连续成槽搅拌形成柱状、壁状、格栅状或块状水泥土加固体。水泥土加固体可以与加固体之间的土体共同构成具有较高竖向承载力的复合地基,也可以用于基坑工程围护挡墙、被动区加固、防渗帷幕。

水泥土搅拌桩复合地基适用于处理正常固结的淤泥、淤泥质土、素填土、黏性土(软塑、可塑)、粉土(稍密、中密)、粉细砂(松散、中密)、中粗砂(松散、稍密)、饱和黄土等土层;不适用于含大孤石或障碍物较多且不易清除的杂填土、欠固结的淤泥和淤泥质土、硬塑及坚硬的蒙古性土、密实的砂类土，以及地下水渗流影响成桩质量的土层。当地基土的天然含水量小于30%（黄土含水量小于25%）时不宜采用粉体搅拌法。冬期施工时，应考虑负温对处理地基效果的影响。

水泥土搅拌法用于处理泥炭土、有机质土、pH 值小于 4 的酸性土、塑性指数大于 25 的黏土，或在腐蚀性环境中以及无工程经验的地区使用时，必须通过现场和室内试验确定其适用性。

有经验的地区也可采用石灰固化剂。石灰固化剂一般适用于黏土颗粒含量大于 20%，粉粒及黏粒含量之和大于 35%，黏土的塑性指数大于 10，液性指数大于 0.7，土的 pH 值为 4~8，有机质含量小于 11%，土的天然含水量大于 30%的偏酸性的土质加固。

▶ 10.1.2 水泥土搅拌法的工程应用与发展

水泥浆搅拌法最早由美国在第二次世界大战后研制成功，当时称为就地搅拌法（Mixed-in-Plase Pile，简称 MIP 法）。这种方法是从不断回旋的中空轴端部向周围已被搅松的土中喷出水泥浆，经叶片搅拌而形成水泥土桩，桩径达到0.3~0.4 m，长度达到10~12 m。1953 年，日本清水建设株式会社从美国引进此法。1974 年，日本港湾技术研究所等单位合作开发研制成功了水泥搅拌固化法（简称 CMC 法），用于加固钢铁厂矿石堆场地基，加固深度达32 m。接着，日本各大施工企业研制开发出了各种类型的深层搅拌机械，这些机械一般具有 2~8 个搅拌轴及一组注浆管路，每个搅拌叶片的直径可达 1.25 m，一次加固的最大面积达 9.5 m²，在软土地基加固工程中得到应用。

国内 1977 年由冶金部建筑研究总院和交通部水运规划设计院进行室内试验和研制工作，并于 1978 年底制造出国内第一台 SJB-1 双搅拌轴中心管输浆的搅拌机械，如图 10.1 所示。

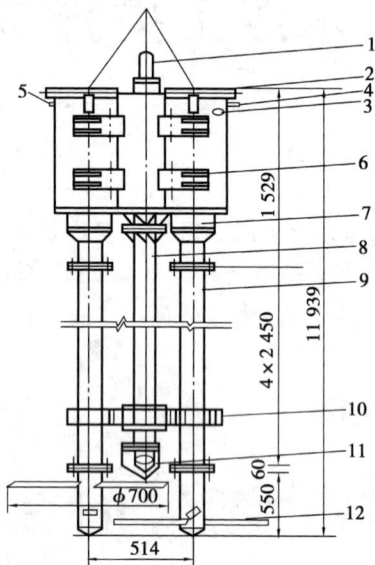

图 10.1 SJB-1 型双搅拌轴机械示意图
1—输浆管；2—外壳；3—出水口；
4—进水口；5—电动机；6—导向滑块；
7—减速器；8—搅拌轴；9—中心管；
10—横向系板；11—球形阀；12—搅拌头

SJB-1 型搅拌机已由江阴市振冲器厂成批生产（目前 SJB-2 型加固深度可达 18 m）。该搅拌机 1980 年初在上海宝钢三座卷管设备基础的软土地基加固工程中首次获得成功应用。1980 年初天津市机械施工公司与交通部一航局科研所利用日本进口螺旋钻孔机械进行改装，制成单搅拌轴和叶片输浆型搅拌机，并于 1981 年在天津造纸厂蒸煮锅改造扩建工程中获得成功应用。1985 年浙江省建筑设计院在衢州市新建 8 层大楼工程中应用深层搅拌法加固人工杂填土地基，扩大了深层搅拌法的适用范围。

2002 年以来，上海金泰工程机械有限公司为配合地下基坑支挡墙 SMW（Soil Mixing Wall）工法而开发研制了 ZKD 系列多轴（如三轴、五轴）搅拌钻孔机，其特点是施工效率高，工作稳定，导向可靠，成槽精度高，垂直度可控制在 0.2%以内；施工能力强大，加固深度可达30 m，厚度 0.36~1.0 m，对某些复杂地层有很强的通过能力。搅拌轴配置多对螺旋叶片，可有效搅拌软土和固化剂,使槽孔上下均匀、密度一致,提高墙体强度和防渗能力。ZKD85-3 型三轴搅拌机械如图 10.2 所示,该三轴搅拌机械钻孔直径为 $\phi850$ mm,在钻孔中可插入工字钢,以提高水泥土搅拌桩的抗弯刚度。ZKD85-5 五轴搅拌机械采用五轴机械布置与"一下一上"的施工流程设计,使其功效得到了极大提升,施工效率是双搅拌轴机械的 7~8 倍,可同时施工 5 根桩,大大减少搭接缝,提高基坑止水效果。

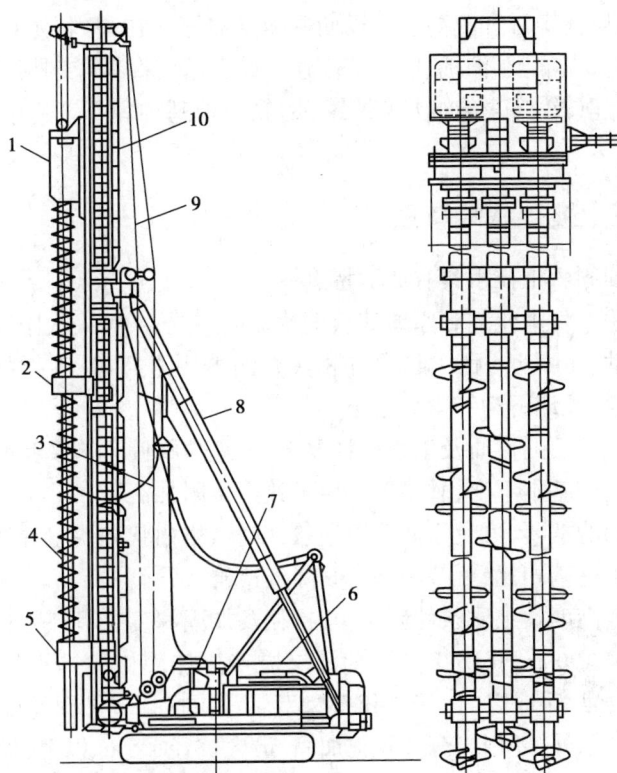

图 10.2　ZKD85-3 型深层三轴搅拌机械(成孔直径 $\phi850$ mm,钻孔深 27 m)

1—动力头;2—中间支承;3—注浆管电线;4—钻杆;5—下部支承;

6—电气柜;7—操作盘;8—斜撑;9—钢丝绳;10—立柱

粉体喷射搅拌法(Dry Jet Mixing Method,简称 DJM 法)最早由瑞典人 Kjeld Paus 于 1967 年提出使用石灰搅拌桩加固 15 m 深度范围内软土地基的一种设想。瑞典 Linden Alimat 公司 1971 年制成第一根用石灰粉和软土搅拌成的桩,其桩径 500 mm,加固深度 15 m。1967 年日本运输部港湾技术研究所开始研制石灰搅拌施工机械,1974 年开始在软土地基加固工程中应用,并研制出两类石灰搅拌机械,形成两种施工方法。一类为使用颗粒状生石灰的深层石灰搅拌法(DLM 法),另一类为使用生石灰粉末的粉体喷射搅拌法(DJM 法)。因粉体喷射搅拌法采用粉体作为固化剂,不再向地基中注入浆液水,反而能充分吸收周围软土中的水分,因此加固后地基的初期强度高,对含水量高的软土加固效果尤为显著。该技术在国外得到广泛应用。

我国由铁道部第四勘测设计院(现中铁第四勘察设计院集团有限公司)于 1983 年,用 DPP-100 型汽车改装成国内第一台粉体喷射搅拌机,并使用石灰作为固化剂,应用于铁路涵洞加固。1986年开始使用水泥作为固化剂,应用于房屋建筑的软土地基加固。1987年铁四院和上海探矿机械厂制成GPP-5型步履式粉喷机,成桩直径500 mm,加固深度12.5 m。当前国内粉喷机的成桩直径一般在500~700 mm范围,深度一般可达15 m。

目前,水泥土搅拌法被广泛应用于建筑物地基加固、边坡加固与稳定、隔水帷幕、防止砂土液化、桥台后背填土加固、地下构筑物地基加固、地铁车站盾构机进出洞端头地基加固、基坑坑底土加固、支挡墙体工程和提高基础横向反力系数等。在国内,尤其是在珠江三角洲、长江三角洲等沿海地区,在沪宁、沪杭、深广等高速公路工程,深基坑支挡结构工程,港口码头水池等市政工程,以及建(构)筑物(如大型油罐)的软土地基加固等工程中,水泥土搅拌法应用更为普遍。

▶ 10.1.3 水泥土搅拌法的特点

水泥土搅拌法加固软土技术具有如下特点:

①水泥土搅拌法是将固化剂和原地基软土就地搅拌混合,可最大限度地利用原土。

②搅拌时无振动、无噪声、无污染,可在密集建筑群中进行施工,搅拌时不会使地基侧挤出,对周围原有建筑物及地下沟管影响很小。

③可按照不同地基土的性质及工程设计要求,合理选择固化剂及其配方,设计比较灵活。

④土体加固后重度基本不变,软弱下卧层不致产生附加沉降。

⑤根据上部结构的需要,可灵活地采用柱状、壁状、格栅状和块状等加固形式。

⑥与钢筋混凝土桩基相比,可节约钢材并降低造价。

⑦受搅拌机安装高度及土质条件影响,其桩径及加固深度受到一定限制。单轴水泥土搅拌桩桩径一般在0.5~0.6 m。SJB-1型双轴深层搅拌机加固桩的外形呈"∞"形,桩径0.7~0.8 m,加固深度一般为15 m以内。而SJB-2型双轴深层搅拌机加固深度可达18 m左右。国外除用于陆地软土地基外,还用于海底软土加固,最大桩径1.5 m以上,加固深度达60 m。

10.2 加固机理

▶ 10.2.1 水泥土的固化原理

1)固化剂的种类

固化剂是深层搅拌加固软土地基的主要材料,其性能应根据软土和土中水的化学成分进行选择,使之固化后能把软土的力学强度提高到设计要求的量值。通常使用的固化剂种类有水泥类、石灰类、沥青类及化学材料类等。其中,水泥类和石灰材料应用最广泛。

2)水泥加固软土的作用机理

水泥加固土的物理化学反应过程与混凝土的硬化机理不同,后者主要是在粗填充料(比表面不大、活性很弱的介质)中进行水解和水化作用,其凝结速度较快。而在水泥加固土中,由于水泥掺量很小,一般仅为土重的7%~25%,水泥的水解和水化反应完全是在具有一定活性的介质——土的围绕下进行的,因此水泥加固土的强度增长比混凝土缓慢。

普通硅酸盐水泥主要由氧化钙、二氧化硅、三氧化二铝、三氧化二铁及三氧化硫等组成,并由这些不同的氧化物分别组成不同的水泥矿物:硅酸三钙、硅酸二钙、铝酸三钙、铁铝酸四钙、硫酸钙等。用水泥加固软土时,水泥颗粒表面的矿物很快与软土中的水发生水解和水化反应,生成氢氧化钙、含水硅酸钙、含水铝酸钙及含水铁酸钙等化合物。

(1)离子交换和团粒化作用 黏土和水结合时就可表现出一种胶体特征,如土中含量最多的 SiO_2 遇水后,形成硅酸胶体微粒,其表面带钠离子 Na^+ 和钾离子 K^+,它们能和水泥水化生成的氢氧化钙中的钙离子 Ca^{2+} 进行当量吸附交换,使较小的土颗粒形成较大的土团粒,从而使土体强度提高。

水泥水化生成的凝胶粒子的比表面积约比原水泥颗粒大 1 000 倍,因而产生很大的表面能,有强大的吸附活性,能使较大的土团粒进一步结合起来,形成水泥土的团粒结构,并封闭各土团的空隙,联结坚固,因此也就使水泥土的强度大为提高。

(2)硬凝反应 随着水泥水化反应的深入,溶液中析出大量的 Ca^{2+},当其数量超过离子交换的需要量后,在碱性环境中,能使组成黏土矿物的 SiO_2 和 Al_2O_3 的一部分或大部分与 Ca^{2+} 进行化学反应,逐渐生成不溶于水的稳定的结晶化合物,增大了水泥土的强度。其反应式如下:

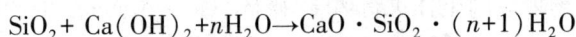

$$SiO_2 + Ca(OH)_2 + nH_2O \rightarrow CaO \cdot SiO_2 \cdot (n+1)H_2O$$
或
$$Al_2O_3 + Ca(OH)_2 + nH_2O \rightarrow CaO \cdot Al_2O_3 \cdot (n+1)H_2O$$

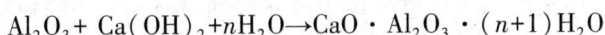

(3)碳酸化作用 水泥水化物中游离的 $Ca(OH)_2$ 能吸收水和空气中的 CO_2,发生碳酸化反应,生成不溶于水的碳酸钙。其反应式如下:

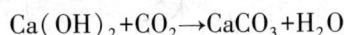

$$Ca(OH)_2 + CO_2 \rightarrow CaCO_3 + H_2O$$

这种反应也能使水泥土增加强度,但增长的速度较慢,幅度也较小。

3)石灰加固软土的作用机理

(1)石灰的吸水、发热、膨胀作用 在软弱地基中加入生石灰,它便和土中的水发生化学反应,形成熟石灰。在这一反应中有相当于生石灰质量32%的水被吸收,其反应式为:

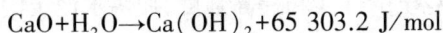

$$CaO + H_2O \rightarrow Ca(OH)_2 + 65\ 303.2\ J/mol$$

形成熟石灰时,每一摩尔产生 65 303.2 J 的热量,1 kg 的 CaO 的水化作用可产生 1 172 094 J 热量。这种热量又促进水分蒸发,从而使相当于生石灰质量47%的水被蒸掉。即形成熟石灰时,土中总共减少了相当于生石灰质量79%的水分。另外,由生石灰变为熟石灰的过程中,石灰体积膨胀 1~2 倍,促进了周围土的固结。

(2)离子交换作用与土微粒的凝聚作用 生石灰刚变为熟石灰时处于绝对干燥状态,具有很强的吸水能力。这种吸水作用持续到与周围土平衡为止,进一步降低了周围土的含水量。在这种状态下,化学反应式为:

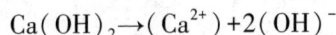

$$Ca(OH)_2 \rightarrow (Ca^{2+}) + 2(OH)^-$$

反应中产生的 Ca^{2+} 与扩散层中的 Na^+,K^+ 发生离子交换作用,双电层中的扩散层减薄,结合水减少,使黏土粒间的结合力增强而呈团粒化,从而改变土的性质。

(3)化学结合作用(固结反应) 上述离子交换后,随龄期的增长,胶质 SiO_2,Al_2O_3 和石灰发生反应,形成复杂的化合物。反应生成物有硅酸钙水合物和 $4CaO \cdot Al_2O_3 \cdot 13H_2O$ 等,铝酸钙水合物及钙铝黄长石水合物($2CaO \cdot Al_2O_3 \cdot SiO_2 \cdot 6H_2O$)的形成，要经过长时间的缓慢过程，它们在水中和空气中逐渐硬化，与土颗粒黏结在一起，形成网状结构，结晶体在土颗粒间相互穿插，盘根错节，使土颗粒联系得更加牢固，改善了土的物理力学性能，发挥了固化剂的固结作用。这种固结反应使得加固处理土的强度增高并长期保持稳定。

▶ 10.2.2 水泥加固土的室内试验

水泥土搅拌法是基于水泥对地基土的加固作用。在采用这一方法时，需要了解不同数量水泥掺入以后，给地基土的物理、力学性质所带来的变化。通过水泥土的室内配比试验，可以定量地反映出水泥土的强度特性的演变规律，为地基处理设计提供可靠的依据。

1)水泥土的室内配合比试验

(1)试验目的　了解加固水泥的品种、掺入量、水灰比、最佳外掺剂对水泥强度的影响，求得龄期与强度的关系，从而为设计计算和施工工艺提供可靠的参数。

(2)试验设备　当前主要利用现有土工试验仪器及砂浆混凝土试验仪器，按土工或砂浆混凝土的试验规程进行。

(3)土样制备　土样应是工程现场所要加固的土，一般分3种：

①风干土样:将现场采取的土样进行风干、碾碎，过2~5 mm 筛的粉状土样。

②烘干土样:将现场采取的土样进行烘干、碾碎，过2~5 mm 筛的粉状土样。

③原状土样:将现场采取的天然土立即用厚聚氯乙烯塑料袋封装，基本保持天然含水量。

(4)固化剂　可用不同品种、不同标号的水泥。水泥出厂日期不应超过3个月，并在试验前重新测定其标号。

(5)水泥掺入比　水泥掺入比 a_w 计算公式为：

$$a_w = (掺加的水泥量／被加固软土的天然湿重)×100\% \qquad (10.1)$$

目前水泥掺量一般为 $180~250 \ kg/m^3$，最常用的掺入比为 7%~20%。

(6)外掺剂　为改善水泥土的性能和提高强度，加快水泥土的凝结或防腐，可用木质素磺酸钙、石膏、三乙醇胺、氯化钠、氯化钙和硫酸钠等外掺剂，还可掺入不同比例的粉煤灰。

(7)试件的制作和养护　根据配方分别称量土、水泥、外掺剂和水，将粉状土料和水泥放入搅拌器中拌和均匀，然后将水用喷水设备均匀喷洒在水泥土上进行均匀拌和。在选定的试模($70.7 \ mm×70.7 \ mm×70.7 \ mm$)内装入一半试料，放在振动台上振动1 min 后，装入其余的试样再振动1 min。振捣方法可采用人工捣实成型。最后将试件表面刮平，盖上塑料布防止水分蒸发过快。试样成型后，根据水泥土强度决定拆模时间，一般为1~2 d。为了保证其湿度，拆模后的试件装入塑料袋内，封闭后置于水中，进行标准水中养护。

2)试验结果的整理和分析

(1)水泥土的物理性质

①含水量:水泥土在硬化过程中，由于水泥水化等反应，使部分自由水以结晶水的形式固定下来，故水泥土的含水量略低于原土样的含水量，一般减少 0.5%~7.0%，且随着水泥掺入比的增加而减小。

②重度:因拌入软土中的水泥浆的重度与软土的重度相近,水泥土的重度与天然土的重度相差不大,仅比天然软土重度增加 0.5%~3.0%。所以,采用水泥搅拌法加固厚层软土地基时,其加固部分对于下部不至产生过大的附加荷重,也不会产生较大的附加沉降。

③相对密度:由于水泥的相对密度为 3.1,比一般土的相对密度 2.65~2.75 要大,故水泥土的相对密度比天然土的稍大,增加 0.7%~2.5%,增加幅度随水泥掺入比的增大而增大。

④渗透系数:水泥土渗透系数随水泥掺入比增大和龄期增长而减小,一般可达 10^{-5} ~ 10^{-8} cm/s 数量级。

(2)水泥土的力学性质

①无侧限抗压强度:水泥土的无侧限抗压强度一般为 300~4 000 kPa,达到一定龄期后,其变形特征随强度不同而介于脆性体与弹塑性体之间。水泥土受力开始阶段,应力与应变关系基本上符合虎克定律;当外力达到极限强度的 70%~80% 时,其应力和应变关系不再保持直线关系;当外力达到极限强度时,对于强度大于 2 000 kPa 的水泥土很快出现脆性破坏,对强度小于 2 000 kPa 的水泥土则表现为塑性破坏。影响水泥土抗压强度的因素主要有:

a.水泥掺入比 a_w:水泥土强度随 a_w 增加而增大,如图 10.3 所示。当 a_w 小于 5% 时,由于水泥与土的反应过弱,水泥土固化程度低,强度离散性也较大,故要求水泥掺入比应大于 5%。

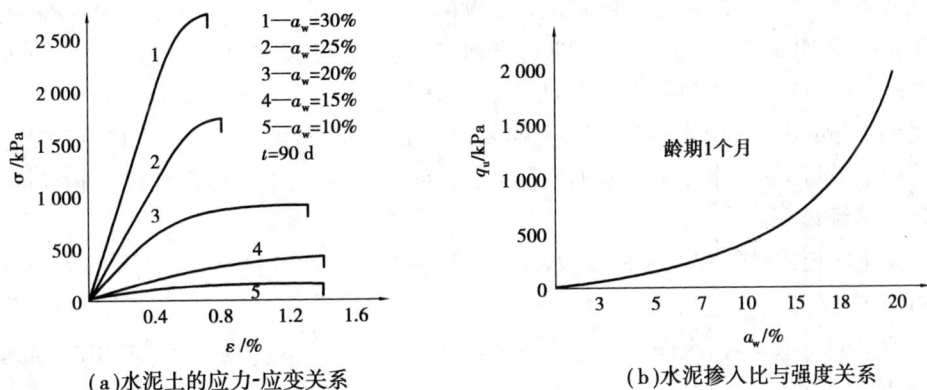

(a)水泥土的应力-应变关系 (b)水泥掺入比与强度关系

图 10.3 水泥掺入比与其抗压强度的关系

b.龄期:强度随龄期的增长而提高,一般在龄期超过 28 d 后仍有明显增长。当采用 42.5 级普通硅酸盐水泥时,掺入比 12%~15%,90 d 龄期水泥土无侧限抗压强度试验值 f_{cu90} 可取 1.0~2.0 MPa(经验值)。当龄期超过 3 个月后,水泥土强度增长缓慢。180 d 的水泥土强度为 90 d 的 1.25 倍,而 180 d 后水泥土强度增长仍未终止。

为了降低造价,对承重搅拌桩试块,国内外都取 90 d 龄期为标准龄期;对起支挡作用承受水平荷载的搅拌桩,为了缩短养护期,水泥土强度标准取 28 d 龄期为标准龄期。不同龄期的水泥土抗压强度间的关系大致呈线性关系,其经验关系式如下:

$$f_{cu7} = (0.47 \sim 0.63) f_{cu28} \qquad f_{cu14} = (0.62 \sim 0.80) f_{cu28}$$
$$f_{cu60} = (1.15 \sim 1.46) f_{cu28} \qquad f_{cu90} = (1.43 \sim 1.80) f_{cu28}$$
$$f_{cu90} = (2.37 \sim 3.73) f_{cu7} \qquad f_{cu90} = (1.73 \sim 2.82) f_{cu14}$$

式中, f_{cu7} , f_{cu14} , f_{cu28} , f_{cu60} , f_{cu90} 分别为 7,14,28,60,90 d 龄期的水泥土无侧限抗压强度。

c.水泥强度等级:水泥强度等级提高 10 级,水泥土强度 f_{cu} 增大 20%~30%。如要求达到相同强度,水泥强度等级提高 10 级可使水泥掺入比 a_w 降低 2%~3%。

d.土样含水量:水泥土的无侧限抗压强度 f_{cu} 随着土样含水量的降低而增大。一般情况下,土样含水量每降低 10%,则强度可增加 10%~50%。

e.土样有机质含量:由于有机质使土体具有较大的水溶性、塑性、膨胀性和低渗透性,并使软土具有酸性,这些都阻碍水泥水化反应的进行,使加固效果变差。

f.外掺剂:早强剂可选用三乙胺、氯化钙或水玻璃等材料,其掺入量宜分别取水泥质量的 0.05%,2%,0.5% 或 2%;减水剂可选木质素磺酸钙,掺入量取水泥质量的 2% 为宜。掺加粉煤灰的水泥土,其强度可提高 10% 左右。

g.养护方法:养护方法的影响主要表现在养护环境的温湿度上。国内外试验资料表明,养护方法对短龄期水泥土强度的影响很大,但随龄期的增长,不同养护方法下的水泥土无侧限强度趋于一致,说明养护方法对水泥土后期强度的影响较小。

②抗拉强度:水泥土的抗拉强度 σ_t 随无侧限抗压强度 f_{cu} 的增长而提高。当水泥土的抗压强度 $f_{cu}=0.55~4.0$ MPa 时,其抗拉强度 $\sigma_t=0.05~0.7$ MPa,即有:

$$\sigma_t = (0.06 ~ 0.30)f_{cu} \tag{10.2}$$

③抗剪强度:水泥土的抗剪强度随抗压强度的增加而提高。当 $f_{cu}=0.3~4.0$ MPa 时,其黏聚力 $c=0.1~1.0$ MPa,为 f_{cu} 的 20%~30%,其内摩擦角变化在 20°~30°。水泥土在三轴剪切试验中受剪破坏时,试件有清楚而平整的剪切面,剪切面与最大主应力面夹角约为 60°。

④变形模量:当垂直应力达到 50% 无侧限抗压强度时,水泥土的应力与应变的比值称为水泥土的变形模量 E_{50}。水泥土的变形模量 $E_{50}=(80~150)f_{cu}$,水泥土破坏时的轴向应变 $\varepsilon_f=1\%~2\%$,呈脆性破坏。

⑤水泥土的压缩系数和压缩模量:水泥土的压缩系数为 $(2.0~3.5)\times10^{-5}$ kPa^{-1},压缩模量 $E_s=60~100$ MPa。

⑥水泥土的渗透系数:水泥掺入比 7%~15% 时,水泥土的渗透系数可达到 10^{-8} cm/s 的数量级,具有明显的抗渗、隔水作用。

上述经验数值仅仅适用于一般的软黏土,不适用于高有机质土和泥炭土。

(3)水泥土抗冻性能 试验表明,自然冰冻不会造成水泥土深部结构的破坏。因此,只要地温不低于-10 ℃,就可进行水泥土搅拌法的冬季施工。

▶ 10.2.3 水泥加固土的现场试验

1)试验目的

①根据水泥土室内配比试验最佳配方,进行现场成桩工艺试验。

②在相同的水泥掺入比条件下,求出室内试块与现场桩身强度的关系。

③比较不同桩长与不同桩身强度的单桩承载力。

④确定桩土共同作用的复合地基承载力。

2)试验方法

①在桩身不同部位切取试件,运回实验室内分割成与室内试块尺寸相同的试件,在相同

龄期时做室内、外试块强度之间关系的比较试验;或者将整段的桩体运回实验室,进行单轴抗压强度试验,真实地反映水泥土搅拌桩体的力学性能。

②为了解复合地基中桩、土反力分布和应力分担情况,可在试验荷载板下不同部位埋设土压力盒,进行单桩承载力试验和桩土复合地基承载力试验。单桩和复合地基承载力试验的具体方法可参考相关规范执行。

3)试验结果

①正常情况下,现场水泥土强度为室内水泥土试验强度的 0.2~0.5 倍,即有:

$$f_{cuf} = (0.2 \sim 0.5)f_{cuk} \tag{10.3}$$

②单桩和复合地基承载力设计值可根据荷载试验 p-s 曲线,取 s/b(或 s/d)= 0.01 所对应的荷载。

③水泥土搅拌桩极限承载力与承载力特征值的匹配是保证加固质量的关键。

10.3 设计计算

► 10.3.1 水泥土搅拌桩复合地基的设计与计算

1)固化剂及掺入比的确定

固化剂宜选用强度等级为 32.5 级及以上的普通硅酸盐水泥。湿法水泥浆水灰比可选用 0.5~0.6。水泥掺量应根据设计要求的水泥土强度经试验确定,块状加固时水泥掺量不应小于被加固天然土质量的 7%,作为复合地基增强体时不应小于 12%,型钢水泥土搅拌墙(桩)不应小于 20%。

桩长超过 10 m 时,可采用固化剂变掺量设计。在全长桩身水泥总掺量不变的前提下,桩身上部 1/3 桩长范围内可适当增加水泥掺量及搅拌次数。

2)单桩竖向承载力特征值

水泥土搅拌桩单桩竖向承载力特征值应通过现场载荷试验确定。初步设计时也可按式 (5.14)估算,其桩端端阻力发挥系数 α_p 可取 0.4~0.6。单桩竖向承载力特征值确定时还应满足式(10.4)计算要求,应使由桩身材料强度确定的单桩承载力大于(或等于)由桩周土和桩端土的抗力所提供的单桩承载力。

$$R_a = \eta f_{cu} A_p \tag{10.4}$$

式中 f_{cu}——与搅拌桩桩身水泥土配比相同的室内加固土试块(边长为 70.7 mm 的立方体)在标准养护条件下 90 d 龄期的立方体抗压强度平均值,kPa;

η——桩身强度折减系数,干法可取 0.20~0.25,湿法可取 0.25;

A_p——桩身截面积,m²。

3)复合地基的承载力特征值

竖向承载水泥土搅拌桩复合地基的承载力特征值应通过现场单桩或多桩复合地基静载试验确定,初步设计时也可按式(5.13)估算,处理后桩间土承载力特征值 f_{sk} 可取天然地基承载力特征值;桩间土承载力发挥系数 β,对淤泥、淤泥质土和流塑状软土等处理土层,可取 0.1~0.4,对其他土层可取 0.4~0.8;单桩承载力发挥系数 λ 可取 1.0。

根据设计要求的单桩竖向承载力特征值 R_a 和复合地基承载力特征值 f_{spk},计算搅拌桩的置换率 m 和总桩数 n 为:

$$m = \frac{f_{spk} - \beta f_{sk}}{\lambda R_a - \beta A_p f_{sk}} A_p \tag{10.5}$$

$$n = mA/A_p \tag{10.6}$$

式中 A, A_p——地基加固的面积和桩的截面积,m^2。

根据求得的总桩数 n 进行搅拌桩的平面布置。桩的平面布置以充分发挥桩侧摩阻力和便于施工为原则。

当所设计的搅拌桩为摩擦型,桩的置换率较大(一般 $m \geq 20\%$),且不是单行竖向排列时,由于每根桩不能充分发挥单桩的承载力作用,故应按群桩作用原理进行下卧层验算。假想基础底面(下卧层基础)的承载力为:

$$f' = \frac{f_{spk}A + G - q_s A_s - f_{sk}(A - A_1)}{A_1} \leq f \tag{10.7}$$

式中 f'——假想实体基础底面处的平均压力,kPa;
A——建筑物基础的底面积,m^2;
A_1——假想实体基础底面积,m^2;
G——假想实体基础自重,kN;
A_s——假想实体基础侧表面积,m^2;
q_s——作用在假想实体基础侧壁上的平均允许摩擦力,kPa;
f_{sk}——假想实体基础边缘的承载力,kPa;
f——假想实体基础底面修正后的地基土承载力特征值,kPa。

竖向承载搅拌桩复合地基中的桩长超过 10 m 时,可采用变掺量设计。在全桩水泥总掺量不变的前提下,桩身上部 1/3 桩长范围内可适当增加水泥掺量及搅拌次数,桩身下部 1/3 桩长范围内可适当减少水泥掺量。

4)褥垫层的设计

水泥土搅拌桩复合地基应在基础和桩之间设置褥垫层。褥垫层厚度为 200~300 mm。其材料可选用中砂、粗砂、级配砂石等,最大粒径不宜大于 20 mm。褥垫层夯填度不应大于 0.9。

在刚性基础和桩之间设置一定厚度褥垫层后,可以保证基础始终通过褥垫层把一部分荷载传到桩间土上,调整桩和土的荷载分配,充分发挥桩间土的作用,增大 β 值。

5)竖向承载搅拌桩的平面布置

竖向承载搅拌桩可根据上部结构特点及对地基承载力和变形的要求,采用柱状、壁状、格栅状或块状等加固形式。桩可只在基础平面范围内布置,独立基础下的桩数不宜少于 4 根。

(1)柱状 每隔一定距离打设一根水泥土桩,形成柱状加固形式,适用于单层工业厂房独立柱基础和多层房屋条形基础下的地基加固,它可充分发挥桩身强度与桩周侧阻力。柱状加固可采用正方形、等边三角形等布桩形式。

(2)壁状 将相邻桩体部分重叠搭接成为壁状加固形式,适用于深基坑开挖时的边坡加固以及建筑物长高比大、刚度小、对不均匀沉降比较敏感的多层房屋条形基础下的地基加固。

(3)格栅状 它是纵横两个方向的相邻桩体搭接而形成的加固形式,适用于上部结构单位面积荷载大和对不均匀沉降要求控制严格的建(构)筑物的地基加固。

(4)长短桩相结合 当地质条件复杂,同一建筑物坐落在两类不同性质的地基土上时,可用 3 m 左右的短桩将相邻长桩连成壁状或格栅状,以调整和减小不均匀沉降量。

水泥土桩的强度和刚度是介于柔性桩(砂桩、碎石桩等)和刚性桩(钢管桩、混凝土桩等)间的一种半刚性桩,它所形成的桩体在无侧限情况下可保持直立,在轴向力作用下又有一定的压缩性,但其承载性能又与刚性桩相似,因此在设计时可仅在上部结构基础范围内布桩,不必像柔性桩一样需在基础外设置护桩。

6)复合地基的变形计算

竖向承载搅拌桩复合地基的变形包括搅拌桩复合土层的平均压缩变形 s_1 和桩端下未加固土层的压缩变形 s_2。大量工程实测表明,群桩体的压缩变形量 s_1 在 10~50 mm 变化。

(1)搅拌桩复合土层的压缩变形 s_1

$$s_1 = \frac{(p_z + p_{z1})l}{2E_{sp}} \tag{10.8}$$

$$E_{sp} = \frac{E_s(A_e - A_p) + E_p A_p}{A_e} = mE_p + (1-m)E_s \tag{10.9}$$

式中 p_z——搅拌桩复合土层顶面的附加压力值,kPa;

p_{z1}——搅拌桩复合土层底面的附加压力值,kPa;

A_e——单根桩承担的复合地基等效圆面积,m²;

A_p——桩身横截面积,m²;

E_{sp}——搅拌桩复合土层的压缩模量,kPa,也可按式(5.24)计算;

E_p——搅拌桩的压缩模量,可取(100~120)f_{cu},kPa。对桩较短或桩身强度较低者可取低值,反之可取高值;

E_s——桩间土的压缩模量,kPa;

l——搅拌桩桩长,m。

(2)桩端以下未加固土层压缩变形 s_2

可按《建筑地基基础设计规范》(GB 50007—2011)有关规定计算。对于一般建筑物,都是在满足强度要求的条件下以沉降进行控制的,应采用以下沉降控制设计思路:

①根据地层结构进行地基变形计算,由建筑物对变形的要求确定加固深度,即选择施工桩长。

②根据土质条件、固化剂掺量、室内配比试验资料和现场工程经验,选择桩身强度和水泥掺入量及有关施工参数。

③根据桩身强度的大小及桩的断面尺寸,由式(5.13)计算单桩承载力。

④根据单桩承载力和上部结构要求达到的复合地基承载力,由式(10.5)计算桩土面积置换率。

⑤根据桩土面积置换率和基础形式进行布桩。

竖向承载搅拌桩的长度应根据上部结构对承载力和变形的要求确定,并宜穿透软弱土层到达承载力相对较高土层。为提高抗滑稳定性而设置的搅拌桩,其桩长应超过危险滑弧以下 2 m。

10.3.2　水泥土搅拌桩重力式挡墙的设计计算

1)重力式水泥土搅拌桩墙的应用范围与平面布置

重力式水泥土搅拌桩墙是指水泥土搅拌桩相互搭接成格栅或实体的重力式支护结构。重力式水泥土搅拌桩墙适用于加固淤泥质土、黏土等比较浅($H \leqslant 6$ m),且安全等级为二、三级的基坑工程,墙体抗渗性较好。常见的水泥土墙平面布置形式有壁式、格栅式、组合拱式等,其中格栅式最常用,如图10.4所示。格栅式布桩的优点是:限制了格栅中软土的变形,减少了其竖向沉降;增加支护的整体刚度,保证复合地基在横向力作用下共同工作。

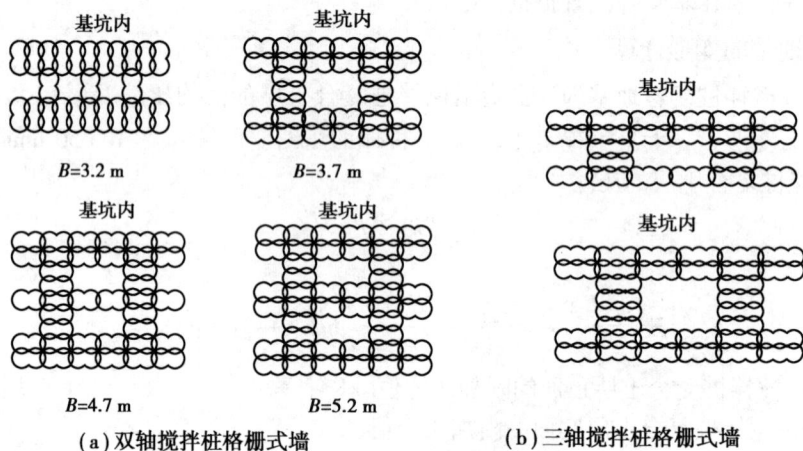

图 10.4　水泥土搅拌桩墙平面布置形式

2)重力式水泥土墙稳定性与承载力验算

(1)抗滑移稳定性验算(图10.5)

$$\frac{E_{pk} + (G - u_m B)\tan \varphi + cB}{E_{ak}} \geqslant K_{sl} \tag{10.10}$$

式中　K_{sl}——抗滑移安全系数,其值不应小于1.2。

　　E_{ak}, E_{pk}——水泥土墙上的主动土压力、被动土压力标准值,kN/m。

　　G——水泥土墙的自重,kN/m。

　　u_m——水泥土墙底面上的水压力,kPa。水泥土墙底面在地下水位以下时,可取 $u_m = \gamma_w(h_{wa}+h_{wp})/2$;在地下水位以上时,取 $u_m = 0$。

　　h_{wa}——基坑外侧水泥土墙底处的压力水头,m。

　　h_{wp}——基坑内侧水泥土墙底处的压力水头,m。

　　B——水泥土墙的底面宽度,m。

　　c, φ——水泥土墙底面下土层的黏聚力(kPa)和内摩擦角(°)。

(2)抗倾覆稳定性验算(图10.6)

$$\frac{E_{pk}a_p + (G - u_m B)a_G}{E_{ak}a_a} \geqslant K_{ov} \tag{10.11}$$

式中　K_{ov}——抗倾覆安全系数,其值不应小于1.3;

　　a_a——水泥土墙外侧主动土压力合力作用点至墙趾的竖向距离,m;

a_p——水泥土墙内侧被动土压力合力作用点至墙趾的竖向距离,m;

a_G——水泥土墙自重与墙底水压力合力作用点至墙趾的水平距离,m。

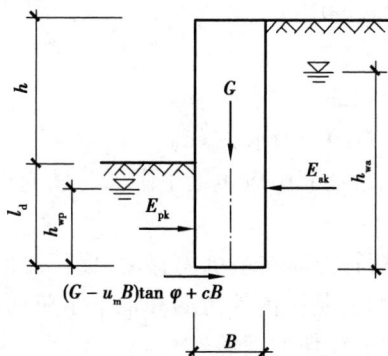

图 10.5　抗滑移稳定性验算　　　　图 10.6　抗倾覆稳定性验算

(3)圆弧滑动稳定性验算

重力式水泥土墙可采用圆弧滑动条分法进行稳定性验算,如图 10.7 所示。

$$\min\{K_{s1},K_{s2},\cdots,K_{si},\cdots\} \geqslant K_s \tag{10.12}$$

$$K_{si} = \frac{\sum\{c_j l_j + [(q_j b_j + \Delta G_j)\cos\theta_j - u_j l_j]\tan\varphi_j\}}{\sum(q_j b_j + \Delta G_j)\sin\theta_j} \tag{10.13}$$

式中　K_s——圆弧滑动稳定安全系数,其值不应小于1.3。

　　　K_{si}——第 i 个圆弧滑动体的抗滑力矩与滑动力矩的比值,K_{si} 的最小值宜通过搜索不同圆心及半径的所有潜在滑动圆弧确定。

　　　c_j,φ_j——第 j 土条滑弧面处土的黏聚力(kPa)和内摩擦角(°)。

　　　b_j——第 j 土条的宽度,m。

　　　θ_j——第 j 土条滑弧面中点处的法线与垂直面的夹角,(°)。

　　　l_j——第 j 土条的滑弧段长度,m,取 $l_j = b_j/\cos\theta_j$。

　　　q_j——第 j 土条上的附加分布荷载标准值,kPa。

　　　ΔG_j——第 j 土条的自重,kN,按天然重度计算;分条时,水泥土墙可按土体考虑。

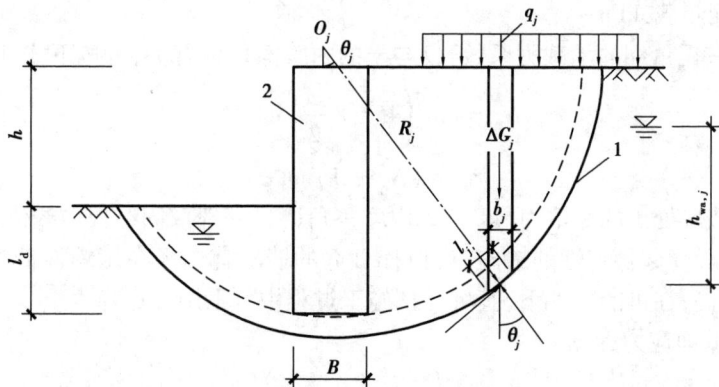

图 10.7　整体滑动稳定性验算

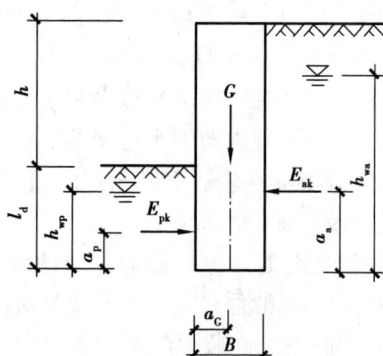

u_j——第 j 土条在滑弧面上的孔隙水压力，kPa。对地下水位以下的砂土、碎石土、砂质

粉土，在基坑外侧可取 $u_j = \gamma_w h_{wa,j}$，在基坑内侧可取 $u_j = \gamma_w h_{wp,j}$；滑弧面在地下水

位以上或对地下水位以下的黏性土，取 $u_j = 0$。

γ_w——地下水重度，kN/m。

$h_{wa,j}$——基坑外地下水位至第 j 土条滑弧面中点的压力水头，m。

$h_{wp,j}$——基坑内地下水位至第 j 土条滑弧面中点的压力水头，m。

当墙底以下存在软弱下卧土层时，稳定性验算的滑动面中应包括由圆弧与软弱土层层面组成的复合滑动面。

（4）抗隆起计算　基坑隆起是指使墙后土体及基底土体向基坑内移动，促使底面向上鼓起，出现塑性流动和涌土现象。形成基坑隆起的原因是：基坑内外土面和地下水位的高差；坑外地面的超载；基坑卸载引起的回弹；基坑底承压水头；墙体的变形。

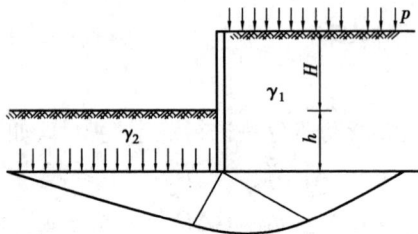

图 10.8　抗基坑隆起计算示意图

常用的计算方法有 Caquol-Kerisel，G.Schneebeli，Prandtl 以及圆弧滑动法等公式。上海地区的设计经验是参照 Prandtl 和 Terzaghi 的地基承载力公式，将墙底面的平面作为求极限承载力的基准面进行计算，如图 10.8 所示。

$$K_s = \frac{\gamma_2 h N_q + c N_c}{\gamma_1 (H + h) + p} \geq 1.5 \tag{10.14}$$

式中　γ_1——自地表面至墙底各土层的加权平均重度（地下水位以下取浮重度），kN/m³；

γ_2——自基坑底面至墙底各土层加权平均重度（地下水位以下取浮重度），kN/m³；

h——搅拌桩插入深度，m；

H——基坑开挖深度，m；

p——地面超载，kPa；

N_q, N_c——无量纲的承载力系数，仅与土的内摩擦角 φ 有关，可按下式计算：

$$N_q = \tan^2 \left(45° + \frac{\varphi}{2} \right) e^{\pi \tan \varphi} \tag{10.15}$$

$$N_c = (N_q - 1) \cot \varphi \tag{10.16}$$

式中　c, φ——墙底处土的黏聚力（kPa）和内摩擦角（°），一般取固结快剪峰值。

提高基坑底面隆起稳定性的措施有：搅拌桩墙的墙底宜选择在压缩性低的土层中；适当降低墙后土面标高；在可能条件下，基坑开挖施工过程中可采用井点降水。

（5）墙体正截面应力计算

拉应力 $\qquad\qquad\qquad \dfrac{6M_i}{B^2} - \gamma_{cs} z \leq 0.15 f_{cs} \tag{10.17}$

压应力
$$\gamma_0\gamma_F\gamma_{cs}z+\frac{6M_i}{B^2}\leqslant f_{cs} \tag{10.18}$$

剪应力
$$\frac{E_{aki}-\mu G_i-E_{pki}}{B}\leqslant\frac{1}{6}f_{cs} \tag{10.19}$$

式中 M_i——水泥土墙验算截面的弯矩设计值,（kN·m）/m;

B——验算截面处水泥土墙的宽度,m;

γ_{cs}——水泥土墙的重度,kN/m^3;

z——验算截面至水泥土墙顶的垂直距离,m;

f_{cs}——水泥土开挖龄期时的轴心抗压强度设计值,kPa;

γ_F——荷载综合分项系数,按承载能力极限状态设计时 γ_F 不应小于1.25;

E_{aki},E_{pki}——验算截面以上的主、被动土压力标准值,kN/m,验算截面在基底以上时取 $E_{pki}=0$;

G_i——验算截面以上的墙体自重,kN/m;

μ——墙体材料的抗剪断系数,取 0.4~0.5。

重力式水泥土墙的正截面应力验算时,计算截面应包括以下部位:基底面以下主动、被动土压力强度相等处;基坑底面处;水泥土墙的截面突变处。当地下水位高于坑底时,应进行地下水渗透稳定性验算。

3)重力式水泥土墙的构造要求

①重力式水泥土墙嵌固深度,对淤泥质土,不宜小于1.2h;对淤泥,不宜小于1.3h。重力式水泥土墙宽度,对淤泥质土,不宜小于0.7h;对淤泥,不宜小于0.8h(h 为基坑深度)。

②重力式水泥土墙采用格栅形式时,格栅的面积置换率,对淤泥质土,不宜小于0.7;对淤泥,不宜小于0.8;对一般黏性土、砂土,不宜小于0.6。格栅内侧的长宽比不宜大于2。每个格栅内的土体面积应符合式(10.20)的要求:

$$A\leqslant\delta\frac{cu}{\gamma_m} \tag{10.20}$$

式中 A——格栅内土体的截面面积,m^2;

δ——计算系数,黏性土取 $\delta=0.5$,砂土、粉土取 $\delta=0.7$;

c——格栅内土的黏聚力,kPa;

u——计算周长,m,按图10.9计算;

γ_m——格栅内土的天然重度,kN/m^3,对多层土,取水泥土墙深度范围内各层土按厚度加权的平均天然重度。

③水泥土搅拌桩的搭接宽度不宜小于150 mm。

④当水泥土墙兼作截水帷幕时,应符合对截水的要求。

⑤水泥土墙体 28 d 无侧限抗压强度不宜小于0.8 MPa。当需要增强墙身的抗拉性能时,可在水泥土桩内插入杆筋。杆筋可采用钢筋、钢管或毛竹。杆

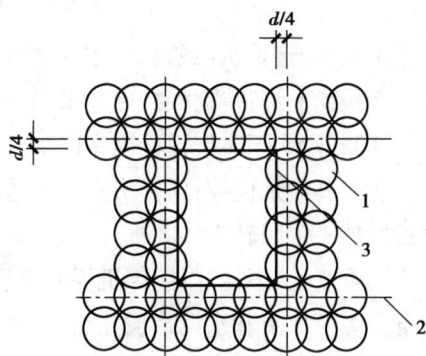

图10.9　格栅式水泥土墙
1—水泥土桩;2—水泥土桩中心线;
3—计算周长

筋的插入深度宜大于基坑深度。杆筋应锚入面板内。

⑥水泥土墙顶面宜设置混凝土连接面板,面板厚度不宜小于 150 mm,混凝土强度等级不宜低于 C15。

10.4 施工技术

▶ 10.4.1 浆体搅拌法

1)设备组成

国产水泥土搅拌机的搅拌头大都采用双层(或多层)十字杆形或叶片螺旋形。常用搅拌机有 SJB-1 型、SJB-2 型、GZB-600 型、ZKD65-3 型、ZKD85-3 型、ZKD85-5 型等。其配套机械主要有灰浆搅拌机、集料斗、灰浆泵、压力胶管、电气控制柜等。

用于建筑物地基处理的水泥土搅拌桩施工设备,其湿法施工配备注浆泵的额定压力不宜小于 5.0 MPa,干法施工的最大送粉压力不应小于 0.5 MPa。

2)施工工艺流程(以双轴搅拌机为例,图 10.10)

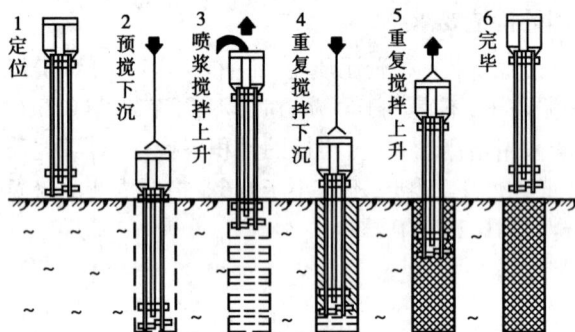

图 10.10 水泥土搅拌桩法施工工艺流程

①定位:起重机(或搭架)悬吊搅拌机到达指定桩位并对中。

②预搅下沉:待搅拌机冷却水循环后,启动搅拌机沿导向架搅拌切土下沉。

③制备水泥浆:按设计确定的配合比搅制水泥浆,待压浆前将水泥浆倒入集料中。

④提升喷浆搅拌:搅拌头下沉到达设计深度后,开启灰浆泵将水泥浆液泵入压浆管路中,边提搅拌头边回转搅拌制桩。

⑤重复上、下搅拌:搅拌机提升至设计加固深度的顶面标高时,集料斗中的水泥浆应正好排空。为使软土和水泥浆搅拌均匀,可再次将搅拌机边旋转沉入土中,至设计加固深度后再将搅拌机提升出地面。

⑥清洗:向集料斗中注入适量清水,开启灰浆泵,清洗全部注浆管路直至基本干净。

⑦移位:重复上述①~⑥步骤,再进行下一根桩的施工。

由于搅拌桩顶部与上部结构及基础或承台接触部分受力较大,因此通常还可对桩顶

1.00~1.5 m 范围内再增加一次搅浆,以提高其强度。

3)施工操作要点

①搅拌头翼片的枚数、宽度,与搅拌轴的垂直夹角、搅拌头的回转数、提升速度应相互匹配,以确保加固深度范围内土体的任何一点均能经过 20 次以上的搅拌。

每遍搅拌次数 N 由下式计算:

$$N = \frac{nh \cos \beta \sum Z}{V} \qquad (10.21)$$

式中　n——搅拌头的回转数,r/min;

　　　h——搅拌叶片的宽度,m;

　　　β——搅拌叶片与搅拌轴的垂直夹角,(°);

　　　$\sum Z$ ——搅拌叶片的总枚数;

　　　V——搅拌头的提升速度,m/min。

②施工前应确定灰浆泵输浆量、灰浆经输浆管到达搅拌机浆口的时间和起吊设备提升速度等施工参数,并根据设计要求通过工艺性成桩试验确定施工工艺。

施工中喷浆提升速度 V 可按下式计算:

$$V = \frac{\gamma_d Q}{F \gamma a_w (1 + \alpha_c)} \qquad (10.22)$$

式中　V——搅拌头喷浆提升速度,m/min;

　　　γ_d, γ——水泥浆和土的重度,kN/m³;

　　　Q——灰浆泵的排量,m³/min;

　　　F——搅拌桩的截面积,m²;

　　　a_w——水泥掺入比;

　　　α_c——水泥浆水灰比。

③所使用的水泥都应过筛,制备好的浆液不得离析,泵送必须连续。拌制水泥浆液的罐数、水泥和外掺剂用量以及泵送浆液的时间等应有专人记录;喷浆量及搅拌深度必须采用经国家计量部门认证的监测仪器进行自动记录。

④搅拌机喷浆提升的速度和次数必须符合施工工艺的要求,并应有专人记录。

⑤当水泥浆液到达出浆口后,应喷浆搅拌 30 s,在水泥浆与桩端土充分搅拌后,再开始提升搅拌头。

⑥搅拌机预搅下沉时不宜冲水,当遇到硬土层下沉太慢时,方可适量冲水,但应考虑冲水对桩身强度的影响。

⑦施工时如因故停浆,应将搅拌头下沉至停浆点以下 0.5 m 处,待恢复供浆时再喷浆搅拌提升。若停机超过 3 h,宜拆卸输浆管路,并妥加清洗。

⑧壁状加固时,相邻桩的施工时间间隔不宜超过 24 h。如间隔时间太长,与相邻桩无法搭接时,应采取局部补桩或注浆等补强措施。

⑨竖向承载搅拌桩施工时,停浆(灰)面应高于桩顶设计标高 300~500 mm。在开挖基坑

时,应将搅拌桩顶端施工质量较差的桩段用人工挖除。

⑩施工中应保持搅拌桩机底盘的水平和导向架的竖直,搅拌桩的垂直偏差不得超过1%,桩位的偏差不得大于50 mm,成桩直径和桩长不得小于设计值。

▶ 10.4.2 粉体搅拌法

1)设备组成

粉体搅拌法施工机具和设备有GPF-5型钻机(或GPP-5型)、SP-3型粉体发送器(或YP-1型)、空气压缩机、搅拌钻头等。SP-3型粉体发送器其结构组成如图10.11所示。搅拌钻头直径一般为500~700 mm,钻头形式应保证在反向旋转提升时,对加固土体有压密作用。

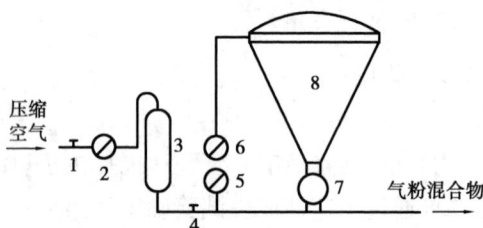

图 10.11　粉体发送器的工作原理
1—节流阀;2—流量计;3—气水分离器;4—安全阀;
5—管道压力表;6—灰罐压力表;7—发送器转鼓;8—灰罐

水泥土搅拌桩干法施工机械必须配置经国家计量部门确认的具有能瞬时检测并记录的出粉体计量装置及搅拌深度自动记录仪。喷粉施工前,应检查搅拌机械、供粉泵、送气(粉)管路、接头和阀门的密封性、可靠性,送气(粉)管路的长度不宜大于60 m。

2)粉体材料选择

使用粉体材料,除水泥以外,还有石灰、石膏及矿渣等,也可使用粉煤灰作为掺加料。在国内工程使用的主要是水泥材料。使用水泥粉体材料时,宜选用42.5级普通硅酸盐水泥,其掺合量常为180~240 kg/m³。若使用低于42.5级普通硅酸盐水泥或选用矿渣水泥、火山灰水泥或其他种水泥时,使用前需在室内做各种配合比试验。

3)施工工序

①放样定位。

②移动钻机,准确对孔,对孔误差不大于50 mm。

③利用支腿油缸调平钻机,钻机主轴垂直度误差应不大于1%。

④启动主电动机,按施工要求,以Ⅰ,Ⅱ,Ⅲ挡逐渐加速顺序,正转预搅下沉。钻至接近设计深度时,采用低速慢钻。从预搅下沉直到喷粉为止,应在钻杆内连续输送压缩空气。

⑤提升喷粉搅拌。当搅拌头到达设计桩底以上1.5 m时,应开启喷粉机提前进行喷粉作业,并按0.5 m/min速度反转提升,搅拌头每旋转一周,提升高度不得超过15 mm。

⑥重复搅拌。为保证粉体搅拌均匀,需再次将搅拌头下沉到设计深度。提升搅拌头时,其速度控制在0.5~0.8 m/min。

⑦为防止空气污染,在提升喷粉距地面 0.5 m 处应减压或停止喷粉。

⑧提升喷粉过程中,需有自动计量装置。该装置为控制和检验喷粉桩的关键。

⑨钻具提升至地面后,钻机移位对孔,按上述步骤进行下一根桩的施工。

成桩过程中因故停止喷粉,应将搅拌头下沉至停灰面以下 1 m 处,待恢复喷粉时,再喷粉搅拌提升。喷粉压力一般控制在 0.25~0.4 MPa,灰罐内气压比管道内的气压高 0.02~0.05 MPa。若在地基土天然含水量小于 30% 土层中喷粉成桩时,应采用地面注水搅拌工艺。

设计上要求搭接的桩体,需连续施工,一般相邻桩的施工间隔时间不超过 8 h。

10.5　质量检验

对于水泥土搅拌桩复合地基,施工前应检查水泥及外掺剂的质量、桩位、搅拌机工作性能,并应对各种计量设备进行检定或校准;施工中,应检查机头提升速度、水泥浆或水泥注入量、搅拌桩的长度及标高、搅拌头转数和提升速度、复搅次数和复搅深度、停浆处理方法等;施工结束后,应检验桩体的强度和直径,以及单桩与复合地基的承载力。

► 10.5.1　施工质量检验

施工过程中必须随时检查施工记录,对照规定的施工工艺对每根桩进行质量评定。检查重点是:水泥用量、桩长、搅拌头转数和提升速度、复搅次数和复搅深度、停浆处理方法等。

► 10.5.2　竣工质量检验

水泥土搅拌桩成桩质量检验方法有浅部开挖、轻型动力触探、载荷试验和钻芯取样等。

1)浅部开挖

成桩 7 d 后,采用浅部开挖桩头(深度宜超过停浆(灰)面下 0.5 m),目测检查搅拌的均匀性,量测成桩直径。检查量为总桩数的 5%。对相邻桩搭接要求严格的工程,应在成桩 15 d 后,选取数根桩进行开挖,检查搭接情况。

2)轻型动力触探

成桩后 3 d 内,可用轻型动力触探(N_{10})检查每米桩身的均匀性。检验数量为施工总桩数的 1%,且不少于 3 根。由于每次落锤能量较小,连续触探一般不大于 4 m。但是如果采用从桩顶开始至桩底,每米桩身先钻孔 700 mm 深度,然后触探 30 mm,并记录锤击数的操作方法,则触探深度可加大。触探杆宜用铝合金制造,可不考虑杆长的修正。

3)标准贯入试验

用锤击数估算桩体强度需积累足够的工程资料,Terzghi 和 Peck 的经验公式为:

$$f_{cu} = N_{63.5}/80 \tag{10.23}$$

式中　f_{cu}——桩体无侧限抗压强度,MPa;

　　　$N_{63.5}$——标准贯入试验的贯入击数。

4)静力触探试验

静载荷试验宜在成桩 28 d 后进行。静力触探可连续检查桩体强度内的强度变化,或用式(10.24)估算桩体无侧限抗压强度值。

$$f_{cu} = p_s / 10 \qquad\qquad (10.24)$$

式中 p_s——静力触探贯入比阻力,kPa。

5)荷载试验

静载荷试验宜在成桩 28 d 后进行。水泥土搅拌桩复合地基承载力检验应采用复合地基静载荷试验和单桩静载荷试验,验收检验数量不少于总桩数的 1%,复合地基静载荷试验数量不少于 3 台(多轴搅拌为 3 组)。

6)钻芯取样

对变形有严格要求的工程,应在成桩 28 d 后,采用双管单动取样器钻取芯样作水泥土抗压强度检验,检验数量为施工总桩数的 0.5%,且不少于 6 点。

基槽开挖后,应检验桩位、桩数与桩顶、桩身质量,如不符合设计要求,应采取补强措施。

10.6 工程应用实例

【例 10.1】 广州市某粮食仓库工程。

1)工程概况

广州市某粮食仓库长 30 m、宽 16 m,单层承重墙结构,拱形屋面。条形基础宽 1.5 m,埋深 0.9 m。设计要求基础下地基承载力达到 100 kPa,而地坪下的地基承载力要求达到 40 kPa。拟建场地表层为 1.5 m 厚的杂填土,其下即为厚度 30 m、含水量高达 70%、地基承载力仅为 30 kPa、压缩模量为 1.45 MPa 的淤泥层。地基土不能满足上部结构的承载要求,需进行处理。经多种地基加固方案的比较,根据现场的施工条件,决定采用粉体喷射法加固淤泥土层。

2)工程设计

根据现场施工条件和土质条件,软土地基的加固深度选为 9 m。计算桩长为:

$$L = (9.0 - 0.9)\ m = 8.1\ m$$

喷粉桩搅拌机的钻头直径为 500 mm,单桩截面积 $A_p = 0.2\ m^2$,周长 $u_p = 1.57\ m$。因桩长未穿过软土,按纯摩擦桩设计,桩侧摩阻力取 $q_s = 5.5\ kPa$。单桩承载力特征值为:

$$R_a = q_s u_p L = 5.5\ kPa \times 1.57\ m \times 8.1\ m = 70\ kN$$

天然地基承载力特征值 $f_{sk} = 30\ kPa$,基础下复合地基承载力特征值 $f_{spk} = 100\ kPa$,取桩间土承载力发挥系数 $\beta = 0.9$,单桩承载力发挥系数 $\lambda = 1.0$,则喷粉桩的面积置换率为:

$$m = \frac{f_{spk} - \beta f_{sk}}{\lambda R_a - \beta A_p f_{sk}} A_p = \frac{100\ kPa - 0.9 \times 30\ kPa}{1.0 \times 70\ kN - 0.9 \times 0.2\ m^2 \times 30\ kPa} \times 0.2\ m^2 = 0.226$$

条形基础下每根喷粉桩的加固面积为:$A_e = A_p / m = 0.2\ m^2 / 0.226 = 0.88\ m^2$。

条形基础下的喷粉桩布桩形式为：以基础中心线向两边外推 0.5 m，布置两排，排距 1 m，桩距 0.8 m，两排桩交叉排列。

地坪处理要求较低，按 1.5 m×2.0 m 间距布桩，面积置换率为 $m=0.07$，加固深度仍为 9 m，则地坪处的复合地基承载力特征值可达到：

$$f_{spk} = \lambda m \frac{R_a}{A_p} + \beta(1-m)f_{sk} = 1.0 \times 0.07 \times \frac{70 \text{ kN}}{0.2 \text{ m}^2} + 0.9 \times (1-0.07) \times 30 \text{ kPa}$$
$$= 49.6 \text{ kPa} > 40 \text{ kPa}$$

满足地坪设计要求。

3) 工程施工

喷粉桩搅拌机施工采用 GPP-5 型机械。对条形基础部分的处理，固化剂采用 32.5 级普通硅酸盐水泥，掺入比取 18%，即每延米桩长喷水泥粉 60 kg。为降低原淤泥层的含水量，提高条形基础部分的地基承载力，施工中还每间隔一定距离增加了 50 根石灰粉体搅拌桩。

地坪处理部分采用石灰粉体搅拌法，掺入比为 15%，即每延米桩长喷入石灰粉 50 kg。生石灰块料在现场加工粉碎后立即使用，石灰粉的 CaO 质量分数高达 90%。

施工中，上部杂填土地层钻进速度为 0.45 m/min，淤泥层则为 1.47 m/min。钻进成孔最大风压为 0.2 MPa，最大风量为 100 m³/h。喷粉搅拌成桩时采用 0.45 m/min 的提升速度，最大压缩空气压力为 0.3 MPa，风量为 50~70 m³/h。

为确保桩体的均匀性，采用的施工工艺是：切土钻进→提升喷粉搅拌→重复钻进搅拌→提升搅拌。

本工程共施工水泥粉喷搅拌桩 137 根，总桩长计 1 233 m；施工石灰粉搅拌桩 163 根，总桩长计 1 467 m。总工期 15 d，工程费用为 10 万元。

【例 10.2】 南京南湖新村某小区住宅建设工程。

1) 工程概况

南湖新村系南京市重点新建的住宅小区之一，占地面积为 0.64 km²，拟建 200 余幢多层住宅，建筑面积达 55 万 m²。场地位于长江及秦淮河的漫滩地带，住宅楼主要有 7 层点式和 6 层条式，于 1984 年 8 月至 1985 年 4 月采用深层搅拌桩对其中 18 幢住宅楼软土地基进行加固，共打设搅拌桩 2 861 根，总桩长计 27 657.6 m。在正常情况下，每幢住宅地基加固工期仅 7~10 d，与原有钢筋混凝土灌注桩相比节约总费用约 100 万元，取得了较好的经济效益和社会效益。

2) 工程地质条件

南湖住宅区场地主要地层为高压缩性流塑态的淤泥质粉质黏土，厚度超过 30 m，其表面有 1.5~3.0 m 的人工填土。厚层淤泥质粉质黏土的有机质质量分数为 2.37%，可溶盐质量分数为 0.135%，烧失量为 6.94%。各土层物理力学性质指标见表 10.1。地下水位位于地面下 5 m 处。

表 10.1　各土层物理力学性质指标

层次	厚度/m	土名	含水量/%	重度/(kN·m^{-3})	孔隙比	塑性指数	液性指数	黏聚力/kPa	内摩擦角/(°)	压缩模量/kPa	承载力/kPa
①-2	0~1.5	淤泥及淤泥质土	54	16.9	1.50	18	1.66	4	12.6	1 560	—
①-3	1.5~3.0	素填土	40	18.2	1.10	20	0.85	12	13.5	3 640	75
②	未穿	淤泥质粉质黏土	47	17.4	1.31	14	1.78	4	17.5	2 090	60

3)设计计算

(1)布桩方案　7 层点式住宅楼荷重较大,基础占地面积为 $A = 228 \text{ m}^2$,基底平均压力 $p =$ 152.2 kPa,其下有 1.5~2.0 m 厚素填土,其承载力 $f_{sk} = 80$ kPa,由于上部建筑相对刚度较大,因此建筑物沉降比较均匀,故采用柱状加固形式。

6 层条式住宅楼其基底压力为 121.6 kPa,条基底面积为 426.7 m^2,其下为淤泥质粉质黏土,其承载力特征值为 65 kPa。因上部建筑长高比较大,刚度相对较小,易产生不均匀沉降,因此采用壁状加固形式,即桩与桩搭接成壁,纵横方向的水泥土壁又交叉呈格栅状连成一个整体,如同一个不封底的箱形基础。此外,对一半基础坐落在新填的鱼塘上,另一半坐落在岸坡上的条式住宅楼,则通过不同的桩长设计来调整不均匀沉降。

(2)单桩设计　以 7 层点式住宅楼为例,设计桩长 9 m(考虑场地标高因素,搅拌加固深度 D 为 10 m),桩横截面积 $A_p = 0.71 \text{ m}^2$,周长 $u_p = 3.35 \text{ m}$,桩侧平均摩阻力 q_s 取 8.5 kPa。

单桩承载力 R_a 是按摩擦型桩计算:$R_a = u_p \sum q_{si} \times l_i = 3.35 \times 8.5 \times 9 = 256$ kN

桩身水泥土强度:$f_{cu} = \dfrac{R_a}{\eta A_p} = \dfrac{256 \text{ kN}}{0.25 \times 0.71 \text{ m}^2} = 1\,442$ kPa

根据室内配比试验,相应于 $f_{cu} = 1\,442$ kPa 的水泥土配方为 14%的水泥掺入比(采用 42.5 级普通硅酸盐水泥)。

(3)面积置换率和桩数计算　取复合地基承载力特征值 $f_{spk} = p = 152.2$ kPa,桩间土承载力发挥系数 $\beta = 0.7$,则

面积置换率:$m = \dfrac{f_{spk} - \beta f_{sk}}{\lambda R_a - \beta A_p f_{sk}} A_p = \dfrac{152.2 \text{ kPa} - 0.7 \times 80 \text{ kPa}}{1.0 \times 256 \text{ kN} - 0.7 \times 0.71 \text{ m}^2 \times 80 \text{ kPa}} \times 0.71 \text{ m}^2 = 0.316$

桩数:$n = mA/A_p = 0.316 \times 228 \text{ m}^2 / 0.71 \text{ m}^2 = 102$

(4)桩的平面布置　根据各轴线的荷载差别,桩的平面布置如图 10.12 所示。

(5)群桩基础验算　将加固后的桩群视为一个格子状的假想实体基础,格子状基础纵向壁宽 1.2 m,横向壁宽 0.7 m,水下水泥土平均重度取 $\gamma_m = 8.8 \text{ kN/m}^3$。则实体基础底面积 $A_1 =$ 138.2 m^2,侧面积 $A_s = 2\,300 \text{ m}^2$,自重 $G = 10\,945$ kN。

①承载力验算:取基础埋深的承载力修正系数 $\eta_d = 1.0$,则实体基础底面修正后的地基承载力设计值:

$$f_a = f_{ak} + \eta_d \gamma_m (d - 0.5) = 80 \text{ kPa} + 1.0 \times 8.8 \text{ kN/m}^3 \times (9 - 0.5) \text{ m} = 154.8 \text{ kPa}$$

实体基础底面压力:

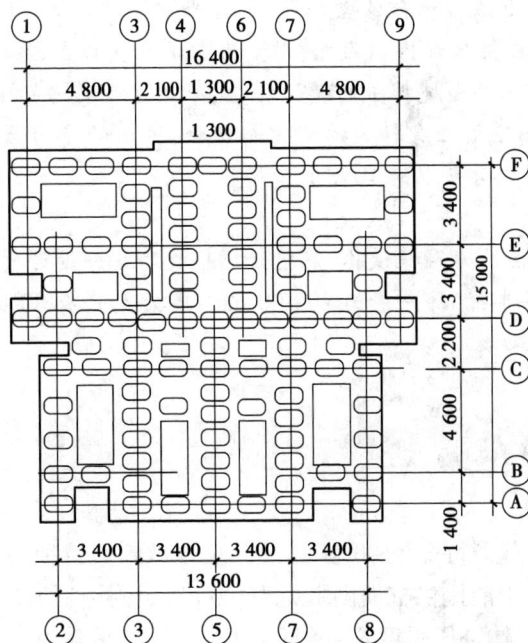

图 10.12 7 层点式住宅楼搅拌桩桩位布置

$$f' = \frac{f_{spk}A + G - q_s A_s - f_{sk}(A - A_1)}{A_1}$$

$$= \frac{152.2 \text{ kPa} \times 228 \text{ m}^2 + 10\,945 \text{ kN} - 8.5 \text{ kPa} \times 2\,300 \text{ m}^2 - 80 \text{ kPa} \times (228 \text{ m}^2 - 138.2 \text{ m}^2)}{138.2 \text{ m}^2}$$

$$= 136.8 \text{ kPa} < f_a = 154.8 \text{ kPa}$$

②沉降验算:基础总沉降量 s 主要由桩群体的压缩变形 s_1 和桩端土的变形 s_2 组成。

桩群顶面的平均压力:

$$p = \frac{f_{spk}A - f_{sk}(A - A_1)}{A_1}$$

$$= \frac{152.2 \text{ kPa} \times 228 \text{ m}^2 - 80 \text{ kPa} \times (228 \text{ m}^2 - 138.2 \text{ m}^2)}{138.2 \text{ m}^2} = 199 \text{ kPa}$$

桩群底面土的附加压力:$p_0 = f' - \gamma_m l = 136.8 \text{ kPa} - 8.8 \times 9 \text{ kPa} = 57.6 \text{ kPa}$

根据桩和桩间土按面积折算,求出桩群体的变形模量:$E_0 = 55.8 \text{ MPa}$

则有:$s_1 = \dfrac{(p+p_0)l}{2E_0} = \dfrac{(199 \text{ kPa} + 57.6 \text{ kPa}) \times 9 \text{ m}}{2 \times 55.8 \text{ MPa}} = 20.7 \text{ mm}$

用分层总和法计算实体基础底面中点的沉降 $s_2 = 71 \text{ mm}$。

则总沉降量 $s = s_1 + s_2 = 91.7 \text{ mm}$。

4)施工方法

(1)施工参数 选用 SJB-30(即原来的 SJB-1 型)深层搅拌机,搅拌轴长 10 m,搅拌叶片直径 700 mm;DT20-10 型塔架式吊车;HB6-3 型灰浆泵及 200 L 灰浆拌制机等。

固化剂配方:使用 42.5 级普通硅酸盐水泥,水泥平均掺入比为 14%,水灰比为 0.55,拌合水为当地自来水,部分工程桩加外掺剂石膏,用量为水泥重量的 2%。

(2)施工工艺 根据摩擦型搅拌桩的受力特性,采用了变掺量的施工工艺,即桩端、桩中段和桩顶的水泥掺入比相应于桩身轴力的变化而变化,桩顶的受力最大,则水泥掺入比也最多,桩端的受力最小,相应其水泥掺入比最少。

5)处理效果

工程竣工后,采用轻便动力触探试验、基槽开挖验收均符合设计要求。经沉降观测,18 幢建筑建成后投入使用一年半,沉降一般为 20~30 mm,最大也只有 80 mm,且每幢住宅的沉降比较均匀,符合原设计要求。

习 题

10.1 某软土地基承载力特征值 90 kPa,设计复合承载力特征值 130 kPa。设深搅桩桩长 15 m,桩径 0.5 m,地基土能提供桩周侧阻力为 9.0 kPa,搅拌桩的端承力特征值为 120 kPa,水泥土的 90 d 龄期的立方体抗压强度 $f_{cu} = 1\,800$ kPa,桩间土承载力发挥系数取 0.5,试进行水泥搅拌桩复合地基的设计计算。

10.2 某独立柱基,其上部结构传至基础顶面的竖向力标准组合值 $F = 1\,340$ kN,工程地质参数见表 10.2。基础埋深 $D = 2.5$ m,地下水距地表 1.25 m,基底面积 $A = 3.5$ m×3.5 m = 12.25 m^2,用深层搅拌法处理柱基下淤泥质土,形成复合地基,使其承载力满足设计要求。已知:①桩直径 $d = 0.5$ m,设计桩长 $L = 8$ m;②桩身试块无侧限抗压强度 $f_{cu} = 1\,800$ kPa;③桩身强度折减系数 $\eta = 0.4$;④桩身平均侧阻力特征值 $q_s = 10$ kPa;⑤桩端端阻力发挥系数 $\alpha_p = 0.5$,桩间土承载力发挥系数 $\beta = 0.3$;⑥基础自重及基础上的土重平均重度 $\gamma_D = 20$ kN/m³。

表 10.2 现场工程地质参数

土 层	层厚/m	$\gamma / (\,kN \cdot m^{-3})$	f_{sk}/kPa	E_s/MPa
杂填土	2.5	18		
淤泥质土	8.0	19	70	3
粉质黏土	9.0	19.5	200	10

设计要求:①计算面积置换率和搅拌桩的桩数;②绘制搅拌桩平面布置图。

$\mathit{11}$

高压喷射注浆法

〖**本章教学要求**〗

了解高压喷射注浆法的概念、工艺类型及适用范围;通过对高压喷射注浆法的加固机理的认识,掌握高压喷射注浆法的设计计算;熟悉高压喷射注浆法施工工艺;掌握高压喷射注浆法质量检验的方法、内容和操作要求。

11.1 概 述

▶ 11.1.1 高压喷射注浆法的概念

高压喷射注浆法(Jet Grouting)又称为"旋喷桩法"。高压喷射注浆法是利用钻机把带有喷嘴的注浆管放入(或钻入)至土层的预定位置后,通过地面的高压设备使装置在注浆管上的喷嘴,喷出 20~50 MPa 的高压射流(浆液或水流)冲击切割地基土体,同时钻杆以一定速度渐渐向上提升,将浆液与土粒强制搅拌混合,浆液凝固后,在土中形成具有一定强度的固结体,以达到改良土体的目的。

高压喷射注浆法所形成的固结体形状与高压喷射流作用方向、移动轨迹和持续喷射时间有密切关系。一般分为旋转喷射(简称旋喷)、定向喷射(简称定喷)和摆动喷射(简称摆喷)3种形式,如图 11.1 所示。

旋喷法施工时,应保证喷嘴一边喷射一边旋转并提升,固结体呈圆柱状。旋喷法主要用于加固地基,提高地基的抗剪强度,改善土的变形性质;也可组成闭合的帷幕,用于截阻地下水流和治理流砂。旋喷法施工后,在地基中形成的圆柱体(竖向增强体)成为旋喷桩,旋喷桩体与桩间土体形成了复合地基。

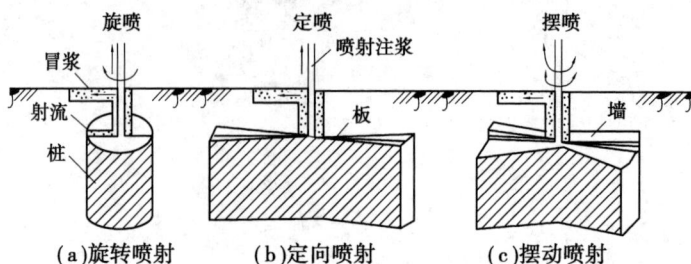

图 11.1 高压喷射注浆的三种形式

定喷法施工时,应保证喷嘴一边喷射一边提升,喷射的方向固定不变,固结体形如板状或壁状。摆喷法施工时,应保证喷嘴一边喷射一边提升,喷射的方向呈较小角度来回摆动,固结体形如较厚墙状或扇状。定喷及摆喷两种方法通常用于基坑防渗、改善地基土的渗流性质和稳定边坡等工程。

11.1.2　高压喷射注浆法的工艺类型

高压喷射注浆法的工艺类型有单管法、二重管法、三重管法以及多重管法等方法。

1)单管法

单管旋喷注浆法是利用钻机把安装在注浆管(单管)底部侧面的特殊喷嘴,置入土层预定深度后,用高压泥浆泵等装置以 20 MPa 左右的压力,把浆液从喷嘴中喷射出去冲击破坏土体,使浆液与从土体上崩落下来的土搅拌混合,经过一定时间凝固,便在土中形成一定形状的固结体,如图 11.2 所示。

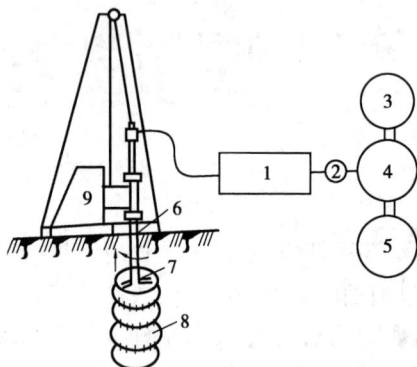

图 11.2　单管法高压喷射注浆示意图
1—高压泥浆泵;2—浆桶;3—水箱;
4—搅拌机;5—水泥仓;6—注浆管;7—喷头;
8—旋喷体;9—钻机

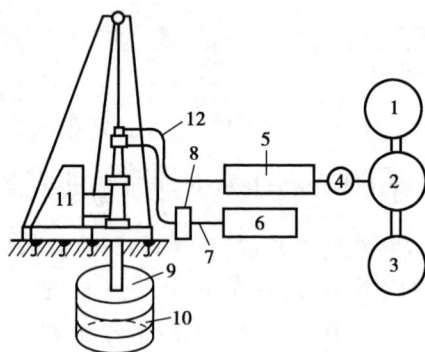

图 11.3　二重管法高压喷射注浆示意图
1—水箱;2—搅拌机;3—水泥仓;
4—浆桶;5—高压泥浆泵;6—空压机;
7—二重管;8—气量机;9—喷头;10—固结体;
11—钻机;12—高压胶管

2)二重管法

二重管法也称双管法,该法使用双通道的二重注浆管。当二重注浆管钻进到土层的预定深度后,通过在管底部侧面的一个同轴双重喷嘴,同时喷射出高压浆液和空气两种介质的喷射流冲击破坏土体。即以高压泥浆泵等高压发生装置喷射出 20 MPa 左右压力的浆液,从内喷嘴中高速喷出,并用 0.7 MPa 左右压力把压缩空气从外喷嘴中喷出。在高压浆液和外圈环绕气流的共同作用下,破坏土体的能量显著增大,最后在土中形成较大的固结体,如图 11.3 所示。

3)三重管法

三重管法是使用分别输送水、气、浆 3 种介质的三重注浆管。在高压泵等高压发生装置产生 20~30 MPa 高压水喷射流的周围,环绕一股 0.5~0.7 MPa 圆筒状气流,进行高压水喷射流和气流同轴喷射冲切土体,形成较大的空隙,再由泥浆泵注入压力为 1~5 MPa 的浆液填充,喷嘴做旋转和提升运动,最后便在土中凝固为较大的固结体,如图 11.4 所示。

4)多重管法

该法首先需要在地面钻一个导孔,然后置入多重管,用逐渐向下运动的旋转超高压力水射流(压力约 40 MPa)切削破坏四周的土体,经高压水冲击下来的土和石成为泥浆后,立即用真空泵从多重管中抽出。如此反复地冲和抽,便在地层中形成一个较大的空间。装在喷嘴附近的超声波传感器及时测出空间的直径和形状,最后根据工程要求选用浆液、砂浆、砾石等材料进行填充,于是在地层中形成一个大直径的柱状固结体(在砂性土中最大直径可达 4 m),如图 11.5 所示。

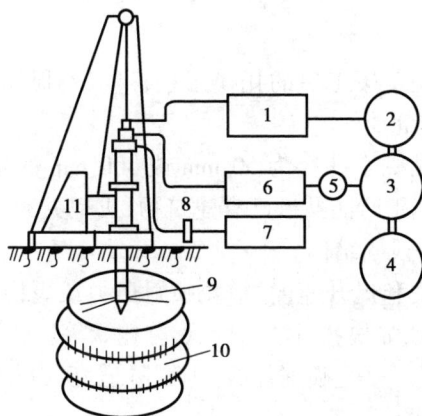

图 11.4　三重管法高压喷射注浆示意图
1—高压水泵;2—水箱;3—搅拌机;4—水泥仓;
5—浆桶;6—泥浆泵;7—空压机;8—气量计;
9—喷头;10—固结体;11—钻机

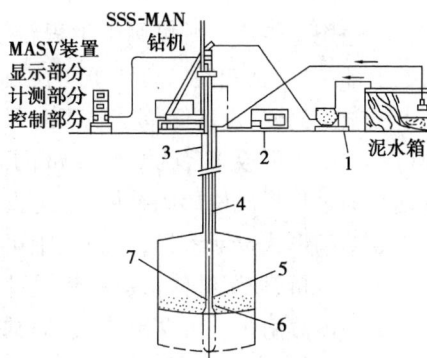

图 11.5　多重管法高压喷射注浆示意图
1—真空泵;2—高压水泵;3—孔口管;
4—多重钻杆;5—超声波传感器;6—钻头;
7—高射水喷嘴

常用的单管法、二重管法和三重管法喷射技术参数见表 11.1。

表 11.1 高压喷射注浆法的分类及技术参数

分类方法			单管法	二重管法	三重管法
喷射方式			浆液喷射	浆液、空气喷射	水、空气喷射、浆液注入
喷射流技术参数	水	压力/MPa	—	—	20~30
		流量/(L·min⁻¹)	—	—	70~120
		喷嘴孔径/mm,个数	—	—	$\phi2~\phi3(1~2$ 个$)$
	空气	压力/MPa	—	0.5~0.7	0.5~0.7
		流量/(m³·min⁻¹)	—	1~3	1~3
		喷嘴间隙/mm,个数	—	1~2(1~2 个)	1~2(1~2 个)
	浆液	压力/MPa	15~20	15~20	2~3
		流量/(L·min⁻¹)	80~120	80~120	100~150
		喷嘴孔径/mm,个数	$\phi2~\phi3(2$ 个$)$	$\phi2~\phi3(1~2$ 个$)$	$\phi10(2$ 个$)~\phi14(1$ 个$)$
注浆管外径/mm			$\phi42,\phi50$	$\phi42,\phi50,\phi75$	$\phi75,\phi90$
提升速度/(cm·min⁻¹)			15~25	7~20	7~20
旋转速度/(r·min⁻¹)			16~25	5~16	5~16
桩径/cm			30~60	60~150	80~200

11.1.3 高压喷射注浆法的特点及适用范围

1)高压喷射注浆法的特点

①适用范围广。既可用于工程新建之前,又可用于竣工后的托换工程,可以不损坏建筑物的上部结构,且能使已有建筑物在施工时使用功能正常。

②施工简便,设备简单。施工时只需在土层中钻一个孔径为 50 mm 或 300 mm 的小孔,便可在土中喷射成直径为 0.4~4 m 的固结体,因而施工时能贴近已有建筑物,成型灵活,既可在钻孔的全长形成柱形固结体,也可仅形成其中的一段固结体。

③结构形式灵活多样,在施工中可调整旋喷速度和提升速度,增减喷射压力或更换喷嘴孔径改变流量,使固结体形成工程设计所需的形状,如块状、柱状、壁状、格栅状等。

④桩体倾斜角度可调范围大,通常是在地面上进行垂直喷射注浆,但在隧道、矿山井巷工程、地下铁道等建设中,亦可采用倾斜和水平喷射注浆。

⑤基本不存在挤土效应,对周围地基的扰动小,施工无振动、无噪声,污染小,可在市区和建筑物密集地带施工。

⑥土体加固后,重度基本不变,软弱下卧层不会产生较大附加沉降。

2)高压喷射注浆法的适用范围

(1)土质条件适用范围 高压喷射注浆法适用于处理淤泥、淤泥质土、黏性土(流塑、软塑或可塑)、粉土、砂土、黄土、素填土和碎石土等地基。高压喷射注浆处理深度较大,我国目前已达 30 m 以上。

当土中含有较多的大粒径块石、大量植物根茎或有较高的有机质时,以及地下水流速过大和有涌水的工程,应根据现场试验结果确定其适用性。对于湿陷性黄土地基,因试验资料和施工实例较少,亦应预先进行现场试验。

(2)工程应用范围 高压喷射注浆有强化地基和防漏的作用,可有效地用于既有建筑和新建工程的地基处理、地下工程及堤坝的截水(防渗帷幕)、基坑封底、被动区加固、基坑侧壁防止漏水或减小基坑位移等。

对既有建筑物制定高压喷射注浆方案时,应搜集有关的历史和现状资料、邻近建筑物和地下埋设物等资料。

11.2 加固机理

▶ 11.2.1 高压喷射流的种类与性质

1)高压水喷射流的性质

高压水喷射流是通过高压发生设备,使液体获得巨大能量后,从直径很小的孔(喷嘴),以特定的流体运动方式和很高的速度连续喷射出来的一股液流。在高压高速条件下,喷射流具有很大的功率和威力,即在单位时间内从喷嘴中射出的喷射流具有很大的能量。

从流体力学知道,高压连续射流的速度和流量计算公式为:

$$v_0 = \varphi \sqrt{2gp/\gamma} \tag{11.1}$$

变换得:

$$\varphi^2 p - \frac{\gamma v_0^2}{2g} = p_0 \tag{11.2}$$

式中 v_0——喷嘴出口流速,m/s;

p——喷嘴入口压力,Pa;

p_0——喷嘴出口压力,Pa;

γ——水的重度,N/m³;

g——重力加速度,m/s²;

φ——喷嘴流速系数,良好的圆锥喷嘴 $\varphi \approx 0.97$。

由 $Q = F_0 v_0$ 和式(11.1)得:

$$Q = \mu F_0 \varphi \sqrt{2gp/\gamma} \tag{11.3}$$

式中 Q——喷嘴的流量,m³/s;

μ——流量系数,圆锥形喷嘴 $\mu \approx 0.95$;

F_0——喷嘴出口面积,m²。

高压连续射流的功率为:

$$N = A/t = pV/t = pQ \tag{11.4}$$

式中 A——喷射压力所做的功,N·m;

V——喷嘴射流的体积，m^3；

t——喷射时间，s；

N——喷射流的功率，$(N \cdot m)/s$。

将式(11.3)代入式(11.4)，并按 $1 \text{ kW} = 1\,000 (N \cdot m)/s$ 换算，整理得出喷射功率计算式为：

$$N = 3p^{3/2}d_0^2 \times 10^{-9} \tag{11.5}$$

式中 N——喷射流的功率，kW；

d_0——喷射直径，cm；

p——泵压，Pa。

给定喷射流的一组压力，其速度和功率的关系见表11.2。

表 11.2 喷射流的速度与功率

喷嘴压力 p/Pa	喷嘴出口孔径 d_0/cm	流速系数 φ	流量系数 μ	射流速度 $v_0/(\text{m} \cdot \text{s}^{-1})$	喷射功率 N/kW
10×10^6	0.30	0.963	0.946	136	8.5
20×10^6	0.30	0.963	0.946	192	24.1
30×10^6	0.30	0.963	0.946	243	44.4
40×10^6	0.30	0.963	0.946	280	68.3
50×10^6	0.30	0.963	0.946	313	95.4

注：表中流速系数和流量系数为收敛圆锥 13°24′ 角喷嘴的水力试验值。

2)高压喷射流的种类和构造

高压喷射注浆所用的喷射流共有以下 4 种：

①单管喷射流为单一的高压水泥浆喷射流。

②二重管喷射流为高压浆液喷射流与其外部环绕的压缩空气喷射流，组成为复合式高压喷射流。

③三重管喷射流由高压水喷射流与其外部环绕的压缩空气喷射流组成，亦为复合式高压喷射流。

④多重管喷射流为高压水喷射流。

以上4种喷射流破坏土体的效果不同，但按其构造可划分为单液高压喷射流和水(浆)、气同轴喷射流两种类型。

(1)单液高压喷射流的构造 单管旋喷注浆使用高压喷射水泥浆流和多重管的高压水喷射流，如图 11.6 所示，它们的射流构造可用高压水连续喷射流在空气中的模式予以说明。高压喷射流可由 3 个区域所组成，即保持出口压力 p_0 的初期区域 A、紊流发达的主要区域 B 和喷射水变成不连续喷流的终期区域 C 等 3 个部分。

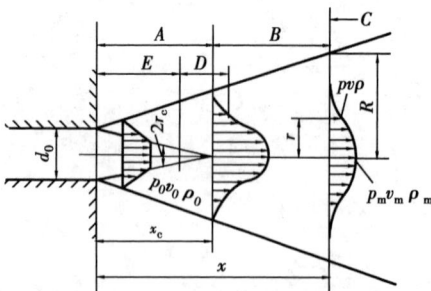

图 11.6 高压喷射流构造

在初期区域中,喷嘴出口处速度分布是均匀的,轴向动压是常数,保持速度均匀的部分向前面逐渐越来越小,当达到某一位置后,断面上的流速分布不再是均匀的了。速度分布保持均匀的这一部分称为喷射核(即 E 区段),喷射核末端扩散宽度稍有增加,轴向动压有所减小的过渡部分称为迁移区(即 D 区段)。初期区域的长度是喷射流的一个重要参数,可据此判断破碎土体和搅拌效果。

射流进入主要区域 B 内,轴向动压陡然减弱,喷射扩散宽度和距离平方根成正比,扩散率为常数,喷射流的混合搅拌在这一部分内进行。射流进入终期区域 C 时,喷射流能量衰减很大,末端呈雾化状态,这一区域的喷射能量较小。

喷射加固的有效喷射长度为初期区域长度和主要区域长度之和,若有效喷射长度越长,则搅拌土的距离越大,喷射加固体的直径也越大。

压力高达 $10 \sim 40$ MPa 的喷射流压力衰减规律可用以下经验公式估算:

$$H_L = K d^{1/2} \frac{H_0}{L^n} \tag{11.6}$$

式中 H_0——喷嘴出口的压力水头,m;

H_L——距离为 L 时,轴流压力的水头,m;

L——自喷嘴起的距离,m;

d——喷嘴的直径,m;

K,n——系数(适用于 $L = 50 \sim 300$ d),在空气中喷射时,$K = 8.3$,$n = 0.2$;在水中喷射时,$K = 0.16$,$n = 2.4$。

(2)水(浆)、气同轴喷射流的构造   二重管旋喷注浆的水、气同轴喷射流,与三重管旋喷注浆的水、气同轴喷射流,除喷射介质不同外,都是在喷射流的外围同轴喷射圆筒状气流,它们的构造基本相同。现以二重管旋喷注浆的水、气同轴喷射流为代表,分析其构造。

在初期区域 A 内,水喷流的速度保持喷嘴出口的速度,但由于水的喷射与空气流相冲撞及喷嘴内部表面不够光滑,以至从喷嘴喷射出的水流较紊乱,再加以空气和水流的相互作用,在高压喷射水流中形成气泡,喷射流受到干扰,在初期区域末端,气泡与水喷流的宽度一样。

在迁移区域 D 内,高压水喷射流与空气开始混合,出现较多的气泡。

在主要区域 B 内,高压水喷射流衰减,内部含有大量气泡,气泡逐渐分裂破坏,成为不连续的细水滴状,同轴喷射流的宽度迅速扩大。

水(浆)、气同轴喷射流的初期区域长度可用以下经验公式表示:

$$x_c \approx 0.048 v_0 \tag{11.7}$$

式中 v_0——初期流速,m/s;

x_c——初期区域长度,m。

旋喷时,若高压水、气同轴喷射流的初期速度为 20 m/s,则其初期区域长度 $x_c = 0.1$ m,而以高压水喷射流单独喷射时,x_c 仅为 0.015 m。可见,水、气同轴喷射比高压水单独喷射的初期区域长度增加了近 7 倍。

在空气和水中喷射,水头压力相差很大,一般情况下空气中喷射的有效射程是喷嘴直径的 300 倍,有效射程以外压力按照指数曲线衰减。试验表明,高速空气具有防止高速水射流动压急剧衰减的作用,在空气和水中喷射压力和距离的关系如图 11.7 所示。

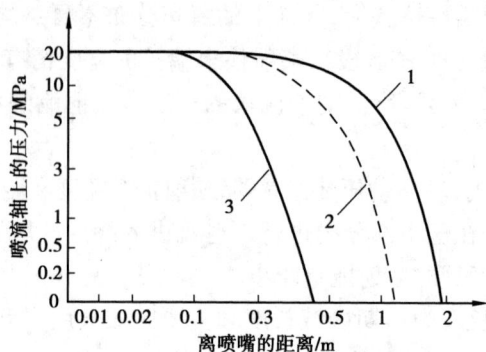

图 11.7 喷射流轴上的水压力与距离的关系
1—高压喷射流在空中单独喷射;2—水、气同轴喷射流在水中喷射;
3—高压喷射流在水中单独喷射

▶ ### 11.2.2 地基加固机理

1)高压喷射流对土体的破坏作用

高压喷射流破坏土体的机理可以主要归纳为以下几方面:

(1)喷流动压 高压喷射流冲击土体时,由于能量高度集中地作用于一个很小的区域,这个区域内的土体结构受到很大的压力作用,当这些外力超过土的临界破坏压力时,土体便发生破坏。高压喷射流的破坏力 p 可以表达为:

$$p = \rho A v_{\mathrm{m}}^2 = \rho Q v_{\mathrm{m}} \tag{11.8}$$

式中 p——破坏力,(kN·m)/s²;

  ρ——重度,kN/m³;

  Q——流量,m³/s,$Q = A v_{\mathrm{m}}$;

  v_{m}——喷射流的平均速度,m/s;

  A——喷嘴面积,m²。

破坏土体结构强度的最主要因素是喷射动压。为了取得更大的破坏力,需要增加平均流速,即需要增加旋喷压力。一般要求高压脉冲泵的工作压力在 20 MPa 以上,这样就使射流像刚体一样,冲击破坏土体,使土与浆液搅拌混合,凝固成圆柱状的固结体。

(2)喷射流的脉动负荷 当喷射流不停地脉冲式冲击土体时,土粒表面受到脉动负荷的影响,逐渐积累起残余变形,使土粒失去平衡而发生破坏。

(3)水块的冲击力 由于喷射流继续锤击土体产生冲击力,促进破坏的进一步发展。

(4)空穴现象 当土体没有被射出孔洞时,喷射流冲击土体以冲击面的大气压为基础,产生压力变动,在压力差大的部位产生空洞,呈现出类似空穴的现象。在冲击面上的土体被气泡的破坏力所侵蚀,使冲击面破坏。此外,空穴中由于喷射流的激烈紊流,也会把较软的土体掏空,造成空穴破坏,使更多的土粒发生破坏。

（5）水楔效应　当喷射流充满土层,由于喷射流的反作用力产生水楔,楔入土体裂隙或薄弱部分,这时喷射流的动压变为静压,使土体发生剥落,裂隙加宽。

（6）挤压力　喷射流在终期区域能量衰减很大,不能直接破坏土体,但能对有效射程的边界土产生挤压力,对四周土有压密作用,并使部分浆液进入土粒之间的空隙里,使固结体与四周土紧密相依,不产生脱离现象。

（7）气流搅动　当在喷嘴出口的高压水喷流的周围加上圆筒状空气射流,进行水、气同轴喷射时,空气流使水或浆的高压喷射流从破坏的土体上将土粒迅速吹散,使高压喷射流的喷射破坏条件得到改善,阻力大大减少,能量消耗降低,因而增大了高压喷射流的破坏能力,形成的旋喷固结体的直径较大。

2）高压喷射成桩机理

（1）旋喷成桩机理　旋喷时,高压射流边旋转边缓慢提升,对周围土体进行切削破坏,被切削下来的一部分细小的土颗粒被喷射浆液置换,被液流携带到地表（冒浆）,其余的土颗粒在喷射动压、离心力和重力的共同作用下,在横断面按质量大小重新分布,形成一种新的水泥-土网络结构。土质条件不同,其固结体结构组成是有差别的,对于砂土和黏性土,高压旋喷最终固结体横断面形状如图 11.8 所示。

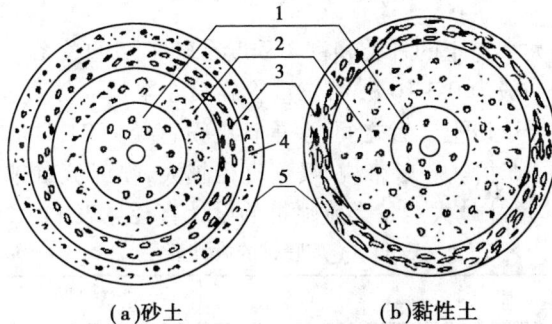

（a）砂土　　　　　　（b）黏性土

图 11.8　旋喷最终固结体横断面形状

1—浆液主体部分；2—搅拌混合部分；3—压缩部分；4—渗透部分；5—硬壳

（2）定（摆）喷成壁机理　定喷施工时,喷嘴在逐渐提升的同时,不旋转或按一定角度摆动,在土体中形成一条沟槽。被冲下的土粒一部分被携带流出底面,其余土粒与浆液搅拌混合,最后形成一个板（墙）状固结体,如图 11.9 所示。固结体在砂土中有一部分渗透层,而黏性土则没有渗透层。

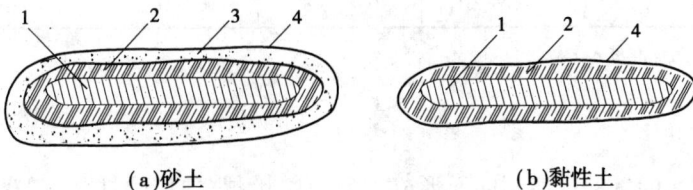

（a）砂土　　　　　　（b）黏性土

图 11.9　定喷最终固结体横断面形状

1—浆液主体部分；2—搅拌混合部分；3—浆液渗透部分；4—硬壳

3)水泥与土的固化机理

高压喷射所采用的硬化剂主要是水泥,并增添防止沉淀或加速凝固的外加剂。旋喷固结体是一种特殊的水泥-土网络结构,水泥土的水化反应要比纯水泥浆复杂得多。

由于水泥土是一种不均匀材料,在高压旋喷搅拌过程中,水泥和土被混合在一起,土颗粒间被水泥浆填满。水泥水化后在土颗粒的周围形成了各种水化物的结晶。它们不断地生长,特别是钙矾石的针状结晶,很快地生长交织在一起,形成空间网络结构,土体被分隔包围在这些水泥的骨架中,随着土体不断被挤密,自由水也不断减少、消失,形成了一种特殊的水泥土骨架结构。

水泥的各种成分所生成的胶质膜逐渐发展连接为胶质体,即表现为水泥的初凝状态。随着水化过程的不断发展,凝胶体吸收水分并不断扩大,产生结晶体。结晶体与胶质体相互包围渗透,并达到一种稳定状态,这就是硬化的开始。水泥的水化过程是一个长久的过程,水化作用不断地深入到水泥的微粒中,直到水分完全被吸收,胶质凝固结晶充满为止。在这个过程中,固结体的强度将不断提高。

11.2.3 加固体的基本性状

1)直径或长度

旋喷固结体的直径大小与土的种类和密实程度有较密切的关系。对黏性土地基加固,单管旋喷注浆加固体直径一般为 0.3～0.8 m,三重管旋喷注浆加固体直径可达 0.7～1.8 m,二重管旋喷注浆加固体直径介于以上二者之间,多重管旋喷直径为 2～4 m。定喷和摆喷的有效长度为旋喷桩直径的 1.1～1.5 倍。一般来说,喷嘴直径越大,喷射流量越大,喷射流所携带的能量越大,所形成的加固体尺寸越大。各类旋喷桩的设计直径见表 11.3(供设计参考)。

表 11.3 旋喷桩的设计直径　　　　　　　　　　　　单位:m

土 质		单管法	二重管法	三重管法
黏性土	0<N<5	0.5～0.8	0.8～1.2	1.2～1.8
	6<N<10	0.4～0.7	0.7～1.1	1.0～1.6
	11<N<20	0.3～0.6	0.6～0.9	0.6～0.9
砂性土	0<N<10	0.6～1.0	1.0～1.4	1.5～2.0
	11<N<20	0.5～0.9	0.9～1.3	1.2～1.8
	21<N<30	0.4～0.8	0.8～1.2	0.9～1.5
砂 砾	20<N<30	0.4～0.8	0.7～1.2	0.9～1.5

注:N 为标准贯入击数。

2)固结体形状

固结体按喷嘴的运动规律不同而形成均匀圆柱状、非均匀圆柱状、圆盘状、板墙状、扇形状等,同时因土质和工艺不同而有所差异,如图 11.10 所示。

| (a)均匀圆柱状 | (b)圆盘状 | (c)异形圆柱状 | (d)扇形状 | (e)板墙状 |

图 11.10　固结体的基本形状示意图

3)固结体密度

固结体内部土粒少并含有一定数量的气泡,因此固结体的重量较轻,黏性土固结体比原状土轻约 10%,但砂类土固结体也可能比原状土重 10%。

4)固结体强度

土体经过喷射后,土粒重新排列。由于外侧土颗粒直径大、数量多,浆液成分也多,因此在横断面上中心强度低,外侧强度高,与土交接的边缘处有一圈坚硬的外壳。固结体强度大小取决于土体的性质和旋喷材料,对于同一浆材配方,软黏土固结强度远小于砂土固结强度。黏性土和黄土中的固结体,其抗压强度可达 5~10 MPa,砂类土和砂砾层中的固结体抗压强度可达 8~20 MPa。固结体的抗拉强度仅为抗压强度的 1/5~1/10。

此外,固结体具有低渗透性、较强的抗冻性和抗干湿循环作用的能力,亦具有较好的化学稳定性和较大的承载能力。固结体的基本性质见表 11.4(供设计参考)。

表 11.4　高压喷射注浆固结体性质一览表

固结体性质		土质条件		
		砂性土	黏性土	其他土
单桩垂直极限荷载/kN	单管法	500~600	300~400	
	二重管	1 000~1 200	600~800	
	三重管	2 000	1 000~1 200	
单桩水平极限荷载/kN		30~40	10~20	
最大抗压强度/MPa		10~20	5~10	黄土 5~10,砂砾 8~20
平均抗拉强度/平均抗压强度		1/5~1/10		
弹性模量/MPa		静弹性模量 1 300~2 600,动弹性模量 4 000~8 000		
干重度/(kN·m^{-3})		16~20	14~15	黄土 13~15
渗透系数/(cm·s^{-1})		10^{-5}~10^{-6}	10^{-6}~10^{-7}	砂砾 10^{-6}~10^{-7}
c/MPa		0.4~0.5	0.7~1.0	
φ/(°)		30~40	20~30	
标贯击数 N		30~50	20~30	
弹性波速/(km·s^{-1})	P 波	2~3	1.5~20	
	S 波	1.0~1.5	0.8~1.0	
化学稳定性能		−20 ℃条件下,固结体是稳定的,有较强的抗冻和抗干湿循环作用能力		

11.3 设计计算

▶ 11.3.1 旋喷桩复合地基设计计算

1)浆液材料配制与现场喷射试验

为确定喷射浆液的合理配方,必须取现场各层土样,在室内按不同的含水量和配合比进行试验,优选出最合理的浆液配方。对规模较大及性质较重要的工程,设计完成之后,要在现场进行试验,查明喷射固结体的直径和强度,验证设计的可靠性和安全度。

2)固结体尺寸确定

固结体尺寸主要取决于下列因素:土的类别及其密实程度;高压喷射注浆方法(注浆管的类型);喷射技术参数,包括喷射压力与流量,喷嘴直径与个数,压缩空气的压力、流量与喷嘴间隙,注浆管的提升速度与旋转速度。

在无试验资料的情况下,对小型或不太重要的工程,固结体尺寸可根据表11.3所列数值选用。对于大型或重要工程,应通过现场喷射试验后开挖或钻孔采样确定。高压喷射注浆法用于深基坑、地铁等工程形成连续体时,相邻桩搭接不宜小于300 mm。

3)固结体强度确定

固结体强度主要取决于下列因素:土质;喷射材料及水灰比;注浆管的类型和提升速度;单位时间的注浆量。

按规定,取28 d固结体抗压强度为设计依据。试验表明,在黏土中,因水泥水化物与黏土矿物发生作用时间较长,28 d后的强度会继续增长,这种强度增长可作安全储备。

一般情况下,黏性土固结强度为1.5~5 MPa,砂类土的固结强度为10 MPa左右(单管法为3~7 MPa,二重管法为4~10 MPa,三重管法为5~15 MPa)。通过选用高标号的硅酸盐水泥和适当的外加剂,可以提高固结体的强度。

对于大型或重要工程,应通过现场喷射试验后采样来确定固结体的强度和抗渗透性能。

4)复合地基承载力确定

旋喷桩复合地基承载力特征值和单桩竖向承载力特征值应通过现场静载荷试验确定。初步设计时,复合地基承载力特征值可按式(5.13)估算。单桩竖向承载力特征值可按式(5.14)估算,其桩身材料强度尚应满足式(5.15)和式(5.16)的要求。

5)软弱下卧层验算

当旋喷桩处理范围以下存在软弱下卧层时,尚须验算下卧层承载力,计算公式见式(5.17)。

6）地基变形计算

旋喷桩的沉降计算应为桩长范围内复合土层以及下卧层地基变形值之和,计算时应按《建筑地基基础设计规范》(GB 50007—2011)的有关规定进行计算。复合土层的压缩模量可按式(5.24)确定。

7）褥垫层设计

旋喷桩复合地基宜在基础和桩顶之间设置褥垫层。褥垫层厚度宜为 150~300 mm,褥垫层材料可选用中砂、粗砂和级配砂石等,褥垫层最大粒径不宜大于 20 mm,褥垫层的夯填度不应大于0.9。

8）平面布置

旋喷桩的平面布置可根据上部结构和基础特点确定,独立基础下的桩数不应少于4根。

▶ 11.3.2 防渗堵水设计计算

防渗堵水工程设计时,最好按双排或三排布孔形成帷幕,如图 11.11 所示。孔距为$1.73R_0$(R_0为旋喷设计半径),排距为 $1.5R_0$ 最经济。防渗帷幕应尽量插入不透水层,以保证不发生管涌。防渗帷幕若在透水层中,一方面应采取降水措施,一方面应增加插入深度。

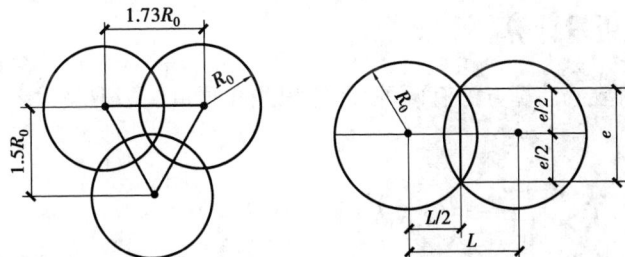

图 11.11 布孔孔距和旋喷注浆固结体交联图

若想增加每一排旋喷桩的交圈厚度,可适当缩小孔距,按式(11.13)计算孔距:

$$e = 2\sqrt{R_0^2 - \left(\frac{L}{2}\right)^2} \tag{11.9}$$

式中　e——旋喷桩交圈厚度,m;

　　　R_0——旋喷桩半径,m;

　　　L——旋喷桩孔位间距,m。

定喷和摆喷是一种常用的防渗堵水方法,由于喷射出的板墙薄而长,不但成本较旋喷低,而且整体连续性亦高。

相邻孔定喷连接形式如图 11.12 所示。为了保证定喷板墙连接成一帷幕,各板墙之间要搭接才行。摆喷连接形式也可按如图 11.13 所示方式进行布置。

对于提高地基承载力的加固工程,旋喷桩之间的距离可适当加大,不必交圈,其孔距 L 以旋喷桩直径的 2~3 倍为宜,这样可以充分发挥土的作用。布孔形式按工程需要而定。

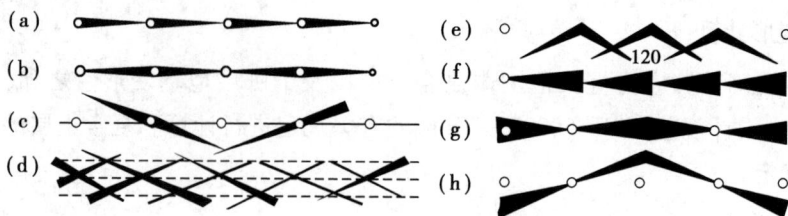

图 11.12 定喷帷幕形式示意图

（a）单喷嘴单墙首尾连接；（b）双喷嘴单墙前后对接；（c）双喷嘴单墙折线连接；
（d）双喷嘴双墙折线连接；（e）双喷嘴夹角单墙连接；（f）单喷嘴扇形单墙首尾连接；
（g）双喷嘴扇形单墙前后对接；（h）双喷嘴扇形单墙折线连接

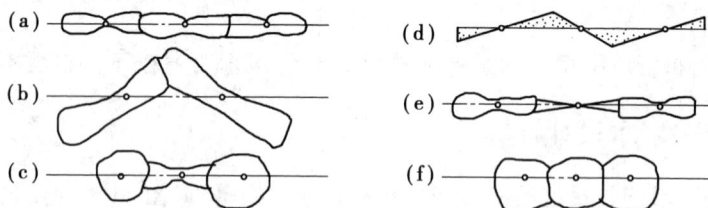

图 11.13 摆喷防渗帷幕形式示意图

（a）直摆型（摆喷）；（b）折摆型；（c）柱墙型；（d）微摆型；（e）摆定型；（f）柱列型

▶ 11.3.3 喷浆用量计算

注浆材料的使用数量计算方法有两种,即体积法和喷量法。取其大者作为喷射浆量。

1）体积法

$$Q = \frac{\pi}{4}D_e^2 K_1 h_1 (1 + \beta) + \frac{\pi}{4}D_0^2 K_2 h_2 \tag{11.10}$$

2）喷量法

喷量法是以单位时间喷射的浆量及喷射持续时间计算出浆量,其计算公式为:

$$Q = \frac{H}{v}q(1 + \beta) \tag{11.11}$$

式中 D_e——旋喷体直径,m;

D_0——注浆管直径,m;

h_1——旋喷长度,m;

h_2——未旋喷长度,m;

K_1——填充率,可取 0.75~0.9;

K_2——未旋喷范围土的填充率,可取 0.5~0.75;

β——损失系数,可取 0.1~0.2;

v——提升速度,m/min;

H——喷射长度,m;

q——单位时间喷浆量,m^3/min;

Q——需要用的浆量,m^3。

11.4　施工技术

► 11.4.1　施工机具

旋喷法施工机具主要有钻机、高压泵、泥浆泵、空压机、搅拌机、注浆专用器具等。

1）钻机

对于单管法、二重管法、三重管法和多重管法均可使用工程地质钻机或振动钻机钻孔,如 XJ-100,SH-30,76 振动钻机等。一般要求钻机具有带动注浆管路以 10~20 r/min 慢速转动和以 5~25 cm/min 慢速提升的功能。如果所用钻机不具备这两种功能,则需改制或配备具有上述功能的旋喷机与钻机配合使用。

2）高压泵

对于单管法和二重管法,可使用 SNS-H300,Y-2 型等高压泥浆泵输送高压水泥浆液;对于三重管法和多重管法,可使用 3XB,3W6B,3W7B 型等高压水泵输送高压水。高压泵的工作压力一般为 20~35 MPa。

3）泥浆泵

对于三重管法和多重管法,可使用 BW-150,BW-200,BW-250 型等泥浆泵输送水泥浆。

4）空压机

对于二重管法和三重管法,可使用移动往复式空压机（YV-3∕8,YV-6∕8,YV-9∕7 型等）、螺杆空压机（LGY20-10∕7 型）、滑片式空压机（BH-6∕7 型）输送压缩空气。

5）注浆专用器具

旋喷法注浆专用器具包括注浆管、导流器和喷头等。下面对喷头及注浆管结构加以介绍。

(1)单层注浆管路　注浆管用 ϕ50 mm 或 ϕ42 mm 地质钻杆,单管喷头的结构如图 11.14 所示。其中,平头型单管喷头因底部镶有硬质合金,可钻进碎石土或较硬夹层;圆锥型单管喷头适用于黏性土或砂类土钻进。

(2)二重注浆管路　TY-201 型二重注浆管的结构如图 11.15 所示,其配套的喷头结构如图 11.16 所示。二重管底部侧面有浆、气同轴喷嘴,其环状间隙为 1~2 mm。

(3)三重注浆管路　TY-301 型三重注浆管结构如图 11.17 所示,内管规格为 ϕ18×3,中管为 ϕ40×2,外管为 ϕ75×4。内管输送高压水,内-中管环隙输送压缩空气,外-中管环隙输送浆液。TY-301 型三重管喷头的结构如图 11.18 所示。

(4)多重注浆管路　多重管不但可输送高压水,而且可将冲下来的土、石抽出地面。多重管外径达到 300 mm,它由导流器、钻杆和喷头组成,在喷嘴上方设有超声波传感器。

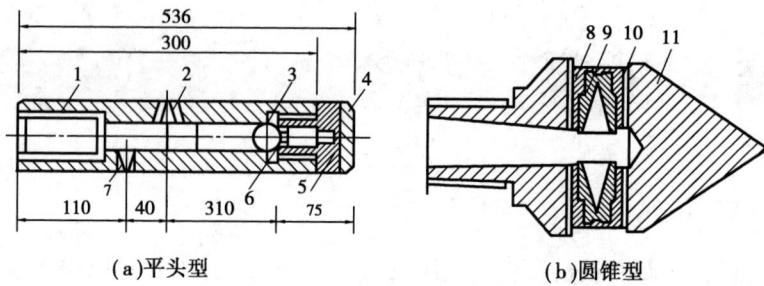

(a)平头型　　　　　　　　　　(b)圆锥型

图 11.14　单管喷头的结构

1—喷嘴杆;2,5,9—喷嘴;3—钢球;4—硬质合金;6—球座;

7—钻头;8—喷嘴套;10—喷嘴接头;11—钻尖

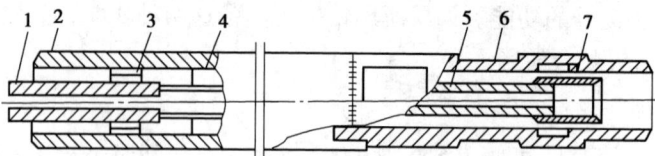

图 11.15　TY-201 型二重注浆管的结构

1—O 形密封圈;2—外管母接头;3—定位圈;4—ϕ42 地质钻杆;

5—内管;6—卡口管;7—外管公接头

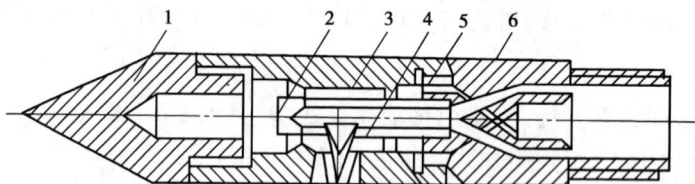

图 11.16　TY-201 型二重管喷头的结构

1—管尖;2—内管;3—内喷头;4—外喷嘴;5—外管;6—外管公接头

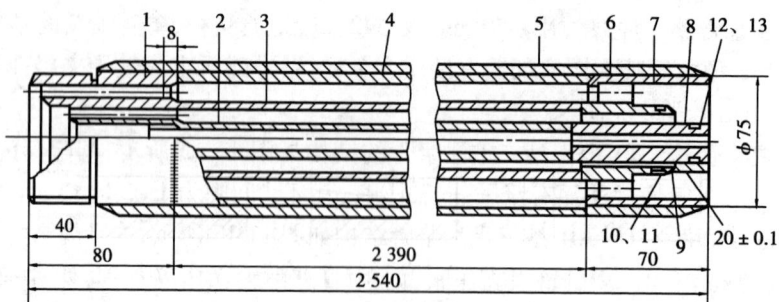

图 11.17　TY-301 型三重注浆管的结构

1—内母接头;2—内管;3—中管;4,7—外管;5—扁钢;6—内公接头;

8—内管公接头;9—定位器;10,12—挡圈;11,13—O 形密封圈

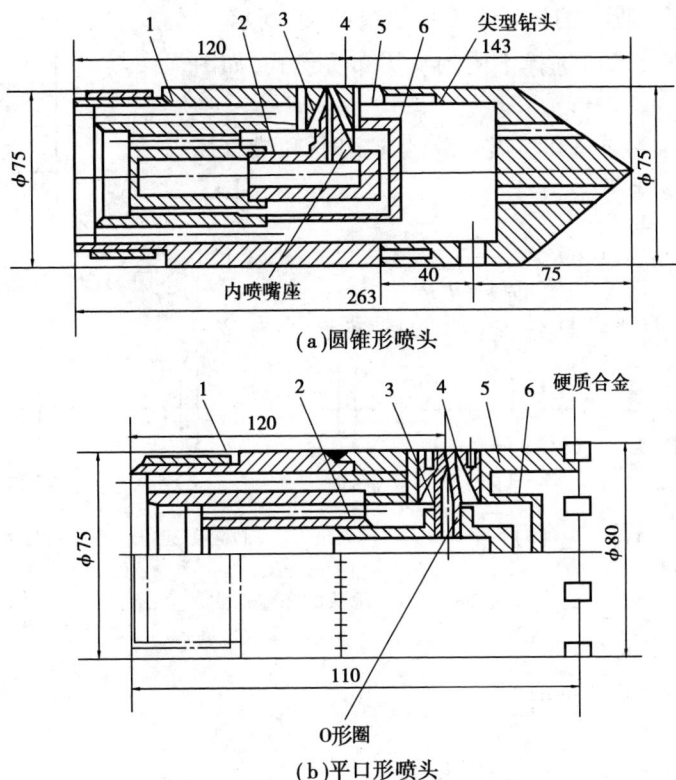

图 11.18　TY-301 型三重管喷头的结构

1—内母接头；2—内管；3—内管喷嘴；4—中管喷嘴；5—外管；6—中管

▶ 11.4.2　喷嘴技术参数确定

喷嘴通常有圆柱形、收敛圆锥形和流线形 3 种，如图 11.19 所示。为了保证喷嘴内高压喷射流的巨大能量较集中地在一定距离内有效破坏土体，一般都用收敛圆锥形的喷嘴。流线形喷嘴的射流特性最好，喷射流的压力脉冲经过流线形状的喷嘴不存在反射波，因而使喷嘴具有聚能的效能，但这种喷嘴极难加工，在实际工作中很少采用。

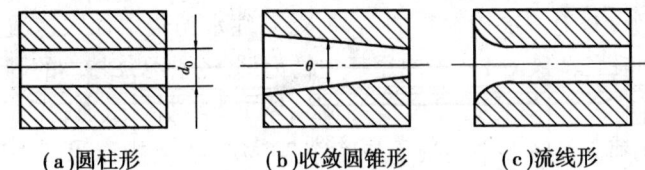

图 11.19　喷嘴形状示意图

除了喷嘴的形状以外，喷嘴的内圆锥角的大小对射流特性的影响也不容忽视。当圆锥角 $\theta=13°\sim14°$ 时，由于收敛断面直径等于出口断面直径，流量损失很小，喷嘴的流速流量值较大。在实际应用中，圆锥形喷嘴的进口端增加了一个渐变的喇叭形的圆弧角 ϕ，使其更接近于流线形喷嘴，出口端增加一段圆柱形导流孔，当圆柱段的长度 L 与喷嘴直径 d_0 的比值为 4

時,射流特征最好(初期区的长度最长),如图 11.20 所示。

根据各类工程要求可选择不同的喷头布置形式,如图 11.21 所示。

当喷射压力、喷射泵量和喷嘴个数已选定时,喷嘴直径 d_0 可按式(11.12)求出:

$$d_0 = 0.69 \sqrt{\frac{Q}{n\mu\varphi\sqrt{p/\rho}}} \qquad (11.12)$$

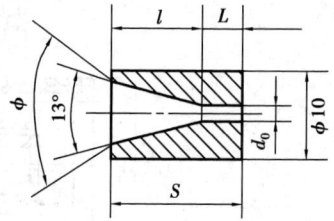

图 11.20 工程应用的喷嘴结构

式中 d_0——喷嘴出口直径,常用的喷嘴直径为 2 ~

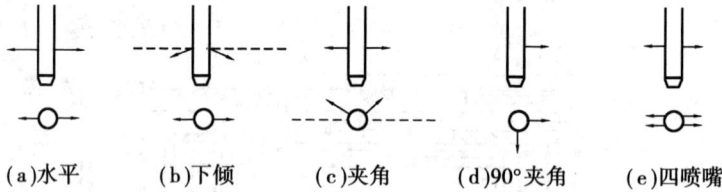

(a)水平　(b)下倾　(c)夹角　(d)90°夹角　(e)四喷嘴

图 11.21 喷头的布置形式

3.2 mm;

Q——喷射泵量,L/min;

n——喷嘴个数;

μ——流量系数,圆锥形喷嘴 $\mu \approx 0.95$;

φ——流速系数,良好的圆锥形喷嘴 $\varphi \approx 0.97$;

p——喷嘴入口压力,MPa;

ρ——喷射液体密度,g/cm^3。

11.4.3 浆液材料与配方确定

水泥是旋喷浆液最常用的固化材料。根据其不同的工程目的,旋喷浆液可分以下几类:

(1)普通型　对普通强度和抗渗要求的工程,均可采用本类浆液。普通型浆液无任何外加剂,浆液材料为纯水泥浆,水灰比宜为 0.8 ~ 1.2。浆液的水灰比越大,凝固时间也就越长。普通型浆液一般采用 42.5 级普通硅酸盐水泥。固结体 28 d 抗压强度为 1.0 ~ 2.0 MPa。

(2)速凝早强型　对地下水较发育的工程,需要往水泥浆中加入速凝剂(水玻璃)、早强剂(氯化钙、氯化钠+三乙醇胺等)。以使用氯化钙为例,纯水泥浆与土的固结体 1 d 龄期的抗压强度为 1 MPa,而加入 4%氯化钙的水泥-土固结体 1 d 龄期抗压强度为 2.4 MPa。

(3)高强型　旋喷固结体的平均抗压强度在 20 MPa 以上的称为高强型。提高固结体强度的方法有:选择高标号水泥,如选用不低于 52.5 级普通硅酸盐水泥;在 42.5 级普通硅酸盐水泥中掺入高效能扩散剂,如 NNO,NR$_3$,Na$_2$SiO$_3$ 等。

(4)填充剂型　将粉煤灰、矿渣等材料作为填充剂加入水泥浆中会降低工程造价。掺入粉煤灰的浆材,其早期强度较低,而后期强度增长率高、水化热低。

(5)抗冻型　常用抗冻剂及加量为:沸石粉,掺入量为水泥质量的 10% ~ 20%;NNO,掺入量为 0.5%左右;亚硝酸钠,掺入量为 1.0%左右。

(6)抗渗型 在水泥浆中掺入 2%~4% 的水玻璃,其抗渗性能就有明显提高。对有抗渗要求的旋喷固结体,不宜使用矿渣水泥。水玻璃模数 2.4~3.4 为宜,波美度 30~45 度为宜。

常用外加剂加量及旋喷浆液特性见表 11.5。

表 11.5 常用外加剂加量及旋喷浆液特性

序号	外加剂成分及加量(按水泥质量百分比计算)	浆液特性
1	氯化钙 2%~4%	促凝、早强、可灌性好
2	铝酸钠 2%	促凝、强度增长慢、稠密度提高
3	水玻璃 2%	初凝快、终凝时间长、成本低
4	三乙醇胺 0.03%~0.05%,食盐 1%	有早强作用
5	三乙醇胺 0.03%~0.05%,食盐 1%,氯化钙 2%~3%	促凝、早强、可喷性好
6	氯化钙(或水玻璃)2%,三乙醇胺为 0.5%	促凝、早强、强度高、浆液稳定性好
7	食盐 1%,亚硝酸钠 0.5%,三乙醇胺 0.03%~0.05%	防腐蚀、早强、后期强度高
8	粉煤灰 25%	调节强度、节约水泥
9	粉煤灰 25%,氯化钙 2%	促凝、节约水泥
10	粉煤灰 25%,硫酸钠 1%,三乙醇胺 0.03%	促凝、早强、节约水泥
11	粉煤灰 25%,硫酸钠 1%,三乙醇胺 0.03%	有早强、抗冻性好
12	矿渣 25%	提高固结体强度、节约水泥
13	矿渣 25%,氯化钙 2%~3%	促凝、早强、节约水泥

▶ 11.4.4 施工工艺

高压喷射注浆施工全过程为钻机就位、钻孔、置入注浆管、高压喷射注浆和拔出注浆管、冲洗等基本工序。

①钻机就位。钻机安放在设计孔位上并保持垂直,旋喷管倾斜度不得大于 1.5%。

②钻孔。单管旋喷常使用 76 型旋转振动钻机,钻进深度可达 30 m 以上,适用于标贯击数小于 40 的砂土和黏性土层。当遇到较坚硬的地层时宜用地质钻机钻孔;在二重管和三重管旋喷法施工中,亦采用地质钻机钻孔,钻孔的位置与设计位置的偏差不得大于 50 mm。

③置入注浆管。将喷管插入地层预定深度。使用 76 型振动钻机钻孔时,插管与钻孔两道工序合二为一,即钻孔完成时插管作业同时完成。如使用地质钻机钻孔完毕,必须拔出岩芯管,并换上旋喷管插入到预定深度。在插管过程中,为防止泥砂堵塞喷嘴,可边射水、边插管,水压力一般不超过 1 MPa。若压力过高,则易将孔壁射塌。

④喷射作业。当喷射注浆管贯入土中,喷嘴达到设计标高时,即可喷射注浆。在喷射注浆参数达到规定值后,随即分别按旋喷、定喷或摆喷的工艺要求,提升喷射管,由下而上喷射注浆。喷射管分段提升的搭接长度不得小于 100 mm。

喷射时应注意检查浆液可泵期、初凝时间、注浆流量、风量、压力、旋转提升速度等参数是否符合设计要求,并作好记录。浆液使用时不要超过初凝时间(正常喷射浆液水灰比为1:1,初凝时间为15 h左右)。对需要局部扩大加固范围或提高强度的部位,可采用复喷措施。

⑤拔出注浆管。高压喷射注浆完毕,应迅速拔出喷射管。为防止浆液凝固收缩影响桩顶高程,必要时可在原孔位采用冒浆回灌或第二次注浆等措施。

喷射孔与高压注浆泵的距离不宜大于50 m。钻孔位置的允许偏差应为±50 mm,垂直度允许偏差应为±1%。

⑥冲洗。喷射施工完毕后,应把注浆管等机具设备冲洗干净,管内机具内不得残存水泥浆。通常把浆液换成水,在地面上喷射,以便把泥浆泵、注浆管和软管内的浆液全部排除。

⑦移动机具。将钻机等机具设备移到新孔位上,继续进行喷射施工。

▶ 11.4.5 施工注意事项

①喷射注浆前要检查高压设备和管路系统。设备的压力和排量必须满足设计要求。管路系统的密封圈必须良好,各通道和喷嘴内不得有杂物。

②旋喷桩的施工工艺及参数应根据土质条件、加固要求,通过试验或根据工程经验确定。单管法、双重管法高压水泥浆和三重管法高压水的压力应大于20 MPa,流量应大于30 L/min,气流压力宜大于0.7 MPa,低压水泥浆的灌注压力通常在1~2 MPa。提升速度宜为0.1~0.2 m/min。

③当喷射注浆过程中出现下列异常情况时,需查明原因并采取相应措施:

a.流量不变而压力突然下降时,应检查各部位的泄漏情况,必要时应拔出注浆管,检查密封性能。

b.出现不冒浆或断续冒浆时,若系土质松软则视为正常现象,可适当进行复喷;若系附近有空洞、通道,则应不提升注浆管继续注浆直至冒浆为止,或拔出注浆管待浆液凝固后重新注浆。一般情况下,冒浆量小于注浆量的20%为正常现象。

c.压力稍有下降时,可能系注浆管被击穿或有孔洞,使喷射能力降低,此时应拔出注浆管进行检查。

d.压力陡增超过最高限值、流量为零、停机后压力仍不变动时,则可能系喷嘴堵塞,应拔管疏通喷嘴。

④对冒浆应妥善处理,及时清除沉淀的泥渣。在砂层中用单管或二重管注浆旋喷时,可以利用冒浆进行补灌已施工过的桩孔。但在黏土层、淤泥层旋喷或用三重管注浆旋喷时,因冒浆中掺入黏土或清水,故不宜利用冒浆回灌。

⑤为防止因浆液凝固收缩,产生加固地基与建筑基础不密贴或脱空现象,可采用超高喷射(旋喷处理地基的顶面超过建筑基础底面,其超高量大于收缩高度)、回灌冒浆或第二次注浆等措施。

⑥当处理既有建筑地基时,应采用速凝浆液或跳孔喷射和冒浆回灌等措施,以防喷射过程中地基产生附加变形和地基与基础间出现脱空现象。同时,应对建筑物进行变形监测。

⑦为了加大固结体尺寸,或对深层硬土防止固结体尺寸减小,可以采用提高喷射压力、泵量或降低回转与提升速度等措施,也可以采用复喷工艺:第一次喷射(初喷)时,不注水泥浆液;初喷完毕后,将注浆管边送水边下降至初喷开始的孔深,再抽送水泥浆,自下而上进行第二次喷射(复喷)。

⑧在软弱地层旋喷时,固结体强度低。可以在旋喷后用砂浆泵注入 M15 号砂浆提高固结体的强度。在湿陷性地层进行高压喷射注浆成孔时,如用清水或普通泥浆作冲洗液,会加剧沉降,此时宜用空气洗孔。

⑨加强施工的安全管理。高压液体和压缩空气管道的耐久性以及管道连接的可靠性都是不可忽视的,否则,接头断开、软管破裂,将会导致浆液飞散、软管甩出等安全事故。

⑩施工中应严格按照施工参数和材料用量施工,用浆量和提升速度应采用自动记录装置,并做好各项施工记录。

11.5 质量检验

▶ 11.5.1 旋喷桩质量检验

旋喷桩施工前,应检验水泥、外掺剂等的质量,桩位,浆液配比,高压喷射设备的性能等,并应对压力表、流量表进行检定或校准;施工中,应检查压力、水泥浆量、提升速度、旋转速度等施工参数及施工程序;施工结束后,应检验桩体的强度和平均直径,以及单桩与复合地基的承载力等。

旋喷桩质量检验应符合下列规定:

①旋喷桩可根据工程要求和当地经验采用开挖检查、钻孔取芯、标准贯入试验、动力触探和静载荷试验等方法进行检验。

②检验点布置应符合下列规定:

a.有代表性的桩位;

b.施工中出现异常情况的部位;

c.地基情况复杂,可能对旋喷桩质量产生影响的部位。

③成桩质量检验点的数量不少于施工孔数的 2%,并不应少于 6 点。

④承载力检验宜在成桩 28 d 后进行。

对于标准贯入试验,应在旋喷固结体中心部位沿桩长方向每隔 0.5~1.0 m 做一次标准贯入试验。根据标准贯入深度沿米的不同,对所得的标准贯入数值进行修正,见表 11.6。

表 11.6　标准贯入 N 值的修正系数

钻杆长/m	≤3	6	9	12	15	18	21
修正系数	1.0	0.92	0.85	0.81	0.77	0.73	0.70

▶ 11.5.2 竣工验收质量检验

竣工验收时,旋喷桩复合地基承载力检验应采用复合地基静载荷试验和单桩静载荷试验。检验数量不得少于总桩数的 1%,且每个单体工程复合地基静载荷试验数量不得少于 3 个。

静载荷试验分垂直和水平载荷试验两种。做垂直载荷试验时,需在顶部 0.5~1.0 m 范围

内浇筑 $0.2 \sim 0.3$ m 厚的钢筋混凝土桩帽;做水平载荷试验时,在固结体的加载受力部位,应浇筑 $0.2 \sim 0.3$ m 厚的钢筋混凝土加载垫块。混凝土的标号不低于 C20。

高压旋喷桩复合地基载荷试验完成后,当从复合地基静载荷试验的压力-沉降曲线上按相对变形值确定复合地基承载力特征值时,可取 s/b(或 s/d)等于 0.006 所对应的压力作为复合地基承载力特征值。

11.6 工程应用实例

【例 11.1】 某均质黏性土场地中采用高压旋喷注浆法处理,桩径为 $\phi 500$ mm,桩距为 1.0 m,桩长为 12 m,桩体抗压强度为 $f_{cu} = 5.5$ MPa,正方形布桩,场地土层 $q_{sk} = 15$ kPa,$f_{ak} = 140$ kPa,取桩间土承载力发挥系数 $\beta = 0.4$,单桩承载力发挥系数 $\lambda = 1.0$,桩端端阻力发挥系数 $\alpha_p = 1.0$。试计算单桩承载力和复合地基承载力。

【解】

1) 单桩承载力计算

按桩周土强度计算单桩承载力为:

$$R_a = u_p \sum_{i=1}^{n} q_{si} l_i + \alpha_p q_p A_p$$

$$= 3.14 \times 0.5 \text{ m} \times 15 \text{ kPa} \times 12 \text{ m} + 1.0 \times 140 \text{ kPa} \times \frac{3.14 \times (0.5 \text{ m})^2}{4} = 310 \text{ kN}$$

按桩体强度计算单桩承载力为:

$$R_a = \frac{f_{cu} A_p}{4\lambda} = \frac{5.5 \text{ MPa} \times 10^3 \times 3.14 \times (0.5 \text{ m})^2}{4 \times 1.0 \times 4} = 269.8 \text{ kN}$$

因此,取 $R_a = 270$ kN。

2) 复合地基承载力计算

$$d_e = 1.13s = 1.13 \times 1.0 \text{ m} = 1.13 \text{ m}; m = d^2/d_e^2 = 0.5^2/1.13^2 = 0.196$$

$$f_{spk} = \lambda m \frac{R_a}{A_p} + \beta(1-m)f_{sk}$$

$$= 1.0 \times 0.196 \times \frac{270 \text{ kN}}{3.14 \times (0.5 \text{ m})^2/4} + 0.4 \times (1 - 0.196) \times 140 \text{ kPa} = 314.7 \text{ kPa}$$

【例 11.2】 山东省三山岛金矿南风井高压旋喷注浆帷幕工程。

1) 工程概况

山东省三山岛金矿南风井地处渤海之滨,自然地面标高为 0.5 m。南风井为提升竖井,设计井深 171.5 m,表土厚度为 25.1 m。该井成功地应用高压旋喷注浆凿井新技术,为在含水松软不稳定的地层中凿井施工提供了条件。井筒净直径 4 m,掘进直径 5.3 m,永久井壁为 0.43 m 厚的钢筋混凝土。

2) 工程地质条件

场地表层土为砂层和粉质黏土互层,厚达 20 余米,涌水量为 35 t/h,有含盐量很高的海水补给。南风井表土层工程地质及水文地质特征见表11.7。

表11.7 南风井表层工程地质及水文地质特征

层次	名 称	层厚/m	层底深/m	土层结构	状 态	渗透系数 /(m·d⁻¹)
				工程地质特征	水文地质条件	
1	回填土	2.28	2.28	粗砂,粉质黏土,湿散状夹海泥及贝壳	潜水	10.37
2	砾 砂	7.32	9.60			
3	粉质黏土	1.92	11.52	下部有0.47 m可塑粉质黏土,夹有少量黏土,中密	承压水海水补给	10.87
4	砾 砂	1.06	12.58			
5	粉质黏土	2.62	15.20	隔水性能不良,夹水量黏性土	承压水海水补给	
6	粗砾砂	2.36	17.56			
7	粉质黏土	3.68	21.24	风化残积土,湿硬塑状		
8	强风化岩	3.50	25.00			

3)设计计算

(1)表土地压的确定

①按似重度地压公式计算:

$$p = \gamma_s H = 12 \text{ kN/m}^3 \times 27 \text{ m} = 324 \text{ kPa}$$

式中　p——表土层的土压力,kPa;

　　　γ_s——似重度,当 $H<200$ m,取 $\gamma_s = 12$ kN/m³;

　　　H——计算处深度,取 $H=27$ m。

②按悬浮理论公式计算:

$$p = \gamma_w H_w + \left(\sum \gamma_n H_n + \sum \gamma'_n H'_n \right) A_n$$

$$= 10 \text{ kN/m}^3 \times 24 \text{ m} + (20 \text{ kN/m}^3 \times 3 \text{ m} + 9.4 \text{ kN/m}^3 \times 24 \text{ m}) \times 0.43 \text{ m} = 363 \text{ kPa}$$

式中　$\sum \gamma_n H_n$——地下水位以上各土层重度和厚度之乘积;

　　　$\sum \gamma'_n H'_n$——地下水位以下,计算深度以上各土层重度和厚度之乘积。

$$\gamma'_n = \frac{(d_s - 1)\gamma_w}{1 + e} = \frac{(2.7 - 1.0) \times 10 \text{ kN/m}^3}{1 + 0.8} = 9.4 \text{ kN/m}^3$$

式中　d_s——土颗粒相对密度,$d_s = 2.7$;

　　　e——土层孔隙比,$e = 0.8$。

计算中未考虑混凝土孔口盘对地基附加荷载,帷幕厚度计算所用地压值取 $p = 363$ kPa。

(2)帷幕厚度的确定　固结体帷幕将承受外部土压力及静水压力,其厚度可按厚壁筒公式和第四强度理论确定。

$$E = R\left(\sqrt{\frac{[\sigma]}{[\sigma] - \sqrt{3}p}} - 1\right) = 2.65 \text{ m}\left(\sqrt{\frac{1\,500 \text{ kPa}}{1\,500 \text{ kPa} - 1.732 \times 363 \text{ kPa}}} - 1\right) = 0.83 \text{ m}$$

式中　E——帷幕设计厚度，m；

$\qquad R$——井筒开挖半径，$R = 2.65$ m；

$\qquad p$——最大地压值，$p = 363$ kPa；

$\qquad [\sigma]$——固结体允许抗压强度，$[\sigma] = \sigma/K = 3\,000$ kPa/$2 = 1\,500$ kPa；

$\qquad \sigma$——固结体极限抗压强度，kPa；

$\qquad K$——安全系数，取 $K = 2.0$。

设计考虑到表土段为短段掘砌(段高 0.7~1.2 m)，注浆帷幕并非无限长厚壁筒，故选用安全系数 2 进行帷幕设计。

(3)旋喷基本参数的选择

①旋喷压力 p_0：根据国产 SNC-H300 型注浆车配套高压泵参数，选用旋喷压力为 17.64~21.56 MPa。

②喷嘴直径 d_0：工程实际选用了直径为 2.0，2.5，3.0 mm 的喷嘴。

③旋喷成桩直径 D：本工程土层由砂与粉质黏土交互组成。一般粉质黏土的标准贯入击数 N 值为 13~15，根据标准贯入值估算成桩直径及施工前试喷取得数据见表 11.8。设计成桩直径定为 0.5 m。

表 11.8　旋喷成桩直径 D 的估算

土　质	计算公式	适用范围	计算结果
粉质黏土	$D = 0.65 - \dfrac{N^2}{154}$	$0 < N \leq 5$	$N = 4, D = 0.55$ m
	$D = \dfrac{1}{770}(350 + 10N - N^2)$	$5 < N \leq 15$	$N = 7, D = 0.48$ m $N = 15, D = 0.36$ m
砾　砂	经验数据	$20 < N \leq 30$	$D = 0.6$ m± 0.2 m
	浅层试喷		$D = 0.7$ m± 0.2 m

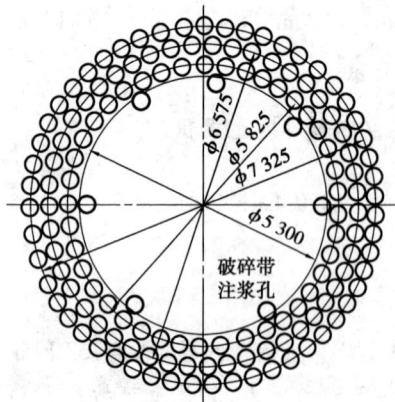

图 11.22　高压喷射注浆布孔图

④成孔方式：根据表土层地压计算结果和旋喷帷幕厚度的要求，按同心圆形式，将旋喷孔布成 3 圈，孔间距为 0.43 m，孔圈距为 0.375 m，钻孔允许偏斜率为 0.5%，布孔方式如图 11.22 所示。

(4)浆液配方及固结体力学性能　单管法旋喷帷幕凿井，要求浆液除具有良好的可喷性外，固结体应有足够的强度和抗渗性。南风井旋喷施工中采用的浆液配方见表 11.9。

4)施工方法

旋喷施工顺序为：定位钻孔→下管→旋转提升→成桩养护→形成旋喷帷幕。旋喷注浆主要机械设备见表 11.10，选用的旋喷技术参数见表 11.11。

表11.9　浆液配方及性能

水灰比	外加剂		初凝时间/（h:min）	结石率/%	备　注
	名　称	占水泥质量/%			
1:1	CaCl$_2$	2~3	8:00~7:00	80~88	42.5 级普通硅酸盐水泥
1:1	NaCl+三乙醇胺	0.63+0.03	约 7:00		42.5 级普通硅酸盐水泥
	NaCl+三乙醇胺	0.5+0.05	约 7:00		
1.2:1	无	—	20:00		
	CaCl$_2$	3	12:00	76~85	
	NaCl+三乙醇胺	0.5+0.05	14:00	75~80	

表11.10　旋喷主要机具设备

名　称	规格型号	用途	数量
水泥车	SNC-H300 型	高压喷射注浆	2 辆
钻机	XJ100-1 型	钻探成孔用	1 台
钻机	SH-30 型（20 r/min）	旋喷用	1 台
搅拌机	$V=0.4$ m^3	造浆用	1 台
提升机	改装 $v=15~30$ cm/min	提升用	1 台
钻具	合金钻头、钻杆等	钻进用	1 套
测斜仪	XJL-42 型	钻孔测斜	1 台

表11.11　旋喷技术参数

喷嘴直径/mm	2~3	浆液流量/（L·min^{-1}）	80~90
水射流出口压力/MPa	10~21	浆液水灰比	1.2:1
水流出口流量/（L·min^{-1}）	80	提升速度/（cm·min^{-1}）	13~21
浆液喷射压力/MPa	13~21	旋转速度/（r·min^{-1}）	21~22

5）施工质量检验

采用岩心钻探抽样检查，其旋喷加固体的力学性能列于表11.12中。

表11.12　岩心抽样检查旋喷加固体的力学性能

试件编号	6 号	9 号	10 号
规格/mm	ϕ70×55	40×40×80	45×45×90
取样深度/m	9.8~10.3	6.9~7.9	15~16.1
抗压强度/MPa	8.018	6.674	4.812
养护条件	海水 21 d	海水 28 d	海水 28 d

为确保旋喷帷幕防渗效果,进行了开挖涌水量(潜水和承压水之和)的预测,见表 11.13。

表 11.13　井筒开挖出水量预测

开挖深度/m	水位下降/m	出水量/(m³·d⁻¹)	开挖深度/m	水位下降/m	出水量/(m³·d⁻¹)
3	1	7	14	12	72
7	5	36	17	15	84
12	10	64	20	18	100.8

开挖中,深度在 16 m 以上时开挖顺利。继续下挖时,发现井筒东面有一根旋喷桩倾斜插入到井内,将斜桩刨断挖出后,出现大量涌水,达 160 m³/h 以上。后经布孔复喷,一次堵住,很快处理了涌砂突水,井筒完好,使南风井顺利地通过了第四纪表土松散层。

6)技术经济效果分析

该工程钻孔 183 个,总长 4 455 m。旋喷注浆 199 孔,计 3 718 m。工期一年,去掉各种影响所耽误的时间,实际钻孔和旋喷的时间为 3.3 个月。旋喷注浆耗资 38.8 万元,折合成平均每米桩的造价为 104 元。综合评价,南风井表土段旋喷法凿井,实际成本远低于冻结法;与沉井法和连续墙相比较,不仅技术先进,经济上也是合理的。

习　题

11.1　某均质黏性土场地中采用高压旋喷注浆法处理,桩径为 φ600 mm,桩距为 1.5 m,桩长为 15 m,桩体抗压强度为 $f_{cu}=5.0$ MPa,正三角形布桩,场地土层 $q_{sk}=13$ kPa,$f_{ak}=120$ kPa,$q_{pk}=200$ kPa,取桩间土承载力发挥系数为 0.4。试计算单桩承载力和复合地基承载力。

11.2　某地基处理工程,土层为均质粉砂土场地土层,其 $f_{ak}=160$ kPa,$q_{sk}=17$ kPa,$q_{pk}=280$ kPa,采用高压旋喷注浆法处理,要求处理后的复合地基承载力为 380 kPa,桩径为 φ650 mm,桩长为 10 m,桩体抗压强度平均值为 $f_{cu}=4.0$ MPa,正方形布桩,桩间土承载力发挥系数 0.35。试计算单桩承载力,并确定桩间距大小。

11.3　某场地采用高压喷射注浆桩复合地基,要求复合地基承载力特征值达到 260 kPa,桩径 0.5 m,桩试块抗压强度平均值 $f_{cu}=5.0$ MPa,强度折减系数 $\eta=0.33$。已知桩间土承载力特征值 $f_{sk}=130$ kPa,桩间土承载力发挥系数 $\beta=0.4$,采用等边三角形布桩。试计算桩间距的大小。

12

注浆加固法

〚**本章教学要求**〛

了解注浆加固法的概念、特点及适用范围;掌握浆液材料分类、浆液基本性质和不同浆液材料的配制;通过对注浆方式和加固原理的理解,熟悉注浆加固法的设计计算和施工技术;熟悉注浆质量与注浆效果检验。

12.1 概 述

▶ 12.1.1 注浆加固法的概念、作用及目的

注浆加固法是指将水泥浆或其他化学浆液注入地基土层中,增强土颗粒间的联结,使土体强度提高、变形减少、渗透性降低的地基处理方法。

注浆加固法(简称为注浆法)也称为灌浆法。在注浆工程中,一般通过注浆管把浆液均匀地注入地层中,浆液以填充、渗透和挤密等方式,赶走土颗粒间或岩石裂隙中的水分和空气后占据其位置,经人工控制一定时间后,将原来松散的土粒或裂隙胶结成一个整体,形成一个结构新、强度大、防水性能好和化学性质稳定的"结石体",以达到地基处理的目的。

注浆的主要作用有:

①充填作用:浆液凝结的结石将地层空隙充填起来,可以阻止水通过,提高地层密实性。

②压密作用:在浆液被压入的过程中,将对地层产生挤压,从而使那些无法进入浆液的细小裂隙或孔隙受到压缩和挤密,使地层密实性和力学性能都得到提高。

③黏合作用:某些浆液的胶凝性质可以使已经脱开的岩块、建筑物裂缝等充填并黏合在

一起,使其联合承载力得到提高。

④固化作用:某些浆材(如水泥和某些化注材料)可与地层中的黏土等松软物质发生化学反应,将其凝固成坚固的"类岩体"。

注浆的主要目的是防渗、堵漏、加固和纠正建筑物偏斜等。

①防渗:降低渗透性,减少渗流量,提高抗渗能力,降低孔隙水压力。

②堵漏:封填孔洞,堵截流水。

③加固:固结或稳固松散颗粒和破碎岩石,提高地层的力学强度,起到安全围护和支撑作用。

④纠偏:使已发生不均匀沉降的建筑物恢复原位或减少其偏斜度。

⑤补强:对有缺陷或损坏了的建筑物进行补强修理;恢复混凝土结构及建筑物的整体性。

此外,也可通过注浆对置入地层中的孔管、锚杆、锚索等进行固定和保护。

▶ 12.1.2 注浆法的发展历史

注浆法的最早采用是在 1802 年,由法国的 Charles Berlghy(查理士·贝尼尔)发明,最先用在 Dieppe(第厄普)冲刷闸的修理上。当初,他用的是一种木制冲击筒装置,用人工锤击的方法向地层挤压浆液。最早是压入黏土浆液,后又在其他修理工程上压入具有一定硬结性能的火山灰和生石灰浆液。注浆法的首次使用就获得了成功,使一些濒临报废的船坞工程重新恢复了青春。

1856—1858 年,英国的 W.R.Kinippe(基尼普尔)在做了一系列试验后,第一次把水泥用于注浆。化学注浆是在 1920 年由德国的 Joosen(尤斯登)首先使用水玻璃和氯化钙作为注浆材料开始出现的。此后,一些国家广泛开展研制工作,制出了黏度较低的铬木素类、丙烯酰胺类等浆液材料。到 20 世纪 60 年代中期,化学注浆材料已达 30 多种。

注浆法在我国的大量采用是在新中国成立后,经过多年来试验研究和实际应用,在水泥、黏土等传统材料的注浆技术上有了很大的发展和提高。在化学注浆材料方面改进了铬木素类、水泥-水玻璃类、丙烯酰胺类浆液的配方,另外还研制出聚氨酯类、环氧树脂类等新的注浆材料。

▶ 12.1.3 注浆法的分类

①按注浆作用分:可分为固结注浆、帷幕注浆、回填注浆和接触注浆等。

②按注浆材料分:可分为水泥注浆、水泥砂浆注浆、水泥黏土注浆和化学注浆等。

③按注浆压力分:可分为高压注浆(3 MPa 以上)、中压注浆(0.5~3 MPa)和低压注浆(0.5 MPa以下),后两类也可称为常规压力注浆。

④按注浆机理分:可分为渗透注浆、压密注浆、劈裂注浆、电动化学注浆等。

⑤按注浆目的分:可分为防渗注浆、加固注浆等。

▶ 12.1.4 注浆法的应用范围

注浆加固适用于建筑地基的局部加固处理,适用于砂土、粉土、黏性土和人工填土等地基加固。加固材料可选用水泥浆液、硅化浆液和碱液等固化剂。注浆加固应保证加固地基在平面和深度连成一体,满足土体渗透性、地基土的强度和变形的设计要求。对地基承载力和变形有特殊要求的建筑地基,注浆加固宜与其他地基处理方法联合使用,当采用单一注浆加固方法处理地基时要充分论证其可靠性。

目前,注浆法已广泛应用于工业与民用建筑、道桥、市政、公路隧道、地下铁道、地下厂房以及矿井建设、文物保护、坝基防渗加固等工程中。

①建筑地基加固:通过改善地基土的力学性质,对地基进行加固或纠偏处理。注浆加固应保证加固地基在平面和深度连成一体,满足土体渗透性、地基土的强度和变形的设计要求。

②钻孔灌注桩后压浆:通过对桩侧或桩底压浆,即可消除孔底沉渣及桩周泥皮对桩承载力的影响,可提高桩的承载力。

③坝基工程防渗和加固:切断渗流及提高坝体整体性和抗滑稳定性。

④基坑支护和边坡治理:提高支护结构后土体的强度,减少基坑的渗水量,防止邻近建筑物沉降及维护边坡稳定。

⑤后拉锚杆注浆:将拉杆与土体胶结,形成锚固体。

⑥地铁的注浆加固:防止地面沉降过大,限制地下水的流动及制止土体位移。

12.2 注浆材料

▶ 12.2.1 浆液材料的分类

注浆工程中所用的浆液是由主剂、溶剂及各种附加剂混合而成,通常所说的注浆材料,是指浆液中所用的主剂。注浆材料按其形态可分为颗粒型浆材、溶液型浆材和混合型浆材3种类型。颗粒型浆材是以水泥为主剂,故多称其为水泥系浆材;溶液型浆材是由两种或多种化学材料配制,故通常称其为化学浆材;混合型浆材则由上述两类浆材按不同比例混合而成。

化学浆材的品种有很多,包括环氧树脂类、甲基丙烯酸醋类、丙烯酰胺类、木质素类和硅酸盐类等。化学浆材的最大特点为浆液属于真浆液,初始黏度大都较小,故可用来灌注细小的裂缝或孔隙,解决水泥系浆材难于解决的复杂地质问题。化学浆材的主要缺点是造价较高和存在环境污染问题,这使得化学浆材的推广应用受到较大局限。

混合型浆材包括聚合物水玻璃浆材、聚合物水泥浆材和水泥水玻璃浆材等几类。此类浆材包含了上述各类浆材的性质,或用来降低浆材成本,或用来满足单一材料不能实现的性能。

▶ 12.2.2 浆液的基本性能

注浆材料品种很多,性能也各不相同。一种理想的注浆材料,应该满足以下要求:

①浆液黏度低、流动性和可注性好,能够进入细小缝隙和粉细砂层。

②浆液凝固时间能够在几秒至几小时内任意调节,并能准确地控制。

③浆液的稳定性好,常温、常压下较长时间存放不改变其基本性质,不发生化学反应。

④浆液无毒、无臭,不污染环境,对人体无害,属非易燃、易爆物品。

⑤浆液对注浆设备、管路、混凝土建筑物及橡胶制品无腐蚀性,并且容易清洗。

⑥浆液固化时,无收缩现象,固化后具有黏结性,能牢固地与周围介质黏结在一起。

⑦浆液结石率高,结石体有一定的抗压强度和抗拉强度,不龟裂,抗渗性好。

⑧结石体耐老化性能好,能长期耐酸、碱、盐、生物细菌等腐蚀,并不受环境影响。

⑨注浆材料的粒度越细,注浆效果越好,但浆液成本也就越高。

⑩浆液配制方便,操作容易掌握,原材料来源丰富,价格便宜,能够大规模使用。

▶ 12.2.3 常用浆液材料的配制

1)水泥浆材

水泥浆材是以水泥浆为主的浆液,在地下水无侵蚀性的条件下,一般都采用普通硅酸盐水泥。它是一种悬浊液,能形成强度较高和渗透性较小的结石体,既适用于岩土加固,也适用于地下防渗。水泥浆的水灰比一般为 0.5~2.0,由 42.5 级普通硅酸盐水泥配制成的一组浆液,其基本性能见表 12.1。高浓度浆液的强度和密度都较大,但流动性差,需掺入分散剂以降低黏度。

表 12.1 纯水泥浆的基本性能

水灰比	黏度/s	密度/(g·cm⁻³)	结实率/%	凝结时间/h:min		抗压强度/MPa			
				初 凝	终 凝	3 d	7 d	14 d	28 d
0.5∶1	139	1.86	99	7:41	12:36	4.14	6.46	15.30	22.00
0.75∶1	32	1.62	97	10:47	20:33	2.43	2.60	5.54	11.27
1∶1	18	1.49	85	14:56	24:27	2.00	2.40	2.42	8.90
1.5∶1	17	1.37	67	16:52	34:47	2.04	2.33	1.78	2.22
2∶1	16	1.30	56	17:07	48:15	1.66	2.56	2.10	2.80

一般水泥浆析水性大,稳定性差,同时水灰比越大,上述问题就越突出。为改善水泥浆液的性质,适应不同的注浆目的和自然条件,常在水泥浆中掺入各种外加剂,见表 12.2。

表 12.2 水泥浆的外加剂及掺量

名 称	试 剂	掺量占水泥的质量百分数/%	说 明
速凝剂	氯化钙	1~2	加速凝结和硬化
	硅酸钠	0.5~3.0	加速凝结
	铝酸钠		
缓凝剂	木质磺酸钙	0.2~0.5	增加流动性
	酒石酸	0.1~0.5	
	糖	0.1~0.5	
流动剂	木质磺酸钙	0.2~0.3	增加流动性
	去垢剂	0.05	产生空气

续表

名　　称	试　剂	掺量占水泥的质量百分数/%	说　　明
加气剂	松香树脂	0.1~0.2	产生约10%的空气
膨胀剂	铝　粉	0.005~0.02	膨胀约15%
	饱和盐水	30~60	膨胀约1%
防析水剂	纤维素	0.2~0.3	提高抗拉强度
	硫酸钙	约20	产生空气

2)粉煤灰水泥浆材

粉煤灰掺入普通水泥中作为灌浆材料使用,可节约水泥、降低成本和消化三废材料。对水工建筑物来说,粉煤灰水泥浆材的突出优点还在于粉煤灰能使浆液中的酸性氧化物(Al_2O_3和SiO_2等)含量增加,它们能与水泥水化析出的部分氢氧化钙发生二次反应,生成水化硅酸钙和水化铝酸钙等较稳定的低钙水化物,使浆液结石的抗溶蚀能力和耐久性得到提高。

粉煤灰的用量可高达50%(即在配方中水泥与粉煤灰用量相同),但结石的强度将有所降低,见表12.3。因此,灌浆前应根据具体条件进行科学的配方试验。

表 12.3　粉煤灰含量对结石强度的影响

试样编号	1	2	3	4	5	6
粉煤灰/水泥(质量比)	0	1	0	1	0	1
水/固体(质量比)	0.6	0.6	1	1	2	2
28 d 抗压强度/MPa	41.4	13.1	36.0	6.1	31.5	2.6

3)硅粉水泥浆材

硅粉是冶金厂生产硅铁过程中的副产品,经冷凝而成的细球状颗粒。在水泥浆中掺入硅粉及减水剂后,不仅使浆液的可注性和稳定性改善,而且由于硅粉中的活性SiO_2,能与水泥水化放出的$Ca(OH)_2$反应生成低Ca/Si的CSH凝胶,该凝胶强度高于粗而多孔的$Ca(OH)_2$晶体,从而使浆液结石的强度大大提高。掺入硅粉6%~10%即能收到较好效果。

4)黏土水泥浆

黏土是含水的铝硅酸盐,其矿物成分为高岭石、蒙脱石及伊利石3种基本成分。以蒙脱石为主的土称为膨润土,这种土尤其是钠膨润土对制备优质浆液最为有利。膨润土是一种水化能力极强、膨胀性大和分散性很高的活性黏土,在国内外工程中被广泛使用。

表12.4为室内配方试验资料,其水灰比(水:干料)为0.8,黏土掺量为50%~90%,试验方法又分为无排水条件和有排水条件两种。从表中可看出,当水泥浆掺入黏土时,其强度将大大降低,因此黏土水泥浆材一般不宜作为加固工程用的注浆材料。

表 12.4　黏土掺量对物理力学性质的影响

养护条件	黏土掺量/%	土的重度/(kN·m^{-3})	孔隙比	抗压强度/kPa		压缩系数/MPa^{-1}	压缩模量/MPa	摩擦角/(°)	黏聚力/kPa	渗透系数/(cm·s^{-1})
				7 d	28 d					
无排水条件	90	9.0	2.08	32	69	2.0	1.55	23.8	15	$1.6×10^{-5}$
	80	8.8	2.19	139	442	0.15	21.28	35.4	31	$1.3×10^{-5}$
	70	9.3	2.05	198	737	0.17	17.39	13.2	115	$9.7×10^{-6}$
	60	9.2	2.12	250	884	0.22	13.51	35.8	66	$8.9×10^{-6}$
	50	10.0	1.91	385	810	0.06	37.74	12.4	135	$6.7×10^{-6}$
有排水条件	90	9.0	2.08	121	172	0.83	3.73	26.0	49	$8.6×10^{-6}$
	80	9.4	1.99	327	958	0.10	29.85	39.0	32	$1.0×10^{-5}$
	70	9.7	1.93	510	982	0.10	26.32	42.9	80	$5.8×10^{-6}$
	60	10.0	1.87	690	1 670	0.10	29.00	40.3	142	$5.5×10^{-6}$
	50	10.4	1.79	970	1 694	0.10	39.22	34.7	167	$3.8×10^{-6}$

5)超细水泥

由于普通水泥浆液的颗粒材料较粗,其渗入能力受到限制,一般只能灌注大于 0.2～0.3 mm 的裂缝或孔隙,而超细水泥浆液可以渗入更小的微裂隙之中。

日本首先利用干磨法制成 d_{50} 为 4 μm,比表面积约 8 000 cm^2/g 的 MC 超细水泥,可注入渗透系数为 10^{-3}cm/s 的中细砂层。我国水利科学研究院研制出的 SK 型超细水泥,浙江大学等单位研制出的 CX 型超细水泥,其 d_{50} 为 3～4 μm。近年来,日本用湿磨法制成 d_{50} 为 3 μm 的超细水泥,法国采用去除水泥中较大颗粒的办法制成颗粒小于 10 μm 的"微溶胶"浆液。

6)聚氨脂浆材

聚氨酯是采用多异氰酸脂和聚醚脂等作为主要原材料,再掺入各种外加剂配制而成的。浆液注入地层后,遇水即反应生成聚氨酯泡沫体,起加固地基和防渗堵漏等作用。聚氨酯浆材又可分水溶性与非水溶性两类,前者能与水以各种比例混溶,并与水反应生成含水胶凝体,后者只能溶于有机溶剂。

工程上一般应用非水溶性聚氨脂,其中又以"二步法"的制浆最好,此法又称预聚法,是把主剂先合成为聚氨酯的低聚物(预聚体),然后再把预聚体和外加剂按需要配成浆液。

聚氨脂浆材使用的外加剂包括下列几种:

①增塑剂:降低大分子间的相互作用力,提高材料韧性,常用邻苯二甲酸二丁脂。

②稀释剂:降低预聚体或浆液的黏度,提高浆液的可注性,常用丙酮和二甲苯。

③表面活性剂:提高泡沫的稳定性和改善泡沫的结构,一般采用吐温和硅油。

④催化剂:加速浆液与水反应速度和控制发泡时间,常用三乙醇胺和三乙胺。

几种比较有代表性的聚氨脂浆材配方见表12.5,各配方的性能指标见表12.6。

表 12.5　常用的聚氨酯配方

编 号	预聚体类型	材料质量比					
		预聚体	二丁脂（增塑剂）	丙脂（稀释剂）	吐温、硅油（表面活性剂）	催化剂	
						三乙醇胺	三乙胺
SK-1	PT-10	100	10~30	10~30	0.5~0.75	0.5~2	—
SK-2	TT-1/TM-1	100	10	10	0.5~0.75	—	0.2~4
SK-3	TT-1/TP-2	100	10	10	0.5~0.75	—	0.2~4

表 12.6　聚氨酯浆液性能指标

编 号	游离[NCO]质量分数/%	相对密度	黏度/(Pa·s)	固砂体		抗渗强度等级
				屈服抗压强度/MPa	弹性模量/MPa	
SK-1	21.2	1.12	2×10^{-2}	16.0	455.0	>B_{20}
SK-2	18.1	1.14	1.6×10^{-1}	10.0	287.0	>B_{10}
SK-3	18.3	1.15	1.7×10^{-1}	10.0	296.2	>B_{10}

7)丙烯酰胺类及无毒丙凝浆材

该浆材国外称AM-9,国内称丙凝,由主剂丙烯酰胺、引发剂过硫酸胺(简称AP)、促进剂β-二甲氨基丙腈(简称DAP)和缓凝剂铁氰化钾(简称KFe)组成,标准配方见表12.7。

丙凝浆材有一定的毒性,对空气和水也存在环境污染问题。为此,美国研制成一种名为AC-400的浆材,中国水科院亦研制成类似的浆材AC-MC(其配方见表12.8)。这类浆材的毒性仅为丙凝的1%,但其特性和功能都与AM-9相似,故被称为无毒丙凝。

表 12.7　丙凝浆液的标准配方

试剂名称	代 号	作 用	质量分数/%
丙烯酰胺	A	主剂	9.5
N-N′-甲撑双丙烯酰胺	M	交联剂	0.5
过硫酸胺	AP	引发剂	0.5
β-二甲氨基丙腈	DAP	促进剂	0.4
铁氰化钾	KFe	缓凝剂	0.01

表 12.8　AC-MC 的配方

成 分	AC-400(40%)	三乙醇胺(85%)	水	过硫酸铵	总 量
质量分数/%	25.0	1.0	73.0	1.0	100

8)硅酸盐类浆材

硅酸盐(水玻璃)因具有无毒、价廉和可注性好等优点,应用较普遍,占目前使用的化学浆液的90%以上。水玻璃($Na_2O \cdot nSiO_2$)在酸性固化剂作用下,可产生凝胶。水玻璃类浆液有很多种,几种较有使用价值的硅酸盐类浆材配制及性能指标见表12.9。

表 12.9　水玻璃浆液组成、性能及主要用途

原　料		规格要求	用量 (体积比)	凝胶 时间	注入 方式	抗压强 度/MPa	主要 用途	备　注
水玻璃- 氯化钙	水玻璃	模数:2.5~3.0 浓度:$(43~45)B'_e$	45%	瞬间	单管或 双管	<3.0	地基 加固	注浆效果受操作技 术影响较大
	氯化钙	密度:2.3~3.4 浓度:$(30~32)B'_e$	55%					
水玻璃- 铝酸钠	水玻璃	模数:2.3~3.4 浓度:$40B_e$	1	几十秒 ~ 几十分	双液	<3.0	堵水或 地基加 固	改变水玻璃模数、 铝酸钠和温度可 调节凝胶时间
	铝酸钠	含铝量:0.01~0.19 kg/L	1					
水玻璃- 硅氟酸	水玻璃	模数:2.4~3.4 浓度:$(30~45)B_e'$	1	几秒 ~ 几十分	双液	<1.0	堵水或 地基加 固	两液等体积注浆、 硅氟酸不足部分 加水补充,两液相 遇有絮状沉淀产生
	硅氟酸	浓度:28%~30%	0.1~0.4					

9)水泥水玻璃浆材

水泥浆中加入水玻璃有两个作用:一是作为速凝剂使用,此时水玻璃掺量较少,一般占水泥重的3%~5%;另一是作为主料使用,此时水玻璃掺量较多,主要根据注浆目的和要求而定。

结合各地实践经验,水泥水玻璃浆材的适宜配方为:水泥浆水灰比为0.8:1~1:1;水泥浆与水玻璃的体积比为1:0.6~1:0.8;水玻璃的模数值为2.4~2.8,浓度为$(30~45)B'_e$。各配方的凝结时间为1~2 min,抗压强度变化在9~24 MPa。

10)木质素浆材

木质素类浆材是以纸浆废液为主剂,加入一定量的固化剂所组成的浆液。木质素浆材有铬木素浆材和硫木素浆材两种。最早的铬木素浆材只有纸浆废液和重铬酸钠两种成分。但因这种浆液凝胶时间较长,采用了三氯化铁作为促进剂,可缩短凝胶时间。为了提高其强度,又研制出铝盐和铜盐作为促进剂的铬木素浆材,但毒性均未减小。

11)改性环氧树脂浆材

环氧树脂是一种高分子材料,具有强度高、黏结力强、收缩性小、化学稳定性好,并能在常温下固化等优点;但它作为注浆材料还存在一些问题,例如浆液的黏度大、可注性小、憎水性强、与潮湿裂缝黏结力差等。

12.3　注浆方式与加固原理

常用的注浆方式有渗入性注浆、压密注浆、劈裂注浆、电动化学注浆、单液硅化法和碱液法几种类型。这些注浆方式在实际工程中可单独采用，或两种及两种以上组合使用。

▶ 12.3.1　渗入性注浆

在注浆压力作用下，浆液克服各种阻力而渗入孔隙和裂隙，压力越大，吸浆量及浆液扩散距离就大。这种理论假定在注浆过程中地层结构不受扰动和破坏，注浆压力相对较小。

渗入性注浆适用于存在孔隙或裂缝的地基土层，如砂土地基等。对于颗粒型浆液，其颗粒尺寸必须能进入土层中的孔隙或裂缝中，因而渗入性注浆存在浆液可注性问题。影响浆液扩散范围的因素有土层的渗透系数（或裂隙、孔隙尺寸）、浆液黏度、注浆压力、注入时间等。渗入性注浆主要理论有球形扩散理论、柱形扩散理论和袖套管法理论等。工程应用中，建议以现场注浆试验确定注浆压力、注浆时间和浆液扩散范围及相互间的关系，作为注浆设计和施工参数确定的依据。

▶ 12.3.2　压密注浆

压密注浆是注入极稠的浆液，形成球形或圆柱体浆泡，压密周围土体，使土体产生塑性变形，但不使土体产生劈裂破坏。当浆泡直径较小时，注浆压力沿钻孔的径向即水平向扩展。随着浆泡尺寸的逐渐增大，便产生较大的上抬力而使地面抬动，当合理使用注浆压力并造成适宜的上抬力时，能使下沉的建筑物回升到相当精确的范围。压密注浆原理如图 12.1 所示。

压密注浆是浓浆置换和压密土的过程。此法最常用于砂土地基，黏土地基中若有适宜的排水条件也可采用，若因排水不畅而可能在土体中引起高孔隙水压力时就必须采用很低的注浆速率。压密注浆简单实用、造价便宜，是目前应用最广泛的注浆方法之一。

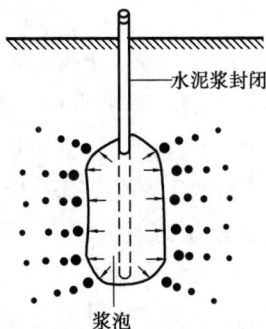

图 12.1　压密注浆原理示意图

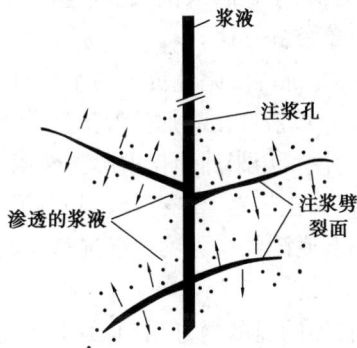

图 12.2　劈裂注浆示意图

▶ 12.3.3 劈裂注浆

劈裂注浆原理如图 12.2 所示。在注浆压力作用下,浆液克服各种地层的初始应力和抗拉强度,引起岩土体结构破坏和扰动,使地层中原有的孔隙(裂隙)扩张或形成新的裂缝(孔隙),从而使低透水性地层的可注性和浆液扩散距离增大,后续的注浆使裂缝不断向外伸展,浆液在土层中形成条、脉、片状固结体,从而达到增加地层强度、降低地层渗透性的目的。

▶ 12.3.4 电动化学注浆

当在黏性土中插入金属电极并通以直流电后,就在土中引起电渗、电泳和离子交换等作用,促使在通电区域中的含水量显著降低,从而在土内形成渗浆"通道"。若在通电的同时向土中灌注硅酸盐液浆,就能在"通道"上形成硅胶,并与土粒胶结成一定强度的加固体。

用土样进行电渗实验,发现由电渗引起的水流从正极流向负极的速度与达西定律相似,可用下式表示:

$$V_e = K_e I_e = K_e V/L \tag{12.1}$$

式中 V_e ——电渗速度;

K_e ——土的电渗系数;

I_e ——电压比降;

V ——直流电压;

L ——两电极的距离。

试验发现,K_e 并不是一个常数,它与流体中的离子浓度、电场强度等因素有关。

▶ 12.3.5 单液硅化法和碱液法

单液硅化法和碱液法适用于处理地下水位以上,渗透系数为 0.10～2.00 m/d 的湿陷性黄土等地基。在自重湿陷性黄土场地,当采用碱液法的,应通过试验确定其适用性。

1)单液硅化法

采用硅酸钠溶液注入地基土层中,使土粒之间及其表面形成硅酸凝胶薄膜,增强了土颗粒间的联结,赋予土耐水性、稳固性和不湿陷性,并提高土的抗压和抗剪强度的地基处理方法,称之为单液硅化法。

单液硅化加固湿陷性黄土的主要材料为液体水玻璃(即硅酸钠溶液),水玻璃的模数值宜为 2.5～3.3。单液硅化法加固湿陷性黄土地基的灌注工艺有压力灌注、溶液自渗两种。

压力灌注可用于加固自重湿陷性场地上拟建的设备基础和构筑物地基,也可用于加固非自重湿陷性黄土场地上既有建筑物和设备基础的地基。非自重湿陷性黄土有一定的湿陷起始压力,当基底附加应力不大于湿陷起始压力,或虽大于湿陷起始压力但数值不大时,则不致出现附加沉降。

溶液自渗的速度慢,扩散范围小,溶液与土接触初期,对既有建筑物和设备基础的附加沉降很小(10～20 mm),不超过建筑物地基的允许变形值。溶液自渗的灌注孔可用钻机或洛阳铲成孔。对于含水量不大于 20%、饱和度不大于 60% 的地基土,采用溶液自渗较合适。

用低浓度(10%～15%)硅酸钠溶液注入湿陷性黄土中,不致被孔隙中的水稀释,溶液的浓度低、黏滞度小、可注性好、渗透范围较大,加固土的无侧限抗压强度可达 300 kPa 以上。

2)碱液法

将加热后的碱液(即氢氧化钠溶液),以无压自流方式注入土中,使土粒表面溶合胶结形成难溶于水的,具有高强度的钙、铝硅酸盐络合物,从而达到消除黄土湿陷性、提高地基承载力的地基处理方法,称为碱液法。

当 100 g 干土中可溶性和交换性钙镁离子含量大于 10 mg.eq 时,可采用单液法,即灌注氢氧化钠一种溶液加固;否则,应采用双液法,即采用氢氧化钠溶液与氯化钙溶液灌注加固。

氢氧化钠溶液注入土中后,土粒表层会逐渐发生膨胀和软化,进而发生表面相互溶合和胶结(钠铝硅酸盐类胶结),但这种溶合胶结是非水稳性的,只有在土粒周围存在有 $Ca(OH)_2$ 和 $Mg(OH)_2$ 的条件下,才能使这种胶结构成为强度高且具有水硬性的钙铝硅酸盐络合物。这些络合物的生成将使土粒牢固胶结,强度大大提高,并且具有充分的水稳性。

由于黄土中钙、镁离子含量一般都较高(属于钙、镁离子饱和土),故采用单液加固已足够。如钙、镁离子含量较低,则需考虑采用碱液与氯化钙溶液的双液法加固。为了提高碱液加固黄土的早期强度,也可适当注入一定量的氯化钙溶液。

12.4 设计计算

▶ 12.4.1 注浆方案选择

①注浆目的如为提高地基强度和变形模量,一般可选用以水泥为主的水泥浆、水泥砂浆和水泥水玻璃浆等,或采用高强度化学浆材,如环氧树脂、聚氨脂以及以有机物为固化剂的硅酸盐浆材等。

②注浆目的如为了防渗堵漏时,可采用黏土水泥浆、黏土水玻璃浆、水泥粉煤灰混合物、丙凝、铬木素以及无机试剂为固化剂浆液等。

③在裂隙岩层中注浆一般采用纯水泥,或在水泥浆、水泥砂浆中掺入少量膨润土;在砂砾石层中,或在溶洞中采用黏土水泥浆;在砂层中一般只采用化学浆液;在黄土中采用单液硅化法或碱液法。

④对孔隙较大的砂砾层或裂隙岩层可采用渗入性注浆法;在砂层灌注粒状浆材宜采用水力劈裂法,在黏性土层中采用水力劈裂法或电动硅化法;矫正建筑物的不均匀沉降则宜采用压密注浆法。

▶ 12.4.2 注浆标准确定

1)防渗标准

防渗标准越高,注浆技术的难度就越大,一般注浆工程量及造价也越高。对重要的防渗工程,都要求将地基土的渗透系数降低至 $10^{-4} \sim 10^{-5}$ cm/s 以下,对临时性工程或允许出现较大渗漏量而又不致发生渗透破坏的地层,也可采用 10^{-3} cm/s 数量级的防渗标准。

在岩石地基中,我国多采用单位吸水量 w 作为准则,在水利水电建设工程中,防渗标准多采用 $w=0.01\sim0.03$,在特殊情况下可能有更高的要求。

单位吸水量是用钻孔压水试验方法求得,其计算式为:

$$w = \frac{Q}{LHt} \tag{12.2}$$

式中　w——地层单位吸水量,L/(min·m^2);

Q——地层的总吸水量,L;

L——压水试验段长,m;

H——压水压力(水柱高度),m;

t——试验时间,min。

国外岩基防渗标准有几种,其中一种把水的价值和岩层抵抗管涌的能力放在首要地位,并结合坝型和帐幕厚度选定标准。例如,当水库水的价值很高时,不管坝型、坝高和坝基岩性如何,都可以1吕荣单位为标准;水的价值较高时为2~3吕荣;当水的价值可以忽略不计时,防渗标准随坝的形式和地质条件而异,变化在3~10吕荣。

所谓吕荣,是用来表示岩层渗透性的一种单位,其值仍可用式(12.2)计算,但式中的压力水头不是 m,而是1 MPa(或10 kg/cm²),故数值上1吕荣等于单位吸水量(w)0.01。

现场试验证明,单位吸水量与渗透系数之间存在着大体如式(12.3)所示的关系:

$$k = w \times 1.5 \times 10^{-3} \text{ cm/s} \tag{12.3}$$

2)强度和变形标准

①为了增加摩擦桩的承载力,主要应沿桩的周边注浆,以提高桩侧界面间的凝聚力;对支承桩,则在桩底注浆以提高桩端土的抗压强度和变形模量。

②为了减少坝基的不均匀变形,仅需在坝基下游基础受压部位进行固结注浆,以提高地基土的变形模量,而无须在整个坝基注浆。

③对振动基础,有时注浆目的只是为了改变地基的自然频率以清除共振条件,因而不一定用强度较高的浆材。

④为了减小挡土墙的土压力,则应在墙背至滑动面附近的土体中注浆,以提高地基土的重度和滑动面的抗剪强度。

当注浆目的为防渗时,所需浆材的强度仅以能防止水压把孔隙中结石挤出为原则,这种情况下起作用的是结石的抗剪强度。按照抗剪破坏的原则,并假定土孔隙为有规则的平直面,则抵抗水压力所需的抗剪强度为:

$$c = \frac{pd}{2l} \tag{12.4}$$

式中　c——浆液结石与孔隙壁面间的黏结力;

p——地下水的渗透压力;

d——孔隙高度;

l——注浆体长度。

设 $p=10$ kg/cm², $d=0.5\sim1.0$ cm, $l=100$ cm,代入上式得 c 值为 $0.025\sim0.05$ kg/cm²,此值很容易被低强度黏土水泥浆所达到,而无须采用较高强度的浆材。

此外,利用尺寸效应可使某些低强度浆材获得很高的稳定性。设直径为 d 的圆形孔隙,则由水压力 p 造成的破坏力见式(12.5),由 c 造成的阻抗力见式(12.6)。

$$p_1 = p\pi d^2/4 \qquad\qquad (12.5)$$
$$p_2 = c\pi dl \qquad\qquad (12.6)$$

由以上计算公式可知,随着孔隙尺寸的减小,注浆体可获得越来越大的抗挤出稳定性。

3)施工控制标准

注浆后的质量指标只能在施工结束后通过现场检测来确定。有些注浆工程甚至不能进行现场检测,因此必须制定一个保证获得最佳注浆效果的施工控制标准。

(1)按理论耗浆量控制

在正常情况下注入的理论耗浆量 Q 为:

$$Q = Vn + q_n \qquad\qquad (12.7)$$

式中　V——设计注浆体积;

　　　n——土的孔隙率;

　　　q_n——无效注浆量[计算方法见式(12.13)]。

(2)按耗浆量降低率进行控制

由于注浆是按逐渐加密原则进行的,孔段耗浆量也随加密次序的增加而逐渐减少。若起始孔距布置正确,则第2次序孔的耗浆量将比第1次序孔大为减少,这是注浆取得成功的标志。

设 q_1,q_2,q_3 为相应于第1,2和3次序孔的平均耗浆量,$d = q_2/q_1$,称为耗浆量降低率,并假定浆液呈圆形均匀向外扩散,则不同的 d 值代表下述几种不同的注浆效果:

①当 $d \geq 1$,两个次序孔的浆液不能搭接[图12.3(a)],或刚好搭接[图12.3(b)];

②当 $d < 1$,两个次序孔的浆液有一定的重叠,如图12.3(c)所示。

第一种情况($d > 1$)是不允许存在的,应继续注浆。

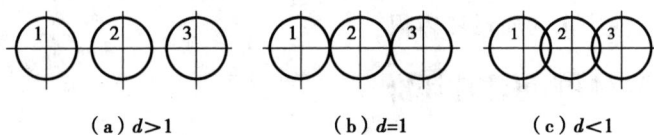

(a) $d>1$　　　　　(b) $d=1$　　　　　(c) $d<1$

图 12.3　d 值与注浆效果的关系

▶　12.4.3　浆材选择及配制设计

1)注浆材料的选择

根据土质和灌注目的的不同,可将浆材及配方设计原则列于表12.10和表12.11。

表 12.10　按土质不同对注浆材料的选择

土质名称	土质具体名称	注浆材料
黏性土和粉土	粉土、黏土、黏质粉土	水泥类注浆材料及水玻璃悬浊型浆液
砂质土	砂、粉砂	渗透性溶液型浆液(但在预处理时,使用水玻璃悬浊型)
砂砾		水玻璃悬浊型浆液(大孔隙)渗透性溶液型浆液(小孔隙)
层界面		水泥类注浆材料及水玻璃悬浊型浆液

表 12.11　按注浆目的的不同对注浆材料的选择

项　目			基本条件
改良目的		堵水注浆	渗透好、黏度低的浆液(作为预注浆使用悬浊型)
	加固地基	渗透注浆	渗透好有一定强度的,即黏度低的溶液型浆液
		脉状注浆	凝胶时间短的均质凝胶,强度大的悬浊型浆液
		渗透脉状注浆并用	均质凝胶强度大且渗透性好的浆液
	防止涌水注浆		凝胶时间不受地下水稀释而延缓的浆液,瞬时凝固的浆液(溶液或悬浊型的)(使用双层管)
综合注浆	预处理注浆		凝胶时间短,均质凝胶强度比较大的悬浊型浆液
	正式注浆		和预处理材料性质相似的渗透好的浆液
特殊地基处理注浆			对酸性、碱性地基、泥炭应事前进行试验校核后选择注浆材料
其他注浆			研究环境保护(毒性、地下水污染、水质污染)

2)水泥浆液密度计算

$$\rho = \frac{M}{V} = \frac{d_c \rho_w(1 + \lambda)}{\rho_w + \lambda d_c} = \frac{3(1 + \lambda)}{1 + 3\lambda} \tag{12.8}$$

式中　d_c——水泥浆液的相对密度,$d_c = M_c/V_c$,一般取 $d_c \approx 3.0$;

ρ_w——水的密度,一般取 $\rho_w = 1 \text{ g/cm}^3$;

λ——浆液的水灰比,$\lambda = M_c/M_w$;

M——浆液的质量,$M = M_c + M_w$;

V——浆液的体积,$V = V_c + V_w$;

M_c, V_c——浆液中水泥的质量和体积;

M_w, V_w——浆液中水的质量和体积。

▶ 12.4.4　粒状材料的可注性评价

在砂砾石层中采用黏土水泥混合物作为基本注浆材料时,需进行黏土水泥材料对砂砾石土的可注性评价。砂砾石可注性可采用简化公式(12.9)评定:

$$N = \frac{D_{15}}{d_{85}} \geqslant 10 \sim 15 \tag{12.9}$$

式中　N——可注比值;

D_{15}——砂砾土颗粒级配曲线中含量为 15% 的颗粒尺寸;

d_{85}——注浆材料颗粒级配曲线中含量为 85% 的颗粒尺寸。

式(12.9)的基本概念为,只要 N 值大于 10~15,就将有 85% 的注浆材料充填大部分砂砾石孔隙。注浆材料满足式(12.9)时,可使砂砾土的渗透系数降低至 $10^{-4} \sim 10^{-5}$ cm/s。

除可注比值外,尚可用砂砾石的渗透性间接地说明可注性,因为土粒的孔隙尺寸与其渗透性密切相关。比较成功的经验为:

- 渗透系数大于 $(2 \sim 3) \times 10^{-1}$ cm/s 时,可采用水泥浆;
- 渗透系数大于 $(5 \sim 6) \times 10^{-2}$ cm/s 时,可采用黏土水泥浆。

▶ 12.4.5 浆液扩散半径计算

浆液扩散半径 r 是一个重要参数,它对注浆工程量及造价具有重要影响。r 值可按球形扩散理论、柱形扩散理论和袖珍管法理论进行估算,按地层条件其计算公式见表 12.12。

表 12.12 浆液扩散半径计算方法

地 层		计算公式	符号含义及单位
砂层	1	$r = \sqrt[3]{\dfrac{3khr_0t}{\beta n}}$	r ——浆液扩散半径,cm;
砂砾石层	2	$r = 2\sqrt{\dfrac{t}{n}\sqrt{\dfrac{kr_0hv}{d_e}}}$	k ——地层土的渗透系数,cm/s; h ——以水柱表示的注浆压力,cm; r_0 ——注浆管半径,cm; d_e ——被注土体的有效粒径,cm;
		$r = 5.65\sqrt{\dfrac{c}{\beta_0 n\rho}}$	t ——注浆持续时间,s; β ——浆液黏度与水的黏度之比;
砾石层	3	$r = 1.54\sqrt{\dfrac{khr_0t}{\beta\beta_0 n}}$	β_0 ——土孔隙有效充填系数; n ——砂土的孔隙率,取 $n = 0.3 \sim 0.4$; c ——单位长孔段内注入的浆量,kg;
均质裂隙岩石	4	$r = \sqrt{\dfrac{2kt\sqrt{hr_0}}{\beta n}}$	ρ ——浆液密度,kg/cm³; v ——浆液的运动黏滞系数

当地质条件较复杂或计算参数不易选准时,就应通过现场注浆试验来确定。现场注浆试验时,常采用三角形布孔,如图 12.4 所示;也可采用矩形或方形布孔,如图 12.5 所示。

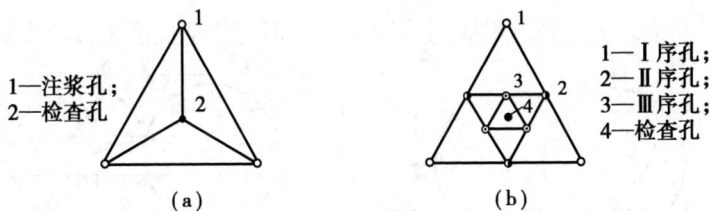

1—注浆孔;
2—检查孔

(a)

1—Ⅰ序孔;
2—Ⅱ序孔;
3—Ⅲ序孔;
4—检查孔

(b)

图 12.4 三角形布孔

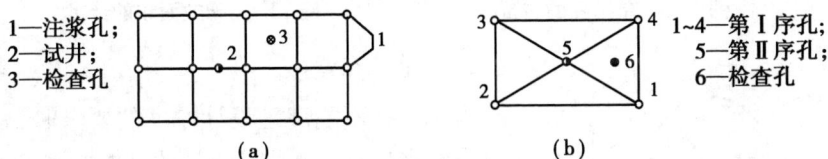

1—注浆孔;
2—试井;
3—检查孔

(a)

1~4—第Ⅰ序孔;
5—第Ⅱ序孔;
6—检查孔

(b)

图 12.5 矩形或方形布孔

注浆试验结束后,需对浆液扩散半径进行评价:

①钻孔压水或注水,求出注浆体的渗透性;

②钻孔取样品,检查孔隙充浆情况;

③对于大口径钻井或人工开挖竖井,用肉眼检查地层注浆情况,采取样品进行室内试验。

▶ 12.4.6 注浆孔的布置

注浆孔的布置是根据浆液的注浆有效范围,且应相互重叠,使被加固土体在平面和深度范围内连成一个整体的原则决定的。

1)单排孔布置

如图 12.6 所示,l 为注浆孔距,r 为浆液扩散半径,则注浆体的厚度 b 为:

$$b = 2\sqrt{r^2 - \left[(l-r) + \frac{r-(l-r)}{2}\right]^2} = 2\sqrt{r^2 - \frac{l^2}{4}} \qquad (12.10)$$

当 $l = 2r$ 时,两圆相切,b 值为零。

如注浆体的设计厚度为 T,则注浆孔距为:

$$l = 2\sqrt{r^2 - \frac{T^2}{4}} \qquad (12.11)$$

在按式(12.10)及式(12.11)进行孔距设计时,可能出现以下几种情况:

①当 l 值接近零时,b 值仍不能满足设计厚度时,应考虑采用多排注浆孔。

②虽单排孔能满足设计要求,但若孔距太小,钻孔数太多,就应进行两排孔方案比较。

③如图 12.7 所示,T 为帷幕厚度、h 为弓形高、L 为弓长,每个注浆孔无效面积为:

$$S_n = 2 \times \frac{2}{3}Lh \qquad (12.12)$$

式中,$L=l$,$h=r-T/2$,设土的孔隙率为 n,且浆液填满整个孔隙,则浆液的浪费量为:

$$q_n = S_n n = \frac{4}{3}Lhn \qquad (12.13)$$

由此可见,当 l 值较大,对减少钻孔数是有利的,但可能造成的浆液浪费量较大。

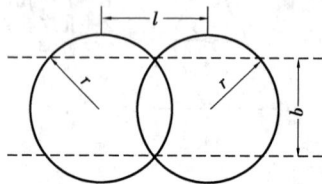

图 12.6 单排孔的布置

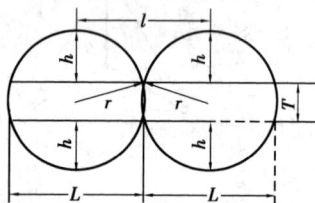

图 12.7 无效面积的计算

图 12.8 孔排间的最优搭接

2)多排孔布置

当单排孔不能满足设计厚度的要求时,就要采用两排以上的多排孔。多排孔设计的基本原则是要充分发挥注浆孔的潜力,以获得最大的注浆体厚度,不允许出现两排孔间的搭接不紧密的"窗口",也不希望搭接过多出现浪费。图 12.8 为两排孔紧密搭接的最优设计布孔方案。

经过推导得出多排孔布置最优排距 R_m 和最大注浆有效厚度 B_m 的计算公式如下。

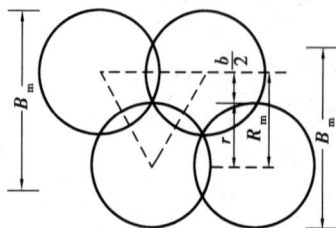

（1）两排孔

$$R_m = r + \frac{b}{2} = r + \sqrt{r^2 - \frac{l^2}{4}} \qquad (12.14)$$

$$B_m = 2r + b = 2\left(r + \sqrt{r^2 - \frac{l^2}{4}}\right) \qquad (12.15)$$

（2）三排孔

$$B_m = 2r + 2b = 2\left(r + 2\sqrt{r^2 - \frac{l^2}{4}}\right) \qquad (12.16)$$

（3）五排孔

$$B_m = 4r + 3b = 4\left(r + 1.5\sqrt{r^2 - \frac{l^2}{4}}\right) \qquad (12.17)$$

式(12.14)两排孔布置最优排距计算亦适合于三、五排孔布置形式。最优厚度则为：

奇数排： $$B_m = (n-1)\left[r + \frac{(n+1)}{(n-1)}\frac{b}{2}\right] = (n-1)\left[r + \frac{(n+1)}{(n-1)}\sqrt{r^2 - \frac{l^2}{4}}\right] \qquad (12.18)$$

偶数排： $$B_m = n\left(r + \frac{b}{2}\right) = n\left(r + \sqrt{r^2 - \frac{l^2}{4}}\right) \qquad (12.19)$$

式中，n 为注浆孔排数。设计中，常遇到 n 排孔厚度不够，但 $(n+1)$ 排孔厚度又偏大的情况。如有必要，可用放大孔距的办法来调整，但应对钻孔费和浆材费进行比较，以确定合理的孔距。注浆体的无效面积 S_n 仍可用式(12.12)计算，但式中 T 值仅为边排孔的厚度。

▶ 12.4.7 注浆压力计算

注浆压力是指在不会使地表面产生变化和邻近建筑物受到影响前提下，可采用的最大压力。浆液的扩散能力与注浆压力的大小密切相关，当采用较高的注浆压力时，在保证注浆质量的前提下，可使钻孔数尽可能减少。高的注浆压力还能使一些微细孔隙张开，有助于提高可注性。当孔隙被某种软弱材料填充时，高注浆压力能在充填物中造成劈裂注浆，使软弱材料的密实度、强度和不透水性等得到改善。此外，高注浆压力还有助于挤出浆液中的多余水分，使浆液结石的强度提高。但是，当注浆压力超过地层的压重和强度时，将有可能导致地基及其上部结构的破坏。因此，一般都以不使地层结构破坏或仅发生局部和少量的破坏，作为确定地基允许注浆压力的基本原则。

容许注浆压力值与地层土的密度、强度和初始应力，以及钻孔深度、位置及注浆次序等因素有关，宜通过现场注浆试验来确定。

进行注浆试验时，采用逐步提高压力的办法，求得注浆压力与注浆量关系曲线，如图 12.9 所示。当压力升至某一数值（图中的 P_f），而注浆量突然增大时，表明地层结构发生破坏或孔隙尺寸已被扩大，因而可把此时的压力值 P_f 作为确定容许注浆压力的依据。

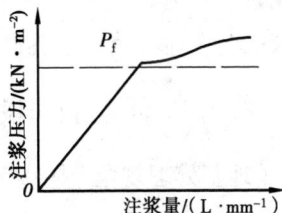

图 12.9 注浆压力与注浆量关系曲线

► 12.4.8 其他设计要求

1)注浆量计算

$$Q = KVn \times 1\,000 \qquad (12.20)$$

式中　Q——浆液总用量,L;

　　　V——注浆对象的土量,m^3;

　　　n——土的孔隙率;

　　　K——经验系数。

软土、黏性土、细砂 $K = 0.3 \sim 0.5$,中砂、粗砂 $K = 0.5 \sim 0.7$,砾砂 $K = 0.7 \sim 1.0$,湿陷性黄土 $K = 0.5 \sim 0.8$。一般情况下,黏性土地基中的浆液注入量为 $15\% \sim 20\%$。

2)注浆顺序

注浆顺序必须采用适合于地基条件、现场环境及注浆目的的方法进行,一般不宜采用自注浆地带某一端单向推进压注方式,应按跳孔间隔注浆方式进行,以防止串浆,提高注浆孔内浆液的强度与约束性。对有地下水流的特殊情况,应从水头高的一端开始注浆。

对加固渗透系数相同的土层,首先应完成最上层的封顶注浆,然后再按自下而上的原则进行注浆,以防止浆液上冒。如土层的渗透系数随深度而增大,则应自下而上进行注浆。一般应采用先外围,后内部的注浆顺序;若注浆范围以外有边界约束条件(能阻挡浆液流动的障碍物),也可采用自内侧开始逐渐往外侧的注浆顺序。

3)凝结时间

①极限注浆时间:到达极限注浆时间后,浆液具有相当的结构强度,其阻力已达到使注浆速率极慢或等于零的程度。

②零变位时间:在此时间内,浆液已具备足够的结构强度,在停止注浆后能有效地抵抗地下水的冲蚀和推移。

③初凝时间:浆液的初凝时间应足够长,以便计划注浆量能渗入到预定的影响半径内。当在地下水中注浆时,除应控制注浆速率以防浆液过分稀释或冲走外,还应设法使浆液能在灌注过程中凝结。

④终凝时间:在此时间内,材料的化学反应实际已终止。其强度即代表浆液的最终强度。

浆液的凝结时间变化幅度较大,如化学浆液的凝结时间可在几秒钟到几小时之间调整。水泥浆一般为 $3 \sim 4\,h$,黏土水泥浆则更慢,需由注浆土层的体积、渗透性、孔隙尺寸和孔隙率、浆液的流变性和地下水流速等实际情况决定。

► 12.4.9 注浆加固设计

《地基处理规范》中规定的注浆加固设计内容如下。

1)水泥为主剂的浆液注浆加固设计

①对软弱土处理,可选用以水泥为主剂的浆液,也可选用水泥和水玻璃的双液型混合浆液,在有地下水流动的情况下不应采用单液水泥浆液。

②注浆孔间距按试验结果确定,一般可取 1.0~2.0 m。

③在砂土地基中,浆液的初凝时间宜为 5~20 min;在黏土地基中,浆液的初凝时间宜为1~2 h。

④注浆量和注浆有效范围应通过现场注浆试验确定。在黏性土地基中,浆液注入率宜为15%~20%,注浆点上的覆盖土厚度应大于 2 m。

⑤劈裂注浆的注浆压力,砂土中宜选用0.2~0.5 MPa,黏性土中宜选用0.2~0.3 MPa。对压密注浆,当采用水泥砂浆浆液时,坍落度宜为 25~75 mm,注浆压力为 1.0~7.0 MPa。当采用水泥-水玻璃双液快凝浆液时,注浆压力不应大于 1.0 MPa。

⑥对人工填土地基,应采用多次注浆,间隔时间应按浆液的初凝试验结果确定,一般不应大于 4 h。

2)硅化浆液注浆加固设计

①砂土、黏性土宜采用压力双液硅化注浆;渗透系数为 0.1~2.0 m/d;地下水位以上的湿陷性黄土可采用无压或压力单液硅化注浆;自重湿陷性黄土宜采用无压单液硅化注浆。

②防渗注浆加固用的水玻璃模数不宜小于2.2。用于地基加固的水玻璃模数宜为2.5~3.3,不溶于水的杂质含量不应超过2%。

③双液硅化注浆用的氧化钙溶液中的杂质不得超过0.06%,悬浮颗粒不得超过1%,溶液的pH值不得小于5.5。

④硅化注浆加固的加固半径应根据孔隙比、浆液黏度、凝固时间、注浆速度、注浆压力、注浆量等通过试验确定。无试验资料时可根据土的渗透系数查表 12.13 确定。

表 12.13 硅化法注浆加固半径

土的类型及加固方法	渗透系数/(m·d⁻¹)	加固半径/m
粗砂、中砂、细砂（双液硅化法）	2~10	0.3~0.4
	10~20	0.4~0.6
	20~50	0.6~0.8
	50~80	0.8~1.0
粉砂（单液硅化法）	0.3~0.5	0.3~0.4
	0.5~1.0	0.4~0.6
	1.0~2.0	0.6~0.8
	2.0~5.0	0.8~1.0
黄土（单液硅化法）	0.1~0.3	0.3~0.4
	0.3~0.5	0.4~0.6
	0.5~1.0	0.6~0.8
	1.0~2.0	0.8~1.0

⑤注浆孔的排间距可取加固半径的 1.5 倍;注浆孔的间距可取加固半径的 1.5~1.7 倍;最外侧注浆孔位超出基础底面宽度不得少于 0.5 m;分层注浆时,加固层厚度可按注浆管带孔部

分的长度上下各 0.25 倍加固半径计算。

⑥单液硅化法应采用浓度为 10%～15% 的硅酸钠溶液,并掺入 2.5% 氯化钠溶液。加固湿陷性黄土的溶液用量,可按式(12.21)估算:

$$Q = V \bar{n} d_{N1} \alpha \tag{12.21}$$

式中　Q ——硅酸钠溶液的用量,m^3;

　　　V ——拟加固湿陷性黄土的体积,m^3;

　　　$\bar{n}$ ——地基加固前,土的平均孔隙率;

　　　d_{N1} ——灌注时,硅酸钠溶液的相对密度;

　　　α ——溶液填充孔隙的系数,可取 0.60～0.80。

⑦当硅酸钠溶液的浓度大于加固湿陷性黄土所要求的浓度时,应进行稀释,稀释加水量可按式(12.22)估算:

$$Q' = \frac{d_N - d_{N1}}{d_{N1} - 1} q \tag{12.22}$$

式中　Q' ——稀释硅酸钠溶液的加水量,t;

　　　d_N ——稀释前,硅酸钠溶液的相对密度;

　　　q ——拟稀释硅酸钠溶液的质量,t。

⑧采用单液硅化法加固湿陷性黄土地基,灌注孔的间距:压力灌注宜为 0.8～1.2 m;溶液自渗宜为 0.4～0.6 m。加固拟建的设备基础和建(构)筑物的地基,应在基础底面下按等边三角形满堂布置,超出基础底面外缘的宽度每边不得小于 1 m。

加固既有建(构)筑物和设备基础的地基,应沿基础侧向布置,每侧不宜少于 2 排。当基础底面宽度大于 3 m 时,除应在基础下每侧布置 2 排灌注孔外,可在基础两侧布置斜向基础底面中心以下的灌注孔或在其台阶上布置穿透基础的灌注孔,以加固基础底面下的土层。

3)碱液注浆加固设计

①碱液注浆加固适用于处理地下水位以上、渗透系数为 0.1～2.0 m/d 的湿陷性黄土地基,对自重湿陷性黄土场地应通过试验确定其适应性。

②当 100 g 干土中可溶性和交换性钙镁离子含量大于 10 mg·eq 时,可采用灌注氢氧化钠一种溶液的单液法;否则,可采用氢氧化钠溶液与氯化钙双液灌注加固。

③碱液加固地基的深度应根据场地的湿陷类型、地基湿陷等级和湿陷性黄土层厚度,并结合建筑物类别与湿陷事故的严重程度等综合因素确定。加固深度宜为 2～5 m。

对非自重湿陷性黄土地基,加固深度可为基础宽度的 1.5～2.0 倍;对 II 级自重湿陷性黄土地基,加固深度可为基础宽度的 2.0～3.0 倍。

④碱液加固土层的厚度 h,可按式(12.23)估算:

$$h = l + r \tag{12.23}$$

式中　l ——灌注孔长度,从注液管底部到灌注孔底部的距离,m;

　　　r ——有效加固半径,m。

⑤碱液加固地基的半径 r 宜通过现场试验确定,亦可按式(12.24)估算:

$$r = 0.6 \sqrt{\frac{V}{nl \times 10^3}} \tag{12.24}$$

式中　V——每孔碱液灌注量，L，试验前可根据加固要求达到的有效加固半径按式（12.25）
　　　　　进行估算；

　　　n——拟加固土的天然孔隙率；

　　　r——有效加固半径，m，当无试验条件或工程量较小时，可取 0.4~0.5 m。

　　⑥当采用碱液加固既有建（构）筑物的地基时，灌注孔的平面布置可沿条形基础两侧或单独基础周边各布置一排。当地基湿陷较严重时，孔距可取 0.7~0.9 m；当地基湿陷较轻时，孔距可适当加大至 1.2~2.5 m。

　　⑦每孔碱液灌注量可按式（12.25）估算：

$$V = \alpha\beta\pi r^2(l + r)n \tag{12.25}$$

式中　α——碱液充填系数，可取 0.6~0.8；

　　　β——工作条件系数，考虑碱液流失影响，可取 1.1。

　　⑧碱液可用固体烧碱或液体烧碱配制，加固 1 m^3 黄土宜用氢氧化钠溶液 35~45 kg，碱液浓度不应低于 90 g/L；双液加固时，氯化钙溶液的浓度为 50~80 g/L。配溶液时，应先放水，而后徐徐放入碱块或浓碱液。

　　采用固体烧碱配制每 1 m^3 浓度为 M 的碱液时，每 1 m^3 水中的加碱量为：

$$G_s = \frac{1\,000M}{P} \tag{12.26}$$

式中　G_s——每 1 m^3 碱液中投入的固体烧碱量，g；

　　　M——配制碱液的浓度，g/L；

　　　P——固体烧碱中 NaOH 含量的百分数，%。

　　采用液体烧碱配制每 1 m^3 浓度为 M 的碱液时，投入的液体烧碱量 V_1 和加水量 V_2 为：

$$V_1 = 1\,000\frac{M}{Nd_N} \tag{12.27}$$

$$V_2 = 1\,000\left(1 - \frac{M}{Nd_N}\right) \tag{12.28}$$

式中　V_1，V_2——液体烧碱体积和加水的体积，L；

　　　d_N——液体烧碱的相对密度；

　　　N——液体烧碱的质量分数。

12.5　施工技术

▶ 12.5.1　注浆施工方法

　　注浆是通过注浆管和注浆泵完成的。而注浆工艺则是根据浆液凝固时间的长短来决定的。注浆施工方法主要有单管、双管两种方法，见表 12.14。

表 12.14　注浆施工方法分类表

注浆管设置方法			凝胶时间	混合方法
单管注浆法	钻杆注浆法		中等	双液单系统
	过滤管(花管)注浆法			
双重管注浆法	双栓塞注浆法	套管法	长	单液单系统
		泥浆稳定土层法		
		双过滤器法		
	双重钻杆法	DDS 法	短	双液双系统
		LAG 法		
		MT 法		

1)钻杆注浆法

利用钻机钻杆进行注浆,把注浆用的钻杆(单管)由钻孔钻到所规定的深度后,将注浆材料通过内管送入地层中的一种方法。钻孔达到规定深度后的注浆点称为注浆起点。用这种方法,注浆材料在进入钻孔前,先将 A,B 两液混合,随着化学反应的进行,黏度逐渐升高,并在被注部位凝固。

2)单过滤管注浆法

单过滤注浆法是把注浆使用的过滤管先设置在钻孔的地层中并填上砂子,管与地层之间所产生间隙(从地表到注浆位置)用充填物(黏性土或注浆材料等)封闭,不使浆液溢出地表。一般从上往下进行注浆。每注完一段,用水将管内的砂冲洗出去,然后反复上述操作,这样一段一段地往下注的方法比钻杆注浆法的可靠性高,如果有多个注浆孔时,注完各个孔的第一段后,第二段和第三段依次采用下行式的方式进行。

3)双层管双栓塞注浆法

该法是沿着注浆管轴限定在一定范围内进行注浆的一种方法,即在注浆管中有两处设有两个栓塞,使注浆材料从栓塞中间向管外渗出。该法是法国 Soletanche 公司研制的,因此又称为 Soletanche 法(也称袖阀管注浆法),如图 12.10 所示。此外,还有双层过滤管法和套管注浆法。双层过滤管注浆法如图 12.11 所示。

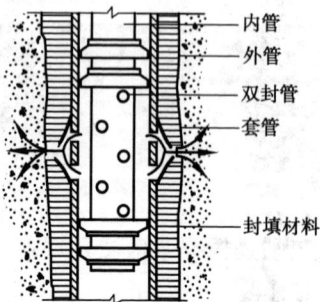

图 12.10　Soletanche 注浆法

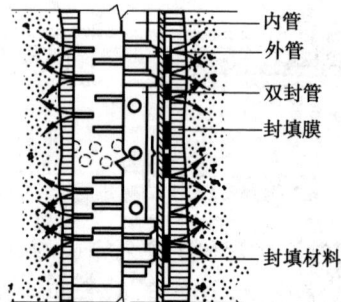

图 12.11　双层过滤管注浆法

双层管双栓塞注浆法以 Soletanche 法(又称袖阀管法)最为先进,于 20 世纪 50 年代开始广泛用于国际土木工程界。其施工方法分为以下 4 个步骤:

①钻孔。孔径一般为 80~100 mm,用优质泥浆护壁,钻孔垂直度误差应小于 1%。

②插入袖套管。袖套管用内径 50~60 mm 的塑料管,每隔 33~50 cm 钻一组射浆孔,外包橡皮套,袖套管应位于钻孔的中心。

③向孔内注套壳料。其作用是封闭单向袖管与钻孔壁之间的空隙,套壳料一般为水泥黏土浆,要求套壳料收缩性小、脆性较高、早期强度高。浇注时应避免套壳料进入袖阀管内。

为提高套壳料的脆性,可掺入细砂或粉粒含量较高的黏性土。常用套壳料配方见表 12.15。

表 12.15　套壳料配方及性能

配方号	材料质量比			套壳浇注时			7 d 龄期抗压强度 /(N·cm^{-2})
	水泥	土	水	黏度/s	稳定性	析水率/%	
1	1	1.53	1.94	26	0.007	9	10~20
2	1	1.50	1.88	—	0.035	1	10~20

④注浆。待套壳料达到一定强度后,在单向袖套管内插入双向密封注浆芯管进行分段注浆。每段注浆时,首先加大压力使浆液顶开橡皮套,挤破套壳料(即开环),浆液进入地层。

开环方法有快速法、慢速法、隔环法和间歇法等,施工时可根据实际情况选择。

Soletanche 法的主要优点:可根据需要灌注任一注浆段,还可重复注浆;可使用较高的注浆压力,注浆时冒浆和串浆的可能性小;钻孔和注浆作业可以分开,提高效率。

Soletanche 法的缺点:袖套管被具有一定强度的套壳料所胶结,因而难以拔出重复使用,耗费管材较多;注浆段长度固定,不能根据地层的实际情况调整注浆段长度。

4)双层管钻杆注浆法

双层管钻杆注浆法是将 A,B 液分别送到钻杆的端头,浆液在端头所安装的喷枪里或从喷枪中喷出之后就混合而注入地基。

双层管钻杆注浆法的注浆设备及其施工原理与钻杆法基本相同,不同的是双层管钻杆法的钻杆在注浆时为旋转注浆,同时在端头增加了喷枪。注浆顺序等也与钻杆法注浆相同,但段长较短,注浆密实。注入的浆液集中,不会向其他部位扩散,所以可采用定量注浆方式。

双层管的端头前的喷枪是在钻孔中垂直向下喷出循环水,而在注浆时喷枪是横向喷出浆液的,其 A,B 两浆液有的在喷枪内混合,有的在喷枪外混合。如图 12.12 所示为喷枪在各种方法注浆中的状态。

5)复合注浆

复合注浆是为获得高质量的加固效果而采用的一种注浆方法。一般是先多次采用水泥注浆逐渐提高地层的均质性,最后使浆液渗透的注浆。也就是首先用廉价、高强的浆液进行脉状注浆,充填空隙,提高地层的均质性,防止昂贵浆液的流失,然后用渗透好、固化时间长的溶液型浆液进行渗透注浆。

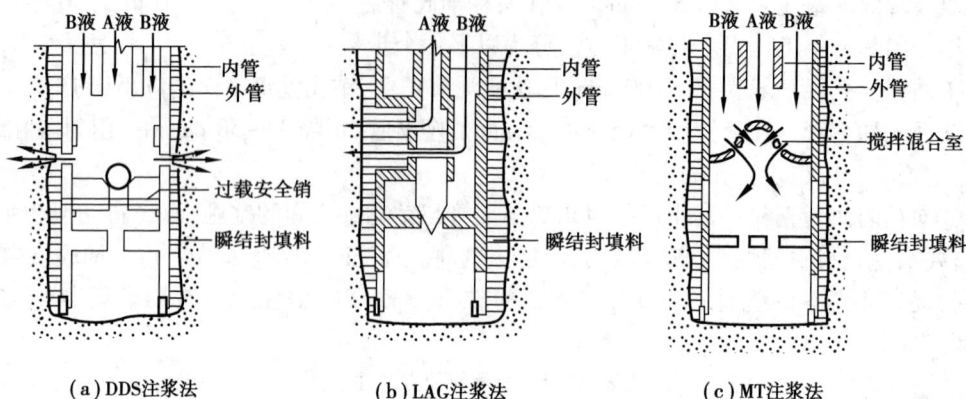

| (a) DDS注浆法 | (b) LAG注浆法 | (c) MT注浆法 |

图 12.12　双层管钻杆注浆法端头喷枪

6)自动混合树脂注浆法

此法用于混凝土裂缝的修复。对混凝土裂缝不用凿槽嵌缝,直接使用一种能自动连续混合计量的小型注浆机,将注浆枪头对准注浆口衬垫进行注浆。

▶ 12.5.2　注浆设备

主要设备包括钻机、注浆机、搅拌机、混合器、止浆塞及配套仪表等。

①钻机。通常采用旋转式、冲击式和冲击加回转式的钻机,应结合工程地质条件、最大注浆深度、现场环境与施工方法等予以选择。常用钻机有:TXU,KD100,XU-100,SGZ-1,SGZ-II 和 YQ100 等,以及瑞典特拉斯-科普柯公司生产的 Kramp 型全液压钻机。

②注浆泵。多为往复式的柱塞泵,如灌注水泥浆的 KBY 型泵,ZJGZ60/120 双液调速高压泵,BW250/50 型、HFV 型、YZB 型注浆泵。此外,还有 QZB50/60 气动泵、ZMJ3/40 隔膜泵,可控硅调速的 HGB,HG20-20 化学注浆泵和 C232100/15,HP-013 砂浆泵等。

③搅拌机。主要有水泥搅拌机、风动搅拌机、旋流式造浆机和高速搅拌机。高速搅拌浆液使内聚力降低,流动性增加,主要用于超细水泥注浆和膏状水泥注浆。

④混合器。混合器是使两种浆液充分混合的器具,分孔口混合和管内混合两种。对水溶性浆液和水玻璃-水泥浆,一般采用 T 形管和 Y 形混合器混合,只需适当控制混合段的长度,而不用采用特殊的混合装置。但如环氧树脂类黏稠性较大的浆液,则必须使用双液混合器,让双组分浆液通过管内一根螺旋状的毛刷,使之呈紊流而充分混合。

⑤止浆塞。止浆塞是对注浆孔实施分段注浆,合理使用注浆压力和有效控制浆液分布范围,保证注浆质量的设备,其种类有气体止浆塞、水力止浆塞、机械式止浆塞、卡瓦式等。

▶ 12.5.3　注浆施工注意事项

①注浆孔的钻孔孔径一般为 70~110 mm,垂直偏差应小于 1%。注浆孔有设计角度时应预先调节钻杆角度,倾角偏差不得大于 20″。注浆用水 pH 值不得小于 4。水泥浆的水灰比可取 0.6~2.0,常用的水灰比为 1.0。水温不得超过 30~35 ℃。

②当钻孔钻至设计深度后,必须通过钻杆注入封闭泥浆,直到孔口溢出泥浆方可提杆。

当提杆至中间深度时,应再次注入封闭泥浆,最后完全提出钻杆,封闭泥浆 7 d 后 70.7 mm×70.7 mm×70.7 mm 立方体试块的抗压强度应为 0.3~0.5 MPa,浆液黏度为 80~90 s。

③注浆过程初始压力小,最终压力高,在一般情况下,每加深 1 m 压力增加 20~50 kPa。

④若进行第二次注浆,化学浆液的黏度应较小,不宜采用自行密封式密封圈装置,宜采用两端用水加压的膨胀密封型注浆芯管。

⑤注浆完后就要拔管,若不及时拔管,浆液会将管子凝结住而增加拔管阻力。拔管时宜使用拔管机。当用花管注浆和带有活堵头的金属管注浆时,每次上拔或下钻高度宜为 0.5 m。拔出管后,及时刷洗注浆管等,以便保持通畅洁净。拔出管后在土中留下的孔洞,应用水泥砂浆或土料填塞。

⑥注浆流量为 7~10 L/min。对充填型注浆,流量可适当加大,但不宜大于 20 L/min。

⑦浆液经充分搅拌均匀后方可灌注,在泵送前应经过筛网过滤。应采用跳孔间隔注浆,且采用先外围后中间的注浆顺序。当地下水流速较大时,应从水头高的一端开始注浆。

⑧对渗透系数相同的土层,应先注浆封顶,后由下而上进行注浆,防止浆液上冒。如土层的渗透系数随深度而增大,则应自下而上注浆。对互层地层,应先对渗透性或孔隙率大的地层进行注浆。

⑨对既有建筑地基进行注浆加固时,应对既有建筑及其邻近建筑、地下管线和地面的沉降、倾斜、位移和裂缝进行监测,并应采用多孔间隔注浆和缩短浆液凝固时间等措施,减少既有建筑基础因注浆而产生的附加沉降。

⑩硅化浆液注浆施工注意事项。压力注浆溶液的施工步骤应符合下列规定:

a.向土中打入灌注管和灌注溶液,应自基础底面标高起向下分层进行,达到设计深度后,应将管拔出,清洗干净方可继续使用。

b.加固既有建筑物地基时,应采用沿基础侧向先外排,后内排的施工顺序。

c.灌注溶液的压力值由小逐渐增大,最大压力不宜超过 200 kPa。

溶液自渗的施工步骤,应符合下列规定:

a.在基础侧向,将设计布置的灌注孔分批或全部打入或钻至设计深度。

b.将配好的硅酸钠溶液满注灌注孔,溶液面宜高出基础底面标高 0.5 m,使溶液自行渗入土中。

c.在溶液自渗过程中,每隔 2~3 h 向孔内添加一次溶液,防止孔内溶液渗干。

对于硅化浆液注浆施工,待溶液量全部注入土中后,注浆孔宜用体积比为 2:8 灰土分层回填夯实。

⑪碱液注浆施工注意事项:

a.灌注孔可用洛阳铲、螺旋钻成孔或用带有尖端钢管打入土中成孔,孔径 60~100 mm,孔中应填入粒径为 20~40 mm 石子到注液管下端标高处,再将内径 20 mm 的注液管插入孔中,管底以上 300 mm 高度内应填入粒径为 2~5 mm 石子,上部宜用体积比为 2:8 灰土填入夯实。

b.应将桶内碱液加热到 90 ℃以上方能进行灌注,灌注过程中,桶内溶液温度不应低于 80 ℃。灌注碱液的速度宜为 2~5 L/min。

c.应合理安排灌注顺序和控制灌注速率。宜采用隔 1~2 孔灌注,分段施工,相邻两孔灌注的间隔时间不宜少于 3 d,同时灌注的两孔间距不应小于 3 m。

d.当采用双液加固时,应先灌注氢氧化钠溶液,间隔 8~12 h 后,再灌注氯化钙溶液,氯化钙溶液用量宜为氢氧化钠溶液用量的 1/4~1/2。

12.6　注浆质量检验

▶　12.6.1　水泥为主剂的注浆加固质量检验

水泥为主剂的注浆加固质量检验应符合下列规定:

①注浆检验应在注浆结束 28 d 后进行。可选用标准贯入、轻型动力触探、静力触探或面波等方法进行加固地层均匀性检测。

②按加固土体深度范围每间隔 1 m 取样进行室内试验,测定土体压缩性、强度或渗透性。

③注浆检验点不应少于注浆孔数的 2%~5%。检验点合格率小于 80% 时,应对不合格的注浆区实施重复注浆。

对于注浆加固地基,施工前,主要应检查注浆点位置、浆液配比、浆液组成材料的性能及注浆设备性能;施工中,应抽查浆液的配比及主要性能指标、注浆的顺序及注浆过程中的压力控制等;施工结束后,应进行地基承载力、地基土强度和变形指标检验。

▶　12.6.2　硅化注浆加固质量检验

硅化注浆加固质量检验应符合下列规定:

①硅酸钠溶液灌注完毕,应在 7~10 d 后对加固的地基土进行检验;

②应采用动力触探或其他原位测试检验加固地基的均匀性;

③工程设计对土的压缩性和湿陷性有要求时,尚应在加固土的全部深度内,每隔 1 m 取土样进行室内试验,测定其压缩性和湿陷性;

④检验数量不应少于注浆孔数的 2%~5%。

▶　12.6.3　碱液加固质量检验

碱液加固质量检验应符合下列规定:

①碱液加固施工应做好施工记录,检查碱液浓度及每孔注入量是否符合设计要求。

②开挖或钻孔取样,对加固土体进行无侧限抗压强度试验和水稳性试验。取样部位应在加固土体中部,试块数不少于 3 个, 28 d 龄期无侧限抗压强度平均值不得低于设计值的 90%。将试块浸泡在自来水中,无崩解。当需要查明加固土体的外形和整体性时,可对有代表性加固土体进行开挖,量测其有效加固半径和加固深度。

③检验数量不应少于注浆孔数的 2%~5%。

▶　12.6.4　注浆效果评价

在认真分析注浆过程中的各类信息后可以判断注浆效果的好坏。例如采用水泥注浆时,耗浆量应随加密次序的增加而逐渐减少,注浆压力则随之增加而逐渐增高,这样就说明注浆已见到成效。因为吸水量与地基的密度和强度之间存在着一定的关系,所以水力特性作为一种参考指标可以间接地反映加固效果。通过钻孔,从注浆体内取出原状样品,送实验室进行室内试验,测试样品密度、浆液充填率及剩余孔隙率、无侧限抗压强度及抗剪强度、渗透性及长期渗流稳定性、变形模量及蠕变性,从而对注浆效果做出比较确切的评价。

一般情况下,对以控制地基沉降为目的的加固工程,加固后的强度测试应取试块作无侧限抗压强度试验,其强度不得低于设计强度的90%,被加固土的抗剪强度应为原来的2倍左右。在以抗渗为目的的加固工程中,被加固后的土体渗透系数应降低1~2个数量级;对于建筑物纠偏工程,以纠偏量评定注浆效果。

应通过静载荷试验检验注浆加固后的地基承载力。单体建筑静载试验的检验数量不应少于3点。

12.7 工程应用实例

【例12.1】 某建筑地基基础加固工程。

1)工程概况

某大厦基础采用联合基础,基坑深9.0 m,桩身位于地表下9.0~22.0 m,桩径分别为1.2,1.5,1.8 m。地基土层为淤泥、粉细砂夹淤泥及砂层。淤泥层平均厚6.0 m,分布不均匀。由于地下水位高,在灌注桩身混凝土时,地下水涌入桩孔,使混凝土产生离析,水泥流失,桩身出现孔洞。经钻孔取样和采用动测法检测桩身质量,结果发现47根桩桩身混凝土有严重缺陷,未能达到设计要求。决定采用先注水泥浆、后注化学浆液的复合注浆的方法进行处理。

2)注浆材料及性能

复合注浆的基本原理是:将水泥浆液灌注到桩身较大的空隙中,填充空隙,改善桩身整体性,然后利用EAA环氧树脂浆液的高渗透性,解决新旧混凝土之间的黏结力问题并充填细小孔隙,从而使桩基的整体强度得到提高。

注浆材料:水泥采用42.5级普通硅酸盐水泥,并加入适量的黏土、速凝剂、早强剂,水泥浆液水灰比选用1:1和0.6:1两种,以0.6:1为主。化学浆材采用EAA环氧树脂浆液。

EAA环氧树脂浆液具有较高的渗透性,可渗入渗透系数为$10^{-6}~10^{-8}$cm/s的材料中,固结体的强度较高,可满足桩基加固的要求,其性能见表12.16。

表12.16 EAA环氧浆材性能

配方号	抗压强度/MPa	劈裂抗拉强度/MPa	抗剪强度/MPa	抗冲切强度/MPa
1	25.4	15.9	14.7	4.2
2	13.7	14.0	15.1	4.0
3	12.0	12.7	10.0	4.1
4	64	25.7	32.7	

注:4号配方含有糠醛稀释剂。

3) 施工工艺及要求

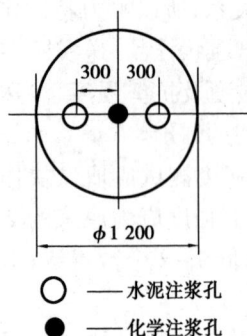

图 12.13　桩的孔
位布置图

○——水泥注浆孔
●——化学注浆孔

（1）钻孔　在桩径为 1 200 mm 的桩顶采用地质钻机钻孔。每根灌注桩布置 3 个注浆孔，两个注水泥浆孔的间距为 600 mm，中间设一化学注浆孔。其布置如图 12.13 所示。

（2）注浆顺序　先注水泥浆，待固结 8~12 h 后，钻开中心孔，进行化学注浆。注浆时，自上而下进行，钻一段，注一段，重复注浆直至进入基岩下 0.5 m。

（3）注浆段长　根据钻孔取样情况确定水泥注浆段长，一般在 5.0 m 以内。化学注浆前进行压水试验，只有吸水量小于 $1.0×10^{-2}$ L/min 时方可进行化学注浆，否则灌注水泥浆液。

（4）浆液浓度　先注水灰比为 3:1 的水泥浆 100 L，视进浆量的大小及压力的变化情况改变浆液浓度。如进浆量大、压力不升高，则直接灌注水灰比为 0.6:1 的水泥浆液；若吸浆量大，在降低注浆压力的同时，在浆液中加入速凝剂，待凝结 3~4 h 后透孔重注。

（5）注浆压力　水泥注浆压力为 1.0 MPa，化学注浆压力为 1.5 MPa。

4) 加固效果分析

处理前后对每孔段进行简易取芯和压水试验。从资料分析可知，水泥注浆孔均达到和超出原设计注浆压力，水泥注浆平均单耗 113.26 L/m（以 ϕ1.8 m 桩计，水泥浆充填率达44.6%，已达最大充填度）。对某根桩进行抽芯检测表明，岩芯结构完整，达到设计要求。采用低应变动力检测 47 根桩，其中 I 类桩占 40%，其余为 II 类桩。

【例 12.2】　湿陷性黄土地基处理工程。

兰州市建造于 20 世纪 70 年代的某楼房，其地基由于表水入浸，致使湿陷性黄土地基发生湿陷下沉，楼房墙体开裂、歪斜，圈梁断裂，不但影响了楼房的整体稳定性，也影响了住户的正常安全使用。采用劈裂注浆技术，对上述地基进行加固。

1) 楼房地基应力场特点

楼房基础下应力场由天然地基自重和楼房荷载两部分组成。根据计算分析：楼房条形基础下对称轴上的小主应力作用面是铅直的；由荷载引起的楼房地基应力场内满足 $\sigma_z > \sigma_y > \sigma_x$ 条件。

2) 劈裂注浆的工艺

劈裂注浆是在基础的外侧周围布设灰土桩作为帷幕，然后在灰土桩的内侧靠近基础的一边布设注浆孔。劈裂注浆的浆液由水泥、黄土、粉煤灰和水组成，将其按一定比例配制成浆液，然后用高压泵将其压入到基础底下，完成劈裂注浆的全过程。

3) 劈裂注浆加固效果分析

（1）加固前后承载力的变化　注浆前在楼房四周布设 4 个试验孔，用轻便静力触探试验测试其地基承载力。注浆完成后不到一个月，在相应点附近用动力触探试验测试地基承载力。根据测试结果，加固以后地基承载力明显提高，具体测试数据见表 12.17。

表 12.17　兰州地区某楼房加固前后地基承载力对比

试验孔号	注浆前地基承载力 σ /kPa	注浆后地基承载力 σ /kPa
1	112.0	202.0
2	112.0	257.0
3	130.0	275.0
4	225.0	258.0

(2)加固前后地基的变形情况　加固前后地基的变形情况见表 12.18。加固前的半年时间内,地基的沉降量还是很大的,7 号点处的沉降值达 10.3 cm,5 号点处上抬 3.6 cm,这两个点之间的沉降差达 13.9 cm。注浆完成后大约一个月进行观测,发现整个楼房略有上抬。以后连续 3 个月的观测表明,地基已没有什么明显的沉降变化,亦即地基处于稳定状态,楼房的加固达到了预期目的。

表 12.18　兰州市某楼房地基加固前后地基沉降观测结果　　　　单位:mm

日期	测点									备注
	1	2	3	4	5	6	7	8	9	
1996 年 10 月 8 日	0	0	0	0	0	0	0	0	0	前期勘测
1997 年 4 月 20 日	+22	−25	−39	−78	+36	−83	−103	−91	−84	注浆勘测
1997 年 6 月 23 日	+12	+5	+2	—	—	+6	+4	+6	+11	注浆完后约 1 个月测
1997 年 7 月 30 日	+3	—	—	+3	−1	−1	−1	+2		注浆完后约 2 个月测
1997 年 8 月 31 日	+2	+2	+1	+1	0	−1	−2	0	+1	注浆完后约 3 个月测
1997 年 9 月 28 日	+1	+1	0	0	+1	−1	0	+1	+2	注浆完后约 4 个月测

注:表中正值表示上升,负值表示下沉。

习　题

砂砾石地基中颗粒的 $D_{15}=0.35$ mm,欲注水泥黏土浆。已知水泥与黏土的颗粒组成见表 12.19,求灌注浆液的水泥与黏土的比例。

表 12.19　水泥与黏土的颗粒组成

粒径/mm	0.002	0.003	0.004	0.005	0.006	0.008	0.01	0.02	0.03	0.04	0.05	0.06	0.08	0.1	0.15
水泥/%	0	3	5	8	9	13	17	20	48	60	70	75	85	92	100
黏土/%	10	35	54	64	70	83	88	94	97	98	99	100			

13

加筋法

〖**本章教学要求**〗

了解加筋法的概念、特点及基本作用原理;掌握常用加筋法设计计算、施工技术等内容;通过工程实例介绍,加深对加筋法应用情况的了解。

13.1 概 述

▶ 13.1.1 加筋法的概念

加筋法是在土中加入条带、成片纤维织物或网格片等抗拉材料,依靠它们限制土的侧移,改善土的力学性能,提高土的强度和稳定性的方法。常用的有土钉、加筋土挡墙、锚定板和土工合成材料等加筋技术。

一般用于加筋土的筋材有非金属、金属及组合材料。金属材料应用较少,以土工合成材料为主的非金属筋材应用较多,如土工格栅、土工织物和土工带等。此外,尚有钢筋混凝土网格、钢筋混凝土格栅等。

▶ 13.1.2 加筋法的基本原理

加筋法的基本原理:土的抗拉能力低,甚至为零,抗剪强度也很有限。在土体中放置了筋材,构成了土-筋材的复合体,当受外力作用时,将会产生体变,引起筋材与其周围土之间产生相对位移趋势,但两种材料的界面上有摩擦阻力和咬合力,等效于给土体施加一个侧压力增量,使土的强度和承载力有所提高,限制了土的侧向位移。如图 13.1 所示,某沿河码头的加筋土挡墙就是靠筋材与土之间的摩擦阻力和咬合力,使之在承受很大的侧向土压力及地面堆载情况下,仍能保持直立。

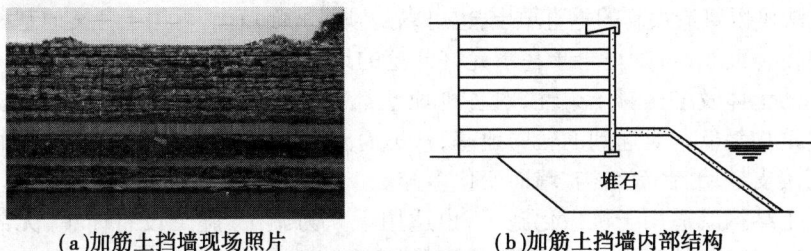

(a)加筋土挡墙现场照片　　　　(b)加筋土挡墙内部结构

图 13.1　某沿河码头的加筋土挡墙

▶ 13.1.3　加筋法的应用与发展

以天然植物起加筋作用的加筋法已有几千年的历史。在陕西半坡村发现的仰韶遗址,有很多的简单房屋利用草泥修筑墙壁,距今已有五六千年。汉朝修建的长城在玉门一带仍可见用砂、砾石、红柳和芦苇叠压而成的遗址。

在国外,公元前 3000 年,英国人曾在沼泽地用木排修筑道路,古罗马用芦苇加固土体修筑河堤。20 世纪 60 年代初,法国工程师 Henri 用三轴试验证明,在砂土中加筋其强度可提高 4 倍多,同时开发了利用金属条带筋材的加筋土系统。法国于 1965 年在 Prageres 首次用加筋土修建了一座挡土墙。1966—1968 年,在法国一意大利高速公路 Menten 地区,修建了 7 处加筋土墙,墙高 4~23 m。20 世纪 70 年代以后发展了多种非金属筋材的加筋土结构,其中土工织物筋材始于 1971 年,格栅筋材始于 1981 年。

我国 20 世纪 70 年代开始进行加筋土的科研工作,随后在铁路、煤炭、公路和水利等部门修建了一些试验工程,并不断取得设计和施工经验。据不完全统计,现已建成千余座加筋土工程,墙面面积约 70 余万 m^2,遍及我国广大地区。

加筋法的应用形式多种多样,如加筋支挡结构、加筋土堤坝、土钉、锚定板、土工织物或格栅筑堤等,常见的几种加筋技术在工程中的应用如图 13.2 所示。

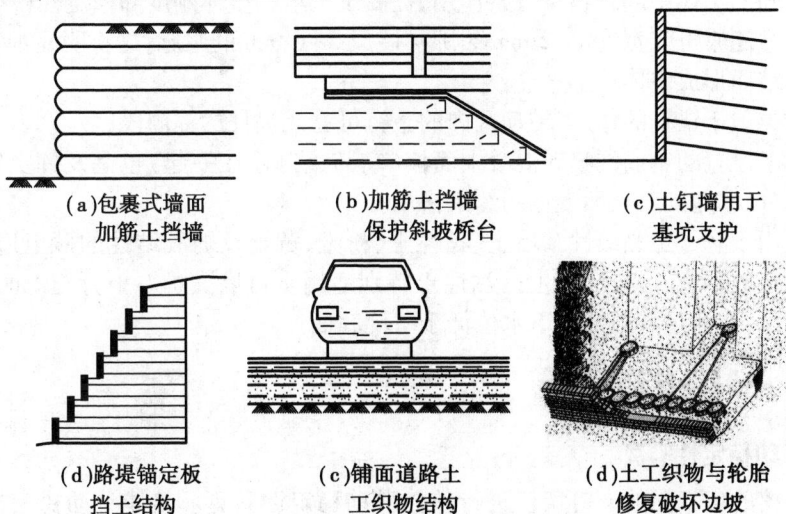

(a)包裹式墙面　　　　(b)加筋土挡墙　　　　(c)土钉墙用于
加筋土挡墙　　　　保护斜坡桥台　　　　基坑支护

(d)路堤锚定板　　　　(c)铺面道路土　　　　(d)土工织物与轮胎
挡土结构　　　　工织物结构　　　　修复破坏边坡

图 13.2　加筋技术在工程中的应用

13.1.4 加筋法的特点

①加筋法可以筑造很高的垂直填土,也可以是倾斜坡面填土,可用于各类地基和边坡加固。

②减少占地面积,特别适合于在不允许开挖的地区施工。

③加筋的土体及结构属于柔性,对各种地基都有较好的适用性,因而对地基的要求比其他结构的建筑物为低。对遇到的较弱地基,常不需要采用深基础。

④加筋法支挡墙、台等结构,墙面变化多样。

⑤加筋土结构既适用于机械化施工,也适用于人力施工,施工设备简单,无需大型机械,更可以在狭窄场地条件下施工,施工管理简单,没有建筑公害。

⑥加筋土的抗震性能、耐寒性能良好。

⑦造价较低。加筋土挡墙造价为普通挡墙的40%~60%,并且墙越高节省投资越多。

加筋法也有一定的缺点:采用金属筋材时,由于金属易锈蚀需要考虑防护措施;采用聚合材料筋材,应考虑其衰化及材料的长期蠕变性能。

13.2 土钉墙

13.2.1 土钉墙加固机理与应用范围

土钉是置入土中并注浆形成的承受拉力与剪力的杆件。例如,钢筋杆体与注浆固结体组成的钢筋土钉、击入土中的钢管土钉等。土钉墙是由随基坑开挖分层设置的纵横向密布的土钉群、喷射混凝土面层及原位土体组成的支护结构。土钉墙与预应力锚杆微型桩、旋喷桩、搅拌桩中的一种或多种组成的复合型支护结构,即复合土钉墙。

通过土钉与土体的相互作用,形成了类似于重力式挡土墙的土体加固区带,提高原位土体的强度,增强边坡的稳定性。土钉主要加固机理表现在以下几个方面:

①在其加固的土体中起到箍束骨架作用,提高了土坡的整体刚度和稳定性;

②采用压力注浆可将宽度1~2 mm裂隙扩展成5~6 mm的浆脉,这将明显地增强土钉与周围土体的黏结而形成整体;

③土钉有类似于锚杆的作用,被动区内的土钉可看成锚杆的锚固段;

④在坡面上设置的钢筋网喷射混凝土面板(它与土钉连在一起)也是发挥土钉有效作用的重要组成部分,它起到对坡面变形的约束作用。

土钉较适用于有一定黏结性杂填土、黏性土、粉土、黄土及弱胶结性的砂土边坡,尤其是标贯击数5以上的砂土、击数3以上的黏性土特别适用土钉墙支护。土钉施工时,应使地下水位低于开挖段,或通过降水使地下水位低于基坑底面。

13.2.2 土钉设计计算

1)整体滑动稳定性验算

对基坑开挖的各工况的土钉墙应进行整体滑动稳定性验算。整体滑动稳定性可采用圆弧滑动条分法进行验算。

(a)土钉墙在地下水位以上

(b)水泥土桩复合土钉墙

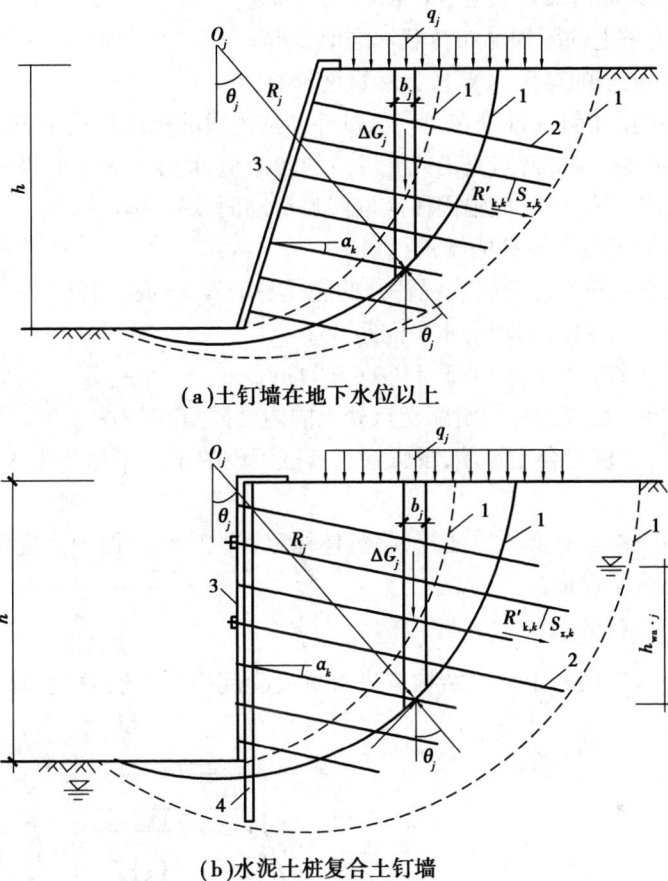

图 13.3　土钉墙整体稳定性验算

1—滑动面;2—土钉或锚杆;3—喷射混凝土面层;4—水泥土桩或微型桩

①土钉墙在地下水位以上时,如图 13.3(a)所示,采用圆弧滑动条分法的整体稳定性验算按下式进行:

$$\min\{K_{s,1}, K_{s,2}, \cdots, K_{s,i}, \cdots\} \geqslant K_s \tag{13.1a}$$

$$K_{s,i} = \frac{\sum [c_j l_j + (q_j b_j + \Delta G_j)\cos\theta_j \tan\varphi_j] + \dfrac{\sum R'_{k,k}[\cos(\theta_k + \alpha_k) + \psi_v]}{s_{x,k}}}{\sum (q_j b_j + \Delta G_j)\sin\theta_j} \tag{13.1b}$$

式中　K_s——圆弧滑动整体稳定安全系数,安全等级为二级、三级的土钉墙,K_s 分别不应小于
　　　　　1.3,1.25;

　　　　$K_{s,i}$——第 i 个圆弧滑动体的抗滑力矩与滑动力矩的比值,$K_{s,i}$ 的最小值宜通过搜索不
　　　　　同圆心及半径的所有潜在滑动圆弧确定;

　　　　c_j,φ_j——第 j 土条滑弧面处土的黏聚力(kPa)和内摩擦角(°);

　　　　b_j——第 j 土条的宽度,m;

θ_j——第 j 土条滑弧面中点处的法线与垂直面的夹角,(°);

l_j——第 j 土条的滑弧段长度,m,取 $l_j = b_j / \cos \theta_j$;

q_j——第 j 土条上的附加分布荷载标准值,kPa;

ΔG_j——第 j 土条的自重,kN,按天然重度计算;

$R'_{k,k}$——第 k 层土钉或锚杆在滑动面以外的锚固段的极限抗拔承载力标准值与杆体受拉承载力标准值($f_{yk}A_s$ 或 $f_{ptk}A_p$)的较小值,kN,锚固段的极限抗拔承载力应按式(13.3)计算,但锚固段应取圆弧滑动面以外的长度;

α_k——第 k 层土钉或锚杆的倾角,(°);

θ_k——滑弧面在第 k 层土钉或锚杆处的法线与垂直面的夹角,(°);

$s_{x,k}$——第 k 层土钉或锚杆的水平间距,m;

ψ_v——计算系数,可取 $\psi_v = 0.5 \sin(\theta_k + \alpha_k) \tan \varphi$;

φ——第 k 层土钉或锚杆与滑弧交点处土的内摩擦角,(°)。

②微型桩、水泥土桩复合土钉墙,滑弧穿过其嵌固段的土条可适当考虑桩抗滑作用,如图13.3(b)所示。

③当基坑面以下存在软弱下卧土层时,整体稳定性验算滑动面中尚应包括由圆弧与软弱土层层面组成的复合滑动面。

2)坑底隆起稳定性验算

基坑底面下有软土层的土钉墙结构应进行坑底隆起稳定性验算,验算可采用下列公式,如图13.4所示。

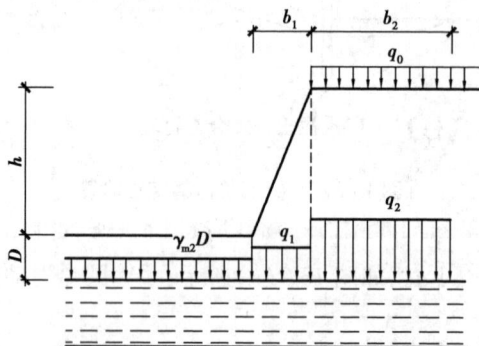

图13.4 基坑底面下有软土层的土钉墙抗隆起稳定性验算

$$\frac{\gamma_{m2}DN_q + cN_c}{\frac{q_1 b_1 + q_2 b_2}{b_1 + b_2}} \geq K_b \qquad (13.2a)$$

$$q_1 = 0.5\gamma_{m1}h + \gamma_{m2}D \qquad (13.2b)$$

$$q_2 = \gamma_{m1}h + \gamma_{m2}D + q_0 \qquad (13.2c)$$

式中 K_b——抗隆起安全系数,安全等级为二级、三级的土钉墙,K_b 分别不应小于1.6,1.4;

q_0——地面均布荷载,kPa;

γ_{m1}——基坑底面以上土的重度,kN/m³,对多层土取各层土按厚度加权的平均重度;

h——基坑深度，m；

γ_{m2}——基坑底面至抗隆起计算平面之间土层的重度，kN/m³，对多层土取各层土按厚度加权的平均重度；

D——基坑底面至抗隆起计算平面之间土层的厚度，m，当抗隆起计算平面为基坑底平面时，取 $D = 0$；

N_c，N_q——承载力系数，$N_q = \tan^2(45° + \varphi/2)e^{\pi \tan \varphi}$，$N_c = (N_q - 1)/\tan \varphi$；

c，φ——抗隆起计算平面以下土的黏聚力（kPa）和内摩擦角（°）；

b_1——土钉墙坡面的宽度，m，当土钉墙坡面垂直时取 $b_1 = 0$；

b_2——地面均布荷载的计算宽度，m，可取 $b_2 = h$。

3）土钉的承载力计算

土钉的抗拔承载力计算公式如下：

$$\frac{R_{k,j}}{N_{k,j}} \geqslant K_t \tag{13.3a}$$

$$N_{k,j} = \frac{1}{\cos \alpha_j} \xi \eta_i p_{sk,j} s_{x,j} s_{z,j} \tag{13.3b}$$

$$R_{k,j} = \pi d_j \sum q_{sk,i} l_i \tag{13.3c}$$

$$\xi = \frac{\tan \dfrac{\beta - \varphi_m}{2}}{\tan^2\left(45° - \dfrac{\varphi_m}{2}\right)} \left[\frac{1}{\tan \dfrac{\beta + \varphi_m}{2}} - \frac{1}{\tan \beta} \right] \tag{13.3d}$$

$$\eta_j = \eta_a - (\eta_a - \eta_b)\frac{z_j}{h} \tag{13.3e}$$

$$\eta_a = \frac{\sum (h - \eta_b z_j)\Delta E_{aj}}{\sum (h - z_j)\Delta E_{aj}} \tag{13.3f}$$

式中　K_t——土钉抗拔安全系数，安全等级为二级、三级的土钉墙，K_t 分别不应小于 1.6，1.4；

$N_{k,j}$——第 j 层土钉的轴向拉力标准值，kN；

$R_{k,j}$——第 j 层土钉的极限抗拔承载力标准值，kN；

α_j——第 j 层土钉的倾角，（°）；

ξ——墙面倾斜时的主动土压力折减系数；

η_j——第 j 层土钉轴向拉力调整系数；

$p_{sk,j}$——第 j 层土钉处的主动土压力强度标准值，kPa，按式（13.4）确定；

$s_{x,j}$，$s_{z,j}$——土钉的水平间距、垂直间距，m；

β——土钉墙坡面与水平面的夹角，（°）；

φ_m——基坑底面以上各土层按土层厚度加权的内摩擦角平均值，（°）；

z_j——第 j 层土钉至基坑顶面的垂直距离，m；

h——基坑深度，m；

ΔE_{aj}——作用在以 $s_{x,j}$，$s_{z,j}$ 为边长的面积内的主动土压力标准值，kN；

η_a——计算系数；

η_b——经验系数,可取 0.6~1.0；

d_j——第 j 层土钉的锚固体直径,m,对成孔注浆土钉,按成孔直径计算；对打入钢管土钉,按钢管直径计算；

$q_{sk,i}$——第 j 层土钉在第 i 层土的极限黏结强度标准值,kPa,应由土钉抗拔试验确定,无试验数据时可根据工程经验并结合表 13.1 取值；

l_i——第 j 层土钉滑动面以外的部分在第 i 土层中的长度,m。

计算单根土钉极限抗拔承载力时,取图 13.5 所示的直线滑动面,直线滑动面与水平面的夹角取 $(\beta+\varphi_m)/2$。

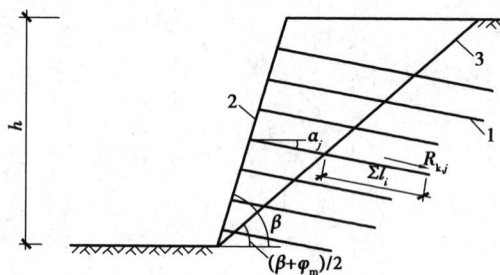

图 13.5 土钉抗拔承载力计算
1—土钉;2—喷射混凝土面层;3—滑动面

表 13.1 土钉的极限黏结强度标准值

土的名称	土的状态	q_{sk}/kPa	
		成孔注浆土钉	打入钢管土钉
素填土		15~30	20~35
淤泥质土		10~20	15~25
黏性土	$0.75<I_L\leq1$	20~30	20~40
	$0.25<I_L\leq0.75$	30~45	40~55
	$0<I_L\leq0.25$	45~60	55~70
	$I_L\leq0$	60~70	70~80
粉土		40~80	50~90
砂土	松散	35~50	50~65
	稍密	50~65	65~80
	中密	65~80	80~100
	密实	80~100	100~120

土钉的主动土压力强度标准值计算公式如下：

$$p_{ak} = \sigma_{ak}K_{a,i} - 2c_i\sqrt{K_{a,i}} \tag{13.4}$$

式中 p_{ak}——支护结构外侧,第 i 层土中计算点的主动土压力强度标准值,kPa,当 $p_{ak}<0$ 时,

应取 $p_{ak}=0$；

σ_{ak}——支护结构外侧计算点的土中竖向应力标准值，kPa；

$K_{a,i}$——第 i 层土的主动土压力系数，$K_{a,i}=\tan^2\left(45°-\dfrac{\varphi_i}{2}\right)$；

c_i,φ_i——第 i 层土的黏聚力(kPa)和内摩擦角，(°)。

单根土钉的极限抗拔承载力标准值可式(13.3)估算，但应通过土钉抗拔试验进行验证。当计算的极限抗拔承载力标准值大于 $f_{yk}A_s$ 时，应取 $R_{k,j}=f_{yk}A_s$。

土钉杆体的受拉承载力应符合式(13.5)的计算规定：

$$N_j \leqslant f_y A_s \tag{13.5a}$$
$$N_j = \gamma_0 \gamma_F N_{k,j} \tag{13.5b}$$

式中　N_j——第 j 层土钉的轴向拉力设计值，kN；

f_y——土钉杆体的抗拉强度设计值，kPa；

A_s——土钉杆体的截面面积，m^2。

$N_{k,j}$——第 j 层土钉的轴向拉力标准值，kN，按式(13.3b)计算；

γ_0——支护结构重要性系数，对安全等级为一级、二级、三级支护结构，其 γ_0 分别不应小于 1.1，1.0，0.9；

γ_F——支护结构综合分项系数，按承载能力极限状态设计时，γ_F 不应小于 1.25。

▶ 13.2.3　土钉墙的构造

1)土钉墙的坡度要求

土钉墙坡度指其墙面垂直高度与水平宽度的比值。土钉墙、预应力锚杆复合土钉墙的坡度不宜大于 1:0.2。对砂土、碎石土、松散填土，确定土钉墙坡度时应考虑开挖时坡面的局部自稳能力。微型桩、水泥土桩复合土钉墙，应采用微型桩、水泥土桩与土钉墙面层贴合的垂直墙面。

2)土钉的成孔方法

土钉墙宜采用洛阳铲成孔的钢筋土钉。对易塌孔的松散或稍密的砂土、稍密的粉土、填土，或易缩径的软土，宜采用打入式钢管土钉。对洛阳铲成孔或钢管土钉打入困难的土层，宜采用机械成孔的钢筋土钉。成孔式钢筋土钉先在土坡上钻进横孔，然后置入土钉筋体，沿钻孔全长注入水泥浆液，浆液固结后使钉杆与孔壁土体黏结在一起。

3)土钉间距与倾角

土钉水平间距和竖向间距宜为 $1\sim2$ m。当基坑较深、土的抗剪强度较低时，土钉间距应取小值。土钉倾角宜为 $5°\sim20°$。土钉长度应按各层土钉受力均匀、各土钉拉力与相应土钉极限承载力的比值近于相等的原则确定。

4)成孔注浆型钢筋土钉的构造要求

如图 13.6 所示，成孔注浆型钢筋土钉的构造要求如下：

①成孔直径宜取 $70\sim120$ mm。

②土钉钢筋宜采用 HRB400 级、HRB500 级钢筋，钢筋直径宜取 $16\sim32$ mm。

③应沿土钉全长设置对中定位支架，其间距宜取 $1.5\sim2.5$ m，土钉钢筋保护层厚度不宜小于 20 mm。

④土钉孔注浆材料可采用水泥浆或水泥砂浆,其强度不宜低于 20 MPa。水泥浆的水灰比宜取 0.5~0.55;水泥砂浆的水灰比宜取 0.40~0.45,同时,灰砂比宜取 0.5~1.0,拌和用砂宜选用中粗砂,按质量计的含泥量不得大于 3%。土钉筋杆与面层连接形式有螺母垫板连接、钢筋(L 筋、井字筋、角钢)焊接。

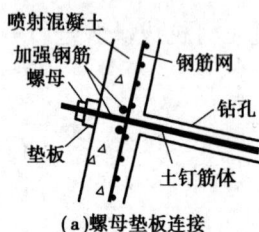 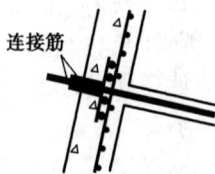 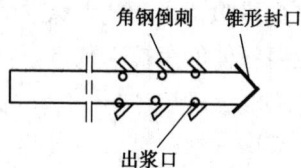

图 13.6　成孔土钉筋杆与面层连接形式　　　　图 13.7　击入式注浆钢管土钉

5)钢管土钉(也称为击入式土钉)的构造要求

如图 13.7 所示,钢管土钉的构造要求如下:

①钢管的外径不宜小于 48 mm,壁厚不宜小于 3 mm;钢管的注浆孔应设置在钢管末端 $l/2$ ~ $2l/3$ 范围内(l 为钢管土钉的总长度);每个注浆截面的注浆孔宜取 2 个,且应对称布置,出浆孔间距 200~300 mm,孔径宜取 5~8 mm,注浆孔外应设置保护倒刺。

②钢管土钉的连接采用焊接时,接头强度不应低于钢管强度;可采用数量不少于 3 根、直径不小于 16 mm 钢筋沿截面均匀分布拼焊,双面焊接时钢筋长度不应小于钢管直径的 2 倍。

6)喷射混凝土面层的构造要求

土钉墙高度不大于 12 m 时,喷射混凝土面层的构造要求应符合下列规定:

①喷射混凝土面层厚度取 80~100 mm。

②喷射混凝土设计强度等级不宜低于 C20。

③喷射混凝土面层中应配置钢筋网和通长的加强钢筋,钢筋网宜采用 HPB300 级钢筋,钢筋直径宜取 6~10 mm,钢筋网间距宜取 150~250 mm;钢筋网间的搭接长度应大于300 mm;

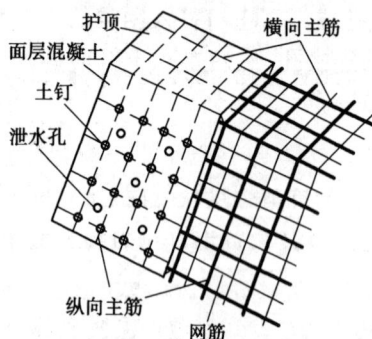

图 13.8　面层构造示意图

加强钢筋直径宜取 14~20 mm;当充分利用土钉杆体的抗拉强度时,加强钢筋的截面面积不应小于土钉杆体截面面积的 1/2。土钉墙顶应做砂浆或混凝土抹面层护顶防水等。土钉面层构造如图 13.8 所示。

④土钉与加强钢筋宜采用焊接连接,其连接应满足承受土钉拉力的要求;当在土钉拉力作用下喷射混凝土面层的局部受冲切承载力不足时,应采用设置承压钢板等加强措施。

⑤当土钉墙墙后存在滞水时,应在含水土层部位的墙面设置泄水孔或其他疏水措施。

7)预应力锚杆复合土钉墙的构造要求

①宜采用钢绞线锚杆。

②用于减小地面变形时,锚杆宜布置在土钉墙的较上部位;用于增强面层土压力的作用

时,锚杆应布置在土压力较大及墙背土层较软弱的部位。

③锚杆的拉力设计值不应大于土钉墙墙面的局部受压承载力。

④预应力锚杆应设置自由段,自由段长度应超过土钉墙坡体的潜在滑动面。

⑤锚杆与土钉墙的喷射混凝土面层之间应设置腰梁连接,腰梁可采用槽钢腰梁或混凝土,腰梁与喷射混凝土面层应紧密接触,腰梁应满足锚杆受力要求。

8)微型桩垂直复合土钉墙的构造要求

①应根据微型桩施工工艺对土层特性和基坑周边环境条件的适用性来选用微型钢管桩、型钢桩或灌注桩等桩型。

②采用微型桩时,宜同时采用预应力锚杆。

③微型桩的直径、规格应根据对复合墙面的强度要求确定。采用成孔后插入微型钢管桩、型钢桩的工艺时,成孔直径宜取 130~300 mm,对钢管,其直径宜取 48~250 mm;对工字钢,其型号宜取 I 10~I 22。孔内应灌注水泥浆或水泥砂浆并充填密实。采用微型混凝土桩时,其直径宜取 200~300 mm。

④微型桩的间距应满足土钉墙施工时桩间土的稳定性要求。

⑤微型桩伸入基坑底面的长度宜大于桩径的 5 倍,且不应小于 1 m。

⑥微型桩应与喷射混凝土面层贴合。

9)水泥土桩复合土钉墙的构造要求

①应根据水泥土桩施工工艺对土层特性和基坑周边环境条件的适用性来选用搅拌桩、旋喷桩等桩型。

②水泥土桩伸入基坑底面的长度宜大于桩径的 2 倍,且不应小于 1 m。

③水泥土桩应与喷射混凝土面层贴合。

④桩身 28 d 无侧限抗压强度不宜小于 1 MPa。

⑤水泥土桩兼作截水帷幕时,应符合截水的设计要求。

► 13.2.4 土钉墙施工技术

土钉墙施工工艺包括:土方开挖、成孔、钉杆组装与送入、注浆作业、清理边坡、编网焊接、安放墙面泄排水系统、喷射混凝土并养护、张拉锁定等。

(1)土方开挖 土钉支护结构施工最大的特点就是土方开挖和土钉设置配合施工。要求土方分层开挖,开挖一层土方打设一排土钉,待挂网喷射混凝土护面形成一定时间(一般 12~24 h)后,再开挖下层土方。每层土方的开挖深度与土坡自立稳定的能力有关,同时也考虑土钉的分层高度,以利于土钉施工。在一般的黏性土、砂质黏土中,每层开挖的深度为 0.8~2.0 m,而在超固结土或强风化基岩层中,每次开挖的深度可以适当加大。边坡开挖工作面的长度根据一个台班可加固的面积而定,一般为 10~15 m。

(2)成孔 根据地层条件,设计要求的平面位置、孔深、孔径、倾角等选择合理的土钉成孔方法以及相应的钻机和钻具。土钉的长度一般在 6~15 m,可选用冲击钻、螺旋钻、风枪和人工洛阳铲等成孔方法。对于饱和土,宜采用跟管钻进工艺成孔,或采用注浆击入式土钉技术。严格控制钻孔的偏差,孔位允许误差不大于 150 mm,钻孔倾角误差不大于 3°。成孔后应注意清孔,孔内泥渣不宜过多。

（3）钉杆组装与送入　控制好土钉杆钢筋下料精度,并沿杆筋长度方向每隔 2.0 m 左右设置一个对中支架(用 6 根 ϕ6 mm 钢筋焊接),使下入的土钉杆筋位于钻孔中心位置。注浆管应随筋杆一同下入。

（4）注浆　采用灰浆泵向孔内注浆管路输送浆液,注浆时可用湿止浆塞、水泥块或编织袋封住孔口,以维持孔内注浆压力,当注浆压力达到 0.5 MPa 以上时,持续 2~4 min 可结束。当一批土钉孔注浆作业结束后,应及时清洗注浆管路系统。

土钉浆液可以采用纯水泥浆,也可采用水泥砂浆,注浆固结体 7 d 强度不小于 15 MPa,28 d 龄期抗压强度不小于 20 MPa。一般情况下,采用 42.5 级普通硅酸盐水泥配制水泥浆,水灰比 0.5~0.55,加适量的减水剂或早强剂,必要时加适量的微膨胀剂。对于水泥砂浆,宜采用中细砂,含泥量应少于 3%,灰砂比 1∶0.5~1∶1,水灰比 0.4~0.5。

（5）面层施工　面层混凝土强度标号不低于 C20,配合比为水泥∶中砂∶豆石 = 1∶2∶2;豆石最大颗粒直径在 15 mm 以内,采用 42.5 级普通硅酸盐水泥,水灰比 0.45~0.55。喷射作业宜分段进行,同一分段内混凝土喷射先上后下,以免新喷混凝土被水冲掉。面层混凝土可分一次或两次喷完,覆盖住面层钢筋网,最终喷射厚度不小于 80 mm。喷射混凝土终凝 2 h 后就需喷水养护,一般工程养护时间不少于 7 d。

（6）张拉与锁定　张拉作业仅适用于采用螺母垫板连接的土钉,且土钉注浆固结体及面层混凝土抗压强度均大于 15 MPa 以后,方可进行张拉。土钉张拉用测力矩扳手即可,一般施加 10%~20% 的有效锚固力值作为预紧力,张拉后立即用螺母锁定。土钉张拉锁定之后,可再喷一层混凝土将锁紧的螺母盖住,以增加结构承载能力。

土钉墙支护工程施工前,应对钢筋、水泥、砂石、机械设备性能等进行检验。土钉墙支护工程施工过程中,应对放坡系数,土钉位置,土钉孔直径、深度及角度,土钉杆体长度,注浆配比、注浆压力及注浆量,喷射混凝土面层厚度、强度等进行检验。土钉应进行抗拔承载力检验,检验数量不宜少于土钉总数的 1%,且同一土层中的土钉检验数量不应小于 3 根。

13.3　加筋土挡墙

▶ 13.3.1　加筋土挡墙概况

如图 13.9 所示,加筋土挡墙是由填土、带状拉筋和墙面板 3 部分组成的复合结构,这种结构内部存在着墙面土压力、拉筋的拉力、填料与拉筋间的摩擦力等相互作用的内力,这些力互相平衡,保证了复合结构的内部稳定。而且,加筋土结构还能抵抗筋尾部后面填土所产生的侧压力,从而保证了加筋土挡墙的外部稳定。

1965 年,法国建成了世界上第一座加筋土挡墙,此后加

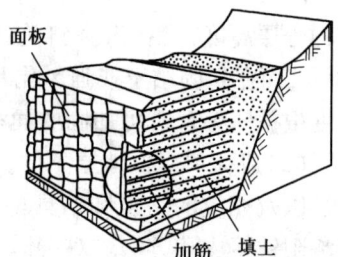
图 13.9　加筋土挡墙示意图

筋土挡墙在世界各国得到了推广应用。我国于20世纪70年代开始应用加筋土技术,如陕西省故邑加筋土挡墙(高35.5 m)、重庆滨江公路驳岸墙(长达5.0 km)。目前,加筋土挡墙主要应用于各类道路路基、桥台、驳岸、码头、堤坝、储料仓及各种山坡地建筑物挡墙等。此外,还用于滑坡治理。

加筋土挡墙与土钉墙虽然在加固机理上类似,但二者是有差别的。在施工程序上,加筋土挡墙是自下而上分层填土施工的,而土钉墙是自上而下分层开挖施工的。加筋土挡墙一般用于填土作业区,形成人工堆填的直立土坡,且填土可以预先选择与控制;而土钉是一种原位加筋技术,主要用于稳定天然或开挖后的边坡。

加筋土挡墙的主要特点如下:

①比传统的重力式挡墙质量轻,其混凝土用量仅限于面层,为重力式混凝土挡墙的3%~5%,且对地基的承载要求不高。

②加筋土属于柔性支挡结构,允许地基有较大的沉降量,适合于在软土地基上应用。

③加筋土本身与地基土及墙后填土可密切结合,其整体稳定性及抗震性能较高。

④挡墙的面板可预制拼装,能垂直地形成墙面,减少占地面积和土方量,降低成本。一般来说,加筋土挡墙与重力式挡墙相比,可降低20%~50%的成本,且墙越高降低越多。

► ### 13.3.2 加筋土挡墙的构造

1)面板

面板起防止拉筋间填土从侧向挤出,并与拉筋、填土一起构成挡墙整体的作用。面板常用金属或钢筋混凝土等材料制作。金属面板可采用普通钢板、镀锌钢板、不锈钢板等材料,其外形可做成半圆形、半椭圆形、矩形等。矩形面板一般高0.2~0.4 m、长3~6 m、厚3~5 mm;钢板状拉筋可焊接在金属面板翼缘上,半椭圆形金属面板的加筋土挡墙结构如图13.10所示。

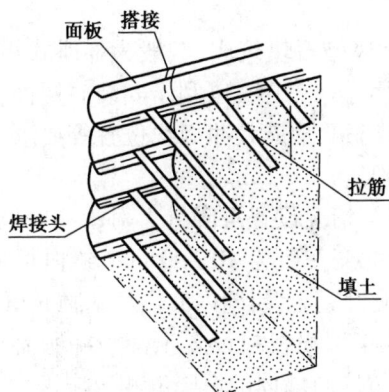

图13.10 半椭圆形金属面板

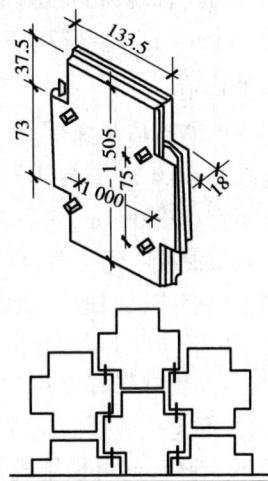

图13.11 十字形钢筋混凝土预制面板

钢筋混凝土面板强度不低于C20,厚度不小于80 mm。面板形状有十字形、六角形、矩形、L形等,最常用的是十字形面板,其结构尺寸及拼装关系如图13.11所示。面板高度0.5~1.5 m、宽度0.5~2.0 m、厚度80~250 mm不等。面板上的拉筋连接点,可采用预埋拉环、钢板锚头(厚度不低于 3 mm)或预留穿筋孔等形式。面板两侧预留小孔,拼装时可插入销钉或通过咬口实现面板之间的连接。混凝土面板拼装后,砌块间应有一些孔隙,以适应承载变形或排水需要,必要时可在面板上设置泄水孔,也可在面板后面填筑细砂、碎石或土工聚合物等材料形成反滤层,以防止填土被流水冲走。钢筋混凝土面板挡墙支护高度不超过 15 m。

2)拉筋

加筋土挡墙宜用抗拉强度高、延伸率小、耐腐蚀和有柔韧性的扁状材料作拉筋,以确保拉筋能与填土产生足够的摩擦力,常用扁钢带、钢筋混凝土带、聚丙烯土工带等作拉筋。扁钢带断面宽度不小于 30 mm,厚度不小于 3 mm,钢带表面应镀锌或采用其他防腐措施。钢筋混凝土带的混凝土强度等级不低于 C20,钢筋直径不小于 8 mm,应按强度及构造要求配制纵向钢筋及横向结构筋。钢筋混凝土带可分节制作,分节长度应小于 3 m,断面为扁矩形(宽 100~250 mm、厚 60~100 mm)或楔形,可用钢丝网代替箍筋。聚丙烯土工带的宽度应大于 18 mm,厚度大于 1 mm,表面应压有粗糙纹状,要求其抗拉断裂强度大于 220 kPa,断面伸长率小于10%;聚丙烯土工带不适合用于有尖锐棱角的粗粒填土的挡墙工程。

3)填土

填土一般应具有易压实性、较好透水性、能与拉筋产生足够的摩擦力、不易发生电化学反应等良好特性。宜优先采用有一定级配的砂类土或砾石类土,也可用黄土、中低液限黏性土及符合要求的工业废渣。应禁用泥炭、淤泥、冻结土、白垩土及硅藻土等稳定性差的土。

对于季节性冰冻地区,宜采用非冻胀性土作填土,否则应在墙面板内侧设置不小于 0.5 m厚的砂砾防冻层。当用钢带作拉筋时,填土的 pH 值为 5~10;当用聚丙烯土工带作拉筋时,填土中不宜含有二价以上的铜、镁、铁离子及氯化钙、碳酸钠、硫化物等化学物质。

填土应随拉筋铺设,逐层压实,填土的压实系数 $\lambda_c \geq 0.9$,有特殊要求时,$\lambda_c \geq 0.95$,具体压实系数值应由工程现场实际测定。填土的塑性指数应小于 6,摩擦角大于 34°,15 μm 以下的细粒质量少于 15%。

4)其他构造

加筋土挡墙面板基础常采用混凝土灌注或用砂浆砌石块筑成,一般为杯座式矩形基础,其高度为 0.25~0.4 m,宽度为 0.3~0.5 m,基础顶面可作一凹槽,以利于安装底层面板。基础埋设深度不宜小于 0.5 m,亦应考虑地基土层的冻结深度及最大冲刷线位置等要求。若挡墙下部为基岩或混凝土污工时,可不另设挡墙面板基础。

加筋土挡墙应根据地形、地层、墙高及上部荷载等情况设置沉降缝。对于一般地基,沉降缝间距为 10~30 m,岩石地基可适当加大。沉降缝宽度一般为 10~20 mm,缝内可采用沥青板、软木板或沥青麻絮等填塞。面板对应沉降缝处应设置通缝,缝内亦需填塞物充填。

此外,加筋土挡墙顶面应设置帽石,其作用是约束墙面板或设置顶部栏杆所需。帽石应突出墙面 30~50 mm,可预制或就地现浇,其分段位置应与墙体的沉降缝相对应。

13.3.3　加筋土挡墙设计计算

1)基本假定

①墙面板承受来自填土传来的主动土压力,且每块面板所承受的土压力将由面板上的相

应拉筋的有效摩阻力(即抗拔力)来平衡。

②因土压力的作用,加筋土挡墙的土体中将产生一个破裂面,该破裂面将加筋的土体分成主动区(滑动区)与被动区(锚固区)两部分。实质上,各层拉筋所承受的最大拉应力 σ_{max} 的连线就构成了这个破裂面,如图 13.12(a)所示。为简化计算,可按图 13.12(b)所示的0.3H折线法来确定破裂面位置。靠近面板一侧滑动区内的拉筋长度 L_0 为无效长度;而锚固区内拉筋长度 L_e 为有效长度,这种划分形式与土层锚杆相类似。

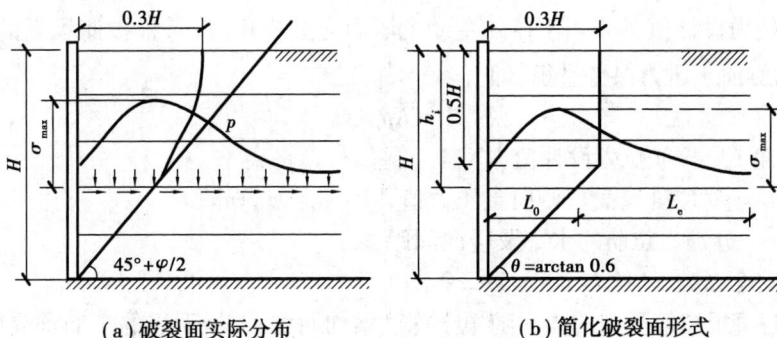

(a) 破裂面实际分布　　　　　　(b) 简化破裂面形式

图 13.12　加筋土挡墙内部结构受力分析

③面板上的土压力由锚固段拉筋与填土之间的摩阻力来承担,并假定某一深度处的摩擦系数在拉筋的全长内相等。

④拉筋上部的土体自重及加筋土上部荷载(静、动载),均对拉筋产生有效摩擦阻力。

2)侧向土压力计算

作用于加筋土挡墙面板上的侧向土压力值 p,由墙后填土所产生的土压力值 p_1 及墙顶面荷载所产生的土压力值 p_2 两部分组成。

(1) p_1 的计算　墙后填土所产生的土压力 p_1 接近于静止土压力值,计算式为:

$$p_1 = K_0 \gamma h_i \tag{13.6}$$

式中　K_0——填土静止土压力系数,$K_0 = 1 - \sin \varphi$;

　　　h_i——土压力作用点距离,m,$h_i \leq H/2$, h_i 取实际值;

　　　　　　$h_i > H/2$,h_i 取 0.5H;

　　　φ, γ——填土内摩擦角和土体重度。

(2) p_2 的计算　墙面板离墙顶越深,荷载所产生的土压力 p_2 越小。为简化计算,p_2 值可由荷载引起的竖向土压力强度与静止土压力系数的乘积求得,竖向土压力强度按土力学压力扩散角法计算,填土的扩散角可取 30°。如图 13.13 所示,计算式为:

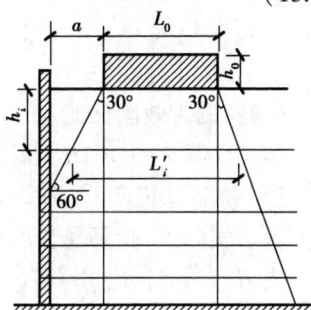

图 13.13　荷载扩散角法计算图

$$p_2 = K_0 \frac{\gamma h_0 L_0}{L_i'} \tag{13.7}$$

式中　L_0, h_0——土柱的换算宽度和高度;

　　　γ——荷载换算成填土的重度;

　　　a——荷载内边缘至墙面板内侧的距离;

L_i'——荷载扩散宽度，当 $h_i \leqslant a \tan 60°$ 时，$L_i' = L_0 + 2h_i \tan 30°$；当 $h_i > a \tan 60°$ 时，$L_i' = a + L_0 + h_i \tan 30°$。

3)竖向压力计算

作用于第 i 层拉筋所在位置的竖向压力值计算式为：

$$q_i = q_1 + q_2 = \gamma h_i + \gamma h_0 L_0 / L_i' \tag{13.8}$$

4)拉筋计算

(1)拉筋拉力设计值 T_i　当土体的主动土压力充分作用时,每根拉筋承受的拉力应和墙面板所受到的侧向土压力保持平衡,即

$$T_i = Kp_i S_x S_y \tag{13.9}$$

式中　T_i——第 i 层拉筋拉力设计值,kN;

p_i——拉筋对应处墙面板侧向土压力值,kPa,$p_i = p_{i1} + p_{i2}$;

S_x, S_y——分别为拉筋的水平及竖向间距,m;

K——安全系数,一般取 $K = 1.5 \sim 2.0$。

计算得知:每根拉筋受到的拉力随填土深度增加而增大,最下层的拉筋承受的拉力最大;每根拉筋的最大拉应力 σ_{max} 位于滑动区与锚固区的分界面处,即作用在破裂面上;拉筋与墙面板连接处所承受的拉应力约等于最大拉应力 σ_{max} 的 0.75 倍。

(2)填土对拉筋作用的阻力 T_b　由于拉筋受到竖向土压力的作用,将产生拉筋的抗拔阻力(或称之为锚固力),即

$$T_b = 2\mu q_i b L_e \tag{13.10}$$

式中　T_b——锚固区拉筋的抗拔阻力,kN;

μ——填土与拉筋摩擦系数,砂类土 $\mu = 0.35 \sim 0.5$,黏质土 $\mu = 0.25 \sim 0.4$;

b, L_e——拉筋宽度和有效段长度,m;

q_i——第 i 层拉筋所在位置的竖向压力值,kPa,见式(13.8)。

(3)拉筋有效段长度 L_e　根据拉筋的受力平衡关系 $T_i = T_b$,可得:

$$L_e = \frac{T_i}{2\mu q_i b} \tag{13.11}$$

(4)拉筋无效段长度 L_0　拉筋无效段长度按 0.3H 折线法(见图 13.12)确定,当 $h_i \leqslant 0.5H$ 时,$L_0 = 0.3H$；当 $h_i > 0.5H$ 时,$L_0 = 0.6(H - h_i)$。

(5)拉筋总长度 L　理论上,拉筋总长度 $L = L_0 + L_e$,在设计时,还应考虑加筋土挡墙的构造要求。实际上,拉筋总长度 L 与挡墙高度 H 有一定的比例关系。

当 $H > 3$ m 时,$L_{min} \geqslant 0.7H$,且 $L_{min} > 5.0$ m。如采用不等长拉筋,短筋 $L_{min} \geqslant 0.5H$。

当 $H \leqslant 3$ m 时,$L_{min} \geqslant 4.0$ m,且采用等长拉筋。

对于双面加筋土挡墙,每面的拉筋 $L_{min} \geqslant 0.6H$,双面拉筋可交错布置,也可分开布置。

(6)拉筋截面面积 A　当拉筋的拉力设计值 T_i 确定后,根据拉筋材料的抗拉强度设计值 f_y,就可确定拉筋的截面面积 A,即满足:

$$A \geqslant T_i / f_y \tag{13.12}$$

对于钢板拉筋,除了满足计算要求外,还应考虑钢材腐蚀问题,并考虑拉筋连接处抗拉强度要求;对于钢筋混凝土拉筋,可按中心受拉构件计算,计算求得的钢筋直径再增加 2 mm,为

防止混凝土被压裂,拉筋板内应设箍筋或抗裂铁丝;对于聚丙烯土工带拉筋,需先测试每根拉筋带的极限断裂拉力值,取该值的 1/7～1/5 作为抗拉强度设计值。

5)全墙整体稳定性验算

与土钉墙设计思想相类似,加筋土挡墙可按重力式挡土墙的设计方法,验算全墙的抗滑稳定性、抗倾覆稳定性及地基承载能力。

▶ **13.3.4 加筋土挡墙施工技术**

加筋土工程施工程序是:基础施工→构件预制→面板安装→填料摊铺、压密和拉筋铺设→地面设施施工。

①基础施工。进行基础开挖时,基槽(坑)底平面尺寸一般大于基础外缘 0.3 m。对未风化的岩石应将岩面凿成水平台阶,台阶宽度不宜小于 0.5 m。

②面板安装。可用人工或机械吊装就位,安装时单块面板向内倾斜 1/200～1/100,作为填料压实时面板外倾的预留度。为防止相邻面板错位,宜用夹木螺栓或斜撑固定。水平误差用软木条或低强度砂浆调整,水平及倾斜误差应逐层调整。

③拉筋铺设。应把拉筋垂直墙面平放在已经压密的填土上,如填土与拉筋间有空隙,用砂土垫平以防拉筋断裂。

④填土的铺设和压实。加筋土填料应根据拉筋竖向间距进行分层铺筑和压实,钢筋混凝土拉筋顶面以上填土,一次铺筑厚度不小于 200 mm。当用机械铺筑时,铺筑机械距面板不应小于 1.5 m,在距面板 1.5 m 范围内应用人工铺筑。

⑤地面设施施工。如需设置电力或煤气等设施时,必须将其放在加筋土结构的上面。对于管渠更应铺设得便于维修,这样可避免以后沟槽开挖时损坏拉筋。

13.4 锚定板挡墙结构

▶ **13.4.1 锚定板挡墙结构组成**

锚定板是一种适用于人工填土的挡墙结构,可以用作挡土墙、桥台及港湾护岸工程。锚定板挡墙结构由墙面、钢拉杆、锚定板和填土共同组成,如图 13.14 所示。该挡墙的墙面可用预制的钢筋混凝土立柱与挡板拼装而成,钢拉杆的外端与立柱连接,内端与锚定板连接。填土对挡板的侧压力通过立柱传至拉杆,钢拉杆则依靠锚定板在填土中的抗拔力(端阻力)而维持结构的平衡与稳定。

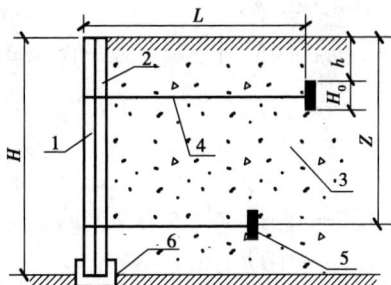

图 13.14 锚定板挡土结构
1—肋柱;2—挡板;3—填土;
4—钢拉杆;5—锚定板;6—杯座

13.4.2 锚定板挡墙设计计算

1)墙面土压力计算

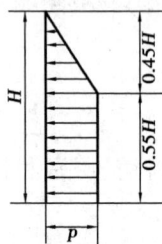

图 13.15 锚定板土压力分布简图

锚定板墙面土压力是由填土及地面荷载引起的,由于挡土板、拉杆、锚定板及填土的共同作用,其墙面土压力往往大于库仑主动土压力值。为计算方便,可将墙面土压力简化成梯形分布,如图 13.15 所示。

$$p = 0.65\gamma H K_a m_e \tag{13.13}$$

式中 m_e——土压力增大系数,一般取 $m_e = 1.05 \sim 1.40$;

H——挡墙高度,m;

γ——填土的重度,kN/m³,一般砂类土 $\gamma = 18 \sim 21$ kN/m³;

K_a——填土的库仑主动土压力系数。

2)锚定板抗拔力计算

锚定板单位面积的抗拔力设计值(Q_k)与其埋深、周围土体的应力应变等有关,应由现场测试确定,以下数据仅供参考。

①当锚定板埋深(见图 13.14 标注)$Z = 5 \sim 10$ m 时,$Q_k = 0.25 \sim 0.35$ MPa。

②当 $Z = 3 \sim 5$ m 时,$Q_k = 0.12 \sim 0.26$ MPa。

③当 $Z \leqslant 3.0$ m 时,应按锚定板前的净剩被动土压力计算其极限抗拔力 T_u:

$$T_u = \frac{\gamma H_0}{2}(L + 2H_0)(K_p - K_a)B \tag{13.14}$$

式中 B,H_0——锚定板的宽度和高度,m;

h——锚定板上侧入土深度,m;

K_a,K_p——填土的库仑主动土压力系数和被动土压力系数;

γ——填土的重度,一般砂类土 $\gamma = 18 \sim 21$ kN/m³。

锚定板的埋深(以钢拉杆中心算起)不宜小于 2.5 m。为此,根据埋深情况,需将最上层拉杆向下倾斜 $10° \sim 15°$ 布置。埋深大于 2.5 m 的拉杆,水平布置即可。

3)锚定板面积

一个肋柱间的所有锚定板总面积 F_B 可按式(13.15)估算:

$$F_B = K_s K_a F_A \frac{1 - \sin\varphi}{1 + \sin\varphi + \dfrac{2c}{\gamma h}\cos\varphi} \tag{13.15}$$

式中 K_s——保持拉杆内力平衡的安全系数,可取 2.0;

K_a——主动土压力系数;

F_A——一个肋柱间的墙面总面积,m²;

h——锚定板平均埋置深度,m。

确定单块锚定板面积时,还应满足锚定板所提供的抗拔力设计值(T_u/K_s)与其所分担墙面的侧向土压力相平衡的条件。一般要求 $F_B/F_A = 0.2$ 左右,对于砂性土为 0.17 左右,黏性土为 0.25 左右。

4)钢拉杆长度

锚定板结构的钢拉杆长度应超过填土中假想的滑动面,且 $L \geq 5.0$ m。此外,钢拉杆的长度还应满足锚定板整体稳定性的需求。

► 13.4.3 锚定板挡墙施工技术

施工关键是填土,填土程序如图 13.16 所示。

①自肋柱底以 1∶1 坡度夯实填土方的第①部分,以使肋柱不受推力。当填夯至下层拉杆以上 0.2 m 处,挖下层拉杆槽及锚定板工作坑,装好拉杆与锚定板,再填夯第②部分。填高 1 m 之后,可填夯第③部分。

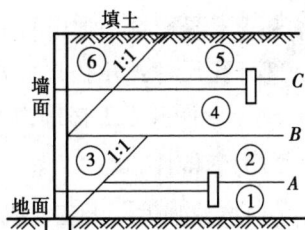

图 13.16 填土程序

②重复以上程序,填夯第④⑤⑥部分,并安装上层拉杆及锚定板。

③钢拉杆与锚定板及肋柱的连接应牢固,一般加上垫板并用双螺母拧紧。

13.5 土工合成材料

► 13.5.1 土工合成材料的概念与种类

土工合成材料(Geosynthetics)是岩土工程应用的合成材料的总称。土工合成材料是 20 世纪 50 年代末兴起的,它是以合成纤维、塑料、合成橡胶等聚合物为原料制成的用于岩土工程的新型材料。它的用途极为广泛,可用于排水、反滤、隔离、防侵蚀、护坡、防渗、加筋强化、垫层等许多方面,涉及工程领域有水利、水电、公路、铁路、建筑、港口等。

土工合成材料分类尚无统一准则,且随着新材料和新技术的发展不断有所变化,目前暂分成 4 大类,即土工织物、土工膜、特种土工合成材料和复合型土工合成材料。特种土工合成材料包括土工垫、土工网、土工格栅、土工格室、土工模袋和土工泡沫塑料等。复合型土工合成材料则是由上述有关材料复合而成。

各种类型的土工合成材料,以及各种规格的土工织物、土工膜等,在国内均能生产,并已在一些工程中应用,但目前在工程实际中使用最多的还是土工织物和土工膜。

土工合成材料由合成纤维制成。合成纤维是以煤、石油、天然气和石灰石等作起始原料,经过化学加工而成聚合物(高分子化合物),再经过机械加工制成纤维、条带、网格和薄膜等。合成纤维的品种主要有锦纶、涤纶、晴纶、维纶、丙纶等,但目前国内外用于生产土工纤维者多以丙纶(聚丙烯)、涤纶(聚酯)为主要原料。

► 13.5.2 土工合成材料的特性

土工合成材料的主要特性是:质地柔软而质量轻、整体连续性好、抗拉强度高、耐腐蚀性和抗微生物侵蚀性好、反滤性(土工织物)防渗性(土工膜)好、施工简便。

1)物理特性

①厚度:土工织物厚度为 0.1~0.5 mm,最厚可达 10 mm 以上;土工膜为 0.25~0.7 mm,最厚可达 2~4 mm;土工格栅的厚度随部位的不同而异,其肋厚一般为 0.5~5 mm。

②单位面积质量:土工织物和土工膜单位面积质量取决于原材料的密度,同时受厚度、外加剂和含水量影响。常用的土工织物和土工膜单位面积质量在 50~1 200 g/m^2 内。

③开孔尺寸:开孔尺寸亦即等效孔径,土工织物一般为 0.05~1.0 mm,土工垫为 5~10 mm,土工网及土工格栅为 5~100 mm。

2)力学特性

(1)抗拉强度 土工合成材料是柔性材料,大多通过其抗拉强度来承受荷载,抗拉强度及其应变是土工合成材料的主要特性指标。土工织物在受力过程中厚度是变化的,其受力大小一般以单位宽度所承受的力来表示。无纺型土工织物抗拉强度为 10~30 kN/m,高强度为 30~100 kN/m;有纺型土工织物为 20~50 kN/m,高强度为 50~100 kN/m;特高强度编织物(包括带状织物)为 100~1 000 kN/m;土工格栅为 30~200 kN/m,高强度为 200~400 kN/m。

(2)渗透性 土工合成材料的渗透性是其重要的水力学特性之一。根据工程应用的需要,常需确定垂直于和平行于织物平面的渗透性。渗透性主要以渗透系数表示。土工织物的渗透系数为 $8×10^{-4}~5×10^{-1}$ cm/s,其中无纺型土工织物的渗透系数为 $4×10^{-3}~5×10^{-1}$ cm/s,土工膜的渗透系数为 $1×10^{-10}~1×10^{-11}$ cm/s。

(3)剪切摩擦 土工合成材料作为加筋材料埋在土内,或作为反滤层铺在土坡上,都将与周围土体构成复合体系。两种材料在外荷及自重作用下产生变形时,将会沿其界面发生相互剪切摩擦作用。土与土工合成材料之间的黏结力一般很小,可略去不计。土与土工合成材料之间的摩擦角,与土的颗粒大小、形状、密实度,以及土工合成材料的种类、孔径、厚度等因素有关,对于细粒土,接近于土的内摩擦角;对于粗粒土,一般小于土的内摩擦角。

土工合成材料的力学特性,还有撕裂强度(反映土工合成材料抵抗撕裂的能力)、顶破强度(反映土工合成材料抵抗带有棱角的块石或树杆刺破的能力)、穿透强度(模拟具有尖角的石块或带尖角的工具跌落在土工合成材料上的破坏情况)和握持抗拉强度(反映土工合成材料分散集中荷载的能力)等。

▶ 13.5.3 土工合成材料的主要作用

土工合成材料在岩土工程中所起的作用,可以概括为反滤、排水、隔离、加筋、防渗和防护等。

1)反滤作用

在土工建筑物中,为了防止流土(流砂)、管涌破坏,常需设置砂石料所组合的反滤层。而土工合成材料可以取代这种常规的砂石料反滤层,起到防止渗透破坏的反滤作用。编织的、机织的和无纺的土工织物都可以起到这种反滤作用。反滤作用的应用如图 13.17 所示,图中各反滤层均可用土工织物取代。

(a)土石坝黏土心墙滤层　　(b)堤坝和泊岸块石混凝土护坡滤层　(c)土石坝下游堆石棱体上游侧滤层

图 13.17　反滤作用应用

2)排水作用

土工合成材料有着良好的三维透水特性,除具有透水反滤作用外,还可使水经过土工织物的平面迅速地沿水平向排泄,且不会堵塞,土工合成材料排水作用如图 13.18 所示。此外,它还可与其他排水材料(如粗粒料、塑料排水带等)一起构成排水系统或深层排水井。

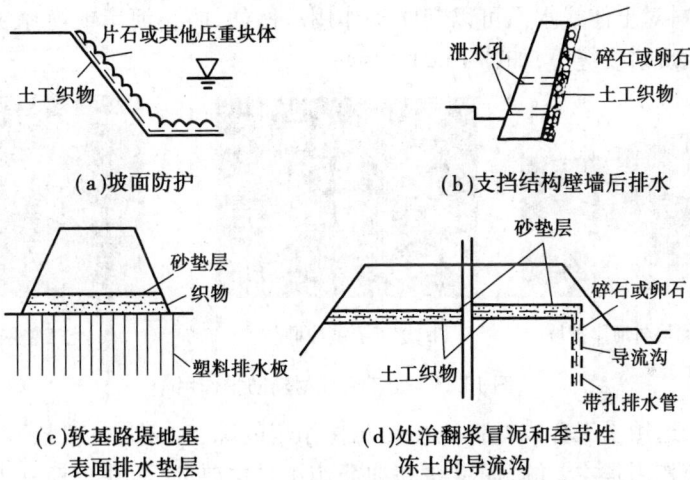

(a)坡面防护　　　　　　　(b)支挡结构壁墙后排水

(c)软基路堤地基　　　　(d)处治翻浆冒泥和季节性
表面排水垫层　　　　　冻土的导流沟

图 13.18　土工合成材料用于排水过滤实例

3)隔离作用

土工合成材料设置在两种不同的土(材料)之间,或者设置在土与其他材料之间,以免相互混杂而失去各自材料的性能和结构的完整性。隔离作用的应用如图 13.19 所示。

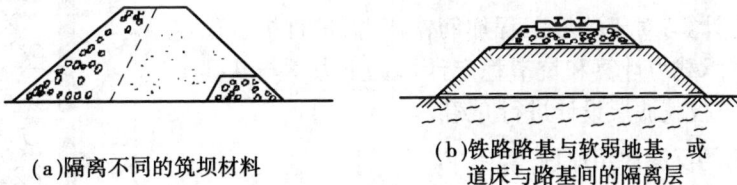

(a)隔离不同的筑坝材料　　　(b)铁路路基与软弱地基,或
道床与路基间的隔离层

图 13.19　隔离作用应用

4)加筋作用

由于土工合成材料具有较高的抗拉强度,又具有较好的柔性,容许一定的变形而不破坏,当以适当的方式铺设在土中时,可以约束土的拉伸应变,减少土的变形,从而增加土的模量,

改善土的受力状况,增加土的稳定性。加筋作用的应用如图 13.20 所示。

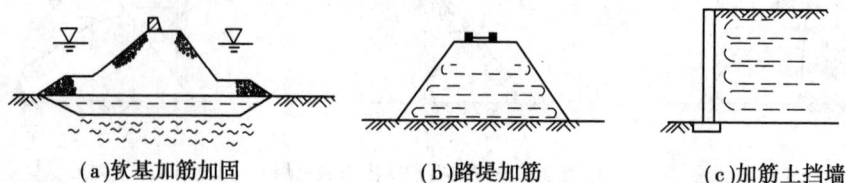

(a)软基加筋加固　　　　(b)路堤加筋　　　　(c)加筋土挡墙

图 13.20　加筋作用应用

5)防渗作用

土工膜和复合型土工合成材料,可以防止液体渗漏、气体的挥发,保护环境或建筑物安全。如土坝垂直防渗墙、渠道防渗、固体废弃物填埋场防渗衬垫等。

6)防护作用

土工合成材料对土体或水面可以起防护作用。例如,防止河岸或海岸被冲刷、防止土体的冻害、防止路面反射裂缝等,如图 13.21 所示。

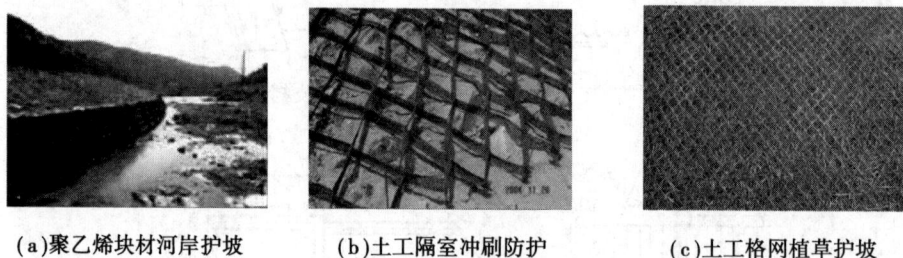

(a)聚乙烯块材河岸护坡　　　(b)土工隔室冲刷防护　　　(c)土工格网植草护坡

图 13.21　土工合成材料防护作用

工程实际中,运用土工合成材料往往是几种作用的综合。例如:对松砂或软土地基上的铁路路基,则隔离作用是主要的,而反滤和加筋作用是次要的;而软土地基上的公路路基,则加筋作用是主要的,隔离和反滤作用是次要的。

▶ 13.5.4　土工合成材料设计要点

土工合成材料设计主要是根据土工合成材料的作用进行的。对于反滤作用,需进行反滤层设计;对于地基加固作用,需进行地基承载力计算;对于路堤工程加筋作用,需进行抗滑稳定分析计算。有关承载力计算和抗滑稳定计算见土力学与基础工程有关资料,以下仅就滤层设计进行介绍。

1)土工织物的反滤作用原理

如图 13.22 所示,图中左侧为大孔隙堆石体,右侧为被保护土,二者间夹有起反滤作用的土工织物。当水流从被保护土自右向左流入堆石体时,部分细土粒将被水流挟带进入堆石体。在被保护土一侧的土工织物表面附近,较粗土粒首先被截留,使透水性增大。同时,这部分较粗粒层将阻止其后面的细土粒继续被水流带

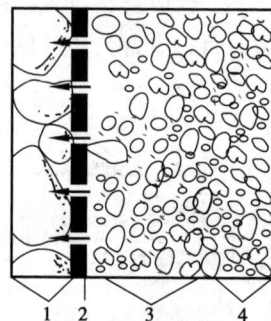

图 13.22　反滤机理示意图
1—排水体;2—土工织物;
3—天然反滤层;4—原土体

走,而且越往后细土粒被流失的可能性越小,于是就在土工织物的右侧形成一个从左往右颗粒逐渐变细的"天然反滤层"。该层发挥着保护土体的作用。

2)反滤设计准则

为了使土工织物起到反滤作用,要对土工织物提出一定的设计要求,确定设计准则。所选用的土工织物应满足两个基本要求:

①防止发生管涌。被保护土体中的颗粒(极细小的颗粒除外)不得从土工织物的孔隙中流失,因此土工织物的孔径不能太大。

②保证水流通畅。防止被保护土体的细颗粒停留在土工织物内发生淤堵,因此土工织物的孔径又不能太小。

针对上述两个基本要求,国内外已提出了不少设计准则。其中,Terzaghi-Peck 提出关于常规砂石料反滤层的设计准则被广为采用。

为防止管涌: $D_{15f}<5D_{85b}$ (13.16)

为保证透水: $D_{15f}>5D_{15b}$ (13.17)

为保证均匀性: $D_{50f}<25D_{50b}$(级配不良的滤层)   (13.18)

$D_{50f}<D_{50b}$(级配均匀的滤层)   (13.19)

式中 D_{15f}——反滤料的特征粒径,相应于粒径分布曲线上小于该粒径的土粒质量分数为15%时的粒径,mm,下角标 f 表示滤层土;

D_{85b}——被保护土料的特征粒径,相应于粒径分布曲线上小于该粒径的土粒质量分数为85%时的粒径,mm,下角标 b 表示被保护土;

其他符号,意义与此类似。

▶ 13.5.5 土工合成材料施工技术

1)施工要点

①铺设土工合成材料时应注意均匀平整。在斜坡上施工时应保持一定的松紧度,在护岸工程坡面上铺设时,上坡段土工合成材料应搭接在下坡段土工合成材料之上。

②对土工合成材料的局部地方,不要加过重的局部应力。如果用块石保护土工合成材料,施工时应将块石轻轻铺放,不得在高处抛掷,因为块石下落的高度大于 1 m 时,土工合成材料很可能被击破。如块石下落情况不可避免时,应在土工合成材料上先铺砂层保护。

③土工合成材料用于反滤层时,要求保证连续性,不使其出现扭曲、折皱和重叠。

④在存放和铺设过程中,应尽量避免长时间的曝晒而使材料老化。

⑤土工合成材料的端部要先铺填,中间后填,端部锚网必须精心施工。

⑥不要使推土机的刮土板损坏所铺填的土工合成材料。当土工合成材料受到损坏时,应予立即修补。

2)接缝连接要点

土工合成材料是按一定规格的面积和长度在工厂进行定型生产的,因此这些材料运到现场后必须进行连接。连接时可采用搭接、缝合、胶结或 U 形钉钉住等方法,如图 13.23 所示。

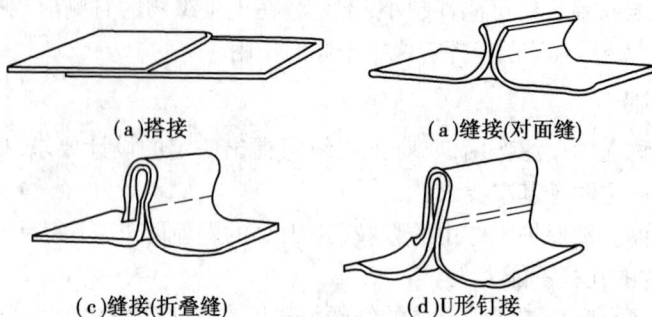

(a)搭接 　　　　(a)缝接(对面缝)

(c)缝接(折叠缝)　　　(d)U形钉接

图 13.23　土工合成材料接缝连接方法

①采用搭接法时,搭接必须保持足够的长度,一般在 0.3~1.0 m。在搭接处应尽量避免受力,以防土工合成材料移动。搭接法施工简便,但用料较多。

②缝合法是指用移动式缝合机,将尼龙或涤纶线面对面缝合,缝合处的强度一般可达纤维强度的 80%,缝合法节省材料,但施工费时。

③胶结法可分为加热粘接法、胶黏剂粘接法和双面胶布粘接法。粘接时搭接宽度可取 10 cm左右,接缝处的强度与土工织物原有强度相同。

3)材料使用

土工合成材料在使用中应防止曝晒和被污染。当作为加筋土中的筋带使用时,应具有较高的强度,受力后变形小,能与填料产生足够的摩擦力,抗腐蚀性和抗老化性好。

土工合成材料施工前,应检查土工合成材料的单位面积质量、厚度、比重、强度、延伸率以及土、砂石料质量等。土工合成材料以 100 m^2 为一批,每批应抽查 5%。施工中,应检查基槽清底状况、回填料铺设厚度及平整度、土工合成材料的铺设方向、接缝搭接长度或缝接状况、土工合成材料与结构的连接状况等。施工结束后,应进行地基承载力检验。

习　题

13.1　某深基坑工程开挖深度为 7 m,地层为黏土层,其土层的物理力学指标是:$c=25$ kPa,$\varphi=30°$,$\gamma=18$ kN/m^3,地下水位距地面 8 m 以下。该基坑拟采用土钉墙进行支护。试进行土钉墙的设计计算。

13.2　某二级公路一段路基采用单面加筋土挡土结构,挡墙高 $H=9.6$ m,墙面板后填土为砂性土,其重度 $\gamma=18$ kN/m^3,内摩擦角 $\varphi=35°$,填土与拉筋之间摩擦系数 $\mu=0.3$,试进行加筋土挡墙的有关设计。(提示:①墙面板及拉筋均采用 C20 混凝土,HRB400 级钢筋。② 二级公路车辆荷载换算成土柱高度 $h_0=0.64$ m,土柱宽度为 $L_0=5.6$ m,车辆行驶在二级公路中心,其荷载内边缘至墙面板内侧距离 $a=2.0$ m。)

14

特殊土地基处理

〖本章教学要求〗

掌握软土地基、湿陷性黄土地基、膨胀土地基、冻土地基、液化土地基等特殊土地基的概念、分布、特征及评价方法；了解特殊土地基处理技术等方面内容。

14.1 概　述

我国地域辽阔，从沿海到内陆，从山区到平原，广泛分布着各种各样的土类。某些土类，由于生成时不同的地理环境、气候条件、地质成因、历史过程和次生变化等原因，使它们具有一些特殊的成分、结构和性质。当用作建筑物的地基时，如果不注意这些特殊性就可能引起事故。通常把这些具有特殊工程地质的土类称为特殊土。各种天然形成的特殊土的地理分布存在着一定的规律，表现出一定的区域性，故又有区域性特殊土之称。

我国主要的区域性特殊土有软土、湿陷性黄土、膨胀土、多年冻土、液化土、盐渍土以及红黏土等。此外，我国山区广大，分布在西南地区山区的土与平原相比，其不均匀性和场地的不稳定性非常突出，工程地质条件更为复杂，如岩溶、土洞及土岩组合等，如作为地基，对构筑物将具有直接和潜在的危险。为保证各类构筑物的安全和正常使用，应根据其工程特点和要求，因地制宜地对地基进行综合治理。

14.2 软土地基

▶ 14.2.1 软土的定义与分布

软土系指天然孔隙比 $e \geq 1.0$，天然含水量大于液限的细粒土，包括淤泥、淤泥质土、泥炭、泥炭质土等。一般软土压缩系数 $a_{1-2}>0.5$ MPa^{-1}，不排水抗剪强度小于 30 kPa。

软土多为静水或缓慢流水环境中沉积，并经生物化学作用形成，其成因类型主要有滨海环境沉积、海陆过渡环境沉积(三角洲沉积)、河流环境沉积、湖泊环境沉积和沼泽环境沉积等。我国软土分布很广，如长江、珠江地区的三角洲沉积；上海、天津塘沽、浙江温州、宁波、江苏连云港等地的滨海相沉积；闽江口平原的溺谷相沉积；洞庭湖、洪泽湖、太湖以及昆明滇池等地区的内陆湖泊相沉积；河滩沉积位于各大、中河流的中下游地区，沼泽沉积的有内蒙古、东北大、小兴安岭，南方及西南森林地区等。

此外，广西、贵州、云南等省的某些地区还存在山地型的软土，是泥灰岩、炭质页岩、泥质砂页岩等风化产物和地表的有机物质经水流搬运、沉积于低洼处，长期饱水软化或间有微生物作用而形成。沉积的类型以坡洪积、湖沉积和冲沉积为主。其特点是分布面积不大，但厚度变化很大，有时相距 2~3 m，厚度变化可达 7~8 m。

我国厚度较大的软土，一般表层有 0~3 m 厚的中或低压缩性黏性土(俗称硬壳层或表土层)，其层理上大致可分为以下几种类型：

①表层为 1~3 m 褐黄色粉质黏土，第二、三层为淤泥质黏土，一般厚约 20 m，属高压缩性土，第四层为较密实的黏土层或砂层。

②表层由人工填土及较薄的粉质黏土组成，厚 3~5 m，第二层为 5~8 m 的高压缩性淤泥层，基岩离地表较近，起伏变化较大。

③表层为 1 m 余厚的黏性土，其下为 30 m 以上的高压缩性淤泥层。

④表层为 3~5 m 厚褐黄色粉质黏土，以下为淤泥及粉砂夹层交错。

⑤表层同④，第二层为厚度变化很大、呈喇叭口状的高压缩性淤泥，第三层为较薄残积层，其下为岩石，多分布在山前沉积平原或河流两岸靠山地区。

⑥表层为浅黄色黏性土，其下为饱和软土或淤泥及泥炭，成因复杂，极大部分为坡洪积、湖沼沉积、冲积以及参积，分布面积不大、厚度变化悬殊的山地型软土。

▶ 14.2.2 软土的工程特性及其评价

1)软土的工程特性

软土的主要特征是含水量高($w=35\% \sim 80\%$)、孔隙比大($e \geq 1$)、压缩性高、强度低、渗透性差，并含有机质，一般具有如下工程特性：

①触变性。对于滨海相软土，一旦受到扰动(振动、搅拌、挤压或搓揉等)，原有结构破坏，土的强度明显降低或很快变成稀释状态。软土的灵敏度 $S_t = 3 \sim 4$，个别软土的灵敏度 $S_t = 8 \sim 9$。故软土地基在振动荷载下，易产生侧向滑动、沉降及基底向两侧挤出等现象。

②流变性。软土除排水固结引起变形外，在剪应力作用下，土体还会发生缓慢而长期的

剪切变形,对地基沉降有较大影响,对斜坡、堤岸、码头及地基稳定性不利。

③高压缩性。软土的压缩系数大,一般 $a_{1-2} = 0.5 \sim 1.5$ MPa^{-1},最大可达 4.5 MPa^{-1};压缩指数 $C_c = 0.35 \sim 0.75$,软土地基的变形特性与其天然固结状态相关,欠固结软土在荷载作用下沉降较大,天然状态下的软土层大多属于正常固结状态。

④低强度。软黏土的强度极低,不排水强度通常仅为 5 ~ 25 kPa,地基承载力特征值很低,一般不超过 70 kPa,软黏土固结不排水剪内摩擦角 $\varphi_{cu} = 12° \sim 17°$。

⑤低透水性。软土的渗透系数一般为 $i \times 10^{-6} \sim i \times 10^{-8}$ cm/s,在自重或荷载作用下固结速率很慢,有效应力增长缓慢,从而沉降稳定慢,地基强度增长也十分缓慢。这一特点是严重制约地基处理方法和处理效果的重要方面。

⑥不均匀性。由于沉降环境的变化,黏性土层中常局部夹有厚薄不等的粉土,使水平和垂直分布上有所差异,建筑物地基则容易产生差异沉降。

2)软土地基的工程评价

(1)评价内容 应根据软土工程特性,结合不同工程要求进行软土地基的工程评价。

①判定地基产生滑移和不均匀变形的可能性。当建筑物位于池塘、河岸、边坡附近时,应验算其稳定性。

②选择适宜的持力层和基础形式,当有地表硬壳层时,基础宜浅埋。

③当建筑物相邻高低层荷载相差很大时,应分别计算各自的沉降,并分析其相互影响。当地面有较大面积堆载时,应分析对相邻建筑物的不利影响。

④软土地基承载力应根据地区建筑经验,并结合下列因素综合确定:软土成分条件、应力历史、力学特性及排水条件;上部结构的类型、刚度,荷载性质、大小和分布,对不均匀沉降的敏感性;基础的类型、尺寸、埋深、刚度等;施工方法和程序,采用预压排水处理的地基,应考虑软土固结排水后强度的增长。

⑤地基的沉降量可采用分层总和法计算,并乘以经验系数,也可采用土的应力历史的沉降计算方法。

(2)评价原则 对软土地基的工程评价时,应特别强调软土地基承载力综合评定的原则,不能单靠理论计算,要以地区经验为主。软土地基承载力的评定,变形控制原则比按强度控制原则更为重要。

软土地基主要受力层中的倾斜基岩或其他倾斜坚硬地层,是软土地基的一大隐患,并可能导致不均匀沉降,以及蠕变滑移而产生剪切破坏,因此对这类地基不但要考虑变形,而且要考虑稳定性。若主要受力层中存在有砂层,砂层将起排水通道作用,加速软土固结,有利于地基承载力的提高。

水文地质条件对软土地基影响较大,如抽降地下水形成降落漏斗将导致附近建筑物产生沉降或不均匀沉降;基坑迅速抽水则会使基坑周围水力坡度增大而产生较大的附加应力,致使坑壁坍塌;承压水头改变将引起明显的地面浮沉等。对此,在岩土工程评价中应引起重视。

建筑施工加荷速率的适当控制或改善土的排水固结条件,可提高软土地基的承载力及其稳定性。一般情况下,随着荷载的施加,地基土强度逐渐增大,承载力得以提高;反之,若荷载过大,加荷速率过快,将出现局部塑性变形,甚至产生整体剪切破坏。

▶ 14.2.3 软土地基的工程措施

在软土地基上修建各种构筑物时,要特别重视地基的变形和稳定问题,并考虑上部结构与地基的共同作用,从而采取必要的建筑及结构措施,确定合理的施工顺序和地基处理方法。对于软土地基,一般可采取下列工程措施:

①充分利用表层密实的黏性土(一般厚1~2 m)作为持力层,基底尽可能浅埋(埋深$d=$300~800 mm),但应验算下卧层软土的强度。

②尽可能减小基底附加应力,如采用轻型结构、轻质墙体、扩大基础底面、设置地下室或半地下室等。

③采用换土垫层或桩基础等,但应考虑欠固结软土产生的桩侧负摩阻力。

④采用砂井预压,加速土层排水固结。

⑤采用高压喷射、深层搅拌、粉体喷射等处理方法。

⑥使用期间,对大面积地面堆载划分范围,避免荷载局部集中,直接压在基础上。

当遇到暗塘、暗沟、杂填土及冲填土时,需查明范围、深度及填土成分。较密实均匀的建筑垃圾及性能稳定的工业废料可作为持力层,而有机质含量大的生活垃圾和对地基有侵害作用的工业废料,未经处理不宜作为持力层。

特殊土地区的建筑施工,应根据设计要求、场地条件和施工季节,针对特殊土的特性编制施工组织设计。地基基础施工前应完成场地平整、挡土墙、护坡、截洪沟、排水沟、管沟等工程,保持场地排水通畅、边坡稳定。地基基础施工应合理安排施工程序,防止施工用水和场地雨水流入建(构)筑物地基、基坑或基础周围。地基基础施工宜采取分段作业,施工过程中基坑(槽)不得暴晒或泡水。地基基础工程宜避开雨天施工,雨季施工时应采取防水措施。

14.3 湿陷性黄土地基处理

▶ 14.3.1 湿陷性黄土的定义和分布

凡天然黄土在一定压力作用下,受水浸湿后,土的结构迅速破坏,发生显著的湿陷变形,强度也随之降低的,即称为湿陷性黄土。湿陷性黄土分为自重湿陷性和非自重湿陷性两种。黄土受水浸湿后,在上覆土层自重应力作用下发生湿陷的称自重湿陷性黄土;若在自重应力作用下不发生湿陷,而需在自重和外荷载共同作用下才发生湿陷的称为非自重湿陷性黄土。

在我国,湿陷性黄土占黄土地区总面积的60%以上,约为40万 km^2,而且又多出现在地表浅层,如晚更新世(Q_3)及全新世(Q_4)新黄土或新堆积黄土是湿陷性黄土主要土层,主要分布在黄河中游山西、陕西、甘肃大部分地区以及河南西部,其次是宁夏、青海、河北的一部分地区,新疆、山东、辽宁等地局部也有发现。

▶ 14.3.2 黄土湿陷发生的原因

1)水的浸湿

由于管道(或水池)漏水、地面积水、生产和生活用水等渗入地下,或由于降水量较大,灌溉渠和水库的渗漏或回水使地下水位上升等原因而引起。但受水浸湿只是湿陷发生所必需的外界条件,而黄土的结构特征及其物质成分是产生湿陷性的内在原因。

2)黄土的结构特征

季节性的短期雨水把松散干燥的粉粒黏聚起来,而长期的干旱使土中水分不断蒸发,于是,少量的水分连同溶于其中的盐类都集中在粗粉粒的接触点处,可溶盐逐渐浓缩沉淀而成为胶结物。随着含水量的减少土粒彼此靠近,颗粒间的分子引力以及结合水和毛细水的联结力也逐渐加大。这些因素都增强了土粒之间抵抗滑移的能力,阻止了土体的自重压密,于是形成了以粗粉粒为主体骨架的多孔隙结构。

黄土受水浸湿时,结合水膜增厚楔入颗粒之间,于是,结合水联结消失,盐类溶于水中,骨架强度随着降低。土体在上覆土层的自重应力或在附加应力与自重应力综合作用下,其结构迅速破坏,土粒滑向大孔,粒间孔隙减少。这就是黄土湿陷现象的内在过程。

3)物质成分

黄土中胶结物含量大,可把骨架颗粒包围起来,则结构致密。黏粒含量多,并且均匀分布在骨架之间也起了胶结作用。这些情况都会使湿陷性降低并使力学性质得到改善。反之,粒径大于 0.05 mm 的颗粒增多,胶结物多呈薄膜状分布,骨架颗粒多数彼此直接接触,则结构疏松,强度降低而湿陷性增强。黄土中的盐类,如以较难溶解的碳酸钙为主而具有胶结作用时,湿陷性减弱,但石膏及易溶盐的含量越大时,湿陷性越强。

此外,黄土的湿陷性还与孔隙比、含水量以及所受压力的大小有关。天然孔隙比越大,或天然含水量越小,则湿陷性越强。在天然孔隙比和含水量不变的情况下,随着压力的增大,黄土的湿陷量增加,但当压力超过某一数值后,再增加压力,湿陷量反而减少。

▶ 14.3.3 黄土湿陷性的判定和地基的评价

1)黄土湿陷性的判定

《湿陷性黄土地区建筑标准》(GB 50025—2018)规定:黄土湿陷性一般采用湿陷系数δ_s值来判定,湿陷系数 δ_s 为单位厚度的土层,由于浸水在规定压力下产生的湿陷量,它表示了土样所代表黄土层的湿陷程度。

δ_s 可通过室内浸水压缩试验测定。把保持天然含水量和结构的黄土土样装入侧限压缩仪内,逐级加压,达到规定试验压力,土样压缩稳定后,进行浸水,使含水量接近饱和,土样又迅速下沉,再次达到稳定,得到浸水后土样高度h'_p,如图 14.1 所示。

$$\delta_s = \frac{h_p - h'_p}{h_0} \qquad (14.1)$$

图 14.1 在压力 p 下浸水压缩曲线

式中 h_0——试样的原始高度;

h_p——保持天然湿度和结构的试样,加至一定压力时,下陷稳定后的高度;

h'_p——上述加压稳定后的试样,在浸水饱和条件下,附加下陷稳定后的高度。

测定湿陷系数 δ_s 的试验压力,应自基础底面(如基底标高不确定时,自地面下 1.5 m)算起:

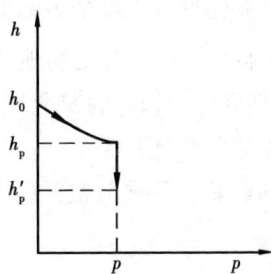

①基底压力小于 300 kPa 时,基底下 10 m 以内的土层应采用 200 kPa;10 m 以下至非湿陷性黄土层顶面,应采用其上覆土的饱和自重压力(当大于 300 kPa 压力时,仍采用 300 kPa)。

②当基底压力不小于 300 kPa 时,宜用实际基底压力,当上覆土饱和自重压力大于实际基底压力时,应用其上覆土饱和自重压力。

③对压缩性较高的新近堆积黄土,基底下 5 m 以内的土层宜用 100～150 kPa 压力,5～10 m 和 10 m 以下至非湿陷性黄土层顶面,应分别采用 200 kPa 和上覆土的饱和自重压力。

湿陷性判定:我国《湿陷性黄土地区建筑标准》(GB 50025—2018)按照国内各地经验采用 $\delta_s = 0.015$ 作为湿陷性黄土的界限值,$\delta_s \geqslant 0.015$ 定为湿陷性黄土,否则为非湿陷性黄土。根据湿陷系数 δ_s,可将湿陷性黄土分为以下 3 种:当 $0.015 \leqslant \delta_s \leqslant 0.03$ 时,湿陷性轻微;当 $0.03 < \delta_s \leqslant 0.07$ 时,湿陷性中等;当 $\delta_s > 0.07$ 时,湿陷性强烈。

2)湿陷起始压力

湿陷性黄土的湿陷起始压力 p_{sh} 值,可按下列方法确定:

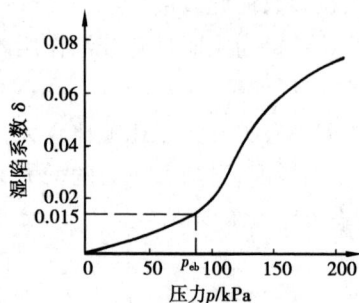

图 14.2　湿陷系数与压力的关系曲线

①按现场静载荷试验确定时,应在 $p\text{-}s_s$(压力与浸水下沉量)曲线上,取其转折点对应的压力作为湿陷起始压力值。当曲线上的转折点不明显时,可取浸水下沉量(s_s)与承压板直径(d)或宽度(b)之比值为 0.017 所对应的压力作为湿陷起始压力值。

②当按室内压缩试验结果确定时,在 $p\text{-}\delta_s$ 曲线上宜取湿陷系数 $\delta_s = 0.015$ 对应的压力作为湿陷起始压力值,如图 14.2 所示。

可采用单线法压缩试验或双线法压缩试验测定土的湿陷起始压力,加荷在 0～150 kPa 压力以内时,每级增量宜为 25～50 kPa;大于 150 kPa 时,每级增量宜为 50～100 kPa。

3)湿陷性黄土地基湿陷类型的划分

在自重湿陷性黄土场地建造结构物,必须采取比非自重湿陷性黄土场地要求更高的措施,才能确保结构物的安全和正常使用。所以应区分湿陷性黄土场地的湿陷类型是非自重湿陷性还是自重湿陷性。

自重湿陷系数 δ_{zs} 按式(14.2)计算:

$$\delta_{zs} = \frac{h_z - h_z'}{h_0} \tag{14.2}$$

式中　h_z——保持天然湿度和结构的试样,加压至该试样上覆土的饱和自重应力时,下沉稳定后的高度;

　　　h_z'——上述加压稳定后的试样,在浸水(饱和)作用下,附加下沉稳定后的高度;

　　　h_0——试样的原始高度。

建筑场地的湿陷类型可根据自重湿陷量的计算值 Δ_{zs} 来判定,Δ_{zs} 按式(14.3)计算:

$$\Delta_{zs} = \beta_0 \sum_{i=1}^{n} \delta_{zsi} h_i \tag{14.3}$$

式中　δ_{zsi}——第 i 层土的自重湿陷系数;

　　　h_i——第 i 层土的厚度,mm;

　　　β_0——因地区土质而异的修正系数,在缺乏实测资料时,可按下列规定取值:陇西地区取 1.50,陇东陕北—晋西地区取 1.20,关中地区取 0.90,其他地区取 0.50;

　　　n——计算厚度内土层的数目。

上式中的计算厚度应从天然地面算起(当挖、填方的厚度和面积较大时,应自设计地面算起),直至其下非湿陷性黄土层的顶面为止;勘探点未穿透湿陷性黄土层时,应计算至控制性勘探点深度止。其中不计 δ_{zs} <0.015 的土层。当 Δ_{zs} ≤70 mm 时,一般定为非自重湿陷性黄土场地;当 Δ_{zs} >70 mm 时,定为自重湿陷性黄土场地。

4)湿陷性黄土地基湿陷等级的判定

湿陷性黄土地基的湿陷等级,即地基土受水浸湿发生湿陷的程度,可以用地基内各土层湿陷稳定后所发生湿陷量的总和(总湿陷量)Δ_s 来衡量。Δ_s 用式(14.4)计算:

$$\Delta_s = \sum_{i=1}^{n} \alpha \beta \delta_{si} h_i \tag{14.4}$$

式中　δ_{si}——第 i 层土的湿陷系数。

　　　h_i——第 i 层土的厚度,mm。

　　　α——不同深度地基土浸水机率系数,按地区经验取值,无地区经验时,当 $0 \leqslant z \leqslant 10$ m,取 $\alpha = 1.0$;当 $10 < z \leqslant 20$ m,取 $\alpha = 0.9$;当 $20 < z \leqslant 25$ m,取 $\alpha = 0.6$;当 $z > 25$ m,取 $\alpha = 0.5$;对地下水有可能上升至湿陷性土层内,或侧向浸水影响不可避免的区段,取 $\alpha = 1.0$。

　　　β——考虑基底下地基土的受水浸湿可能性和侧向挤出等因素的修正系数。在缺乏实测资料时,可按以下规定取值:基底之下 0~5 m 深度内,取 $\beta = 1.5$;基底之下 5~10 m 深度内,非自重湿陷性黄土场地取 $\beta = 1.0$,自重湿陷性黄土场地所在地区的 β 值不小于 1.0;基底之下 10 m 以下至非湿陷性黄土层顶面或控制性勘探孔深度,在非自重湿陷性黄土场地,①区(陇西地区)、②区(陇东—陕北—晋西地区)取 $\beta = 1.0$,其他地区取工程所在地区的 β_0 值;在自重湿陷性黄土场地,可取工程所在地区的 β_0 值。

湿陷量计算值 Δ_s 的计算深度,应自基础底面算起(如基底标高不确定时,自地面以 1.5 m 算起)。对非自重湿陷性黄土场地,累计至基底以下 10 m(或地基压缩层)深度为止;对自重湿陷性黄土场地,累计至非湿陷性黄土层的顶面为止,控制性勘探点未穿透湿陷性黄土层时,累计至控制性勘探点深度止。其中湿陷系数 δ_s(10 m 以下为 δ_{zs})小于 0.015 的土层不累计。

湿陷性黄土地基的湿陷等级,应根据地基总湿陷量 Δ_s 的计算值和自重湿陷量 Δ_{zs} 等因素按表 14.1 判定。

表 14.1　湿陷性黄土地基的湿陷等级　　　　　　　　单位:mm

	非自重湿陷性场地	自重湿陷性场地	
	$\Delta_{zs} \leqslant 70$	$70 < \Delta_{zs} \leqslant 350$	$\Delta_{zs} > 350$
$50 < \Delta_s \leqslant 100$	Ⅰ(轻微)	Ⅰ(轻微)	Ⅱ(中等)
$100 < \Delta_s \leqslant 300$		Ⅱ(中等)	
$300 < \Delta_s \leqslant 700$	Ⅱ(中等)	Ⅱ(中等)或Ⅲ(严重)	Ⅲ(严重)
$\Delta_s > 700$	Ⅱ(中等)	Ⅲ(严重)	Ⅳ(很严重)

注:对 $70 < \Delta_{zs} \leqslant 350$、$300 < \Delta_{zs} \leqslant 700$ 一档的划分,当湿陷量计算值 $\Delta_{zs} > 600$ mm、自重湿陷量计算值 $\Delta_{zs} > 300$ mm 时,可判为Ⅲ级,其他情况可判为Ⅱ级。

▶ 14.3.4　湿陷性黄土地基的处理

1)湿陷性黄土地基的地基处理要求

湿陷性黄土场地如果发生湿陷沉降,对上部结构的正常使用必然产生不良影响,不均匀沉降过大,甚至会影响到结构的安全性,因此,《湿陷性黄土地区建筑标准》(GB 50025—2018)中将湿陷性黄土地区的建(构)筑物根据其重要性分为甲、乙、丙、丁 4 类,考虑到安全性、经济性和科学合理,对不同类别的建(构)筑物提出不同的地基处理要求及相应的建筑措施和防水措施要求,规定当地基的湿陷变形、压缩变形或承载力不能满足设计要求时,应针对不同土质条件和建筑物的类别,在地基压缩层内或湿陷性黄土层内采取处理措施,甲类建筑应消除地基的全部湿陷量或采用桩基础穿透全部湿陷性黄土层,或将基础设置在非湿陷性土层上;乙、丙类建筑应消除地基的部分湿陷量;丁类建筑地基可不做处理。

2)常用地基处理方法

湿陷性黄土地基的设计和施工,除了必须遵循一般的设计和施工原则外,还应针对湿陷性特点,采用适当的工程措施,包括以下 3 个方面:地基处理,以消除产生湿陷性的内在原因;防水和排水,以防止产生引起湿陷的边界条件;采取结构措施,以改善建筑物对不均匀沉降的适应性和抵抗的能力。

(1)地基处理

对湿陷性黄土地基的处理,在大多数情况下的主要目的是为了消除黄土的湿陷性,但同时也提高了黄土地基的承载力。常用的处理湿陷性黄土地基的方法及适用范围见表 14.2。

(2)防水措施

①场地防水措施:尽量选择具有排水畅通或利于场地排水的地形条件,避开受洪水或水库等可能引起地下水位上升的地段,确保管道和储水构筑物不漏水,场地内应设排水沟等。

②单体建筑物的防水措施:建筑物周围必须设置具有一定宽度的混凝土散水,以便排泄屋面水;确保建筑物地面严密不漏水;室内的给水、排水管道尽量明装,室外管道布置应尽量远离建筑物,检漏管沟应做好防水处理。

表 14.2   湿陷性黄土地基的常用地基处理方法

方法名称	适用范围
砂石垫层法	处理厚度小于 2 m，要求下卧土质良好，水位以下施工时应降水，局部或整片处理
灰土垫层法	处理厚度小于 3 m，要求下卧土质良好，必要时下设素土垫层，局部或整片处理
强夯法	厚度 3～12 m 的湿陷性黄土、人工填土或液化砂土，环境许可，局部或整片处理
挤密桩法	厚度 5～15 m 湿陷性黄土或人工填土，地下水位以上，局部或整片处理
预浸水法	湿陷程度严重的自重湿陷性黄土，可消除距地面 6 m 以下土的湿陷性，对距地面 6 m 以内的土还应采用垫层等方法处理
振冲碎石桩或深层水泥搅拌桩法	厚度 5～15 m 的饱和黄土或人工填土，局部或整片处理
单液硅化或碱液加固法	一般用于加固地面以下 10 m 范围内地下水位以上的已有结构物地基，单液硅化法加固深度可达 20 m，适用于局部处理
旋喷桩法	一般用于加固地面以下 20 m 范围内的已有结构物地基，适用于局部处理
桩基础法	厚度 5～30 m 的饱和黄土或人工填土

③施工阶段的防水：施工场地应平整，做好临时防洪、排水措施；大型基坑开挖时应防止地面水流入，坑底应保持一定坡度便于集水和排水；尽量缩短基坑暴露时间。

（3）结构措施

①加强建筑物的整体性和空间刚度；

②选择适宜的结构和基础形式；

③加强砌体和构件的刚度。

▶ 14.3.5   湿陷性黄土地基的设计计算要点

在湿陷性黄土地基的设计中，应根据建筑物的类别和场地湿陷类型，结合当地的建筑经验、施工与维护管理等条件综合确定。

1）湿陷性黄土地基容许承载力

经灰土垫层（或素土垫层）、重锤夯实处理后，地基土承载力应通过现场测试或根据当地建筑经验确定，其容许承载力一般不宜超过 250 kPa（素土垫层为 200 kPa）。垫层下如有软弱下卧层，也需验算其强度。对各种深层挤密桩、强夯等处理的地基，其承载力也应做静载荷试验来确定。

2）沉降计算

进行湿陷性黄土地基的沉降计算时，除考虑土层的压缩变形外，对进行消除全部湿陷性处理的地基，可不再计算湿陷量（但仍应计算下卧层的压缩变形）；对进行消除部分湿陷性处理的地基，应计算地基在处理后的剩余湿陷量；对仅进行结构处理或防水处理的湿陷性黄土地基,应计算其全部湿陷量。压缩沉降及湿陷量之和如超过沉降容许值时,必须采取减少沉降量、湿陷量措施。

14.4　膨胀土地基处理

▶ 14.4.1　膨胀土的一般特征

膨胀土地基是指黏粒成分主要由亲水性矿物组成,同时具有显著的吸水膨胀和失水收缩两种变形特性的黏性土。膨胀土一般强度较高,压缩性低,容易被误认为是良好的天然地基。

1)分布特征

膨胀土在北美、北非、南亚、澳洲以及中国的黄河流域及其以南地区,均有不同程度的分布。膨胀土多分布于二级或二级以上的河谷阶地、山前和盆地边缘及丘陵地带,一般地形坡度平缓,无明显的天然陡坎。平原地带膨胀土常被第四纪冲积层覆盖。

2)物理性质特征

膨胀土的黏粒含量很高,粒径小于 0.002 mm 胶体颗粒含量往往超过 20%,塑性指数 $I_p >$ 17,且多在 22~35;天然含水量与塑限接近,液性指数 I_L 常小于零,呈坚硬或硬塑状态;膨胀土的颜色有灰白、黄、黄褐、红褐等色,并在土中常含有钙质或铁锰质结核。

按黏土矿物成分对膨胀土进行划分,可将其大致归纳为两大类,一类是以蒙脱石为主,另一类是以伊利石为主。蒙脱石的亲水性强,遇水浸湿时,膨胀强烈,对土建工程危害较大,伊利石则次之。云南蒙自、广西宁明、河北邯郸、河南平顶山等地的膨胀土多属第一类,安徽合肥、四川成都、湖北郧县、山东临沂等地的膨胀土多属第二类。

3)裂隙特征

膨胀土中的裂隙发育有竖向、斜交和水平裂隙 3 种,常呈现光滑和带有擦痕的裂隙面,显示出土块间相对运动的痕迹。裂隙中多被灰绿、灰白色黏土所填充,裂隙宽度为上宽下窄,且旱季开裂,雨季闭合,呈季节性变化。膨胀土地基上的建筑物常见裂缝有:山墙上对称或不对称的倒八字形缝,这是因为山墙两侧下沉量较中部大的缘故;外纵墙外倾并出现水平缝;胀缩交替变形引起的交叉缝等。

▶ 14.4.2　膨胀土的工程特性指标

1)自由膨胀率 δ_{ef}

将人工制备的磨细烘干土样,经无颈漏斗注入量杯,量其体积,然后倒入盛水的量筒中,经充分吸水膨胀稳定后,再测其体积,增加的体积与原体积的比值 δ_{ef} 称为自由膨胀率。

$$\delta_{ef} = \frac{V_w - V_0}{V_0}$$

(14.5)

式中 V_w——试样在水中膨胀稳定后的体积,ml;

V_0——试样原始体积,ml。

2)膨胀率 δ_{ep} 和膨胀力 p_c

膨胀率表示原状土在侧限压缩仪中,在一定压力下,浸水膨胀稳定后,土样增加的高度与原高度之比,计算公式为:

$$\delta_{ep} = \frac{h_w - h_0}{h_0} \tag{14.6}$$

式中 h_w——土样浸水膨胀稳定后的高度,mm;

h_0——土样的原始高度,mm。

以各级压力下的膨胀率 δ_{ep} 为纵坐标,压力 p 为横坐标,将试验结果绘制成 p-δ_{ep} 关系曲线,该曲线与横坐标的交点 p_c 称为试样的膨胀力,膨胀力表示原状土样在体积不变时,由于浸水膨胀产生的最大内应力。

3)线缩率 δ_{sr} 与收缩系数 λ_s

膨胀土失水收缩,其收缩性可用线缩率与收缩系数表示。线缩率 δ_{sr} 是指土的竖向收缩变形与原状土样高度之比,表示为:

$$\delta_{si} = \frac{z_i - z_0}{h_0} \times 100\% \tag{14.7}$$

利用收缩曲线的直线收缩段可求得收缩系数 λ_s,其意义为原状土样在直线收缩阶段内,含水量每减少1%时所对应的线缩率的改变值,即

$$\lambda_s = \frac{\Delta\delta_s}{\Delta w} \tag{14.8}$$

式中 h_0——土样的原始高度,mm;

z_i——某次百分表读数,mm,代表土样收缩时的高度;

z_0——百分表初始读数,mm,代表土样的原始高度;

Δw——收缩过程中直线变化阶段两点含水量之差,%;

$\Delta\delta_s$——收缩过程中两点含水量之差对应的竖向线缩率之差,%。

▶ 14.4.3　膨胀潜势与地基评价

1)膨胀土的膨胀潜势

《膨胀土地区建筑技术规范》(GB 50112—2013)中规定,凡具有下列工程地质特征的场地,且自由膨胀率 $\delta_{ef} \geq 40\%$ 的土应判定为膨胀土。

①裂隙发育,常有光滑面和擦痕,有的裂隙中充填着灰白、灰绿色黏土,在自然条件下呈坚硬或硬塑状态;

②多出露于二级或二级以上阶地、山前和盆地边缘丘陵地带,地形平缓,无明显自然陡坎;

③常见浅层塑性滑坡、地裂,新开挖坑(槽)壁易发生坍塌等;

④建筑物裂缝随气候变化而张开和闭合。

由于自由膨胀率能综合反映亲水性矿物成分、颗粒组成、膨胀特征及其危害程度,因此可用自由膨胀率评价膨胀土膨胀性的强弱。关于膨胀土的膨胀潜势分类见表14.3。

2)膨胀土地基评价

《膨胀土地区建筑技术规范》(GB 50112—2013)规定,以50 kPa压力下测定的土的膨胀率,计算地基分级变形量s_c,以此作为划分胀缩等级的标准。膨胀土地基的胀缩等级分类见表14.4。

表14.3　膨胀土的膨胀潜势分类

自由膨胀率/%	胀缩潜势
$40 \leqslant \delta_{ef} < 65$	弱
$65 \leqslant \delta_{ef} < 90$	中
$\delta_{ef} \geqslant 90$	强

表14.4　膨胀土地基的胀缩等级

地基分级变形量s_c/mm	级　别	破坏程度
$15 \leqslant s_c < 35$	I	轻微
$35 \leqslant s_c < 70$	II	中等
$s_c \geqslant 70$	III	严重

▶ 14.4.4　膨胀土地基变形量计算

膨胀土地基在不同条件下可表现为3种不同的变形形态,即上升型变形、下降型变形和升降型变形。因此,膨胀土地基变形量计算应根据实际情况,可按下列3种情况分别计算:

①当离地表1 m处地基土的天然含水量等于或接近最小值时,或地面有覆盖且无蒸发可能时,以及建筑物在使用期间经常受水浸湿的地基,可按膨胀变形量计算;

②当离地表1 m处地基土的天然含水量大于1.2倍塑限含水量时,或直接受高温作用的地基,可按收缩变形量计算;

③其他情况下可按胀、缩变形量计算。

采用分层总和法,上述3种变形量计算方法如下。

1)地基土的膨胀变形量s_e

$$s_e = \psi_e \sum_{i=1}^{n} \delta_{epi} h_i \tag{14.9}$$

式中　ψ_e——计算膨胀变形量的经验系数,宜根据当地经验确定,若无可依据经验时,3层及
　　　　　　3层以下建筑物可采用0.6;

　　　δ_{epi}——基础底面下第i层土在该层土的平均自重应力与平均附加应力之和作用下的
　　　　　　膨胀率,由室内试验确定,%;

　　　h_i——第i层土的计算厚度,mm;

　　　n——自基础底面至计算深度z_n内所划分的土层数,计算深度应根据大气影响深度确
　　　　　　定,有浸水可能时,可按浸水影响深度确定。

2)地基土的收缩变形量 s_s

$$s_s = \psi_s \sum_{i=1}^n \lambda_{si} \Delta w_i h_i \qquad (14.10)$$

式中　ψ_s——计算收缩变形量的经验系数,宜根据当地经验确定,若无可依据经验时,3层及
3层以下建筑物可采用0.8;

ψ_{si}——第 i 层土的收缩系数,应由室内试验确定;

Δw_i——地基土收缩过程中,第 i 层土可能发生的含水量变化的平均值(以小数表示);

n——自基础底面至计算深度内所划分的土层数,计算深度可取大气影响深度,当有热
源影响时,应按热源影响深度确定。

在计算深度时,各土层的含水量变化值 Δw_i 应按式(14.11)、式(14.12)计算:

$$\Delta w_i = \Delta w_1 - (\Delta w_1 - 0.01)\frac{z_i - 1}{z_n - 1} \qquad (14.11)$$

$$\Delta w_1 = w_1 - \varphi_w w_p \qquad (14.12)$$

式中　w_1, w_p——地表下1 m处土的天然含水量和塑限含水量(以小数表示);

ψ_w——土的湿度系数;

z_i——第 i 层土的深度,m;

z_n——计算深度,可取大气影响深度,m。

在地表4 m土层深度内,存在不透水基岩时,可假定含水量变化值 Δw_1 为常数;在计算深
度内有稳定地下水位时,可计算至水位以上3 m。

3)地基土的胀缩变形量 s

$$s = \psi \sum_{i=1}^n (\delta_{epi} + \lambda_{si} \Delta w_i) h_i \qquad (14.13)$$

式中　ψ——计算胀缩变形量的经验系数,可取0.7。

▶ 14.4.5　膨胀土地基的处理方法

膨胀土地基的处理措施原则,应从上部结构与地基基础两方面考虑,设计中应重点考虑
控制膨胀土的胀缩性问题,选择合理的地基处理方法。此外,还应考虑上部结构的措施,加强
构筑物的整体性与抗变形能力。对于膨胀土地基,可采用换填法、土性改良法、保湿法、砂包
基础法、增大基础埋深法、桩基础法、土工合成材料加固法等处理方法。膨胀土地基上建筑物
的基础埋置深度不应小于1 m。

1)换填法

换填法是将膨胀土全部或部分挖掉,换填非膨胀黏性土、砂、砂砾土、碎石或灰土,以消除
或减小地基胀缩变形的一种方法。其本质是回避膨胀土的不良工程特性,从源头上改善地基
土的胀缩性,是膨胀土地基处理方法中最简单、有效的方法。

2)土性改良法

(1)压实法　在压实功能的作用下,膨胀土的干密度增大而含水量减小,导致其内摩擦角

和黏聚力增大，使地基承载力得到提高。但压实后膨胀土的胀缩性并没有受到抑制。压实法只适用于弱膨胀性土。压实后膨胀土强度的提高，补偿了膨胀土的胀缩变形对强度的影响。

（2）掺合料法　在膨胀土中掺入一定比例的掺合料（如石灰、粉煤灰、矿渣、砂砾石和水泥等无机材料或有机化学添加剂），分层夯实，或通过设置石灰砂桩、压力注入石灰浆液，使得膨胀土的亲水性降低，稳定性增强，从而可以消除或减小地基土体的胀缩变形。

按加固机理的不同，可将掺合料法划分为物理改良法、化学改良法与综合改良法。

①物理改良法：在膨胀土中添加其他非膨胀性固体材料，通过改变膨胀土原有的土颗粒组成及级配，从而减弱膨胀土的胀缩性。常见的掺合料有风积土、砂砾石、粉煤灰与矿渣等。由于物理改良法并没有从本质上改变膨胀土的特性，因此该法主要适用于弱膨胀土的改良，实际选用时，需慎重考虑。

②化学改良法：该法是在膨胀土中掺入石灰、水泥等添加材料，利用添加材料与膨胀土中的黏土颗粒之间的化学反应，以达到降低膨胀土膨胀潜势，提高其强度和水稳定性的目的。该种处理方法能从本质上改善膨胀土的工程性质，理论上可根本消除膨胀土的胀缩性。

③综合改良法：利用物理改良法与化学改良法的加固机理，既改变膨胀土的物质组成结构，又改变其物理力学性质，达到强化膨胀土的土质改良效果。由于该法充分利用了一些固体废弃物与价格低廉的材料，如粉煤灰、矿渣与砂砾石等，有利于环境保护，改良质量又好，得到了工程界的普遍重视。目前，应用较多的有二灰复合料、石灰砂砾料与矿渣复合料等。

3）保湿法

（1）暗沟保湿法　膨胀土地基如充分浸水至膨胀稳定含水量（即胀限），并维持在胀限范围，则地基既不会产生膨胀变形，也不会产生收缩变形，从而保证结构物不致因地基胀缩变形而导致破坏。暗沟保湿法适用于有经常水源的 3 层以下房屋的处理，对于无经常水源的房屋、强膨胀土地基和长期干旱地区不得采用。

（2）地基预浸水法　在施工前用人工方法增大地基土的含水量，使膨胀土层全部或部分膨胀，并维持其高含水量，从而消除或减小地基的膨胀变形量。

（3）帷幕保湿法　将用不透水材料做成的帷幕设置于结构物周围，阻止地基土体中的水分与外界交换，以保持地基土体的湿度维持相对稳定，从而达到减小地基胀缩变形的目的。

帷幕形式有砂帷幕、填砂的塑料薄膜帷幕、填土的塑料薄膜帷幕、沥青油毡帷幕以及塑料薄膜灰土帷幕等。

（4）全封闭法　全封闭法在膨胀土路堤中应用较多，又称为包盖法或包边路堤法。在膨胀土广泛分布的地区填筑路堤时，可直接用接近最优含水量的中、弱膨胀土填筑路堤心部位，用普通黏土或改性土作为路堤两边边坡与基底及顶面的封层，从而形成包心填方，让膨胀土永久地封存于非膨胀土之中，避免膨胀土与外界大气直接接触，可保持膨胀土含水量的相对稳定，使其失去胀缩性，从而保证路堤避免胀缩破坏。全封闭法仅适用于非浸水路堤。

4）砂包基础法

砂包基础法是将基础置于砂层包围中，砂层选用砂、碎石、灰土等材料，厚度宜采用基础宽度的 1.5 倍,宽度宜采用基础宽度的 1.8~2.5 倍,砂层不能采用水振法施工。对中等胀缩性膨胀土地基,可将砂包基础、地梁、油毡滑动层以及散水坡等措施结合应用。

5)增大基础埋深法

在季节分明的湿润区和亚湿润区,地基胀缩等级属中等或中等偏弱的平坦地区,由于这些地区的大气影响深度较深,增大基础埋深可以作为防治房屋产生过大不均匀沉降变形的一项长期处理措施。该种方法在美国、加拿大等国家被普遍采用。

6)桩基础法

如果大气影响深度和地下水位均较深,选用其他地基处理方法有困难或不经济时,则可采用桩基础,基桩应支承在胀缩变形较稳定的土层或非膨胀性土层上。目前国内以灌注桩基础较为常用,在个别地区也有采用钢管桩、扩底桩等桩基础形式。

7)土工合成材料加固法

由于土工合成材料具有加筋、隔离、防护、防渗、过滤和排水等多种功能,因此将土工合成材料应用于处治膨胀土(尤其是用于膨胀土路基工程)已十分普遍。

总之,膨胀土地基的处理技术还在不断发展之中,除上述介绍的方法外,还有一些其他方法亦取得了较好的应用效果,如水泥土搅拌法、石灰桩法、砂石桩法与土钉法等。在实际工程应用中,究竟是采用单一方法或是组合方法,还应根据工程地区的实际情况而定。

14.5 冻土地基处理

▶ 14.5.1 冻土的一般概念

冻土是指温度等于或低于 0 ℃,含有固态水(冰)的各类土。冻土是由冰与胶结着的土颗粒组成的。根据冻土存在的时间,将冻土分成多年冻土、季节性冻土、瞬时冻土 3 种。

(1)多年冻土 由于气候寒冷,冬季冻结时间长,夏季融化时间短,冻融现象只发生在表层一定深度范围内,而下面土层的温度终年低于零度而不融化,这种冻结状态持续 2 年以上或长期不融的土称为多年冻土。多年冻土在世界上分布很广,约占地球陆地面积的 24%。在我国,多年冻土主要分布在两个地区:一是东北的黑龙江省和内蒙古的呼伦贝尔草原;二是青藏高原冻土区,主要为高原多年冻土,分布在海拔 4 300~4 900 m 以上的地区。这些地区年平均气温低于 0 ℃,冻土厚度为 1~20 m 或更大。

(2)季节性冻土 冻结时间等于或大于 1 个月,冻结深度从数十毫米至 1~2 m,为每年冬季冻结、夏季全部融化的周期性冻土。季节性冻土在我国分布很广,东北、华北、西北是季节性冻结层厚 0.5 m 以上的主要分布地区;多年冻土主要分布在黑龙江的大小兴安岭一带、内蒙古纬度较大地区、青藏高原部分地区与甘肃、新疆的高山区,其厚度从不足一米到几十米。

(3)瞬时冻土 冻结时间小于 1 个月,一般为数天或数小时(夜间冻结),冻结深度从数毫米至数十毫米。

冬季随着大气温度的下降,土体孔隙中的水和外界补给水汽水冻结面形成晶体、透镜体、冰夹层等形式的冰浸入体,引起土体体积增大,导致地表不均匀上升,这就是冻胀现象。夏季,冻结后的土体产生融化,伴随着土体中冰浸入体的消融,出现沉陷,使土体处于饱和或过饱和状态,导致地基承载力的降低。冻胀和冻融现象会给季节性冻土和多年冻土地基上的结构物带来危害,因而对冻土地区基础工程除按一般地区的要求进行设计施工外,还要考虑季节性冻土或多年冻土的特殊要求。本节主要就多年冻土工程性质及处理方法加以介绍。

▶ 14.5.2 多年冻土的工程性质

多年冻土地基的表层常覆盖有季节冻土(或称融冻层)。在多年冻土上建造结构物后,由于结构物传到地基中的热量改变了多年冻土的地温状态,使冻土逐年融化而强度显著降低,压缩性明显增高,从而导致上部结构破坏或妨碍其正常使用。

1)多年冻土按其融沉性的等级划分

多年冻土的融沉性是评价其工程性质的重要指标。冻土的融沉性可由试验测定出的融化下沉系数表示。根据融化下沉系数 δ_0 的大小,多年冻土可分为不融沉、弱融沉、融沉、强融沉和融陷 5 级。冻土的平均融化下沉系数 δ_0 可按式(14.14)计算:

$$\delta_0 = \frac{h_1 - h_2}{h_1} = \frac{e_1 - e_2}{1 + e_1} \times 100\% \tag{14.14}$$

式中 h_1, e_1 ——冻土试样融化前的高度(mm)和孔隙比;

h_2, e_2 —— 冻土试样融化后的高度(mm)和孔隙比。

Ⅰ级(不融沉): $\delta_0 \leqslant 1\%$,仅次于岩石的地基土,其上修筑建筑物时可不考虑冻融问题。

Ⅱ级(弱融沉): $1\% < \delta_0 \leqslant 3\%$,是多年冻土中较好的地基土,可直接作为建筑物的地基,当控制基底最大融化深度在 3 m 以内时,建筑物不会遭受明显融沉破坏。

Ⅲ级(融沉): $3\% < \delta_0 \leqslant 10\%$,具有较大的融化下沉量而且冬季回冻时有较大冻胀量。作为地基的一般基底融深不得大于 1 m,并采取专门措施,如深基、保温防止基底融化等。

Ⅳ级(强融沉): $10\% < \delta_0 \leqslant 25\%$,融化下沉量很大,因此施工、运营期内不允许地基发生融化,设计时应保持冻土不融或采用桩基础。

Ⅴ级(融陷): $\delta_0 > 25\%$,为含土冰层,融化后呈流动、饱和状态,不能直接作地基,应进行专门处理。

2)多年冻土对工程的危害性

在多年冻土地区修建结构物,有可能因冻害而受到损害。

(1)冻胀引起的破坏 冻胀的外观表现是土表层不均匀的升高,冻胀变形常常可以形成冻胀丘及隆起等一些地形外貌。

当地基土的冻结线侵入基础的埋置深度范围内时,将引起基础产生冻胀。当基础底面置于季节冻结线之下时,基础侧表面将受到地基土切向冻胀力的作用;当基础底面置于季节冻结线之上时,基础将受到地基土切向冻胀力及法向冻胀力的作用。在上述冻胀力作用下,结构物基础将明显地表现出随季节而上抬和下落变化。当这种冻融变形超过结构物所允许的变形值时,便会产生各种形式的裂缝和破坏。

(2)融沉引起的破坏　融沉又称热融沉陷,指冻土融化时发生的下沉现象。它包括与外荷载无关的融化沉降和与外荷载直接相关的压密沉降。一般是自然(气候转暖)或人为因素(如砍伐与焚烧树木、房屋采暖)改变了地面的温度状况,引起季节融化层深度加大,使地下冰或多年冻土层发生局部融化所造成的。在天然情况下发生的融沉往往表现为热融凹地、热融湖沼和热融阶地等,这些都是不利于工程建筑物安全和正常运营的条件。

3)多年冻土融沉量计算

冻土地基总融沉量由两部分组成,一是冻土解冻后体积缩小,部分水在融化过程中被挤出,土粒重新排列所产生下沉量;二是融化完成后,在土自重和恒载作用下产生的压缩下沉。最终沉降量 s 计算如下:

$$s = \sum_{i=1}^{n} \delta_{0i}h_i + \sum_{i=1}^{n} \alpha_i\sigma_{ci}h_i + \sum_{i=1}^{n} \alpha_i\sigma_{pi}h_i \tag{14.15}$$

式中　δ_{0i}——第 i 层冻土融化系数,见式(14.14);

　　　h_i——第 i 层冻土厚度,m;

　　　α_i——第 i 层冻土压缩系数,kPa^{-1},由试验确定;

　　　σ_{ci}——第 i 层冻土中点处自重应力,kPa;

　　　σ_{pi}——第 i 层冻土中点处建筑物恒载附加应力,kPa。

▶ 14.5.3 多年冻土地基设计原则

多年冻土地区的地基,应根据冻土的稳定状态和修筑建筑物后地基地温、冻深等可能发生的变化,分别采取两种原则设计,即保持冻结原则和容许融化原则。

1)保持冻结原则

保持冻结原则即保持基底多年冻土在施工和使用过程中处于冻结状态。适用于多年冻土较厚、地温较低和冻土比较稳定的地基,或地基土为融沉、强融沉时,采用本设计原则应考虑技术的可能性和经济的合理性。采取这一原则时,地基土应按多年冻土物理力学指标进行基础工程设计和施工。基础埋入冻土上限以下的最小深度:对刚性扩大基础的弱融沉土为0.5 m,融沉和强融沉土为1.0 m;桩基础为4 m。

一般来说,当冻土厚度较大,土温比较稳定,或者融沉性很大时,采取保持冻结状态的设计原则比较合理,特别是对那些不采暖房屋和带不采暖地下室的采暖结构物最为适宜。对于塑性冻土或采暖结构物,如能采取措施,保证冻土地基的温度不比天然状态高时,也可按保持冻结原则进行设计。

2)容许融化原则

容许融化原则即容许基底下的多年冻土在施工和使用过程中融化。融化方式可有自然融化和人工融化。对厚度不大、地温较高的不稳定状态冻土地基,及地基土为不融沉或弱融沉冻土时,宜采用自然融化原则;对较薄的、不稳定状态的融沉和强融沉冻土地基,在砌筑基础前宜采用人工融化冻土,然后挖除并换填。

基础类型的选择应与冻土地基设计原则协调。采用保持冻结原则时,应首先考虑桩基,因桩基施工对冻土暴露面小,有利保持冻结。施工方法宜以钻孔灌注(或插入、打入)桩、挖孔灌注桩等为主。小桥涵基础埋置深度不大时可用扩大基础。采用容许融化原则时,地基土取用融化土的物理力学指标进行强度和沉降验算,上部结构形式以静定结构为宜,小桥涵可采用整体性较好的基础形式或采用箱形涵等。

▶ 14.5.4 多年冻土地基的处理方法

为控制地基土的变形,可根据需要采用不同的地基处理措施和结构设计方法。以多年冻土区地基设计原则为出发点,为保持地基土的冻结状态,可根据地基土和结构物的具体形式选择使用架空通风基础、填土通风管基础、用粗颗粒土垫高地基、热管基础、保温隔热地板以及把基础底板延伸至计算的最大融化深度之下等措施。当采用逐渐融化状态进行设计时,以加大基础埋深、采用隔热地板、设置地面排水系统等设计措施来减小地基的变形。

地基处理方法的选用要力求做到安全适用、确保质量、经济合理、技术先进,因地制宜地确定合适的地基处理方法。常用冻土区地基处理方法及其适用范围见表14.5。

表 14.5　常用冻土区地基处理方法及其适用范围

原则	方法	加固原理	适用范围
保持冻结状态的设计原则	架空通风基础法	在桩顶部设置混凝土圈梁,圈梁与地面间有一定的空间,以防土体冻胀时把圈梁抬起,将室内散发的热量带走,以保持地基土处于冻结状态	稳定的多年冻土区、且热源较大地质条件较差(如含冰量大的强融沉性土)的房屋建筑
	填土通风管基础法	将通风管埋入非冻胀性填土中,利用通风管自然通风带走结构物的附加热量,以保持地基的冻结状态	多用于多年冻土区不采暖的结构物,如油罐基础、公路或铁路路堤等
	垫层法	利用卵石、砂砾石等粗颗粒材料较大孔隙和较强的空气自由对流特性	多用于卵石、砂砾石较多的多年冻土区
	热管基础法	利用热桩、热棒基础内部的热虹吸将地基土中的热量传至上部散入大气中,来达到冷却地基的效果。基础可用热桩隔开	为既有结构物在使用过程中遇到基础下冻土温度升高、变形加大等不利现象时有效加固手段
	保温隔热地板法	在结构物基础底部或四周设置隔热层,增大热阻,以推迟地基的融化,降低土中温度,减少融化深度,进而达到防冻胀的目的	多用于多年冻土地区的采暖结构物
	桩基础法	当基础底面延伸至计算的最大融化深度以下时,可以消除地基土在冻结过程中法向冻胀力对基础底部的作用,同时可以消除融沉的影响	多适用于多年冻土区的桩、柱和墩基等基础的埋置
	人工冻结法	冻土只能在负温下存在,且温度越低,冻土强度越大	利于保持结构物的稳定

续表

原则	方法	加固原理	适用范围
逐渐融化状态的设计原则	加大基础埋深	加大基础埋深,并使基底之下的融化土层变薄,以控制地基土逐渐融化后,其下沉量不超过容许变形值	持力层地基土在塑性冻结状态,或者室温较高,宽度较大结构物以及热管道及给排水系统穿过地基时,难以保持土冻结状态
	设置地面排水系统	降低地下水位以及冻结层范围内的土体含水量,隔断外水补给来源并排除地表水以防止地基土过于潮湿	
	用保温隔热板或者架空热管道	防止室温、热管道及给排水系统向地基传热,达到人为控制地基土融化深度的目的	适用于工业与民用建筑,热水管道以及给排水系统的铺设工程
	加强结构的整体性和空间刚度	可抵御一部分不均匀变形,防止结构裂缝	用于允许有大的不均与冻胀变形的结构物
	增加结构的柔性	适应地基土逐渐融化后的不均匀变形	适用于寒冷地区公路、铁路和渠道衬砌工程中,以及在地下水位较高的强冻胀性土地段工程中
预先融化状态的设计原则	粗颗粒土置换细颗粒土或预压加密土层	利用粗颗粒材料较大的孔隙和较强的空气自由对流特性,降低土的冻胀对地基变形的影响	
	预压加密土层	预压加密后可减小地基的变形量	适用于压缩性较大的土
	加大基础埋深	加大基础埋深,并使基底之下的融化土层变薄,以控制地基土逐渐融化后,其下沉量不超过允许变形值	

热管基础法是我国在修建青藏铁路时,在多年冻土中所采用的新方法,也称为热桩(棒)法。下面介绍热管基础法原理及工程应用情况。

热管是一种汽液两相对流循环的热导系统,它实际上是一根密封并抽成真空的管,内有毛细多孔管芯或螺旋线和一定量的工作液体(亦称为工质,如氨、氟利昂、丙酮等)。热管的地面以上部分为冷凝段(由散热片组成),插入地面以下的部分为蒸发段,如图14.3所示。当地温大于气温(即蒸发段的温度高于冷凝段的温度)时,蒸发段毛细孔中的液体工质吸收热量,蒸发成汽体工质,在压差作用下,蒸汽上升至冷凝段,放出汽化潜热,再通过冷凝段的散热片散出。同时蒸汽工质遇冷冷却成液体,在重力作用下,液体沿管壁回流至蒸发段,如此往复循环,将热量传出,吸收冷量。

上述汽液两相对流循环过程是连续的,只有当蒸发段的温度低于冷凝段的温度(如夏季)时,这种对流循环过程才停止,热管也就停止工作。因此,热管可以将冷量有效地传递贮存于地下,又可有效地阻止热量向下传递,是一种可控制热量传递的高效热导装置。如图 14.4 所示为在某桩两侧安装了氨热管前后桩底土体温度的变化情况。

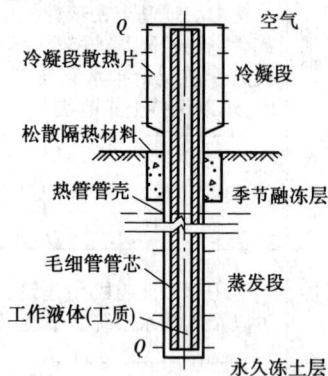

图 14.3　热管结构示意图

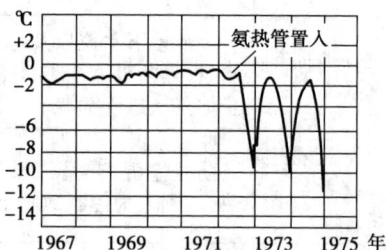

图 14.4　安装氨热管前后某桩底土体温度变化

热管可用于冷却地基土体和防止融沉冻胀。热管用于冷却冻土路基如图 14.5 所示。

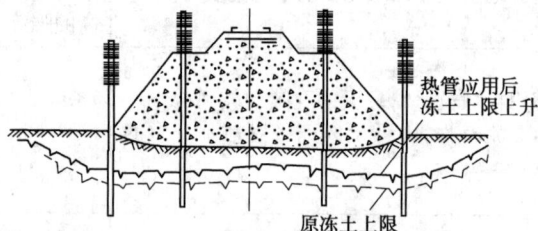

图 14.5　热管用于冷却冻土路基示意图

14.6　液化土地基处理

▶ 14.6.1　砂土地基液化的原因

当振动(地震)作用时,足够大的振动惯性力使砂土颗粒离开原来的稳定位置而开始运动,力图达到新的稳定位置,从而使砂土趋于密实,土孔隙遭到挤压。对于饱和砂土,因砂土中的孔隙完全充满水,此时,运动着的土颗粒必然挤压孔隙水。由于地震作用时间都非常短,仅为几十秒钟,在此极短时间内,受挤压的孔隙水来不及排出,必然导致孔隙水压力的急剧上升。根据有效应力原理,当上升的水压力达到土中原先由土骨架承担并传递的全部有效应力时,土体中的有效应力为零,此时砂土颗粒之间不再传递应力,土粒处于悬浮状态,其抗剪强度必然为零,砂土就成为液化土。

在振动(地震)作用后,随着孔隙水的逐渐排出,孔隙水应力也随之下降并消散,砂土颗粒之间的有效应力逐渐增大,颗粒又重新接触并开始传递应力,组成新的骨架,砂土又达到新的稳定状态。但此时砂土已被压缩(地基突沉量已非常大),与振动荷载作用前相比,更为密实了。

▶ 14.6.2 砂土液化的可能性判别

根据我国近年来对液化判别的研究经验,明确液化可分"两步判别",即初步判断和标准贯入试验判断。凡经初步判别划为不液化或不考虑液化影响,可不进行第二步判别,以节省勘察工作量。

1)初步判别

经过对邢台、海城、唐山等地震液化现场资料的分析,发现液化与土层的地质年代、地貌单元、黏粒含量、地下水位的深度、上覆非液化土层厚度、基础埋置深度和地震烈度有密切关系,利用这些关系,即可对土层进行液化判别,称为初步判别。

饱和砂土或粉土,当符合下列条件之一时,可初步判别为不液化或不考虑液化影响。

①地质年代为第四纪晚更新世(Q_3)及其以前,且设防烈度为7,8度时。

②当烈度为7度、8度、9度,粉土的黏粒(粒径小于0.005 mm的颗粒)质量分数ρ_c,分别大于10%,13%,16%时。

③地下水位深度和覆盖非液化土层厚度满足式(14.16)、式(14.17)、式(14.18)之一时:

$$d_w > d_0 + d_b - 3 \text{ m} \tag{14.16}$$

$$d_u > d_0 + d_b - 2 \text{ m} \tag{14.17}$$

$$d_u + d_w > 1.5d_0 + 2d_b - 4.5 \text{ m} \tag{14.18}$$

式中　d_w——地下水位深度,m,按建筑使用期内年平均最高水位采用,也可按近期内年最高水位采用;

　　　d_0——液化土特征深度,m,按表14.6采用;

　　　d_b——基础埋置深度,m,小于2 m时采用2 m;

　　　d_u——上覆非液化土层厚度,m,计算时应注意将淤泥和淤泥质土层扣除。

表14.6　液化土特征深度d_0　　　单位:m

饱和土类别	设防烈度		
	7	8	9
粉　土	6	7	8
砂　土	7	8	9

2)《建筑抗震设计规范》的液化判别方法

《建筑抗震设计规范》(GB 50011—2010,2016年版)规定:当初步判别认为场地土有液化的可能,需进一步进行液化判别时,应采用标准贯入试验判别其是否会发生液化。

标准贯入试验设备由穿心锤(标准质量63.5 kg)、触探杆、贯入器等组成。试验时,先用钻具钻至试验土层标高以上15 cm,再将标准贯入器打至试验土层标高位置;然后,在锤的落距为76 cm的条件下,连续打入土层30 cm,记录所得锤击数为$N_{63.5}$。当地面下20 m深度范围土的实测标准贯入锤击数$N_{63.5}$小于按式(14.19)确定的下限值N_{cr}时,则应判为液化土,否则为不液化土。

$$N_{cr} = N_0\beta\Big[\ln(0.6d_s + 1.5) - 0.1d_w\Big]\sqrt{\frac{3}{\rho_c}} \tag{14.19}$$

式中　N_{cr}——液化判别标准贯入锤击数临界值；

　　　N_0——液化判别标准锤击数基准值，按表 14.7 采用；

　　　d_s——饱和土标准贯入点深度，m；

　　　ρ_c——饱和土的黏粒含量百分率，当 ρ_c 小于 3 或为砂土时，取 $\rho_c = 3\%$；

　　　β——调整系数，设计地震第一组取 0.8，第二组取 0.95，第三组取 1.05。

表 14.7　液化判别标准贯入锤击数基准值（N_0）

设计基准加速度 $g/(\text{m}\cdot\text{s}^{-1})$	0.10	0.15	0.20	0.30	0.40
N_0 值	7	10	12	16	19

一般情况下，只用判别地面下 20 m 深度范围内土的液化可能性；对可不进行天然地基及基础的抗震承载力验算的各类建筑，可只判别地面下 15 m 范围内土的液化可能性。

3)《岩土工程勘察规范》的液化判别方法

《岩土工程勘察规范》（GB 50021—2001,2009 年版）在液化判别的条文说明中，建议用剪切波速判别地面下 15m 范围内饱和砂土和粉土的地震液化。临界剪切波速 v_{scr} 为：

$$v_{scr} = v_{s0}(d_s - 0.013\,3d_s^2)^{0.5}\Big[1.0 - 0.185\Big(\frac{d_w}{d_s}\Big)\Big]\Big(\frac{3}{\rho_c}\Big)^{0.5} \tag{14.20}$$

式中　v_{scr}——饱和砂土或饱和粉土的液化剪切波速临界值，m/s；

　　　v_{s0}——与烈度、土类有关的经验系数，见表 14.8 值；

　　　d_s——剪切波速测点深度，m；

　　　d_w——地下水位深度，m。

场地实测剪切波速 v_s(m/s)，当 $v_s < v_{scr}$ 时，判为液化；否则，判为不液化。

表 14.8　与烈度、土类有关的经验系数 v_{s0}

地震烈度	7 度	8 度	9 度
砂　土	65	95	130
粉　土	45	65	90

4)地基的液化等级划分

已判别为液化土的地基，应进一步定量分析，评价液化土可能造成的危害程度，为此可通过计算地基液化指数 I_{IE} 进行液化等级划分。

$$I_{IE} = \sum_{i=1}^{n}\Big(1 - \frac{N_i}{N_{cr}}\Big)d_iW_i \tag{14.21}$$

式中　I_{IE}——液化指数。

　　　n——在判别深度范围内每一个钻孔标准贯入试验点的总数。

　　　N_i, N_{cr}——第 i 点标准贯入锤击数的实测值和临界值，当实测值大于临界值时应取临界值的数值；当只需要判别 15 m 范围以内的液化时，15 m 以下的实测值可按临界值采用。

d_i——第 i 点所代表的土层厚度(m),可采用与该标准贯入试验点相邻的上、下两标准贯入试验点深度差的一半,即 $d_i = (z_{i+1}-z_{i-1})/2$,$z_{i-1}$ 和 z_{i+1} 分别为 $i-1$ 点和 $i+1$ 点深度,但上界不高于地下水位深度,下界不深于液化深度。

W_i——第 i 土层单位土层厚度的层位影响权函数值(单位为 m^{-1})。若判别深度为 20 m,当该层中点深度不大于 5 m 时应采用 10,等于 20 m 时应采用 0,5~20 m 时应按线性内插法取值,即 $W_i = 2(20-d_s)/3(5<d_s \leqslant 20)$。

根据液化指数 I_{lE} 的大小,可将液化地基划分为 3 个等级,见表 14.9。不同等级的液化地基,地面的喷水冒砂情况和对建筑物造成的危害有着显著的不同,见表 14.10。

表 14.9 液化等级与液化指数的对应关系

液化等级	轻微	中等	严重
判别深度为 15 m 时的液化指数	$0<I_{lE} \leqslant 5$	$5<I_{lE} \leqslant 15$	$I_{lE}>15$
判别深度为 20 m 时的液化指数	$0<I_{lE} \leqslant 6$	$6<I_{lE} \leqslant 18$	$I_{lE}>18$

表 14.10 不同液化等级的可能震害

液化等级	地面喷水冒砂情况	对建筑的危害情况
轻 微	地面无喷水冒砂,或仅在洼地、河边有零星的喷水冒砂点	危害性小,一般不至引起明显的震害
中 等	喷水冒砂可能性大,从轻微到严重均有,多数属中等	危害性较大,可造成不均匀沉陷和开裂,有时不均匀沉陷可能达到 200 mm
严 重	喷水冒砂都很严重,地面变形很明显	危害性大,不均匀沉陷可能大于 200 mm,高重心结构可能产生不容许的倾斜

▶ 14.6.3 抗液化的工程措施

液化地基是一种在震动下变得极软的地基,能产生极大的沉降与不均匀沉降,因此采取防止或减轻不均匀沉降的措施,对预防地基发生液化是有效的。进行建筑结构工程设计时,除次要的建筑(如地震破坏不容易造成人员伤亡和较大经济损失的建筑物),一般不宜将建筑物基础放在未经处理的液化土层上。对于液化地基,要根据建筑物的重要性、地基液化等级的大小,针对不同情况采取不同层次的措施。

1)全部消除地基液化沉陷的工程措施

①可采用桩基、深基础、土层加密法或挖除全部液化土层等措施。采用桩基时,桩端伸入液化深度以下稳定土层中的长度(不包括桩尖部分)应按计算确定,且对碎石土,砾石,粗、中

砂,坚硬黏性土和密实粉土不应小于 0.5 m,对其他非岩石土则不宜小于 1.5 m。

②对深基础,基础底面埋入液化深度以下稳定土层中的深度不应小于 0.5 m。

③采用加密方法(如振动加密、强夯等)对可液化地基进行加固时,应处理至液化深度下界,且处理后土层的标准贯入锤击数实测值应大于相应下限值。

④当直接位于基底下的可液化土层较薄时,可采用全部挖除液化土层,然后分层回填非液化土。在采用加密法或换土法处理时,基础边缘以外的处理宽度,应超过基础底面下处理深度的 1/2,且不小于处理宽度的 1/5。

2)部分消除液化地基沉陷的工程措施

①处理深度应使处理后的地基液化指数减少,当判别深度为 15 m 时,其值不宜大于 4;当判别深度为 20 m 时,其值不宜大于 5。对于独立基础和条形基础,处理深度尚不应小于基础底面下液化土特征深度和基础宽度的较大值。

②采用振冲或挤密碎石桩加固后,桩间土的标准贯入锤击数不宜小于液化判别标准贯入锤击数临界值。

③基础边缘以外的处理宽度,应超过基础底面处理深度的 1/2,且不小于基础宽度的 1/5。

3)减轻液化影响的基础和上部结构处理的综合措施

①选择合适的基础埋置深度;调整基础底面积,减少基础偏心。

②加强基础整体性和刚度,如采用箱基、筏基或十字交叉梁基础,加设基础圈梁等。

③减轻荷载,增强上部结构的整体刚度和均匀对称性,合理设置沉降缝,避免采用不均匀沉降敏感的结构形式。管道穿过建筑处应预留足够尺寸或采用柔性接头等。

【例题 14.1】 某工程按 8 度设防,其工程地质年代属 Q_4,钻孔资料自上向下为:砂土层 2.1 m,砂砾层至 4.4 m,细砂层至 8.0 m,粉质黏土层至 15 m;砂土层及细砂层黏粒含量均低于 8%;地下水位深度 1.0 m;基础埋深 1.5 m;设计地震场地分组属于第一组,8 度烈度,设计基本加速度为 0.15g。试验结果见表 14.11。试对该工程场地液化可能做出评价。

【解】 (1)初步判别

$$d_0 + d_b - 3 = 7 > 1 = d_w; d_u = 0$$

$$1.5d_0 + 2d_b - 4.5 = 11.5 > 1 = d_w + d_u$$

均不满足不液化条件,需进一步判别。

(2)标准贯入试验判别

按式(14.19)计算 N_{cr},式中 $N_0 = 10$(8 度、第一组),$d_w = 1.0$,题中给出各标准贯入点所代表土层厚度,计算结果见表 14.11,可见 4 点为不液化土层。

计算层位影响函数。例如第一点,地下水位为 1.0 m,故上界为 1.0 m,土层厚 1.1 m。

$$z_1 = 1.0 + \frac{1.1}{2} = 1.55; W_1 = 10$$

第二点,上界为砂砾层,层底深 4.4 m,代表土层厚 1.1 m,故:

$$z_2 = 4.4 + \frac{1.1}{2} = 4.95 ; W_2 = 10$$

依此类推。

表 14.11 液化分析表

测点	测源深度 d_{si}	标贯值 N_i	测点土层厚 d_i/m	标贯临界值 N_{cr}	d_i 的中点深 $/m$	W_i	I_{lE}
1	1.4	5	1.1	6.0	1.55	10	1.83
2	5.0	7	1.1	11.23	4.95	10	4.14
3	6.0	11	1.0	12.23	6.0	9.3	0.94
4	7.0	16	1.0	13.12			

按式(14.21)计算各层液化指数,计算结果见表14.11。最终给出 $I_{lE} = 6.91$,据表14.9,液化等级为中等。

14.7 其他特殊土地基处理

▶ 14.7.1 盐渍土地基处理

1)盐渍土的形成和分布

盐渍土系指含有较多易溶盐(含量>0.3%),且具有吸湿、松胀等特性的土。盐渍土分布很广,一般分布在地势较低且地下水位较高的地段,如内陆洼地、盐湖和河流两岸的漫滩、低阶地、牛轭湖,以及三角洲洼地、山间洼地等。我国西北地区如青海、新疆有大面积的内陆盐渍土,沿海各省则有滨海盐渍土。此外,在美国、伊拉克、埃及、沙特阿拉伯、阿尔及利亚、印度以及非洲、欧洲等许多国家和地区均有分布。

盐渍土厚度一般不大,自地表向下 1.5~4.0 m,其厚度与地下水埋深、土的毛细作用上升高度以及蒸发作用影响深度(蒸发强度)等有关。干旱、半干旱地区,因蒸发量大、降雨量小、毛细作用强,极利于盐分在表面聚集;内陆盆地因地势低洼、周围封闭、排水不畅、地下水位高,利于水分蒸发使盐类聚集;农田洗盐、压盐、灌溉退水、渠道渗漏等进入某土层也将促使盐渍化。

2)盐渍土的工程特征

影响盐渍土基本性质的主要因素是土中易溶盐的含量。土中易溶盐主要有氯化物盐类、硫酸盐类和碳酸盐类3种。

3)盐渍土的工程评价及防护措施

盐渍土的工程评价应包括下列内容:

①根据地区的气象、水文、地形、地貌、场地积水、地下水位、管道渗漏、地下洞室等环境条

件变化,对场地建筑的适宜性作出评价。

②评价岩土中含盐类型、含盐量及主要含盐矿物对岩土工程性能的影响。

③盐渍土地基的承载力宜采用载荷试验确定,当采用其他原位测试方法,如标准贯入、静(动)力触探及旁压试验等时,应与荷载试验结果进行对比。

④盐渍土边坡的坡度宜比非盐渍土的软质岩石边坡适当放缓,对软弱夹层、破碎带及中、强风化带应部分或全部加以防护。

⑤盐渍土的含盐类型、含盐量及主要含盐矿物对金属及非金属建筑材料的腐蚀性评价。

此外,对具有松胀性及湿陷性盐渍土评价时,尚应按照有关膨胀土及湿陷性土等专业规范的规定,作出相应评价。

▶ 14.7.2 红黏土地基处理

1)红黏土的形成和分布

红黏土是指露出地表的碳酸盐系岩石(如石灰岩、泥灰岩、白云岩等),在热带、亚热带的湿热气候条件下经风化、淋滤和红土化作用而形成并覆盖于基岩上的一种棕红或褐红或褐黄色的高塑性黏土。由于在红土化过程中,土中大部分的阳离子被带走,使得铁、铝元素相对集中而造成其色相带红。红黏土主要为第四系的残积、坡积类型,其中以残积为主。若液限 $\omega_L \geq 50\%$ 的高塑性黏土称为原生红黏土,而原生红黏土经搬运、沉积后仍保留其基本特征,且其液限 $\omega_L > 45\%$ 的则称为次生红黏土。由于红黏土具有独特的物理力学性质,且分布厚度变化较大,因而它属于一种区域性的特殊土。

在我国,红黏土主要分布于黄河、秦岭以南,青藏高原以东的地区,集中分布在北纬33°以南的广西、贵州、云南、四川东部、湖南西部等地区。红黏土一般分布在盆地、洼地、山麓、山坡、谷地或丘陵等地区,形成缓坡、陡坎、坡积裙等微地貌。有的地区,地表存在着因塌陷而形成的土坑、碟形洼地。

2)红黏土的工程地质特征

(1)矿物化学成分 红黏土的矿物成分主要为石英和高岭石(或伊利石),化学成分以 SiO_2, Fe_2O_3, Al_2O_3 为主。土中基本结构单元除静电引力和吸附水膜连接外,还有铁质胶结,使土体具有较高的连接强度,抑制土粒扩散层厚度和晶格扩展,在自然条件下具有较好的水稳性。由于红黏土分布区气候潮湿多雨,含水量远高于缩限,在自然条件下失水,土粒结合水膜减薄,颗粒距离缩小,使红黏土具有明显的收缩性和裂隙发育等特征。

(2)物理力学性质 红黏土的黏土颗粒含量高(55%～70%),孔隙比较大(1.1～1.7),常处于饱和状态($S_r > 85\%$),天然含水量几乎与液限相等(30%～60%),但液性指数较小(0.1～0.4),即红黏土以含结合水为主,故其含水量虽高,但土体一般仍处于硬塑或坚硬状态,且具有较高的强度和较低的压缩性。在孔隙比相同时,其承载力为软黏土的2～3倍。此外,红黏土的各种性能指标变化幅度很大,具有较高的分散性。

(3)不良工程特征 从土的性质来说,红黏土是较好的建筑物地基,但也存在一些不良工程特征:有些地区的红黏土具有胀缩性;厚度分布不均,常因石灰岩表面石芽、溶沟等的存在,其厚度在短距离内相差悬殊(有的1 m之间相差竟达8 m);上硬下软,从地表向下由硬至软明显变化,接近下卧基岩面处,土常呈软塑或流塑状态,土的强度逐渐降低,压缩性逐渐增大;因地表水和地下水的运动引起的冲蚀和潜蚀作用,岩溶现象一般较为发育,在隐伏岩溶上的红黏土层常有土洞存在,影响场地稳定性。

3)红黏土地基评价与工程措施

在工程建设中,应根据具体情况,充分利用红黏土上硬下软的分布特征,基础尽量浅埋。当红黏土层下部存在局部的软弱下卧层和岩层起伏过大时,应考虑地基不均匀沉降的影响而采取相应的措施。为了清除红黏土中地基存在的石芽、土洞和土层不均匀等不利因素的影响,应采取换土、填洞、加强基础和上部结构整体刚度,或采用桩基和其他深基础等措施。

对红黏土裂隙发育,在建筑物施工和使用期间均应做好防水排水措施,避免水分渗入地基。对于天然土坡和人工开挖的边坡及基槽,应防止破坏坡面植被和自然排水系统,坡面上的裂隙应加以填塞,并采取地表水、地下水及生产和生活用水的排泄防渗等措施,保证土体的稳定性。对基岩面起伏大、岩质坚硬的地基,也可采用大直径嵌岩桩和墩基进行处理。

▶ 14.7.3　填土地基处理

由于人类活动所堆积的土,称为人工填土,简称为填土。因填土的堆填时间不同、组成物质复杂,填土的工程地质性质相差甚大。根据填土成因和物质组成不同可分为素填土、杂填土、冲填土和压实填土等类型。

1)素填土

素填土是指天然结构被破坏后又重新堆填在一起的土,其成分主要为黏性土、砂土或碎石土,夹有少量的碎砖、瓦片等杂物,有机质含量不超过10%。即素填土按土的类别可分为黏性素填土、砂性素填土、碎石素填土。按堆积年限又分为新素填土和老素填土两类。

①老素填土:由于堆积时间较长,土质紧密、孔隙比较小,特别是颗粒较粗的老填土仍可作为较好的地基土。当堆填年限不易确定时,可根据其孔隙比判定新、老素填土的类别。

②黏性老素填土:堆积年限在10年以上或孔隙比<1.10。

③非黏性老素填土:堆积年限在5年以上或孔隙比<1.0。

④新素填土:堆积年限少于上述规定者或孔隙比指标不满足上列数值的为新素填土。

素填土的承载力取决于它的均匀性和密实度。一般来讲,物质组成越均匀、颗粒越粗、堆积时间越长,土的密实度越好,作为良好地基的可能性越大。

2)杂填土

杂填土是指含有大量建筑垃圾、工业废料或生活垃圾等杂物的填土,其工程地质特征为:

①性质不均,厚度变化大。由于杂填土的堆积条件、堆积时间,特别是物质来源和组成成分等的复杂性,造成杂填土的性质很不均匀,分布范围及厚度的变化均缺乏规律性。

②变形大并具有湿陷性。就其变形特性而言,杂填土是一种欠压密土,具有较高的压缩性。新的杂填土,除正常荷载作用下的沉降外,还有自重压力下的沉降及湿陷变形的特点。

③压缩性大,强度低。杂填土的物质成分异常复杂,直接影响土的性质。建筑垃圾土和工业废料土比生活垃圾土的强度高,因生活垃圾土物质成分杂乱,含大量有机质和未分解的植物,具有较大的压缩性。

3)冲填土

冲填土是指由于水力冲填泥沙形成的填土,如上海的黄浦江、天津的塘沽、广州的珠江两岸及郑州附近的黄河南岸都不同程度地分布有冲填土。

冲填土的含水量较大,土层多呈透镜体,压缩性较大,具有软土性质。这种土的工程地质性质主要取决于土的颗粒组成、均匀性和排水固结情况。

当冲填土的颗粒较粗,排水条件较好,其工程地质性质就好些。如土颗粒较细,透水性差,排水困难,土体经常处于软塑或流塑状态,压缩性大,承载力低,一般不能满足地基设计的要求。

4)压实填土

经分层压实的填土称为压实填土。压实填土的压实质量可以人工控制,主要是从填土物质、填土含水量、压实方法等方面进行控制。

①应选用性质较好的土压实,不能使用淤泥、耕土、膨胀土和有机物含量大于8%的土。

②填土的含水量应控制在最适于压实的最优含水量。

③填土的干容重是作为检验填土压实质量的指标,同一种土压实后干容重越大,压实质量越高。

④对于现场土的压实,以压实系数 λ_c(现场土的实际控制干密度 ρ_d 与最大干密度 ρ_{dmax} 之比)和施工含水量 $w = w_{op} \pm (2\% \sim 3\%)$ 来控制填土的工程质量,具体见2.2.2节。

此外,岩溶、土洞和山区地基等均属于特殊土地基,应针对性地对这些特殊土地基进行研究与评价,并结合工程建筑物应用情况进行地基与基础的设计。

习 题

14.1 陕北某黄土场地详勘资料如表14.12所示。

表14.12 陕北某黄土场地详勘资料

层　号	层厚/m	自重湿陷系数 δ_{zs}	湿陷系数 δ_s
1	4.0	0.024	0.032
2	5.0	0.016	0.025
3	5.0	0.008	0.021
4	2.0	0.007	0.020
5	3.0	0.006	0.018
6	8.0	0.001	0.010

建筑物为丙类建筑,基础埋深为2.5 m。试按《湿陷性黄土地区建筑标准》(GB 50025—2018)确定该地基的湿陷性等级。(答案提示:Ⅱ级)

14.2 某建筑场地为膨胀土场地,地表1.0 m处地基土的天然含水量为29.2,塑限含水量

为 $w_p = 22.0$，土层的收缩系数为 0.15，基础埋深为 1.5 m，土的湿度系数为 0.7。试计算该地基土的收缩变形量。（答案提示：收缩变形量为 18 mm）

14.3 某多年冻土场地，冻土层为粉土，厚度为 4.5 m，勘察中测得其自重作用下融化下沉量为 24 cm。试确定该场地的融沉性分级。（答案提示：融沉性分级为Ⅲ级，融沉）

14.4 某民用建筑采用浅基础，基础埋深为 2.5 m，场地位于 7 度烈度区，设计基本地震加速度为 $0.10g$，设计地震分组为第一组，地下水位埋深为 3.0 m，地层资料如下：0~10 m 黏土，$I_L = 0.35$，$f_{ak} = 200$ kPa；10~25 m 砂土，稍密状态，$f_{ak} = 200$ kPa。

标准贯入资料如表 14.13 所示。试判定液化点数。（答案提示：液化点数 1 个，12 m 测点处）

表 14.13　标准贯入资料

测试点深度/m	12	14	16	18
实测标准贯入击数	8	13	12	17

15

既有建筑地基基础加固技术

〖**本章教学要求**〗
了解既有建筑地基基础加固要求与加固技术的分类;掌握基础加宽、墩式托换、桩式托换、微型桩、建筑物纠倾与移位等加固技术的适用范围和主要特点;了解既有建筑地基基础加固技术的应用与发展情况。

15.1 概 述

▶ 15.1.1 加固要求

既有建筑地基基础加固是指解决对原有建筑物的地基基础安全问题的技术总称。当已建成的建筑物(包括构筑物)出现下述情况时,需要对建筑物的地基基础进行加固。

①建(构)筑物沉降或沉降差超过有关规定,出现裂缝、倾斜,影响正常使用;

②既有建(构)筑物需要增层改造,或其使用功能发生改变,或因增加荷载,原地基承载力和变形不能满足要求;

③因周围环境改变而需要进行地基基础加固,在既有建筑物或相邻地基中修建地下工程,如修建地下铁道、地下车库,或临近深基坑开挖等;

④古建构筑物加固工程,地基或基础需要补强加固。

既有建筑地基和基础加固前,应先对地基和基础进行鉴定,根据鉴定结论,对加固的必要性、可行性等进行充分论证。根据加固的目的,结合地基基础和上部结构的现状,并考虑上部结构、基础和地基的共同作用,初步选择采用加固地基、加固基础或加强上部结构刚度和加固地基基础相结合的方案。对初步选定的各种加固方案,应分别从预期效果、施工难易程度、材料来源和运输条件、施工安全性、对邻近建筑和环境的影响、机具条件、施工工期和造价等方面进行技术经济分析和比选,确定最佳的加固方法。

既有建(构)筑物地基加固与基础托换主要从以下3个方面考虑:

①通过将原基础加宽,减小作用在地基土上的接触压力和地基土中附加应力,可使原地基满足建筑物对地基承载力和变形的要求;或者通过基础加深,使基础置入较深的好土层,同时地基承载力通过深度修正也有所增加。

②通过地基处理改良地基土体或改良部分地基土体,提高地基土体抗剪强度,改善压缩性,以满足建筑物对地基承载力和变形的要求,常用如高压喷射注浆、压力注浆以及化学加固、排水固结、压密、挤密等技术。

③在地基中设置墩基础或桩基础等竖向增强体,通过复合地基作用来满足建筑物对地基承载力和变形的要求,常用锚杆静压桩、微型桩或高压旋喷注浆等加固技术。

对地基基础加固的建筑,应在施工期间进行沉降观测,对沉降有严格限制的建筑,尚应在加固后继续进行沉降观测,直至沉降稳定为止。对邻近建筑和地下管线应同时进行监测。

▶ 15.1.2 加固技术分类

既有建筑地基基础加固技术也称为托换技术。托换技术可分为基础加宽技术、墩式托换技术、桩式托换技术、地基加固技术和综合加固技术5大类。其中:桩式托换技术又分为微型桩(树根桩、预制桩和注浆钢管桩等)托换技术、锚杆静压桩托换技术、梁式静压桩托换技术及灌注桩托换技术等;地基加固技术可分为灌浆加固技术、高压喷射注浆加固技术、石灰桩和灰土桩加固技术等。

既有建筑地基基础加固也可以采用综合的加固方法,如注浆法与高压喷射注浆法组合加固方案;基础减压和加强刚度托换相组合的加固方案等,以获得更好的加固效果。

▶ 15.1.3 加固技术应用与发展

托换技术的起源可追溯到古代,但是托换技术直到20世纪30年代兴建美国纽约市的地下铁道时才得以迅速发展。近几年来,世界上大型和深埋的结构物和地下铁道的大量施工,特别是古建筑的基础加固数量不断增多,有时对现有建筑物还需要进行改建、加层和加大使用荷载,都需要使用托换技术。德国在第二次世界大战以后,在许多城市的扩建和改造工程中,以及在修建地铁工程中,大量采用了综合式托换技术,积累了很多成功的经验。

我国自改革开放以来,既有建筑地基基础加固技术越来越受到重视,托换技术的种类和应用不断扩大,锚桩加压纠偏、锚杆静压桩、基础减压和加强刚度法、碱液加固、浸水纠偏、抽土纠偏、千斤顶整体顶升等多种托换方法都取得了成功的应用和发展。例如,对苏州虎丘塔采用了"加固地基、补作基础、修缮塔体、恢复台基"的整修方案,采取了"围、灌、盖、调、换"五项加固措施,取得了较好效果。

15.2 基础加宽技术

基础加宽是通过增加基础底面积,减小作用在地基上的接触压力,降低地基土中的附加应力,以减小沉降量或满足承载力和变形的要求。

▶ 15.2.1 采用钢筋混凝土套加大基础底面积

加大基础底面积法适用于当既有建筑的地基承载力或基础底面积尺寸不满足设计要求时的加固。可采用混凝土套或钢筋混凝土套加大基础底面积。

当原基础承受中心受压时,可采用对称加宽。例如:对于条形基础,可采用双面加宽的方法,如图15.1所示;对于单独柱基础,可沿基础底面四边扩大加宽,如图15.2所示。

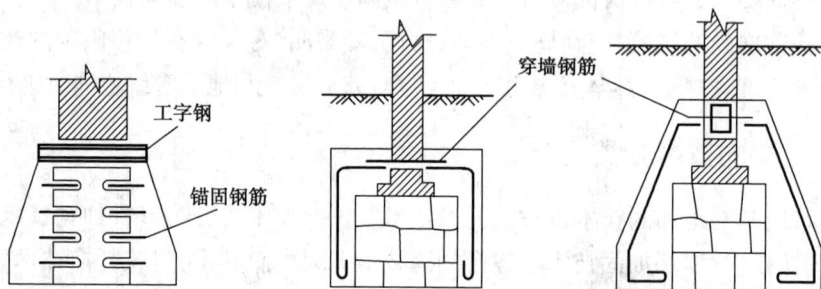

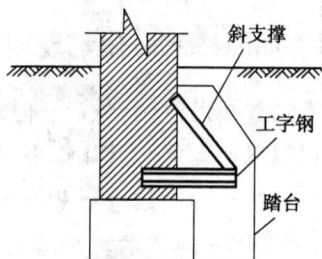

图 15.1 条形基础的双面加宽

以下几种情况可采用单面加宽(即不对称加宽)基础的方法:当原基础承受偏心荷载时,受相邻建筑物基础条件限制时,沉降缝处的基础,不影响室内正常使用时。对于条形基础的单面加宽如图15.3所示。

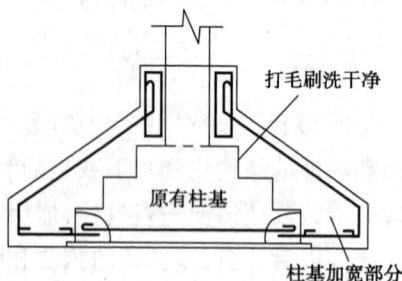

图 15.2 柱基的四周加宽　　　　**图 15.3 条形基础的单面加宽**

加大基础底面积的设计和施工应符合下列规定:

①基础加大后刚性基础应满足混凝土刚性角要求,柔性基础应满足抗弯要求。

②为使新旧基础牢固联结,在灌注混凝土前应将原基础凿毛并刷洗干净,再涂一层高标号水泥砂浆,沿基础高度每隔一定距离应设置锚固钢筋;也可在墙脚或圈梁钻孔穿钢筋,再用环氧树脂填满,穿孔钢筋 FDM 与加固筋焊牢。

③对于加宽部分,其地基上应铺设的垫料及其厚度,应与原基础垫层的材料及厚度相同,

使加套后的基础与原基础的基底标高和应力扩散条件相同且变形协调。

④对条形基础应按长度 1.5~2.0 m 划分成许多单独区段,分别进行分批、分段、间隔施工,避免地基土浸泡软化,使加固的基础不产生很大的不均匀沉降。

▶ 15.2.2 改变浅基础形式加大基础底面积

当不宜采用混凝土套或钢筋混凝土套加大基础底面积时,可将原独立基础改成条形基础,或将原条形基础改成十字交叉条形基础或筏形基础,或将原筏形基础改成箱形基础,亦可将柔性基础改为刚性基础。以下对常用的抬梁法和斜撑法应用加以介绍。

1)抬梁法

抬梁法是在原基础两侧挖坑并做新基础,通过钢筋混凝土梁将墙体荷载部分转移到新做基础上的一种加大基底面积的方法。新加的抬墙梁应设置在原地基梁或圈梁的下部,这种加固方法具有对原基础扰动少、设置数量较为灵活的特点。

在原基础两侧新增条形基础抬梁扩大基底面积的做法,如图 15.4 所示;在原基础两侧新增独立基础抬梁扩大基底面积的做法,如图 15.5 所示。

2)斜撑法

斜撑法加大基底面积,与上述抬梁法不同之点是抬梁改为斜撑,新加的独立基础不是位于原基础两侧,而是位于原基础之间,如图 15.6 所示。

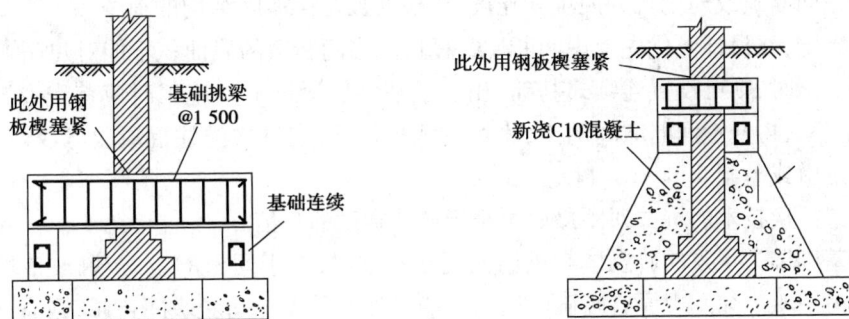

图 15.4 在原基础两侧新增条形基础抬梁扩大基底面积的做法

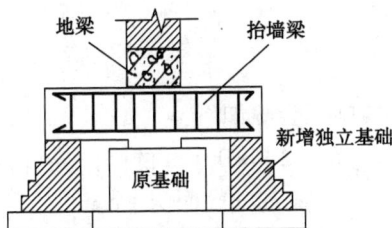

图 15.5 外增独立基础抬梁扩大基底面积

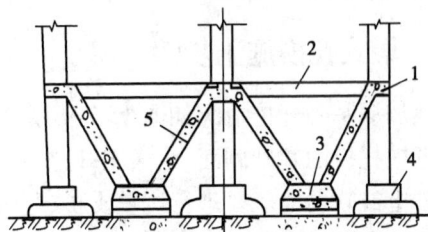

图 15.6 斜撑法加大基底面积

1—整体圈梁或框架;2—楼板整体区段;
3—附加基础;4—原有基础;5—斜支柱

15.3 墩式托换技术

▶ 15.3.1 墩式托换适用范围及特点

墩式托换也称为加深基础法。加深基础法适用于地基浅层有较好的土层可作为持力层，且地下水位较低的情况。该法可将原基础埋置深度加深，使基础支承在较好的持力层上，以满足上部结构对地基承载力和变形的要求。当地下水位较高时，应采取相应的降水或排水措施。

墩式托换对于软弱地基，特别是膨胀土地基的处理是较为有效的。墩体可以是间断的，也可以是连续的，主要取决于原基础的荷载和地基上的承载力。

墩式托换的优点是费用低、施工方便。因托换工作大部分是在建筑物的外部进行，这样在托换工程施工期间仍然可使用原建筑物。墩式托换的缺点是工期较长。因托换之后建筑物的荷重被置换到新的地基土上，使其会产生一定的附加沉降。

▶ 15.3.2 墩式托换的设计要点

①采用间断式或连续式的混坑式托换，要根据被托换加固结构的荷载和坑下地基土的承载力大小确定，在设计上优先考虑间断坑式托换。当间断墩的底面积不能对建（构）筑物荷载提供足够支承时，则可设置连续式基础（相当于基础加深技术），施工时应首先设置间断墩以提供临时支承，再开挖间断墩间的土，将坑的侧板拆除，在坑内灌注混凝土，这样就形成了连续的混凝土墩或基础。

②坑式托换技术的坑井间距最好不小于坑井宽度的3倍。

③如基础墙为承重的砖砌体和钢筋混凝土基础梁，对于间断的墩式基础，该墙可以从一墩跨越到另一墩。如发现原有基础的结构件的强度不足以在间断墩间跨越，则有必要在坑间设置过梁以支承基础，此时，在间隔墩的坑边做一凹槽，作为钢筋混凝土梁、钢梁的支座，并在原来的基础底向下进行干填。

▶ 15.3.3 墩式托换施工步骤

墩式托换加深基础开挖情况如图15.7所示，其主要施工步骤如下：

①在贴近被托换的基础侧面，由人工开挖一个长×宽为1.2 m×0.9 m的竖向导坑，对坑壁不能直立的砂土或软弱地基要进行坑壁支护，竖坑底面可比原基础底面深1.5 m。

②在原基础底面下沿横向开挖与基础同宽，深度达到设计持力层的基坑。

③用微膨胀混凝土浇筑基础下的坑体（或砌砖墩），注意振捣密实并顶紧原基础底面。若没有膨胀剂时，则应在离原基础底面80 mm处停止浇筑，待养护1天后，再用1∶1水泥砂浆填实这80 mm的空隙，并用铁锤敲击木条挤实所填砂浆，充分捣实成填充层。

④用同样步骤，再分段分批挖坑和修筑墩子，直至全部托换基础的工作完成为止。

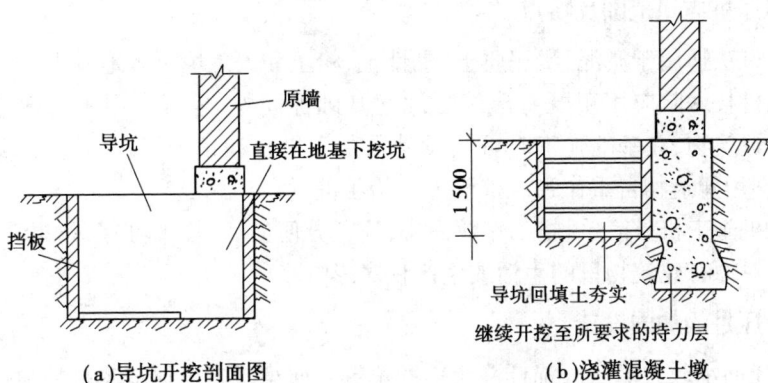

(a)导坑开挖剖面图　　　　　(b)浇灌混凝土墩

图 15.7　墩式托换加深基础开挖示意图

15.4　桩式托换技术

▶ 15.4.1　桩式托换的概念与分类

在既有建筑物基础下设置桩基础以达到地基加固的目的称之为桩式托换(或桩式加固)。桩式托换技术是既有建筑地基基础加固最常用的方法。若原有建筑基础是浅基础,通过桩式托换形成桩基础或桩体复合地基达到提高地基承载力,减小沉降的目的;若原基础是桩基础,通过桩式托换可使桩的数量增加,或通过增加部分长桩,实现提高桩基础承载力的目的;若原基础是复合地基,通过桩式托换可用桩基础取代复合地基,或使原复合地基得到加强。

桩式托换的形式很多,工程中常用的有锚杆静压桩托换技术、微型桩托换技术和坑式静压桩托换技术 3 种。

▶ 15.4.2　锚杆静压桩托换技术

1)锚杆静压桩概念

锚杆静压桩是锚杆和静力压桩两项技术巧妙结合而形成的一种桩基施工新工艺,它是在需进行地基基础加固的既有建筑物基础上按设计开凿压桩孔和锚杆孔,用黏结剂埋好锚杆,然后安装压桩架与建筑物基础连为一体,并利用既有建筑物自重作反力,用千斤顶将预制桩段压入土中,桩段间用硫磺胶泥或焊接连接。当压桩力或压入深度达到设计要求后,将桩与基础用微膨胀混凝土浇筑在一起,桩即可受力,从而达到提高地基承载力和控制沉降的目的。锚杆静压桩设备装置如图 15.8 所示。

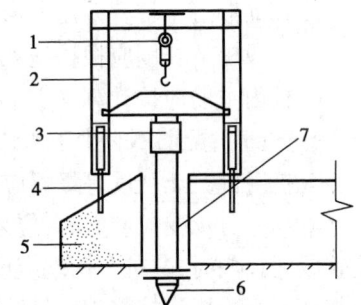

图 15.8　锚杆静压桩装置示意图

1—天车;2—反力架;3—液压油缸;
4—锚杆;5—基础;6—桩;7—压桩孔

2）锚杆静压桩应用范围及特点

锚杆静压桩法适用于淤泥、淤泥质土、黏性土、粉土和人工填土等地基土。

锚杆静压桩技术除应用于既有建筑物地基基础加固外，也可应用于新建建筑物基础工程。对于新建建筑物，在基础施工时可按设计预留压桩孔和预埋锚杆，待上部结构施工至 3 或 4 层时，再利用建筑物自重作为压桩反力开始压桩。

锚杆静压桩施工机具简单，施工作业面小，施工方便灵活，技术可靠，效果明显，施工时无振动、无污染，对原有建筑物里的生活或生产秩序影响小。

3）锚杆静压桩的加固设计

（1）单桩竖向承载力确定　锚杆静压桩的单桩竖向承载力可通过单桩载荷试验确定。当无试验资料时，也可按式（15.1）估算单桩承载力。

$$P = \frac{P_{\text{压}}}{K} \tag{15.1}$$

式中　P——单桩竖向承载力特征值，kN；

$P_{\text{压}}$——最终入土深度时的压桩力，kN；

K——压桩力系数，与地基土性质、压桩速度、桩材及截面形状有关，黏性土地基中桩长小于 20 m 时，K 值可取 1.5，黄土和填土中，K 值可取 2.0。

（2）桩位布置及桩数确定　桩位布置时应靠近墙体或柱子。设计桩数应由上部结构荷载及单桩竖向承载力计算确定，必须控制压桩力不得大于该加固部分的结构自重。压桩孔宜为上小下大的正方棱台状，其孔口每边宜比桩截面边长大 50~100 mm。确定桩数时，可考虑桩土共同作用，一般建议桩土按 7∶3 分担荷载，即取 70% 荷载由桩承担，30% 荷载由土承担。

当既有建筑基础承载力不满足压桩要求时，应对基础进行加固补强，也可采用新浇筑钢筋混凝土挑梁或抬梁作为压桩的承台。

（3）桩身材料及桩节构造设计

①桩身材料可采用钢筋混凝土预制方桩或钢管桩。

②钢筋混凝土桩宜采用方形，其边长为 200~350 mm。

③每段桩节长度应根据施工净空高度及机具条件确定，宜为 1.0~2.5 m。

④桩内主筋应按计算确定。当方桩截面边长为 200 mm 时，配筋不宜少于 4ϕ10；当边长为 250 mm 时，配筋不宜少于 4ϕ12；当边长为 300 mm 时，配筋不宜少于 4ϕ16。

⑤桩身混凝土强度等级不应低于 C30。

⑥当桩身承受拉应力时，应采用焊接接头。其他情况可采用硫磺胶泥接头连接。当采用硫磺胶泥接头时，其桩节两端应设置焊接钢筋网片，一端应预埋插筋，另一端应预留插筋孔和吊装孔。当采用焊接接头时，桩节的两端均应设置预埋连接铁件。

（4）锚杆及锚固深度确定　锚杆可用光面直杆粗螺栓或焊箍螺栓，并应符合下列要求：

①当压桩力小于 400 kN 时，可采用 M24 锚杆；当压桩力为 400~500 kN 时，可采用 M27 锚杆；当压桩力大于 500 kN 时，可采用 M30 锚杆。

②锚杆螺栓的锚固深度可采用 10~12 倍螺栓直径，并不应小于 300 mm，锚杆露出承台顶

面的长度应满足压桩机具要求,一般不应小于 120 mm。

③锚杆螺栓在锚杆孔内的黏结剂可采用环氧砂浆或硫磺胶泥。

④锚杆与压桩孔、周围结构及承台边缘的距离不应小于 200 mm。

(5)下卧层地基强度及桩基沉降验算　当持力层下不太深处存在较厚的软弱土层时,需进行下卧层地基强度及桩基沉降验算。为简化计算,可按新建桩基考虑。当验算地基强度不能满足要求或桩基沉降超出允许值时,需修改静压桩的设计参数。

(6)承台设计要求　原基础承台除应满足抗冲切、抗弯和抗剪切承载力要求外,尚应符合下列规定:

①承台周边至边桩的净距不宜小于 200 mm,承台厚度不宜小于 350 mm。

②桩顶嵌入承台内长度应为 50~100 mm。当桩承受拉力或有特殊要求时,应在桩顶四角增设锚固筋,伸入承台内的锚固长度应满足钢筋锚固要求。

③压桩孔内应采用 C30 微膨胀早强混凝土浇筑密实。

④当原基础厚度小于 350 mm 时,封桩孔应用 2φ16 钢筋交叉焊接于锚杆上,并应在浇筑压桩孔混凝土的同时,在桩孔顶面以上浇注桩帽,厚度不得小于 150 mm。

4)锚杆静压桩施工技术

(1)做好施工前各项准备工作

①在被托换的基础上标出压桩孔和锚杆孔的位置,清理压桩孔和锚杆孔施工工作面。压桩孔及锚杆布置形式如图 15.9 所示。

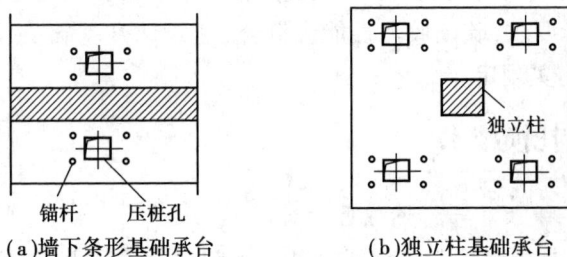

图 15.9　压桩孔及锚杆布置图

②采用风动凿岩机或大直径钻孔机开凿压桩孔,并将孔壁凿毛,清理干净压桩孔。

③采用风动凿岩机开凿锚杆孔,待锚杆孔内清洁干燥后再埋设锚杆,并用黏结剂封固。

(2)压桩施工

①根据压桩力大小选定压桩设备,对触变性土(黏性土),压桩力可取 1.3~1.5 倍的单桩容许承载力;对非触变性土(砂土),压桩力可取 2 倍的单桩容许承载力。

②压桩架应保持竖直,锚固螺栓的螺帽或锚具应均衡紧固,应随时拧紧松动的螺帽。

③就位的桩节应保持竖直,使千斤顶、桩节及压桩孔轴线重合,不得偏心加压,压桩时应垫钢板或麻袋,套上钢桩帽后再进行压桩。桩位平面偏差不得超过 ±20 mm,桩节垂直度偏差不得大于 1% 桩节长。

④整根桩应一次连续压到设计标高。当必须中途停压时,桩端应停留在软弱土层中,且停压的间隔时间不宜超过 24 h。

⑤压桩施工应对称进行,不应数台压桩机在一个独立基础上同时加压。

⑥焊接接桩前应对准上、下节桩的垂直轴线,清除焊面铁锈后进行满焊。

⑦采用硫磺胶泥接桩时,上节桩就位后应将插筋插入插筋孔内,检查重合度及间隙均匀性后将上节桩吊起 10 cm,装上硫磺胶泥夹箍,浇筑硫磺胶泥,并立即将上节桩保持垂直放下,接头侧面应平整光滑,上下桩面应充分黏结,待接桩中的硫磺胶泥固化后(一般固化时间为 5 min),才能开始继续压桩施工。当环境温度低于 5 ℃时,应对插筋和插筋孔做表面加温处理。熬制硫磺胶泥的温度应严格控制在 140～145 ℃范围内,浇筑时温度不得低于 140 ℃。

⑧桩尖应到达设计持力层深度,且压桩力应达到单桩竖向承载力标准值的 1.5 倍,持续时间不应少于 5 min。

(3)封桩 压桩至设计要求后可进行封桩,封桩前应凿毛和刷洗干净桩顶侧表面后再涂混凝土界面剂。封桩可分不施加预应力法和预应力法的两种方法。

①当封桩不施加预应力时,在桩端达到设计压桩力和设计深度后,即可使千斤顶卸载,拆除压桩架,焊接锚杆交叉钢筋,清除压桩孔内杂物、积水及浮浆,然后与桩帽梁一起浇筑 C30 微膨胀早强混凝土。

②当施加预应力时,应在千斤顶不卸载条件下,采用型钢托换支架,清理干净压桩孔后立即将桩与压桩孔锚固,当封桩混凝土达到设计强度后,方可卸载。

5)锚杆静压桩质量检验

锚杆静压桩的最终压桩力与桩压入深度应符合设计要求。桩身试块强度和封桩混凝土试块强度应符合设计要求,硫磺胶泥性能应符合《建筑地基基础工程施工质量验收规范》(GB 50202—2018)的有关规定。

▶ 15.4.3 微型桩托换技术

1)一般规定

微型桩(micropile)是指用桩工机械或其他小型设备在土中形成直径不大于 300 mm 的桩。微型桩加固适用于既有建筑地基加固或新建建筑的地基处理。微型桩按桩型和施工工艺,可分为树根桩、预制桩和注浆钢管桩等。

微型桩加固的地基,当桩与承台整体连接时,可按桩基础设计;桩与基础不整体连接时,可按复合地基设计。按桩基设计时,桩顶与基础连接应符合《建筑桩基技术规范》(JGJ 94—2008)的有关规定;按复合地基设计时,应符合第 5 章有关规定,褥垫层厚度宜为 100～150 mm。

根据环境的腐蚀性、微型桩的类型、荷载类型(受拉或受压)、钢材的品种及设计使用年限,微型桩中钢构件或钢筋的防腐构造应符合耐久性设计的要求。钢构件或预制桩钢筋保护层厚度不应小于 25 mm,钢管砂浆保护层厚度不应小于 35 mm,混凝土灌注桩钢筋保护层厚度不应小于 50 mm。

软土地基微型桩的设计施工应符合下列规定:

①应选择较好的土层作为桩端持力层,进入持力层深度不宜小于 5 倍的桩径或边长;

②对不排水抗剪强度小于 10 kPa 的土层,应进行试验性施工,并应采用护筒或永久套管

包裹水泥浆、砂浆或混凝土；

③应采取间隔施工、控制注浆压力和速度等措施，减小微型桩施工期间的地基附加变形，控制基础不均匀沉降及总沉降量；

④在成孔、注浆或压桩施工过程中，应监测相邻建筑和边坡的变形。

2)树根桩加固技术

（1）树根桩的概念与应用　树根桩是一种用压浆方法成桩，桩径在 100~300 mm 的小直径就地钻孔灌注桩，又称为钻孔喷灌微型桩、小桩或微型桩，是由意大利 Fondedile 公司的 F.Lizziz 在 20 世纪 30 年代发明的一项专利技术。树根桩可是单根的，也可是成排的，可以是垂直的，也可是倾斜的。当布置成三维结构的网状体系时，称为网状结构树根桩。

树根桩法适用于淤泥、淤泥质土、黏性土、粉土、砂土、碎石土、湿陷性黄土、膨胀土及人工填土等各种不同地质条件地基土上既有建筑的修复和增层、古建筑的整修、地下铁道的穿越等加固工程，也可用于岩土边坡稳定加固及桥梁工程的地基加固等工程。树根桩受地下水深度限制。采用树根桩加固的工程如图 15.10 所示。

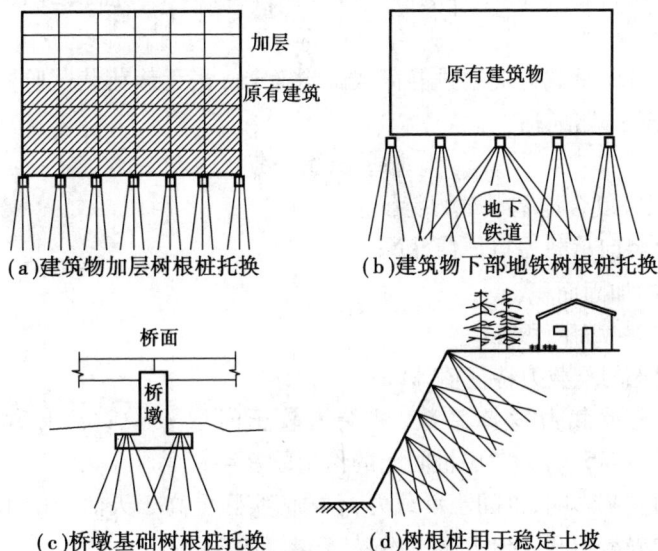

(a)建筑物加层树根桩托换　　(b)建筑物下部地铁树根桩托换

(c)桥墩基础树根桩托换　　(d)树根桩用于稳定土坡

图 15.10　树根桩的工程应用

（2）树根桩的特点

①施工引起的噪声和振动很小，适合于市区作业，并不会对既有建筑物的稳定带来危害。

②所需施工场地较小，在平面尺寸 1.0~1.5 m 和净空高度 2.5 m 的条件下即可施工。

③采用压力注浆，使桩与土体结合紧密，桩土表面摩擦力较大，因而具有较高的承载力。

④由于孔径很小，对基础和地基土几乎不会产生任何应力，也不干扰建筑物的正常使用。

⑤处于设计荷载下的桩沉降很小，可应用于建筑物对沉降限制较严的工程。

（3）树根桩设计要点

①桩的几何尺寸。树根桩的直径宜为 150~300 mm，桩长不宜超过 30 m，对新建建筑宜采用直桩型或斜桩网状布置。

②桩身设计。桩身混凝土强度等级应不小于 C25，灌注材料可用水泥浆、水泥砂浆、细石

混凝土或其他灌浆料,也可用碎石或细石充填再灌注水泥浆或水泥砂浆。钢筋直径不应小于12 mm,且宜通长配筋。

对高渗透性土体或存在地下洞室可能导致的胶凝材料流失,以及施工和使用过程中可能出现桩孔变形与移位,造成微型桩的失稳与扭曲时,应采取土层加固等技术措施。

③单桩竖向承载力。树根桩单桩竖向承载力可通过单桩静载荷试验确定,当无试验资料时,也可按式(5.14)估算。当采用水泥浆二次注浆工艺时,桩侧阻力可乘以1.2~1.4的系数。树根桩的单桩竖向承载力的确定,尚应考虑既有建筑的地基变形条件的限制和桩身材料的强度要求。上海市应用树根桩具有较成功的经验,一般按摩擦桩计算单桩承载力,其桩端阻力忽略不计。

④桩顶承台设计。应对既有建筑的基础进行有关承载力验算,当不满足计算要求时,应对原基础进行加固或增设新的桩承台。

⑤树根桩复合地基计算。树根桩复合地基是由树根桩和改良后的桩间土共同构成,属刚性桩复合地基。由于树根桩的刚度远比桩间土大,当桩土共同承担基底应力时,会产生应力向树根桩集中的现象,根据实际工程的静荷载资料,仅占承压板面积约10%的树根桩承担了总荷载的50%~60%。

树根桩复合地基的承载力应通过静荷载试验确定。当无静荷载试验资料时,也可参照类似工程实践经验,按下式估算:

$$f_{spk} = \left[R_a + \beta(A - A_p)f_{sk} \right]/A \tag{15.2}$$

式中　f_{spk}——树根桩复合地基承载力特征值,kPa;

　　　R_a——单桩竖向承载力特征值,kN;

　　　A——单桩的加固面积,m^2;

　　　A_p——单桩横截面面积,m^2;

　　　f_{sk}——桩间土的承载力特征值,kPa;

　　　β——桩间土承载力发挥系数,桩端为软土时取$\beta = 0.6 \sim 1.0$,桩端为硬土时取$\beta = 0.1 \sim 0.5$,若不考虑桩间土的作用取$\beta = 0$。

由于施工压力注浆影响,桩间土承载力f_{sk}的值实际上高于天然土的承载力,有经验的地区可根据土质不同提高10%~30%,也可作为安全储备。

(4)树根桩施工步骤

①定位和校正垂直度。桩位允许偏差宜为±20 mm,桩身垂直度允许偏差应为±1%。

②成孔。可采用钻机成孔,穿过原基础混凝土。在土层中钻孔时可采用天然泥浆护壁,遇粉细砂层易塌孔时应加套管。钻进斜孔时,套管应随钻跟进。

③吊放钢筋笼和下注浆管。钢筋笼宜整根吊放。当分节吊放时,节间钢筋搭接焊缝长度双面焊不得小于5倍钢筋直径。单面焊不得小于10倍钢筋直径。

注浆管为$\phi 20 \sim \phi 25$ cm的铁管,注浆管最下端一节可在管底1 m范围内加工成花管状,以利注浆。注浆管应直插到孔底,需二次注浆的树根桩应插两根注浆管。施工时应缩短吊放和焊接时间。钢筋笼应采用悬挂或支撑的方法,确保灌浆或浇注混凝土时的位置和高度。在斜桩中组装钢筋笼时,应采用可靠的支撑和定位方法。

④填灌碎石。当采用碎石或细石充填再注浆工艺时,石粒径宜在10~25 mm范围内,填

料应经清洗,投入量不应小于计算桩孔体积的 0.9 倍,填灌时应同时用注浆管注水清孔。

⑤注浆。

a.注浆材料可采用水泥浆液、水泥砂浆或细石混凝土,当采用碎石填灌时,所注浆液应采用水泥浆。浆液应具有较好的和易性、可塑性、黏聚性、流动性和自密实性。当采用管送或泵送混凝土(或砂浆)时,应选用圆形骨料,骨料的最大粒径不应大于纵向钢筋净距的 1/4,且不应大于 15 mm,水下浇注混凝土的水泥含量不应小于 375 kg/m³,水灰比宜小于 0.6;对于水泥浆液的制配,宜采用普通硅酸盐水泥,水灰比不宜大于 0.55。

b.当采用一次注浆时,泵的最大工作压力不应低于 1.5 MPa,开始注浆时,需要 1 MPa 的起始压力,将浆液经注浆管从孔底压出,接着注浆压力宜为 0.3~1.0 MPa,使浆液逐渐上冒,直至浆液泛出孔口停止注浆。

c.当采用二次注浆时,泵的最大工作压力不应低于 4 MPa。待第一次注浆的浆液初凝时方可进行第二次注浆,浆液的初凝时间根据水泥品种和外加剂掺量确定,可控制在 45~60 min 范围。第二次注浆压力宜为 2~4 MPa,二次注浆不宜采用水泥砂浆和细石混凝土。

d.注浆施工时应采用间隔施工、间歇施工或增加速凝剂掺量等措施,以防止出现相邻桩冒浆和串孔现象。树根桩施工不应出现缩径和塌孔。

灌浆过程结束后,灌浆管中应充满水泥浆并维持灌浆压力一定时间。拔除注浆管后应立即在桩顶填充碎石,并在 1~2 m 范围内补充注浆。

3)预制桩加固技术

(1)适用条件　预制桩加固技术适用于淤泥、淤泥质土、黏性士、粉土、砂土和人工填土等地基处理。

(2)桩身结构　预制桩桩体可采用边长为 150~300 mm 的预制混凝土方桩、直径 300 mm 的预应力混凝土管桩、断面尺寸为 100~300 mm 的钢管桩和型钢等。

(3)单桩竖向承载力　预制桩的单桩竖向承载力应通过单桩静载荷试验确定;无试验资料时,初步设计可按式(5.14)进行估算。

(4)施工要求　施工除应满足现行行业标准《建筑桩基技术规范》(JGJ 94—2008)的规定外,对型钢微型桩应保证压桩过程中计算桩体材料最大应力不超过材料抗压强度标准值的90%;除用于减小桩身阻力的涂层外,桩身材料以及连接件的耐久性应符合现行国家标准《工业建筑防腐蚀设计规范》(GB/T 50046—2018)的有关规定。

4)注浆钢管桩加固技术

(1)适用条件　注浆钢管桩加固技术适用于淤泥质土、黏性士、粉土、砂土和人工填土等地基处理。

(2)单桩竖向承载力　预制桩的单桩竖向承载力应通过单桩静载荷试验确定;无试验资料时,初步设计可按式(5.14)进行估算。当采用二次注浆工艺时,桩侧摩阻力特征值取值可乘以 1.3 的系数。

(3)施工要求　钢管桩可采用静压或植入等方法施工。

①水泥浆的制备:水泥浆的配合比应采用经认证的计量装置计量,材料掺量符合设计要求。选用的搅拌机应能够保证搅拌水泥浆的均匀性;在搅拌槽和注浆泵之间应设置存储池,

注浆前应进行搅拌以防止浆液离析和凝固。

②水泥浆灌注:应缩短桩孔成孔和灌注水泥浆之间的时间间隔;注浆时,应采取措施保证桩长范围内完全灌满水泥浆;灌注方法应根据注浆泵和注浆系统合理选用,注浆泵与注浆孔口距离不宜大于 30 m。

当采用桩身钢管进行注浆时,可通过底部一次或多次灌浆;也可将桩身钢管加工成花管进行多次灌浆。采用花管灌浆时,可通过花管进行全长多次灌浆,也可通过花管及阀门进行分段灌浆,或通过互相交错的后注浆管进行分步灌浆。

③注浆钢管桩钢管的连接:应采用套管焊接,焊接强度与质量应满足现行国家标准《建筑地基基础工程施工质量验收规范》(GB 50202—2018)的要求。

5)微型桩的质量检验

①微型桩的施工验收,应提供施工过程有关参数,原材料的力学性能检验报告,试件留置数量及制作养护方法、混凝土和砂浆等抗压强度试验报告,型钢、钢管和钢筋笼制作质量检查报告。施工完成后尚应进行桩顶标高和桩位偏差等检验。

②微型桩桩位施工允许偏差,对独立基础、条形基础的边桩沿垂直轴线方向应为±1/6桩径,沿轴线方向应为±1/4 桩径,其他位置的桩应为±1/2 桩径;桩身的垂直度允许偏差为±1%。

③桩身完整性检验宜采用低应变动力试验进行检测。检测桩数不得少于总桩数的 10%,且不得少于 10 根。每个柱下承台的抽检桩数不应少于 1 根。

④微型桩的竖向承载力检验应采用静载荷试验,检验桩数不得少于总桩数的 1%,且不得少于 3 根。

15.4.4　坑式静压桩托换技术

1)坑式静压桩的概念与应用

坑式静压桩(亦称压入桩或顶承静压桩)是在已开挖的基础下托换坑内,利用建筑物上部结构自重作支承反力,用千斤顶将预制好的钢管桩或钢筋混凝土桩段接长后逐段压入土中的托换方法。坑式静压桩亦是将千斤顶的顶升原理和静压桩技术融为一体的托换技术新方法。

坑式静压桩适用于淤泥、淤泥质土、黏性土、粉土、湿陷性土和人工填土,且有埋深较浅的硬持力层。当地基土中含有较多的大块石、坚硬黏性土或密实的砂土夹层时,由于桩压入时难度较大,则应根据现场试验确定其适用与否。

2)坑式静压桩设计要点

①坑式静压桩的单桩承载力应按《建筑地基基础设计规范》(GB 50007—2011)有关规定估算。

②桩身可采用直径为 150~300 mm 的开口钢管或边长为 150~250 mm 的预制钢筋混凝土方桩,每节桩长可按既有建筑基础下坑的净空高度和千斤顶的行程确定。

③桩的平面布置应根据既有建筑的墙体和基础形式及荷载大小确定。应避开门窗等墙体薄弱部位,设置在结构受力节点位置。

④当既有建筑基础结构的强度不能满足压桩反力时,应在原基础的加固部位加设钢筋混

凝土地梁或型钢梁,以加强基础结构的强度和刚度,确保施工安全。

3)坑式静压桩的施工步骤

①先在基础外侧挖导坑,导坑比原基础深1.5 m左右,挖坑前验算是否需要预先进行临时支护,再将导坑横向扩展至原基础下面,形成压桩作业空间。导坑开挖如图15.11所示。

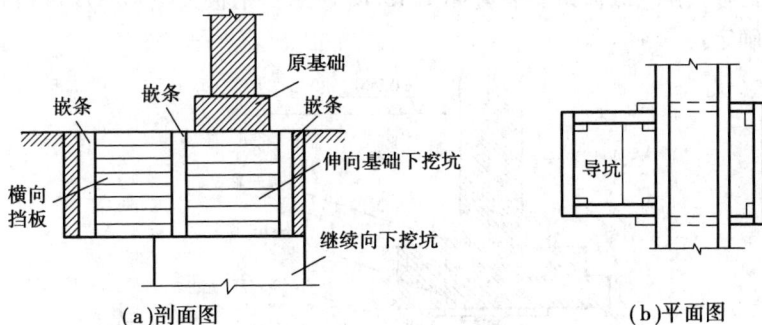

图 15.11　坑式静压桩施工导坑开挖示意图

②利用千斤顶压预制桩段,逐段把桩压至地基中,压桩时应以压桩力控制为主。对钢管桩,其各节的连接处可采用套管接头。当钢管桩很长或土中有障碍物时需采用焊接接头。对预制钢筋混凝土方桩,桩尖可将主筋合拢焊在桩尖辅助钢筋上,在密实砂和碎石类土中可在桩尖处包以钢板桩靴。桩与桩间接头可采用焊接或硫磺胶泥接头。

③桩位平面偏差不得大于±20 mm,桩节垂直度偏差应小于1%的桩节长。

④桩尖到达设计深度,压桩力达到单桩竖向承载力特征值1.5倍,持续时间不少于5 min。

⑤封桩可根据要求采用预应力法或非预应力法施工。对钢筋混凝土方桩,顶进至设计深度后即可取出千斤顶,再用C30微膨胀早强混凝土将桩与原基础浇筑成整体。当施加预应力封桩时,可采用型钢支架,而后浇筑混凝土。对钢管桩,应根据工程要求,在钢管内浇筑C20微膨胀早强混凝土,最后用C30混凝土将桩与原基础浇筑成整体。桩材试块强度应符合设计要求。

15.5　增层改造

当既有建筑直接增层时,应先对既有建筑结构进行鉴定,然后选择增层方案并按有关规定确定地基承载力。当采用外套结构增层时,应按新建工程的要求确定地基承载力。

▶ 15.5.1　直接增层

1)地基承载力确定

对沉降稳定的建筑物直接增层时,其地基承载力特征值,可根据增层工程的要求选用试验法(载荷试验、室内土工试验等)和经验法综合确定。

(1)既有建筑基础下地基土载荷试验要点　本试验要点适用于地下水位以上既有建筑地

基承载力和地基变形模量的测定。

①试验压板面积宜取 $0.25 \sim 0.50 \text{ m}^2$，基坑宽度不应小于压板宽度或压板直径的 3 倍。试验时应保持试验土层的原状结构和天然湿度。在试验土层的表面，宜铺 20 mm 厚中、粗砂层。

②试验位置应在承重墙的基础下，加载反力可利用建筑物的自重，使千斤顶上的测力计直接与基础下钢板接触，载荷试验装置如图 15.12 所示。钢板大小和厚度可根据基础材料强度和加载大小确定。

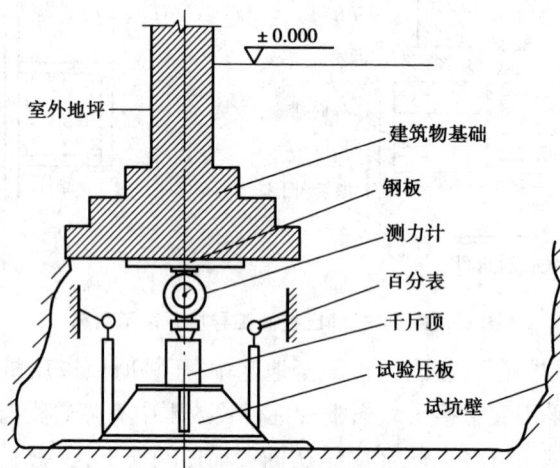

图 15.12 载荷试验示意图

③在含水量较大或松散的地基土中挖试验坑时，应采取坑壁支护措施。

④加载分级、稳定标准、终止加载条件和承载力取值应按《建筑地基基础设计规范》（GB 50007—2011）有关规定执行。

⑤在挖试验坑时，可同时取土样检验其物理力学性质。

⑥当既有建筑基础下有垫层时，试验压板应置在垫层下的原土层上面。

⑦试验结束后应及时用低强度等级混凝土将基坑回填密实。

（2）室内土工试验　建筑物增层前，可在原建筑物基础下 $0.5 \sim 1.5$ 倍基础底面宽度的深度范围内取原状土，进行室内土工试验。根据试验结果按现行规范求确定地基承载力特征值。

（3）经验法　建筑物增层时，其地基承载力特征值可考虑地基土的压密效应而予以提高，提高的幅度应根据既有建筑基底平均压力值、建成年限、地基土类别和当地成熟经验确定。

2）新基础宽度计算

直接增层需新设承重墙基础，确定新基础宽度时，应以新旧纵横墙基础能均匀下沉为前提，按以下经验公式确定新基础宽度：

$$b' = K\frac{F+G}{f_k} \tag{15.3}$$

式中　b'——新基础宽度，m；

$F+G$——单位基础长度上的线荷载，kN/m；

f_k——地基承载力特征值，kPa；

K——增大系数，建议按 $K = E_{s2}/E_{s1} \geq 1$ 取值；

E_{s1}，E_{s2}——分别为新旧基础下地基土的压缩模量。

直接增层需新设承重墙时,可采用调整新旧基础底面积、桩基础或地基处理等措施保证新旧承重体系的均匀下沉。

3)地基基础的加固方法选用

①当既有建筑地基土质良好、承载力高时,可加大基础底面积,加大后基础的面积宜比计算值提高10%。当验算原基础强度时,应根据实际情况进行强度折减。

②地基土较软弱、承载力较低时,可采用桩基础承受增层荷载,应在桩体强度达到设计要求后,再在其上施工新加大的基础承台,按规定将桩与基础连接,根据情况验算基础沉降。

③当既有建筑为钢筋混凝土条形基础时,根据增层荷载要求,可采用锚杆静压桩加固,当原钢筋混凝土条形基础的宽度或厚度不能满足压桩要求时,压桩前应先加宽或加厚基础,再进行压桩施工。也可采用树根桩、旋喷桩等方法加固。

④当原基础刚度和整体性较好或有钢筋混凝土地梁时,可采用抬梁或挑梁承受新增层结构荷载,不需要对原基础进行加固。

⑤当上部结构和基础刚度较好、持力层埋置较浅、地下水位较低、施工开挖对原结构不会产生附加下沉和开裂时,可采用墩式基础或在原基础下做坑式静压桩加固。

⑥采用注浆法加固既有建筑地基时,对湿陷性黄土地基和填土地基或其他由于注浆加固易引起附加变形的地基,均应添加膨胀剂、速凝剂等,以防止对增层建筑物产生不利影响。

⑦当既有建筑的基础为桩基础时,应检查原桩体质量及状况,实测土的物理力学性质指标,以确定桩间土的压密状况,按桩土共同工作条件,提高原桩基础的承载能力。对于承台与土脱空情况,不得考虑桩土共同工作。当桩数不足时应适当补桩,混凝土桩破损时应加固修复。

⑧当采用扶壁柱式结构直接增层时,柱体应落在新设置的基础上,新旧基础应连成整体,新基础下如为土质地基时,应先夯入碎石或采用其他方法加固后方可进行基础施工。

▶ 15.5.2 外套结构增层

①当采用外套结构增层时,可根据土质、地下水位、新增结构类型及荷载大小选用合理的基础形式,当地质勘察资料不足时,应重新进行岩土工程勘探。

②位于岩层上的外套增层工程,其基础类型与埋深可与原基础不同,新旧基础可相连在一起,也可分开单设。

③当天然地基上采用外套结构增层时,应考虑新设基础对原基础的影响,并按规范要求与邻近建筑保持一定距离。对于软弱地基,严禁新旧建筑相距过小以致基底应力叠加。

④当外套结构增层采用天然地基,或由旋喷桩、搅拌桩、石灰桩等构成的复合地基时,应考虑地基受荷后的变形,避免增层后新旧结构产生标高差异。

⑤当既有建筑有地下室,外套增层结构采用桩基础时,桩位布置应避开原地下室挑出的底板襟边。如不能避开,而需凿除部分底板襟边时,应通过验算确定其位置。新旧基础不得相连。

15.6 纠倾加固和移位

▶ 15.6.1 纠倾加固原则

建筑物纠倾是指既有建筑物偏离垂直位置发生倾斜,而影响正常使用时所采取的托换措施。造成建筑物整体倾斜的主要因素是地基的不均匀沉降,而纠倾是利用地基的新不均匀沉降来调整建筑物已存在的不均匀沉降,用以达到新的平衡和矫正建筑物的倾斜。

建筑物的倾斜多数是由于地基基础原因造成的,或是浅基础的变形控制欠佳,或是由于桩基和地基处理设计和施工质量问题等。因此,应在分析清楚产生倾斜的原因之后,推测纠倾之后是否有再次发生倾斜的可能性,从而决定应采取何种纠倾加固措施以控制建筑物倾斜。

进行建筑物纠倾时,应遵循下列原则:

①制订纠倾方案前,应对纠倾工程的沉降、倾斜、开裂、结构、地基基础、周围环境等情况作周密调查。

②应结合原始资料,配合补勘、补查、补测,搞清地基基础和上部结构的实际情况及状态,分析倾斜原因,确定合适的纠倾方法和纠倾目标。

③拟纠倾建筑物的整体刚度要好。如果刚度不满足纠倾要求,应对其做临时加固。加固重点应放在底层,加固措施有增设拉杆、砌筑横墙、砌实门窗洞口、增设圈梁和构造柱等。

④加强观测是搞好纠倾的重要环节,应在建筑物上多设测点。在纠倾过程中,要做到勤观测,多分析,及时调整纠倾方案,并用垂球、经纬仪、水准仪、倾角仪等进行观测。

⑤若地基土尚未完全稳定,应在纠倾的另一侧采用锚杆静压桩制止建筑物进一步沉降。

⑥应充分考虑地基土的剩余变形,以及因纠倾致使不同形式的基础对沉降的影响。

▶ 15.6.2 纠倾加固方法分类

既有建筑物的纠倾方法分顶升纠倾、迫降纠倾及综合纠倾,如图 15.13 所示。常用的纠倾方法分类见表 15.1。

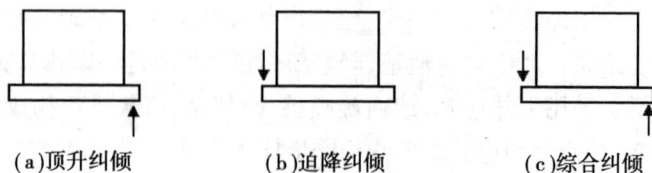

(a)顶升纠倾　　　　　　(b)迫降纠倾　　　　　　(c)综合纠倾

图 15.13　既有建筑物的纠倾方法

表 15.1　既有建筑物常用纠倾加固方法

类　别	方法名称	基本原理	使用范围
迫降纠倾	人工降水纠倾法	利用地下水位降低出现水力坡降产生附加应力差异对地基变形进行调整	不均匀沉降量较小,地基土具有较好渗透性,且降水不影响临近建筑物
	堆载纠倾法	增加沉降小的一侧的地基附加应力,加剧其变形	适用于基底附加应力较小即小型建筑物的迫降纠倾
	地基部分加固纠倾法	通过沉降大的一侧地基的加固,减少该侧沉降,另一侧继续下沉	适用于沉降尚未稳定,且倾斜率不大的建筑纠倾
	浸水纠倾法	通过土体内成孔或成槽,在孔或槽内浸水,使地基土沉陷,迫使建筑物下沉	适用于湿陷性黄土地基
	钻孔取土纠倾法	采用钻机钻取基础底下或侧面的地基土使地基土产生侧向挤压变形	适用于软黏土地基
	水冲掏土纠倾法	利用压力水冲刷,使地基土局部掏空,增加地基土的附加应力,加剧变形	适用于砂性土地基或具有砂垫层的基础
	人工掏土纠倾法	进行局部取土,或挖井、空取土,迫使土中附加应力局部增加,加剧土体侧向变形	适用于软黏土地基
顶升纠倾	砌体结构顶升纠倾法	通过结构墙体的托换梁进行抬升	适用于各种地基土、标高过低而需要整体抬升的砌体建筑
	框架结构顶升纠倾法	在框架结构中设托换牛腿进行抬升	适用于各种地基土、标高过低而需要整体抬升的框架建筑
	其他结构顶升纠倾法	利用结构的基础作反力,对上部结构进行托换抬升	适用于各种地基土、标高过低而需要整体抬升的建筑
	压桩反力顶升纠倾法	先在基础中压足够的桩,利用桩竖向力作为反力,将建筑物抬升	适用于较小型的建筑物
	高压注浆顶升纠倾法	利用压力注浆在地基土中产生的顶托力将建筑物顶托升高	适用于较小型的建筑物和筏板基础
综合纠倾法		采用多种方法纠倾	兼有各种方法的特点,适用范围广

▶ 15.6.3 迫降纠倾

1)迫降纠倾概念

迫降纠倾是通过人工或机械的办法来调整地基土体固有的应力状态,使建筑物原来沉降较小侧的地基土局部去除或使土体应力增加,迫使土体产生新的竖向变形或侧向变形,使建筑物在短时间内沉降加剧,实现纠倾目的。

迫降纠倾可根据地质条件、工程对象及当地经验选用基底掏土纠倾法、井式纠倾法、钻孔取土纠倾法、堆载纠倾法、人工降水纠倾法、地基部分加固纠倾法和浸水纠倾法等方法。

2)迫降纠倾的设计内容

①确定各点的迫降量。

②安排迫降的顺序、位置和范围,制订实施计划,编制迫降操作规程及安全措施。

③设置迫降的监控系统。沉降观测点纵向布置每边不应少于4点,横向每边不应少于2点,对框架结构应适当增加。

④迫降的沉降速率应根据建筑物的结构类型和刚度确定。一般情况下沉降速率宜控制在$5 \sim 10$ mm/d范围内。纠倾开始及接近设计迫降量时应选择低值,迫降接近终止时应预留一定的沉降量,以防发生过纠现象。

迫降纠倾应做到设计施工紧密配合,施工中应严格监测,根据监测结果调整迫降量及施工顺序。迫降过程中应每天进行沉降观测,并应监测既有建筑裂损情况。

3)基底掏土纠倾法

基底掏土纠倾法是在基础底面以下进行掏挖土体,削弱基础下土体的承载面积而迫使其沉降。其特点是在浅部进行处理,机具简单,操作方便。根据基础偏斜情况,也可采用压桩掏土纠倾法,即将锚杆静压桩和掏土技术有机地结合起来应用。

基底掏土纠倾法适用于匀质黏性土和砂土上的浅埋建筑物的纠倾。基底掏土纠倾法分为人工掏土法和水冲掏土法两种。

4)井式纠倾法

井式纠倾法适用于黏性土、粉土、砂土、淤泥、淤泥质土或填土等地基上建筑物的纠倾。该法是利用井(孔)在基础下一定深度范围内进行排土、冲土,一般包括人工挖孔桩与沉井两种。井壁有钢筋混凝土壁、混凝土孔壁,为确保施工安全,对于软土或砂土地基应先挖成井,方可大面积开挖井(孔)施工。

井式纠倾法可分为两种:一是通过挖井(孔)排土、抽水直接迫降,该法在沿海软土地区比较适用;二是通过井内布置辅射孔进行射水掏冲土迫降,其工作原理如图15.14所示。

井位应设置在建筑物沉降较小的一侧,其数量、深度和间距应根据建筑物的倾斜情况、基础类型、场地环境和土层性质等综合确定。为保证迫降的均匀性,井位可布置在室内。

当采用射水施工时,应在井壁上设置射水孔与回水孔,射水孔孔径宜为$150 \sim 200$ mm,回水孔孔径宜为60 mm,射水孔位置应根据地基土质情况及纠倾量进行布置,回水孔宜在射水孔下方交错布置,井底深度应比射水孔位置低约1.2 m。

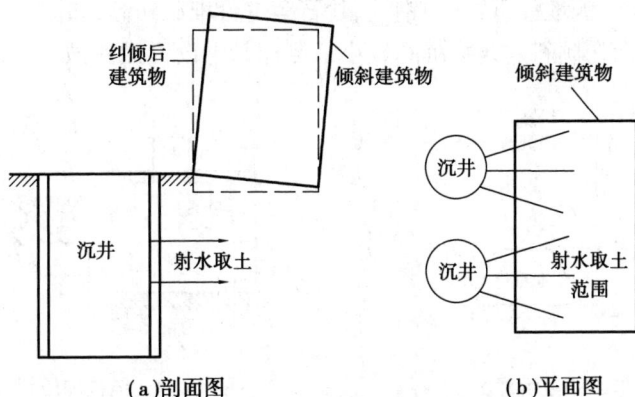

图15.14 射水井式纠倾法工作原理图

纠倾达到设计要求后,工作井及射水孔均应回填,射水孔可采用生石灰和粉煤灰拌合料回填;工作井可用砂土或砂石混合料分层夯实回填,也可用灰土比为2∶8灰土分层夯实回填。

5)钻孔取土纠倾法

钻孔取土纠倾法是通过机械钻孔取土成孔,依靠钻孔所形成的临空面,使土体产生侧向变形,反复钻孔取土使建筑物下沉。一般在建筑物基础底板上钻孔,埋设套管取土,如图15.15所示;也可采用基础外侧斜孔掏土纠倾法,如图15.16所示。

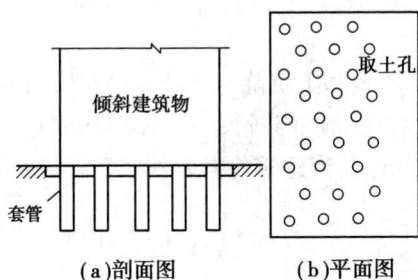

图15.15 基底钻孔掏土纠倾法

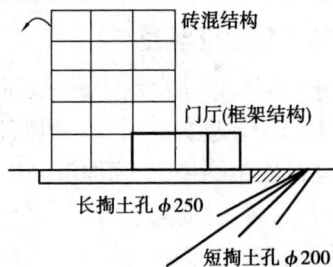

图15.16 基础外侧斜孔掏土纠倾法

钻孔取土纠倾法适用于淤泥、淤泥质土等软弱地基。钻孔取土应符合下列规定:

①钻孔位置应根据建筑物不均匀沉降情况和土质布置,并确定钻孔取土的先后顺序;

②钻孔直径及深度应根据建筑物的底面尺寸和附加应力的影响范围选择,取土深度应大于3 m,钻孔直径不应小于300 mm;

③钻孔顶部3 m深度范围内应设置套管或套筒,以保护浅层土体不受扰动,防止出现局部变形过大而影响结构安全。

6)堆载纠倾法

堆载(加压)纠倾法适用于淤泥、淤泥质土和松散填土等软弱地基上体量较小且纠倾量不大的浅基建筑物的纠倾。堆载纠倾应根据工程规模、基底附加压力的大小及土质条件,确定施加的荷载量、荷载分布位置和分级加载速率。

一般在倾斜较少一侧堆放重物,如钢锭、砂石等进行堆载纠倾,如图 15.17 所示;也可采用锚桩加压进行纠倾,即在倾斜建筑物沉降较小一侧地基中设置锚桩,如图 15.18 所示。

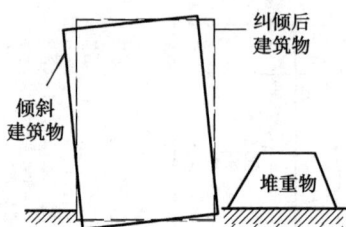

图 15.17　堆载加压纠倾示意图　　　图 15.18　锚桩加压纠倾示意图

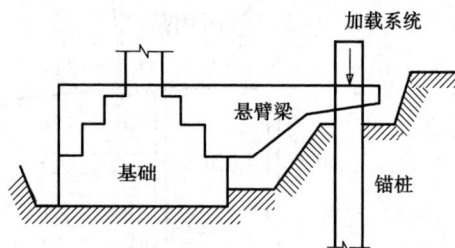

堆载纠倾法设计时应考虑地基土的整体稳定,控制加载速率,施工过程应严密进行沉降观测,及时绘制荷载-沉降-时间关系曲线,以确保施工安全。

7)人工降水纠倾法

人工降水纠倾法适用于地基土的渗透系数大于 10^{-4} cm/s 的浅埋基础,同时应防止纠倾时对邻近建筑产生影响。纠倾时应根据建筑物的纠倾量来确定抽水量大小及水位下降深度。并应设置若干水位观测孔,随时记录所产生的水力坡降,与沉降实测值比较,以便调整水位。

人工降水如对邻近建筑可能造成影响时,应在邻近建筑附近设置水位观测井和回灌井,必要时可设置地下隔水墙等,以确保邻近建筑的安全。

8)地基部分加固纠倾法

地基部分加固纠倾法适用于淤泥、淤泥质土等软弱地基上沉降尚未稳定、整体刚度较好,且倾斜量不大的既有建筑的纠倾。纠倾设计时可在建筑物沉降较大一侧采用加固地基的方法使该侧的建筑物沉降稳定,而原沉降较小一侧继续下沉,当建筑物倾斜纠正后,若另一侧沉降尚未稳定时,可采用同样方法加固地基。

9)浸水纠倾法

浸水纠倾法适用于湿陷性黄土地基上整体刚度较大的建筑物的纠倾。该法是利用湿陷性黄土遇水湿陷的特性对建筑物进行纠倾的。一般应通过现场试验,确定浸水纠倾法的适用性。浸水纠倾应符合下列规定:

①根据建筑结构类型和场地条件,可选用注水孔、坑或槽等方式注水。注水孔、坑或槽应布置在建筑物沉降较小的一侧。

②当采用注水孔(坑)浸水时,应确定注水孔(坑)布置、孔径或坑的平面尺寸、孔(坑)深度、孔(坑)间距及注水量;当采用注水槽浸水时,应确定槽宽、槽深及分隔段的注水量。

③注水时严禁水流入沉降较大一侧的地基中。

④浸水纠倾前,应设置严密的监测系统及必要的防护措施。有条件时可设置限位桩。

⑤当浸水纠倾的速率过快时,应立即停止注水,并回填生石灰料或采取其他有效的措施;当浸水纠倾速率较慢时,可与其他纠倾方法联合使用。

⑥浸水纠倾结束后,应及时用不渗水材料夯填注水孔、坑或槽,修复原地面和室外散水。

15.6.4 顶升纠倾

1)顶升纠倾的概念与适用范围

顶升纠倾是将既有建筑物上部结构和它的基础沿某一特定位置进行分离,在分离区设置若干个支承点,通过安装在支承点上的顶升设备,使建筑物沿某一直线或某点做平面转动,达到对建筑物进行纠倾的目的,其工作原理如图15.19所示。为确保上部结构分离体的整体性和刚度要求,可实施分断置换,在支承点上形成全封闭顶升纠倾支承梁体系。

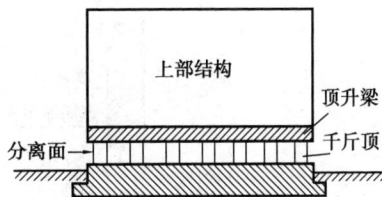

图 15.19 顶升纠倾工作原理示意图

顶升纠倾适用于建筑物的整体沉降及不均匀沉降较大,造成标高过低,倾斜建筑物基础为桩基;不适用采用迫降纠倾的倾斜建筑以及新建工程设计时有预先设置可调措施的建筑。顶升纠倾的最大顶升高度不宜超过80 cm。

2)顶升纠倾的设计规定

①在钢筋混凝土顶升梁与下部基础梁组成一对上、下受力梁系,中间采用千斤顶顶升,受力梁系平面上应连续闭合且应通过承载力及变形等验算。千斤顶平面位置如图15.20所示。

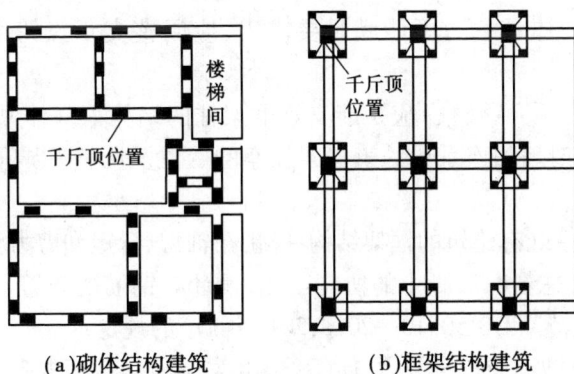

(a)砌体结构建筑   (b)框架结构建筑

图 15.20 顶升纠倾千斤顶平面位置

②顶升梁应通过托换形成。顶升托换梁应设置在地面以上约50 cm的位置,当基础梁埋深较大时,可在基础梁上增设钢筋混凝土千斤顶底座,并与基础连成整体。顶升梁、千斤顶、底座应形成稳固的整体,其位置如图15.21所示。

③对砌体结构建筑可根据线荷载分布布置顶升点,顶升点间距不宜大于1.5 m,应避开门窗洞及薄弱承重构件位置;对框架结构建筑应根据柱荷载大小布置。顶升点数量可按式(15.4)进行估算:

$$n \geqslant K\frac{Q}{N_a} \tag{15.4}$$

式中 n——顶升点数;

Q——建筑物总荷载设计值,kN;

N_a——顶升支承点的荷载设计值,kN,可取千斤顶额定工作荷载的 0.8 倍,千斤顶额定工作荷载可选 300 kN 或 500 kN;

K ——安全系数,可取 1.5。

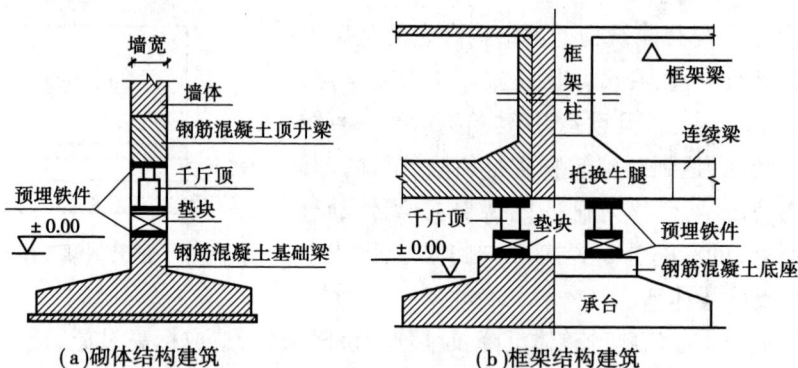

（a）砌体结构建筑　　　　（b）框架结构建筑

图 15.21　顶升梁、千斤顶、底座位置

④顶升量可根据建筑物的倾斜率、使用要求以及必要的过纠量确定。

⑤砌体结构建筑的顶升梁可按倒置弹性地基上的墙梁设计,并应符合下列规定:

a.顶升梁设计时,计算跨度应取相邻 3 个支承点去掉中间支点后两边缘支点间的距离,进行顶升梁的承载力及配筋设计;

b.当既有建筑的墙体承载力不能满足要求时,应调整支承点跨度或对砌体进行加固补强。

⑥框架结构建筑的顶升梁（柱）应是能支承框架柱的结构荷载体系,顶升梁（柱）体系应按后设置牛腿设计,同时增加连系梁约束框架柱间的变位及调整差异顶升量,并应符合下列规定:

a.应验算断柱前、后既有建筑的框架结构柱端,在轴力、弯矩和剪力作用下的承载力;

b.后设置牛腿应考虑新旧混凝土的协调工作,设计时钢筋的布置、锚固或焊接长度应符合《混凝土结构设计规范》（GB 50010—2010,2015 年版）的规定;

c.应验算牛腿的正截面受弯承载力、局部受压承载力及斜截面的受剪承载力。

3)顶升纠倾的施工工艺

顶升纠倾的施工可按下列步骤进行:

①钢筋混凝土顶升梁（柱）的托换施工;

②设置千斤顶底座及安放千斤顶;

③设置顶升标尺;

④顶升梁（柱）及顶升机具的试验检验;

⑤在顶升前一天凿除框架结构柱或砌体结构构造柱的混凝土,顶升时切断钢筋;

⑥统一指挥顶升施工,当顶升量达到 100~150 mm 时,开始千斤顶倒程;

⑦顶升到位后进行结构连接和回填。

顶升纠倾的施工应符合下列规定:

①砌体结构建筑的顶升梁应分段施工,施工前应在各分段设置钢筋混凝土支承芯垫,间

距 0.5 m。梁分段长度不应大于 1.5 m,且不应大于开间墙段的 1/3,并应间隔进行,待该段达到强度后方可进行邻段施工。

②框架结构建筑的顶升梁(柱)施工宜间隔进行,必要时应设置辅助措施(如支撑等),当原混凝土柱保护层凿除后应立即进行外包钢筋混凝土的施工。

③顶升千斤顶上下应设置应力扩散的钢垫块,以防顶升时结构构件的局部破坏。顶升全过程中有不少于 30% 的千斤顶保持与顶升梁垫块、基础梁连成一体,使其具有抗拉能力。

④顶升前应对顶升点进行承载力试验抽检,试验荷载应为设计荷载的 1.5 倍,试验数量不应少于总数的 20%,试验合格后方可正式顶升。

⑤顶升时应设置水准仪和经纬仪观测站,以观测建筑物顶升纠倾全过程。顶升标尺应设置在每个支承点上,每次顶升量不宜超过 10 mm。各点顶升量偏差应小于结构的允许变形。

⑥顶升应设统一的指挥系统,并应保证千斤顶同步按设计要求顶升和稳固。

⑦千斤顶倒程时,相邻千斤顶不得同时进行,倒程前应先用楔形垫块进行保护,并保证千斤顶底座平稳。楔形垫块及千斤顶底座垫块均应采用工具式、组合、可连接、具有抵抗水平力的外包钢板的混凝土垫块或钢垫块。垫块应进行强度检验。

⑧顶升到达设计高度后,应立即在墙体交叉点或主要受力部位用垫块稳住,并迅速进行结构连接。顶升高度较大时应边顶升边砌筑墙体。千斤顶应待结构连接完毕,并达到设计强度后方可分批分期拆除。

⑨结构连接处应达到或大于原结构的强度,若纠倾施工时受到削弱,应进行加固补强。

▶ 15.6.5 移位

1)移位的概念及应用

移位包括平移和转动。市政道路扩建、场地的用途改变和新建地下建筑都可能需要建筑物搬迁移位或转动一定角度。为了减少拆除重建或保护文物古迹及既有建筑的原貌,均可采用移位技术。目前,移位技术可用于一般多层建筑同一水平位置的搬迁,对大幅度改变其标高(如上坡或下坡)等不宜采用。

2)移位前准备工作

移位所涉及的建筑结构及地基基础问题比其他专业技术重要得多,因此要求在移位方案制订前先通过搜集资料、补充计算验算、补充勘察等来取得有关资料。

在制订移位方案前应具备以下资料:

①场地及移位路线的岩土工程勘察资料;

②既有建筑的设计图纸、计算书和施工资料;

③既有建筑的结构、构造、受力特性和现状分析;

④既有建筑地基基础重新验算书;

⑤移位施工可能对邻近建筑及管线的影响分析。

当既有建筑的地基承载力及变形不满足移位要求时,应根据具体情况对地基基础进行加固,加固方法见前述。

3)移位设计的内容

(1)结构设计　结构设计主要是指承托既有建筑移位的整体结构的托换梁系,包括移位建筑的上轨道梁系及承担整体结构行走过程中的基础,即下轨道梁系,如图 15.22 所示。

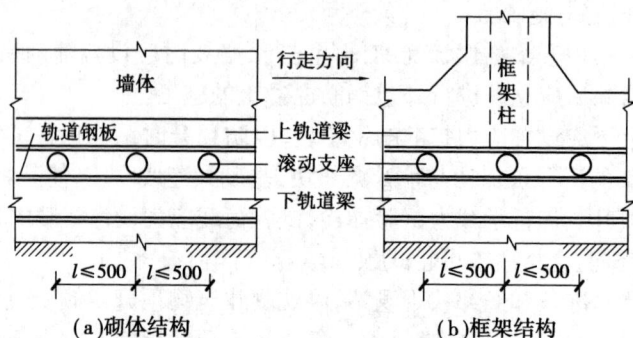

图 15.22 上、下轨道及滚动装置示意图

①计算砌体结构的线荷载或框架结构的轴力、弯矩和剪力;

②结构托换梁系截面及配筋设计;

③移位过程中基础的受力验算及补强设计;

④新旧基础的承载力和变形验算及补强设计。

(2)地基设计

①移位路线的地基按永久性工程进行设计,地基承载力设计值可提高 1.25 倍;

②移位后的地基基础设计时,若出现新旧基础的交错,应考虑既有建筑地基压密效应造成新旧基础间地基变形的差异,必要时应进行地基基础加固。

(3)滚动支座的设计

①滚动支座可采用不小于 $\phi 60$ 的实心钢棒或 $\phi 100 \sim \phi 150$ 的钢管混凝土,并应通过试压确定,支座上下采用 20 mm 厚的钢板作为上下轨道面,或采用工具式轨道梁,以利应力扩散及减少滚动摩擦力;

②滚动支座的间距及数量应根据支承力的大小设计。

(4)移动装置的设计

①移动装置有牵引式及推顶式两种。牵引式宜用于荷载较小的小型建筑物,推顶式宜用于较大型的建筑物,必要时可两种方式并用。移位时应控制滚动速率不大于 50 mm/min。

②托换梁系作为移动的上轨道梁,基础作为下轨道梁,移位前下轨道梁应进行验算、加固、修整和找平。

③上下轨道梁系的设计应同时考虑移位荷载的移动及滚动过程中局部压力的位置改变。

15.7 工程应用实例

【例 15.1】 意大利比萨斜塔纠倾工程。

1)工程简介

意大利比萨斜塔是中世纪欧洲最重要的遗迹之一,塔的垂直剖面如图 15.23 所示。1990 年,因其安全性,塔对公众关闭。

斜塔地面以上 8 层,高 53.3 m,重 14 500 t。塔的砖石地基的直径为 19.6 m,最大深度 5.5 m。塔基向南倾斜,与地面成 5.5°,第 7 层南面凸出 4.5 m。该塔采用柱廊围成一个空心圆柱体的形式建成,圆柱体内表面和外表面用封封的白色大理石覆面,但覆面嵌缝的材料是由灰浆和石头构成,发现其中有大量的空隙。在塔的墙内盘绕着螺旋形的楼梯。第二层南边砖石结构的稳定性是问题的关键。

铺底部分由 3 个独立层构成。A 层厚约 10 m,由 1 万年前的浅水区(环礁湖、河流和港湾)沉积的各种软质粉土沉淀物构成。B 层由 3 万年前沉积的非常软的灵敏海相黏土组成,厚度达 40 m。此断层横向非常均匀。C 层是密实甚深的砂石。A 层的地下水位深在 1 ~ 2 m。塔四周勘察钻孔显示,由于塔的自重作用,B 层的表面是盆形的。推断出塔的平均沉降为 2.5 ~ 3.0 m,铺底的土壤是高压缩性黏土。

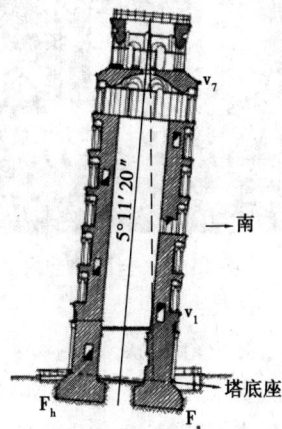

图 15.23　塔的垂直剖面

2)建筑历史

塔的建造始于 1137 年 8 月,到 1178 年工程停止时,已造了 4 层,完成了 1/4。再继续建造下去,B 层的土壤难以承重,塔可能会倒塌。到 1272 年,又继续建造。那时,黏土在塔的重压下发生固结沉降。1278 年,再次停止建造,塔已造了 7 层。到 1360 年,铺底的黏土再次固结时,开始钟房的建造。到 1370 年该塔才全部建成(建设期约 233 年)。

3)倾斜历史

因塔的中心线不是直的(向北弯曲)。在建塔第一阶段结束时,塔实际上已向北倾斜约 (1/4)°,然后随着第 4 层以上的楼层的建造,开始向南移并慢慢增加,以致到 1278 年,第 7 层造好后,向南倾斜了约 0.6°。1360 年开始建造钟房时,已增加到了 1.6°。1817 年,塔倾斜已达 5° 之多。因此,钟房的建造使倾斜显著增加。

从 1911 年开始的测量结果显示,在 20 世纪期间,塔的倾斜每年都在增加。从 1930 年中期开始,倾斜率成倍增长。1990 年,倾斜率相当于每年顶部水平移动约 1.5 mm,加上一些对塔的干扰也导致了倾斜的明显增加。例如:1934 年用灌浆方法来加固地基,结果突然使塔顶向南移动了约 10 mm;1970 年从低处的砂石中抽地下水,结果又使其移动增加了约 12 mm。

4)纠偏设计与施工(采取堆载与抽土联合纠倾)

(1)堆载　1993 年下半年,通过浇筑在塔基周围可移动的后应力式混凝土环,将 600 t 的铅锭放在地基的北边使地基暂时稳定。这使倾斜减小了 1′,更重要的是减小了约 10% 的倾覆力矩。1995 年 9 月,为了控制塔的移动,负载增加到了 900 t。

(2)建筑物的加固　1992 年,在塔的周围(第一个檐口和到第二层的间隔)设置了一些轻型预应力钢索。

(3)抽土　首先进行抽土试验。抽土钻进系统为带套筒的螺旋钻。当螺旋钻杆退出,使空心钻杆处的测量探针留在孔内适当位置以测量孔洞的密合性。

2000 年 2 月 21 日开始全面抽土,其施工现场如图 15.24 所示,共安装了间隔为 0.5 m 的 41 个抽土孔,每个孔装有专用的引钻器和套筒。每天抽土约 0.12 m³,使塔中心线平均每天发

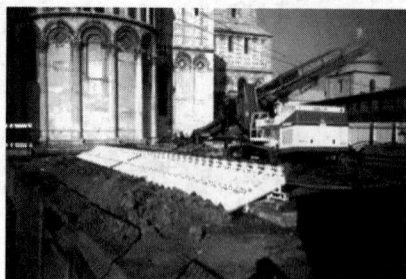

图 15.24　全面抽土施工现场

生约 6 弧秒转动。塔有向东移动的趋势,为控制这个趋势就从西边抽取比东边多 20% 的土。让人满意的是地基的南边发生了明显上升。

到 2000 年 5 月底,开始逐渐地移走铅锭。开始是每周 2 个(约 18 t),2000 年 9 月增加到每周 3 个,2000 年 10 月是每周 4 个。取走铅锭,倾覆显著增加,但抽土继续有效地进行。

2001 年 1 月 16 日,最后一个铅锭从后应力混凝土环中取出,如图 15.25 所示。接下来进行限定土的抽取。在 2 月中旬,混凝土块本身也移去。3 月初,开始逐渐移去引钻器和套筒。孔用膨润土泥浆填满。在 5 月中旬,从塔上拆除防护钢索,产生了几弧秒的向南移动。反制这个倾向,进行最后的抽土。2001 年 6 月 6 日除去引钻器。

为使塔倾斜减小 0.5°,在砖石地基的最高压应力部位进行了局部加固,包括在大石块的空隙处灌浆,使用不锈钢加强筋加固覆盖砖面外覆层有向外弯曲危险地方,如图 15.26 所示。

图 15.25　最后一个铅锭取走

图 15.26　走道钻孔插入加强钢棒紧系砖石地基和老的混凝土环

5)结论

实践证明,抽土是一个增加塔稳定性极为柔和的方法,又完全符合建筑保护要求。抽土实施时要借助先进的计算机模型、大量的试验、监测手段和监测水平等。

2001 年 12 月 15 日,塔正式向公众开放。通过监测分析,该塔将在保持一段时间的相对稳定之后,还会以一个较小速率继续向南转动。对此,专家推测,再过 300 年左右时间,比萨塔地基将面临再次加固问题。

【例 15.2】　苏州虎丘塔纠倾工程。

1)建筑简介

虎丘塔位于苏州市虎丘公园山顶,落成于宋太祖建隆二年(公元 961 年)。虎丘塔现状如图 15.27 所示,该塔为 7 层楼阁式砖塔,平面呈八角形。塔身净高 47.17 m。底层对边南北长 131.8 m,东西长 131.6 m。采用套筒式回廊结构,砖墙体由黏土砌筑,每层设塔心室。塔重 6 100 t,由 12 个塔墩(8 个外墩、4 个内墩)支承,塔墩直接砌筑在地基上,地基由人工夯实的夹石土形成,地基下为风化岩石。

据考证,虎丘塔自建造起,塔基即产生不均匀沉降并导致塔身向北倾斜。历史上虎丘塔曾7次遭受兵火等破坏,多次维修,但未能控制不均匀沉降和倾斜的发展。公元1638年(明崇祯11年),因塔身倾斜加剧且损坏严重,重建了第7层并偏向南面以调整重心,至使塔身成抛物线形。到解放初期,虎丘塔已残破不堪,岌岌可危。

1956—1957年,曾对虎丘塔进行围箍喷浆和铺设楼面加固,但未能取得稳定效果。随着塔身倾斜的发展,塔体于1965年复现裂缝。至1980年,塔顶已向北东偏移2.325 m,倾斜角达2°48′,底层塔身出现不少裂缝,险情发展加剧。1981—1986年,国家文物局和苏州市政府组织力量,对这座千年古塔进行了全面加固,基本控制了塔基沉降,稳定了塔身倾斜。

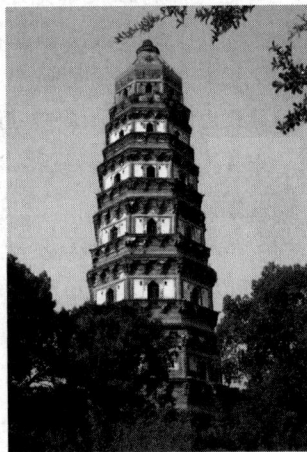

图15.27　虎丘塔现状

2)虎丘塔发生不均匀沉降的原因分析

虎丘塔发生不均匀沉降的主要原因是:

①塔无基础,塔墩直接砌筑在人工填土地基上,基底应力过大;

②塔建于南高北低的岩坡土层上,地基土持力层北厚南薄,产生了不均匀的压缩变形,导致了塔身倾斜;

③塔基及其周围地面未做妥善处理,因地表水渗入地基,由南向北潜流侵蚀等因素,使塔北人工填土层产生较多孔隙,造成不均匀沉降的发展;

④塔体由黏性黄土砌筑,灰缝较宽,塔身倾斜后形成偏心压力,加剧了不均匀压缩变形。

3)虎丘塔的倾斜控制和加固技术

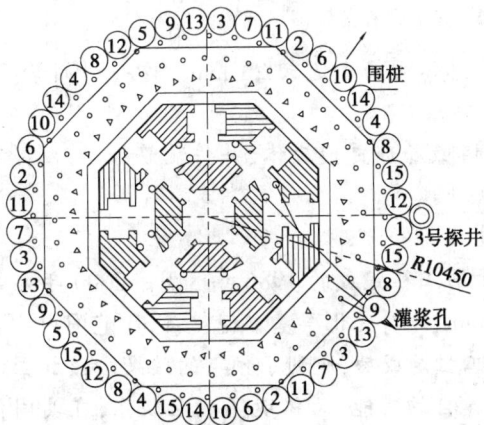

图15.28　围桩、灌浆布置及施工顺序编号

按照文物工程的维修原则和对虎丘塔产生倾斜裂缝等原因的分析,虎丘塔加固工程采用了"加固地基、补作基础、修缮塔体、恢复台基"的整修方案,并确定了保持塔身倾斜原貌的控制原则。加固方案体分为"围""灌""盖""调""换"五项工程。

(1)围桩工程　围桩是地基加固的第一项工程,在塔基应力扩散范围内建造一圈密集的钢筋混凝土灌注桩,以控制地基加固范围,隔断地下水流,防止土壤流失和稳定地基。

工程中共布桩44根,桩中心距离塔底形心10.45 m,距离塔外壁2.9 m,单桩直径为1.4 m(包括护壁厚15 cm,桩净直径为1.1 m,桩底穿过风化岩插入基岩,然后在桩顶浇筑高40 cm的钢筋混凝土圈梁,围桩工程布置如图15.28所示。

(2)灌浆工程　灌浆是地基加固的第二项工程,在围桩范围内,钻直径为9 cm的灌浆孔

161个,进行压力注浆填充地基内因水流冲刷等原因造成的孔隙,以增加地基的密实度,提高地基承载力。钻孔灌浆工程在围桩完成后进行。

灌浆工程施工工艺如下:

①采用防震干钻工艺,用XJ100-1型工程地质钻机钻孔。

②以风冷却钻具、提钻出土及空气压缩吸排岩屑等方法,尽量疏通地层中细小孔隙,以求灌浆填充密实。

③采用全孔一次注浆法,根据地层情况分别采取压浆机和气压注浆,塔内注浆压力控制在150 kPa,塔外注浆压力控制在200~300 kPa。

④注浆顺序是从围桩内边沿向中心推进,先塔外,后塔内;先东北面,后南面;先垂直孔,后斜孔。

⑤灌浆材料以水泥为主,并掺入占水泥质量2.5%的膨润土,以提高渗透性,可灌性较好的孔隙还掺加少量黄砂。

(3)盖板工程 盖板工程是塔基加固和地基防水相结合的工程,将防水板和塔基结合成整体,在塔下形成一个钢筋混凝土壳体基础。

壳体基础是一个直径为19.5 m、厚为45~65 cm的"覆盆式"构件,由塔内走道板、上环梁、下环梁和壳板几部分组成。下环梁与围桩相联结,以围桩为边缘构件;上环梁和塔内走道板则与各个塔墩下部相交接,交接部位都伸进塔墩周围25~30 cm,托换其四周已经被压碎压酥的砖砌体,代之以混凝土。

(4)调倾工程 调整塔体倾斜度,是在归纳前期施工过程中塔体变形规律的基础上进行的尝试。调倾工程施工要求如下:

①结合南半部壳体工程施工,适当扩大地基土方作业面,延长开挖暴露时间,并采用水平钻孔浅层掏土等技术措施,增大塔基南部土的压缩量。

②北半部壳体工程采用小面积快速施工,开挖土方与灌注钢筋混凝土紧密衔接,以减少塔基北部土沉降量。

塔身在盖板工程施工阶段采用了纠倾措施后,总体向西南返回26 mm。这一纠倾量,只占虎丘塔总侧移值2.325 m的1.1%。

(5)换砖工程 换砖是对塔体的加固,通过对塔墩局部更换砌体,并作配筋加固,以提高塔身的承载力。塔墩换砖在盖板工程后进行。

4)结论

根据苏州市文管会多年的观测记录,自纠倾加固工程完成的1986年8月—2000年8月的14年,虎丘塔的基底沉降的变动值不超过1.25 mm,倾斜变化率基本稳定在30″范围内。实践证明对虎丘塔采取"围、灌、盖、调、换"五项加固工程是成功,达到了预期的效果。该加固方案也符合文物古迹维修原则。各项加固工程既有各自的功能,又体现了相互联系,在共同作用下发挥了总体纠倾效果。

习 题

15.1 什么是托换技术？托换技术包括哪些类型？托换技术的特点是什么？

15.2 在什么情况下采用基础加宽托换？基础加宽托换有哪些方法？

15.3 什么是坑式托换？什么是桩式托换？简述桩式托换的使用条件。

15.4 试说明锚杆静压桩的特点和使用条件。

15.5 什么是树根桩托换？简述其使用条件。

15.6 建(构)筑物产生倾斜的原因是什么？建(构)筑物纠偏应具备哪些条件？

参考文献

[1] 叶书麟.地基处理与托换技术[M].北京:中国建筑工业出版社,2005.

[2] 周京华.地基处理[M].成都:西南交通大学出版社,1997.

[3] 龚晓南.地基处理[M].北京:中国建筑工业出版社,2005.

[4] 刘松玉.公路地基处理[M].南京:东南大学出版社,2001.

[5] 郑俊杰.地基处理技术[M].武汉:华中科技大学出版社,2004.

[6] 左名麒,刘永超,孟庆文,等.地基处理实用技术[M].北京:中国铁道出版社,2005.

[7] 华南理工大学,东南大学,浙江大学,等.地基及基础[M].3版.北京:中国建筑工业出版社,1998.

[8] 顾晓鲁,钱鸿缙,刘惠珊,等.地基与基础[M].3版.北京:中国建筑工业出版社,2003.

[9] 高钟璞.大坝基础防渗墙[M].北京:中国电力出版社,2000.

[10] 徐至钧.建筑地基处理工程手册[M].北京:中国建材工业出版社,2000.

[11] 常士骠,张苏民.工程地质手册[M].4版.北京:中国建筑工业出版社,2007.

[12] 地基处理手册编委会,地基处理手册[M].3版.北京:中国建筑工业出版社,2008.

[13] 林宗元.岩土工程治理手册[M].北京:中国建筑工业出版社,2005.

[14] 铁路第一勘察设计院.铁路工程设计技术手册(路基)[M].北京:中国铁道出版社,1995.

[15] 叶观宝.地基加固新技术[M].2版.北京:机械工业出版社,2002.

[16] 殷宗泽,龚晓南.地基处理工程实例[M].北京:中国水利水电出版社,2000.

[17] 国振喜,曲昭嘉.建筑地基基础设计手册[M].北京:机械工业出版社,2008.

[18] 李彰明.软土地基加固的理论、设计与施工[M].北京:中国电力出版社,2006.

[19] 龚晓南.复合地基理论及工程应用[M].北京:中国建筑工业出版社,2002.

[20] 阎明礼.地基处理技术[M].北京:中国环境科学出版社,1996.

[21] 阎明礼.CFG桩复合地基技术及工程实践[M].北京:中国水利水电出版社,2001.

[22] 龚晓南.地基处理技术发展与展望[M].北京:中国水利水电出版社、中国版权出版社,2004.

[23] 张振拴.夯实水泥土桩复合地基技术新进展[M].北京:中国建材工业出版社,2007.

[24] 魏新疆.地基处理[M].杭州:浙江大学出版社,2007.

[25] 刘景政.地基处理与实例分析[M].北京:中国建筑工业出版社,1997.

[26] 贺建清,万文.地基处理[M].北京:机械工业出版社,2008.

[27] 代国忠.土力学与基础工程[M].2版.北京:机械工业出版社,2012.

[28] 中华人民共和国住房和城乡建设部.建筑地基处理技术规范:JGJ 79—2012[S].北京:中国建筑工业出版社,2012.

[29] 中交第二公路勘察设计研究院有限公司.公路路基设计规范:JTG D30—2015[S].北京:

人民交通出版社,2015.

[30] 中华人民共和国住房和城乡建设部.湿陷性黄土地区建筑标准:GB 50025—2018[S].北京:中国建筑工业出版社,2018.

[31] 中华人民共和国住房和城乡建设部.膨胀土地区建筑技术规范:GB 50112—2013[S].北京:中国建筑工业出版社,2013.

[32] 中国建筑科学研究院.既有建筑地基基础加固技术规范:JGJ 123—2012[S].北京:中国建筑工业出版社,2013.

[33] 中华人民共和国水利部.土工合成材料应用技术规范:GB 50290—2014[S].北京:中国计划出版社,2014.

[34] 中国建筑科学研究院.建筑地基基础设计规范:GB 50007—2011[S].北京:中国建筑工业出版社,2011.

[35] 中华人民共和国住房和城乡建设部.建筑地基基础工程施工质量验收标准:GB 50202—2018[S].北京:中国计划出版社,2018.